Test-Driven JavaScript Development

テスト駆動 JavaScript

Christian Johansen 著
長尾高弘 訳

ASCII

商標
本文中に記載されている社名および商品名は、一般に開発メーカーの登録商標です。
なお、本文中ではTM・Ⓒ・Ⓡ表示を明記しておりません。

Test-Driven JavaScript Development

Christian Johansen

▲▼Addison-Wesley

Upper Saddle River, NJ • Boston • Indianapolis • San Francisco
New York • Toronto • Montreal • London • Munich • Paris • Madrid
Capetown • Sydney • Tokyo • Singapore • Mexico City

Copyright

Authorized translation from the English language edition, entitled TEST-DRIVEN JAVASCRIPT DEVELOPMENT, 1st Edition, ISBN: 9780321683915 by JOHANSEN, CHRISTIAN, published by Pearson Education, Inc, publishing as Addison-Wesley Professional, Copyright © 2011

All rights reserved. No part of this book may be reproduced or transmitted in any form or by any means, electronic or mechanical, including photocopying, recording or by any information storage retrieval system, without permission from Pearson Education, Inc.

Japanese translation rights arranged with Pearson Education, Inc., publishing as Addison-Wesley Professional through Japan UNI Agency, Inc., Tokyo.

JAPANESE language edition published by ASCII MEDIA WORKS INC.("AMW"), Copyright © 2011.
本書は、米国 Pearson Education, Inc. との契約に基づき、株式会社アスキー・メディアワークスが翻訳、出版したものです。

私の特別なレディー、FrøydisとKristinに

序章

本書で著者が考えていること

　ここ数年で、JavaScript は大きく成長した。DHTML の栄光の日々は過去のものとなった。今は Ajax の時代であり、さらには HTML 5 の時代である。この数年で、JavaScript はいくつかのキラーアプリケーションを手に入れた。また、クロスブラウザスクリプティングを助ける堅牢なライブラリを手に入れた。デバッガ、プロファイラ、単体テストフレームワークなどの開発ツールを手に入れた。

　それでもなお、JavaScript コミュニティの大部分は自動テストにあまり熱心ではなく、テスト駆動開発は JavaScript デベロッパの間では非常にまれである。JavaScript は、おそらくターゲットプラットフォームの幅がもっとも広い言語なのにだ。確かに、ツールのサポートがないからだと言える時期が長く続いたが、今は新しい単体テストフレームワークがあちこちでひっきりなしに生まれており、あなたに合った形でコードをテストする方法は山のようにある。にもかかわらず、ほとんどの Web アプリケーションデベロッパは、自分の JavaScript コードのテストに消極的だ。自分のアプリケーションから核となる機能を抜き出してアレンジし直して使える自信のある Web デベロッパには、まずお目にかかったことがない。しかし、これは強力なテストスイートがあれば実現できることだ。このような自信が持てれば、アプリケーションを壊してしまう不安はかなり解消できるし、新しい機能の実装に力を入れられるようになる。

　本書では、JavaScript の世界で単体テストとテスト駆動開発が大きく発展してきたことを示し、この方法を支持すれば、今までよりも良いコードを書きやすくなり、力のあるプログラマになれることを明らかにしたいと思う。

本書が説明しようとしていること

　この本は、テスト駆動開発が提案するテクニックと作業フローを使って、現実のシステムの JavaScript プログラミングを進めるにはどうすればよいかが書かれている本である。テストの対象とすることによってコードに自信を持ち、恐がらずにリファクタリングを進め、コードベースを有機的に発展させられる力を身につけるための本である。また、モジュラー設計やテストできるコードについての本であり、広い範囲の環境で動作し、ユーザーの邪魔にならない JavaScript を書くための本である。

本書はどのように構成されているか

この本は4部に分かれているが、あなたの好きな順序で読んでよい。第2部では、この本全体で使われるユーティリティを紹介しているが、その使い方は十分明確なので、控えめな（Unobtrusive）JavaScriptや機能検出などを含め、JavaScriptプログラミングをすでにしっかりと理解している読者なら、その部分を読み飛ばしても理解できるだろう。

第1部：テスト駆動開発

第1部では、自動テストとテスト駆動開発の概念を紹介する。まず、単体テストとは何か、何をするものなのか、どのような利点があるのかというところから始める。次に、テスト駆動開発プロセスを説明しながら、作業フローを構築する。最後に、JavaScript用の単体テストフレームワークをいくつか示し、それぞれの長所と短所を明らかにする。最後に、この本のほとんどの部分で使うことになるフレームワークについて詳しく見ていく。

第2部：プログラマのためのJavaScript

第2部では、JavaScriptプログラミングについて深く掘り下げていく。もっとも、JavaScript言語を完全に紹介するというわけではない。あなたはすでに、JavaScriptプログラミングの何らかの経験を積んでいるはずだ。たぶん、jQuery、Prototypeのようなライブラリも使っているだろう。でなければ、ほかのプログラミング言語、特にもっと静的な言語の経験を持っているに違いない。これらの経験があれば、それが第3部で現実のシナリオを見ていくために必要な基礎になる。

あなたがクロージャ、プロトタイプ継承、thisの動的な性質、機能検出など、JavaScriptの高度なコンセプトをすでによく知っている場合には、この部は忘れたことを思い出すために斜め読みしても、まったく読み飛ばして第3部に突入してもかまわない。

これらJavaScriptの細かいポイントを説明している間は、言語のふるまいを示すために、単体テストを使っていく。そして、テストがヘルパーユーティリティの実装を前進させる駆動力になるところを実際に見ていく。第3部では、この手法をずっと使っていく。

第3部：JavaScriptテスト駆動開発の実際

第3部では、さまざまな環境のもとで一連の小さなプロジェクトを開発していく。すべてテスト駆動開発を使いながら、小さな汎用JavaScript APIの開発方法、DOM依存ウィジェットの開発方法、ブラウザ間の違いを抽象化する方法、サーバーサイドJavaScriptアプリケーションの実装方法などを説明する。第3部は、クリーンなAPIやモジュール化されたコード、堅牢なソフトウェアを構築するために、テスト駆動開発がどのように役立つかに重点を置いている。

各プロジェクトは、テスト関連の新しい概念を紹介し、完全に動作するもののごく小さなコードでそれを実装して概念の実際を示している。第3部を通じ、私たちは何よりもまずブラウザAPI、タイマー、イベントハンドラ、DOM操作、非同期サーバー要求（つまり「Ajax」）に依存するコードのテスト方法を学んでいく。また、スタブの利用、リファクタリング、デザインパターンによる問題のエレガントな解決などのテクニックも

実践していく。

　第3部の各章では、開発した機能をどのようにして拡張していくかについてのアイデアが示されている。そのため、読者は自分でコードを改良して実践を深めていくことができる。本書のWebサイト[1]からは、拡張に対応した解答を入手できる。

　私は、これらのプロジェクトを作るに際して、実際に仕事をする動かせるコードを作ることに細心の注意を払った。

第4部：テストのパターン

　最後の第4部は、第3部で使ったテクニックの一部を広い視野から見直している。さまざまなテスト形態とともに、モックやスタブのようなテストダブルを詳しく見ていく。最後に、優れた単体テストを書くために役立つガイドラインを提示したい。

本書で使われているルール

　JavaScriptは、もともとBrendan Eichが1995年にNetscapeのために設計した言語の名前である。それ以来、何種類もの実装が作られ、言語仕様はECMA InternationalによってECMA-262として標準化された。この標準はECMAScriptとも呼ばれている。個々の実装は、たとえばMicrosoftのJScriptのようにそれぞれの名前を持っているが、一般的には集合的に「JavaScript」と呼ばれており、この本ではこの意味でもJavaScriptという用語を使う。

　本書全体を通じて、等幅フォントはオブジェクト、関数、コードの断片を示すものとする。

本書は誰が読むべきか

　この本はプログラマ、特にJavaScriptで書いている、書くことに興味を持っているプログラマを対象とした本である。読者が主としてRuby on Railsを書いているRubyデベロッパであれ、Webアプリケーションを書いているJava、.Netデベロッパであれ、主要ツールがJavaScript、CSS、HTMLの組合せであるフロントエンドWebデベロッパであれ、さらにはJavaScriptの経験が限られているバックエンドデベロッパであっても、本書には役に立つところがあるだろうと思っている。

　この本は、JavaScript言語の細部をしっかりとつかまなければならないWebアプリケーションデベロッパ、欠陥の少ないメンテナンス可能なアプリケーションを書きながら、作業効率を上げて自信をつける方法を理解したいと思っているWebアプリケーションデベロッパを対象としている。

1　http://tddjs.com

本書を読むために必要なスキル

単体テストやテスト駆動開発についての予備知識は一切不要である。自動テストは、本書全体を通じて示していく。これらをじっくりと読めば、自動テストをうまく使う方法をしっかりと理解できるはずだ。

読者は、JavaScriptのエキスパートである必要はないし、中級者である必要さえない。私は、この本がJavaScriptの経験がほとんどない人にも、JavaScriptに精通している人にも役に立つものになることを望んでいる。しかし、ある程度のプログラミングスキルは必要だ。つまり、この本をフルに楽しむためには、何らかの言語でのプログラミングの経験が必要であり、Webアプリケーション開発をよく知っている必要があるということである。この本は、Webアプリケーション固有のテーマを含め、プログラミングの基本概念についての入門書ではない。

本書の第2部は、JavaScript言語について論じている箇所だが、ほかの言語とは大きく異なるJavaScript独自の特徴に説明を絞っている。だから、JavaScript言語の包括的な紹介を期待してはいけない。この部分で取り上げられていない構文や概念については、それを使っているサンプルから理解していただけるものと思う。

第2部は、特にJavaScriptの関数とクロージャ、JavaScriptのオブジェクトモデル（プロトタイプ継承を含む）、コード再利用のモデルを重点的に説明している。また、控えめなJavaScriptや機能検出などの関連するプログラミング手法も取り上げる。これらはどちらも汎用Webを目標とするプログラマはかならず理解していなければならない概念である。

本書のWebサイトについて

この本には、http://tddjs.com という関連Webサイトがある。このサイトには、この本に含まれているすべてのコードが、zipアーカイブとGitリポジトリの2つの形式で格納されている。Gitリポジトリを使えば、履歴をたどってコードの発展を見ることができる。Gitリポジトリは、特にリファクタリングをひんぱんに行っている第3部のサンプルプロジェクトで役に立つだろう。Gitリポジトリの履歴をたどれば、既存コードを単純に変更しているだけの部分を含め、開発の各ステップを見ることができる。

さらに、http://cjohansen.no には私の個人サイトがあり、追加記事、連絡先などの情報が含まれている。本書についてのフィードバックをお待ちしている。

謝辞

　この本が世に出るにあたっては、非常に多くの人々の力を借りた。まず最初に、すべてのことを可能にしてくれた究極の1人として、Addison-Wesley の私の担当編集者である Trina MacDonald に感謝したい。彼女がいなければ、本などどこにもなかっただろう。私が初めての著書の執筆で四苦八苦しているときの彼女のイニシアティブ、絶えることのない支援と勇気づけに深く感謝している。

　この本の制作で私とともに働いてくれたチーム全員にも感謝の気持ちを伝えたい。Songlin Qiu は、本文がわかりやすく首尾一貫したものになるようにするとともに、絶えず書き換えられる草稿を査読させられても怒らずに我慢してくれた。この本は、彼女の提案、識見によって、私が一人で作れるものよりもずっとよくなった。技術面での査読を担当してくれた Andrea Giammarchi、Jacob Seidelin、Joshua Gross にも同じことが言える。彼らの細部への注意、考えられたフィードバック、疑問をはっきりさせるという強い意志のおかげで、コードが明確になって誤りが減り、サンプルコードとその説明の文章のクォリティが上がり、本の構成が改善された。そして、Olivia Basego は、Addison-Wesley のような出版社の経営サイドとのやり取りのほか、ノルウェイに住みながらアメリカの出版社のために執筆することにかかわる困難を克服するために力になってくれた。

　家に少し近づいて、Shortcut AS の上司、同僚についても触れさせていただきたい。彼らは、私がときどき執筆のために時間を割くのを認めてくれたほか、この本に純粋に関心を寄せてくれた。それが大きな励みになり、締め切りまでに草稿を完成させることができた。特に、刺激的で稔りの多い議論を戦わせてくれたほか、初期の草稿にフィードバックを与えてくれた Mårnes Mathiesen と August Lilleaas に感謝したい。

　そして、友人でありバンド仲間でもある Frøydis と Kristin は、このプロジェクトを完成させるためのスペースを与えてくれ、私が夜中の執筆でゾンビのように疲れ果て、さまざまなタイミングで使い物にならず、何か月も台所のテーブルにかじりついていても我慢してくれた（実は、この本は台所で書いたのである）。君たちのサポートにはとても感謝している。

　それから、オープンソースコミュニティ全体に感謝の気持ちを広げたい。コミュニティがなければ、この本は今のような姿にはなっていなかっただろう。そもそも、私が本を書くことになったのは、オープンソースコミュニティのおかげである。私のブログを残し、編集者と出会うまでのレールを敷いてくれた。そして今、皆さんが手にしている本は、コミュニティの力がなければ完成しなかった。誰もが自由に読み、書き換え、利用できる最高級のコードのためにたゆむことなく力を注いできた人々がいなければ、本書のほとんどのコードは書くことができなかっただろう。

　私が本書の制作過程で使ったすべてのソフトウェアもオープンソースである。執筆は Emacs のみで行われ、文書整形システムの LaTeX を使った。作業フローには一連のマイナーなオープンソースツールが含まれており、それらの多くは、私が選んだ OS である GNU Linux で生まれたものである。

　本書が店頭に出回ったら、少なくとも1つの新しいオープンソースプロジェクトが世に出る。そして、私はこれからも多くのオープンソースプロジェクトに貢献したいと思っている。

著者について

　Christian Johansen は、ノルウェイのオスロに住んでおり、オープンソーステクノロジ、Web アプリケーション、モバイルアプリケーションに重点を置いているソフトウェア会社、Shortcut AS で働いている。大学では情報科学、数学、デジタル信号処理を専攻し、社会に出てからは JavaScript、CSS、HTML などの Web アプリケーションとフロントエンドテクノロジを専門としてきた。この分野には、HTML 4.01 仕様が完成したとき以来、情熱を注いできている。

　Christian は、コンサルタントとして、金融、遠隔通信部門のトップ企業を初めとするノルウェイの多くの有名企業とともに仕事をしてきた。CMS による企業 Web サイトから、e コマース、さらにはセルフサービスアプリケーションに至るまで、大小さまざまなアプリケーションを開発している。

　最近の Christian は、熱心なブロガーとして知られる。また、自分に多くのものを与えてくれたコミュニティに貢献したいという思いから、Christian も多くのオープンソースプロジェクトに参加し、貢献してきた。

　ごくわずかな JavaScript をともなう複数のプロジェクトに参加したあと、Christian は「カウボーイスタイル」での開発に苦痛を感じるようになった。ここ数年は、コードの品質を上げ、自信をつかみ、コードが簡単に維持、変更できるようにするために、仕事でも仕事以外でも、JavaScript の単体テストとテスト駆動開発に多くの時間を割いてきた。伝統的なサーバーサイド言語で開発するときには、TDD の熱烈な信奉者になっていたため、JavaScript のカウボーイスタイルには耐えられなくなっていたのである。今あなたが手にしているこの本こそ、彼の情熱が生み出した最高の成果である。

目次

序章 7
    本書で著者が考えていること 7
    本書が説明しようとしていること 7
    本書はどのように構成されているか 8
    本書で使われているルール 9
    本書は誰が読むべきか 9
    本書を読むために必要なスキル 10
    本書の Web サイトについて 10

謝辞 11

著者について 13

第1部 テスト駆動開発 ——————————————— 29

第1章　自動テスト 31
  1.1　単体テスト 32
      1.1.1　単体テストのフレームワーク 32
      1.1.2　JavaScript の strftime 33
  1.2　アサーション 36
      1.2.1　赤と緑 37
  1.3　テスト関数、テストケース、テストスイート 38
      1.3.1　セットアップとティアダウン 40
  1.4　統合テスト 41
  1.5　単体テストから得られるもの 43
      1.5.1　退行テスト 43
      1.5.2　リファクタリング 43
      1.5.3　クロスブラウザテスト 44
      1.5.4　その他の利点 44

1.6 単体テストの落とし穴 44
1.7 まとめ 45

第2章 テスト駆動開発プロセス 47

2.1 テスト駆動開発の目的、目標 47
  2.1.1 開発の上下をひっくり返す 47
  2.1.2 テスト駆動開発における設計 48

2.2 プロセス 48
  2.2.1 ステップ1：テストを書く 49
  2.2.2 ステップ2：テストが不合格になるのを確認する 50
  2.2.3 ステップ3：テストを合格させる 50
    これからも必要にならないもの 51
    String.prototype.trim のテストを合格させる 51
    おそらく動作するもっとも単純なソリューションを書く 52
  2.2.4 ステップ4：重複を取り除くためにリファクタリングする ... 52
  2.2.5 シャンプー、リンスのくり返し 53

2.3 テスト駆動開発を円滑に進めるために 54
2.4 テスト駆動開発の利点 54
  2.4.1 動作するコードが手に入る 54
  2.4.2 単一責任の原則を尊重できる 55
  2.4.3 意識的な開発が強制される 55
  2.4.4 生産性が向上する 55

2.5 まとめ 55

第3章 現役で使われているツール 57

3.1 xUnit テストフレームワーク 57
  3.1.1 ふるまい駆動開発 57
  3.1.2 継続的統合 58
  3.1.3 非同期テスト 58
  3.1.4 xUnit テストフレームワークの機能 58
    テストランナー 59
    アサーション 59
    依存ファイル 60

3.2 ブラウザ内テストフレームワーク 60
  3.2.1 YUI Test 61
    セットアップ 61
    テストの実行 63

3.3 ヘッドレステストフレームワーク …… 64
3.2.2 その他のブラウザ内テストフレームワーク …… 63
3.3.1 Crosscheck …… 64
3.3.2 Rhino と env.js …… 64
3.3.3 ヘッドレステストランナーの問題点 …… 64
3.4 1つのテストランナーですべてを掌握する …… 65
3.4.1 JsTestDriver が動作する仕組み …… 65
3.4.2 JsTestDriver の欠点 …… 66
3.4.3 セットアップ …… 66
Jar ファイルのダウンロード …… 66
Windows ユーザー …… 67
サーバーの起動 …… 67
ブラウザのキャプチャ …… 68
テストの実行 …… 68
JsTestDriver と TDD …… 70
3.4.4 IDE から JsTestDriver を使う …… 71
Eclipse に JsTestDriver をインストールする …… 71
Eclipse で JsTestDriver を起動する …… 71
3.4.5 コマンドラインの生産性を上げる …… 72
3.4.6 アサーション …… 72
3.5 まとめ …… 73

第4章 学ぶためのテスト …… 75
4.1 単体テストによる JavaScript の探究 …… 75
4.1.1 観察に基づくプログラミングの落とし穴 …… 77
4.1.2 学習テストが適していること …… 78
外で学んだ知恵の定着 …… 78
奇妙なふるまいの調査 …… 78
新しいブラウザの調査 …… 78
フレームワークの調査 …… 79
4.2 パフォーマンスツール …… 79
4.2.1 ベンチマークと相対的なパフォーマンス …… 79
4.2.2 プロファイリングとボトルネックの検出 …… 87
4.3 まとめ …… 88

第2部 プログラマのための JavaScript —— 89

第5章　関数 … 91

5.1　関数の定義 … 91
- 5.1.1　関数宣言 … 91
- 5.1.2　関数式 … 92
- 5.1.3　Function コンストラクタ … 93

5.2　関数呼び出し … 94
- 5.2.1　arguments オブジェクト … 94
- 5.2.2　仮引数と実引数 … 96

5.3　スコープと実行コンテキスト … 97
- 5.3.1　実行コンテキスト … 98
- 5.3.2　変数オブジェクト … 98
- 5.3.3　アクティベーションオブジェクト … 99
- 5.3.4　グローバルオブジェクト … 99
- 5.3.5　スコープチェーン … 100
- 5.3.6　再び関数式について … 101

5.4　this キーワード … 103
- 5.4.1　this の暗黙の設定 … 104
- 5.4.2　this の明示的な設定 … 105
- 5.4.3　this としてプリミティブを使う … 105

5.5　まとめ … 107

第6章　関数とクロージャの応用 … 109

6.1　関数のバインド … 109
- 6.1.1　this の消失：ライトボックスの例 … 109
- 6.1.2　無名関数を使った解決方法 … 110
- 6.1.3　Function.prototype.bind … 111
- 6.1.4　引数とのバインド … 112
- 6.1.5　Curry 化 … 114

6.2　ただちに呼び出される無名関数 … 115
- 6.2.1　アドホックなスコープ … 116
  - グローバルスコープを避ける … 116
  - ブロックスコープのシミュレーション … 116
- 6.2.2　名前空間 … 118
  - 名前空間を実装する … 118

		名前空間をインポートする	120
6.3	ステートフル関数		121
	6.3.1	一意な ID を生成する	121
	6.3.2	イテレータ	123
6.4	メモ化		126
6.5	まとめ		129

第7章　オブジェクトとプロトタイプの継承　　131

- 7.1 オブジェクトとプロパティ　　131
  - 7.1.1 プロパティへのアクセス　　132
  - 7.1.2 プロトタイプチェーン　　133
  - 7.1.3 プロトタイプチェーンを使ったオブジェクトの拡張　　134
  - 7.1.4 列挙可能プロパティ　　135
    - Object.prototype.hasOwnProperty　　137
  - 7.1.5 プロパティの属性　　138
    - ReadOnly　　138
    - DontDelete　　139
    - DontEnum　　139
- 7.2 コンストラクタによるオブジェクトの作成　　142
  - 7.2.1 prototype と [[Prototype]]　　142
  - 7.2.2 new でオブジェクトを作成する　　143
  - 7.2.3 コンストラクタプロトタイプ　　144
    - プロトタイプへのプロパティの追加　　144
  - 7.2.4 コンストラクタの問題　　146
- 7.3 古典的な継承と同様のふるまい　　147
  - 7.3.1 関数の継承　　148
  - 7.3.2 [[Prototype]] へのアクセス　　149
  - 7.3.3 super の実装　　150
    - _super メソッド　　151
    - _super メソッドのパフォーマンス　　154
    - _super のヘルパー関数　　154
- 7.4 カプセル化と情報の隠蔽　　155
  - 7.4.1 非公開メソッド　　156
  - 7.4.2 非公開メンバーと特権メソッド　　158
  - 7.4.3 関数型継承　　159
    - オブジェクトの拡張　　160
- 7.5 オブジェクトの合成とミックスイン　　160

	7.5.1	Object.create メソッド	161
	7.5.2	tddjs.extend メソッド	162
	7.5.3	ミックスイン	166
7.6	まとめ		167

第8章　ECMAScript 第 5 版 ………………………………………………… 169

8.1	JavaScript の近未来		169
8.2	オブジェクトモデルのアップデート		170
	8.2.1	プロパティ属性	170
	8.2.2	プロトタイプ継承	173
	8.2.3	ゲッターとセッター	175
	8.2.4	プロパティ属性の使い方	176
	8.2.5	予約済みキーワードとプロパティ識別子	179
8.3	厳密モード		179
	8.3.1	厳密モードを有効にする	179
	8.3.2	厳密モードでの違い	180
		暗黙のグローバルの禁止	180
		関数	181
		オブジェクト、プロパティ、変数	182
		その他の制限	183
8.4	さまざまな追加と改良		183
	8.4.1	JSON のネイティブサポート	183
	8.4.2	Function.prototype.bind	183
	8.4.3	配列の新機能	183
8.5	まとめ		184

第9章　控えめな JavaScript ……………………………………………… 185

9.1	控えめな JavaScript の目標		185
9.2	控えめな JavaScript のルール		186
	9.2.1	出しゃばりなタブつきパネル	187
	9.2.2	タブつきパネルのクリーンなマークアップ	189
	9.2.3	TDD と段階的な拡張	190
9.3	思い込みをするな		190
	9.3.1	自分一人だと思い込んではならない	190
		避け方	190
	9.3.2	マークアップが正しいと思い込んではならない	190
		避け方	191

9.3.3　すべてのユーザーが同じだと思い込んではならない ……………………… 191
　　　　　　避け方 …………………………………………………………………………… 191
　　9.3.4　サポートをあてにしてはならない ……………………………………………… 191
9.4　どのようなときにルールを守らなければならないのか …………………………… 191
9.5　控えめなタブつきパネルのサンプル …………………………………………………… 192
　　9.5.1　テストのセットアップ …………………………………………………………… 192
　　9.5.2　tabController オブジェクト ……………………………………………………… 194
　　9.5.3　activateTab メソッド ……………………………………………………………… 196
　　9.5.4　タブコントローラの使い方 ……………………………………………………… 199
9.6　まとめ ………………………………………………………………………………………… 202

第10章　機能検出　203

10.1　ブラウザの推測 …………………………………………………………………………… 203
　　10.1.1　ユーザーエージェントによる推測 …………………………………………… 203
　　10.1.2　オブジェクトの検出 …………………………………………………………… 204
　　10.1.3　ブラウザ推測の現状 …………………………………………………………… 205
10.2　よい目的でのオブジェクトの検出 ……………………………………………………… 206
　　10.2.1　存在するかどうかのテスト …………………………………………………… 206
　　10.2.2　型チェック ……………………………………………………………………… 206
　　10.2.3　ネイティブオブジェクトとホストオブジェクト …………………………… 207
　　10.2.4　サンプル実行テスト …………………………………………………………… 209
　　10.2.5　いつテストすべきか …………………………………………………………… 211
10.3　DOM イベントの機能テスト …………………………………………………………… 211
10.4　CSS プロパティの機能テスト …………………………………………………………… 213
10.5　クロスブラウザイベントハンドラ ……………………………………………………… 214
10.6　機能検出の使い方 ………………………………………………………………………… 217
　　10.6.1　階層的な機能検出 ……………………………………………………………… 217
　　10.6.2　検出できない機能 ……………………………………………………………… 218
10.7　まとめ ……………………………………………………………………………………… 218

第3部　JavaScript テスト駆動開発の実際　219

第11章　Observer パターン　221

11.1　JavaScript における Observer パターン ……………………………………………… 221
　　11.1.1　Observable ライブラリ ………………………………………………………… 222
　　11.1.2　環境のセットアップ …………………………………………………………… 222

- 11.2 観察者の追加 223
  - 11.2.1 最初のテスト 223
    - テストを実行して不合格になることを確かめる 224
    - テストを合格させる 224
  - 11.2.2 リファクタリング 226
- 11.3 観察者をチェックする 227
  - 11.3.1 テスト 227
    - テストを合格させる 228
    - ブラウザ間の非互換性を解決する 228
  - 11.3.2 リファクタリング 230
- 11.4 観察者に通知する 230
  - 11.4.1 観察者が確実に呼び出されるようにする 231
  - 11.4.2 引数を渡す 231
- 11.5 エラー処理 232
  - 11.5.1 ニセ観察者の追加 233
  - 11.5.2 クラッシュした観察者 233
  - 11.5.3 呼び出し順の保証 234
- 11.6 任意のオブジェクトの観察 235
  - 11.6.1 コンストラクタを取り除く 236
  - 11.6.2 コンストラクタからオブジェクトへ 239
  - 11.6.3 メソッドの名称変更 240
- 11.7 複数のイベントの観察 241
  - 11.7.1 observe でのイベントサポート 241
  - 11.7.2 notify でのイベントのサポート 242
- 11.8 まとめ 245

第12章　ブラウザ間の違いの吸収：Ajax 247

- 12.1 Request インターフェイスのテスト駆動開発 247
  - 12.1.1 ブラウザ間の不一致を見つける 247
  - 12.1.2 開発戦略 247
  - 12.1.3 目標 248
- 12.2 Request インターフェイスの実装 248
  - 12.2.1 プロジェクトのレイアウト 248
  - 12.2.2 インターフェイススタイルの選択 249
- 12.3 XMLHttpRequest オブジェクトを作る 250
  - 12.3.1 最初のテスト 250

- 12.3.2 XMLHttpRequest についての基礎知識 ……………………… 251
- 12.3.3 tddjs.ajax.create を実装する ……………………………… 252
- 12.3.4 より強力な機能検出 …………………………………………… 253
- 12.4 要求の発行 ……………………………………………………………… 253
  - 12.4.1 URL を要件とする …………………………………………… 254
  - 12.4.2 XMLHttpRequest オブジェクトのスタブを使う ………… 255
    - 手作業によるスタブ化 ………………………………………… 256
    - 自動的なスタブ化 ……………………………………………… 257
    - スタブを改良する ……………………………………………… 259
    - 機能検出と ajax.create ……………………………………… 261
  - 12.4.3 状態変更の処理の準備 ……………………………………… 262
  - 12.4.4 状態変更の処理 ……………………………………………… 263
    - 成功かどうかのテスト ………………………………………… 263
- 12.5 Ajax API の使い方 …………………………………………………… 266
  - 12.5.1 統合テスト …………………………………………………… 266
  - 12.5.2 テストの結果 ………………………………………………… 268
  - 12.5.3 この先の微妙なトラブル …………………………………… 269
  - 12.5.4 ローカル要求 ………………………………………………… 270
  - 12.5.5 ステータスのテスト ………………………………………… 271
    - ステータスコードのさらなるテスト ………………………… 273
- 12.6 POST 要求を発行する ………………………………………………… 274
  - 12.6.1 ポストのためのスペースを作る …………………………… 274
    - ajax.request を抽出する …………………………………… 274
    - メソッドを設定可能にする …………………………………… 275
    - ajax.get を更新する ………………………………………… 276
    - ajax.post を新設する ………………………………………… 277
  - 12.6.2 データを送信する …………………………………………… 278
    - ajax.request でデータをエンコードする ………………… 279
    - エンコードされたデータの送信 ……………………………… 280
    - GET 要求によるデータの送信 ………………………………… 281
  - 12.6.3 要求ヘッダーを設定する …………………………………… 283
- 12.7 Request API を見直す ……………………………………………… 283
- 12.8 まとめ …………………………………………………………………… 287

第13章 Ajax と Comet によるデータのストリーミング ……… 289

- 13.1 データのポーリング …………………………………………………… 289
  - 13.1.1 プロジェクトのレイアウト ………………………………… 290

- 13.1.2 ポーラー：tddjs.ajax.poller 291
    - オブジェクトを定義する 291
    - ポーリングを開始する 292
    - スタブ戦略を決める 293
    - 最初の要求 294
    - complete コールバック 295
- 13.1.3 タイマーをテストする 297
    - 新しい要求をスケジューリングする 298
    - 設定できるインターバル 301
- 13.1.4 ヘッダーとコールバックを設定可能にする 302
- 13.1.5 1行コード 305

13.2 Comet 307
- 13.2.1 Forever Frames 308
- 13.2.2 XMLHttpReqeust のストリーミング 308
- 13.2.3 HTML5 308

13.3 XMLHttpRequest のロングポーリング 309
- 13.3.1 ロングポーリングサポートの実装 309
    - Date のスタブ化 309
    - スタブ Date を使ってテストする 310
    - キャッシュ問題を避ける 312
- 13.3.2 機能テスト 313

13.4 Comet クライアント 313
- 13.4.1 メッセージ形式 314
- 13.4.2 ajax.cometClient を作る 315
- 13.4.3 データをディスパッチする 316
    - ajax.cometClient.dispatch を追加する 316
    - データを委譲する 316
    - エラー処理を改善する 317
- 13.4.4 観察者の追加 320
- 13.4.5 サーバーとの接続 321
    - 問題の分離 325
- 13.4.6 要求の追跡と受け取ったデータ 326
- 13.4.7 データの公開 329
- 13.4.8 機能テスト 329

13.5 まとめ 330

第14章　Node.js によるサーバーサイド JavaScript 331

14.1　Node.js ランタイム 331
14.1.1　環境のセットアップ 332
ディレクトリ構造 332
テストフレームワーク 332
14.1.2　出発点 333
サーバー 333
起動スクリプト 333

14.2　コントローラ 334
14.2.1　CommonJS モジュール 334
14.2.2　モジュールを定義する：最初のテスト 334
14.2.3　コントローラを作る 335
14.2.4　POST 要求のメッセージの処理 336
要求本体の読み出し 337
メッセージを抜き出す 340
悪意のあるデータ 342
14.2.5　要求に応答する 343
ステータスコード 343
接続をクローズする 344
14.2.6　アプリケーションを動かしてみる 345

14.3　ドメインモデルとストレージ 346
14.3.1　チャットルームを作る 346
14.3.2　Node の I/O 346
14.3.3　メッセージを追加する 347
問題のあるデータの処理 347
メッセージの追加に成功する 349
14.3.4　メッセージをフェッチする 351
getMessagesSince メソッド 351
addMessage を非同期にする 353

14.4　プロミス 354
14.4.1　プロミスを使うように addMessage をリファクタリングする 355
プロミスを返す 355
プロミスを拒否する 356
プロミスを解決する 357
14.4.2　プロミスを消費する 358

14.5　イベントエミッタ 359
14.5.1　chatRoom をイベントエミッタにする 359

14.5.2　メッセージを待つ 362
14.6　再びコントローラの開発へ 364
　　14.6.1　post メソッドを仕上げる 365
　　14.6.2　GET によるメッセージのストリーミング 367
　　　　　　アクセストークンによるメッセージのフィルタリング 367
　　　　　　respond メソッド 369
　　　　　　メッセージを整形する 370
　　　　　　トークンを更新する 371
　　14.6.3　応答ヘッダーと本体 372
14.7　まとめ 373

第15章　TDD と DOM 操作：チャットクライアント 375

15.1　クライアントのプラン 375
　　15.1.1　ディレクトリ構造 375
　　15.1.2　アプローチを選ぶ 376
　　　　　　パッシブビュー 376
　　　　　　クライアントの表示 377
15.2　ユーザーフォーム 377
　　15.2.1　ビューを設定する 377
　　　　　　テストケースのセットアップ 377
　　　　　　クラスを追加する 378
　　　　　　イベントリスナーを追加する 379
　　15.2.2　サブミットイベントの処理 383
　　　　　　デフォルトアクションを中止する 383
　　　　　　テストに HTML を埋め込む 384
　　　　　　ユーザー名を手に入れる 385
　　　　　　観察者にユーザーについての情報を通知する 388
　　　　　　追加したクラスを取り除く 390
　　　　　　空のユーザー名を拒否する 390
　　15.2.3　機能テスト 391
15.3　Node.js バックグラウンドとともにクライアントを使う 392
15.4　メッセージリスト 395
　　15.4.1　モデルの設定 395
　　　　　　コントローラとメソッドを定義する 395
　　　　　　メッセージの購読 396
　　15.4.2　ビューを設定する 398
　　15.4.3　メッセージを追加する 399
　　15.4.4　同じユーザーからの反復メッセージを抑える 402

  15.4.5 機能テスト 403
  15.4.6 動かしてみよう 404
 15.5 メッセージフォーム 405
  15.5.1 テストをセットアップする 405
  15.5.2 ビューを設定する 406
    リファクタリング：共通部分を抽出する 406
    messageFormController のビューを設定する 407
  15.5.3 メッセージを発行する 408
  15.5.4 機能テスト 411
 15.6 最終的なチャットクライアント 412
  15.6.1 最後の仕上げ 413
    アプリケーションのスタイル 413
    スクロールの修正 414
    テキストフィールドのクリア 415
  15.6.2 デプロイについての注意 416
 15.7 まとめ 417

第4部　テストのパターン — 419

第16章　モックとスタブ — 421

 16.1 テストダブルの概要 421
  16.1.1 スタントパーソン 421
  16.1.2 フェイクオブジェクト 422
  16.1.3 ダミーオブジェクト 422
 16.2 テストの確認 423
  16.2.1 状態の確認 423
  16.2.2 ふるまいの確認 424
  16.2.3 確認戦略が持つ意味 424
 16.3 スタブ 425
  16.3.1 テストに不便なインターフェイスを避けるためのスタブ 425
  16.3.2 特定のコードパスを強制するためのスタブ 425
  16.3.3 問題を引き起こすスタブ 426
 16.4 テストスパイ 427
  16.4.1 間接的な入力のテスト 427
  16.4.2 呼び出しの詳細を調べる 428
 16.5 スタブライブラリの使い方 428

16.5.1　スタブ関数を作る ………………………………………………………… 429
　　　16.5.2　メソッドのスタブ化 ………………………………………………………… 429
　　　16.5.3　組み込みのふるまい確認 …………………………………………………… 431
　　　16.5.4　スタブとNode.js …………………………………………………………… 433
　16.6　モック ………………………………………………………………………………… 433
　　　16.6.1　モックに置き換えられたメソッドを復元する …………………………… 434
　　　16.6.2　無名モック …………………………………………………………………… 435
　　　16.6.3　複数の呼び出しを確認する ………………………………………………… 435
　　　16.6.4　thisの値を確かめる ………………………………………………………… 436
　16.7　モックかスパイか …………………………………………………………………… 437
　16.8　まとめ ………………………………………………………………………………… 438

第17章　優れた単体テストを書く ……………………………………… 439

　17.1　読みやすくする ……………………………………………………………………… 439
　　　17.1.1　テストには意図がはっきりとわかる名前をつける ……………………… 439
　　　　　　斜め読みしやすい名前 ……………………………………………………… 440
　　　　　　技術的な制約を乗り越える ………………………………………………… 440
　　　17.1.2　テストをセットアップ、実施、確認のブロックにまとめる …………… 441
　　　17.1.3　高水準の抽象を使ってテストを単純に保つ ……………………………… 442
　　　　　　カスタムアサーション：ふるまいの確認 ………………………………… 442
　　　　　　ドメイン固有のテストヘルパー …………………………………………… 443
　　　17.1.4　重複箇所を取り除き明確さを失わない …………………………………… 444
　17.2　ふるまいの仕様としてのテスト …………………………………………………… 445
　　　17.2.1　一度に1つのふるまいをテストする ……………………………………… 445
　　　17.2.2　1つのふるまいを一度限りテストする …………………………………… 446
　　　17.2.3　ふるまいをテスト内に封じ込める ………………………………………… 446
　　　　　　モックとスタブによる分離 ………………………………………………… 447
　　　　　　モックとスタブを使うことによるリスク ………………………………… 447
　　　　　　信頼による分離 ……………………………………………………………… 448
　17.3　テスト内のバグとの戦い …………………………………………………………… 449
　　　17.3.1　合格させる前にテストを実行する ………………………………………… 449
　　　17.3.2　まずテストを書く …………………………………………………………… 449
　　　17.3.3　だめなコード、壊れたコード ……………………………………………… 450
　　　17.3.4　JsLintを使う ………………………………………………………………… 450
　17.4　まとめ ………………………………………………………………………………… 450

参考文献 ……………………………………………………………………………… **453**

索引 ……………………………………………………………………………… 454

第1部
テスト駆動開発

第1章
自動テスト

　私たち Web デベロッパは、ブラウザのリフレッシュボタンをムダに使い過ぎていると感じている。テキストエディタにコードを入力して、Alt - Tab でブラウザに移り、F5 キーを押す。シャンプー、リンスのくり返しだ。この種の手作業によるテストは時間がかかり、エラーを起こしやすく、再現しにくい。Web アプリケーションがブラウザとプラットフォームの膨大な組合せのもとで動作しなければならないことを考えると、完全手作業でテストするのは必然的に不可能な仕事になる。そこで、テスト環境を少数の組合せだけに絞り、対象を選択してときどきチェックを行うだけになる。その結果、開発プロセスは満足できないものになり、おそらくソリューションはもろくなってしまう。

　Web デベロッパの仕事を改善するための無数のツールが、何年もの歳月をかけて生まれてきた。今や、主要ブラウザにはデベロッパツールがかならずあり、選べる JavaScript デバッガはいくつもあり、入力ミスやその他の誤りを見つけられる IDE すらある。Firefox の Firebug プラグインでしばらくアプリケーションをつついていると、間違いなくあれこれの警告が表示される。しかし、私たちは未だにエラーを起こしやすく時間もかかる手作業のデバッグプロセスにしがみついている。

　そもそも人間は怠け者で、プログラマはなおさらそうだ。手作業で仕事が遅くなるなら、それを自動化して、意味のある仕事のために時間を使えるようにしようと考えるものである。実際、Web デベロッパの仕事は、意味のあるビジネスをするために、退屈な仕事を自動化することだ。オンライン銀行がよい例である。銀行に行き、行列の後ろに並び、ほかの人間とやり取りして口座 A から口座 B に現金をいくらか動かすようなことをせずに、ソファーでくつろいだ状態でログインし、数分で仕事を終わらせようということだ。

　自動テストは、手作業のテストが持つ問題を解決する。フォームにもう一度入力を打ち込み、「実行」ボタンを押してクライアントサイドのチェックが期待通りに動くのを確かめるのではなく、ソフトウェアにこのテストをしろと命令するのである。利点は明らかだ。自動テストを簡単に実行できるようになれば、一度に無数のブラウザでテストを実行することができるし、ずっと後になってから再びテストをやり直すこともできる。そして、決められたスケジュールでテストが実行されるようにすれば、手作業が完全になくなる。

　ソフトウェアの自動テストは、JavaScript でもかなり前から実現されている。JsUnit は 2001 年、Selenium は 2004 年に登場しており、それ以来無数のツールが生まれている。それでも、他のほとんどのプログラミングコミュニティと比べて、JavaScript/Web 開発コミュニティでは、自動テストにそれほど勢いがないように見える。この章では、ソフトウェアのテストを自動化する単体テストについて解説し、JavaScript の世界にどのように単体テストを組み込むかを考える。

1.1 単体テスト

単体テストとは、本番コードの部品をテストするコードである。1つまたは数個のオブジェクトを既知の状態にセットアップして、テストを実施し（たとえばメソッド呼び出し）、結果と本来得られるはずの値とを比較する。

単体テストはディスクに格納され、簡単高速に実行できなければならない。テストが実行しづらかったり、実行速度が遅かったりすれば、デベロッパはテストを実行したがらなくなるだろう。単体テストは、ソフトウェアコンポーネントを周囲から切り離してテストしなければならない。また、周囲から切り離して実行できなければならない。どのテストも他のテストに依存してはならないし、同時並行にどのような順序でも実行できなければならない。コンポーネントを独立してテストするためには、依存する部分についてモックやスタブを使わなければならない場合がある。モックとスタブについては、第3部「JavaScriptテスト駆動開発の実際」で取り上げ、さらに第16章「モックとスタブ」で少し詳しく説明する。

単体テストをディスクに格納すれば（実際、通常は本番コードとともにバージョン管理システムに格納する）、以下のようなときにいつでもテストを実行できる。

- 実装が完了したときに、動作が正しいかどうかを試す。
- 実装を変更したときに、動作が変わっていないかどうかを試す。
- システムに新しいユニット（単体）が追加されたときに、システムがまだ本来の目的を満足させているかどうかを試す。

1.1.1 単体テストのフレームワーク

通常、単体テストは単体テストフレームワークを使って書く（厳密に言えば、フレームワークはかならずしも必要ではないが）。この章では、単体テストのコンセプトに焦点を絞り、単体テストを書いて実行するときのさまざまな側面を一通り見ていく。JavaScript用の実際のテストフレームワークについては、第3章「現役で使われているツール」まで先送りにする。

読者は、たとえまだ構造化された単体テストをしたことがなくても、すでに単体テストをかなり書いたことがあるのではないだろうか。コードをデバッグしたり、直接操作したりするためにブラウザでコンソール（たとえばFirebugやSafariのInspectorなど）をポップアップするときには、かならず何らかの文を実行して、関連するオブジェクトの状態がどのように変わったかをチェックするだろう。これは、多くの場合単体テストになっている。ただ、自動化されておらず、再現できるようになっていないだけだ。この本では、この種のテストの例を実際に実行してから、次第に形を整えて xUnit テストケースにしていく。

xUnit とは、JUnit を直接移植したテストフレームワーク、あるいはより緩やかに JUnit に組み込まれているアイデア、コンセプトを基礎として（もっと正確に言えば、Smalltalk テストフレームワークの SUnit に組み込まれているアイデア、コンセプトを基礎として）作られたテストフレームワークを指す。これら2つのフレームワークの製作では、エクストリームプログラミングの父である Kent Beck が中心的な役割を果たした。最初の実装は SUnit だが、パターンを広めて現在の xUnit を作ったのは JUnit である。

1.1.2 JavaScriptのstrftime

多くのプログラミング言語は、strftime関数、またはそれに類似したものを提供している。この関数は、日付またはタイムスタンプを対象とし、フォーマット指定文字列を受け付けて、日付を表す整形済み文字列を出力する。たとえば、Rubyでは、strftimeはTime、Dateオブジェクトのメソッドとして提供されており、**リスト1-1**のようにして使うことができる。

リスト1-1　RubyのTime#strftime

```
Time.now.strftime("Printed on %m/%d/%Y")
#=> "Printed on 09/09/2010"
```

リスト1-2は、JavaScript用のstrftimeを作る試みで、まだ開発途上のものである。Date.prototype上に実装されているため、すべての日付オブジェクトのメソッドとして使うことができる。この章では、コードの細部まで完全に理解するのが仮に難しかったとしても、がっかりしないようにしていただきたい。ここでは実際のコードよりもコンセプトのほうが重要である。そして、高度なテクニックは、第2部「プログラマのためのJavaScript」で説明する。

リスト1-2　JavaScript用strftimeの最初のコード

```
Date.prototype.strftime = (function () {
  function strftime(format) {
    var date = this;

    return (format + "").replace(/%([a-zA-Z])/g,
    function (m, f) {
      var formatter = Date.formats && Date.formats[f];

      if (typeof formatter == "function") {
        return formatter.call(Date.formats, date);
      } else if (typeof formatter == "string") {
        return date.strftime(formatter);
      }

      return f;
    });
  }

  // 内部ヘルパー
  function zeroPad(num) {
    return (+num < 10 ? "0" : "") + num;
  }

  Date.formats = {
```

```
    // 整形メソッド群
    d: function (date) {
      return zeroPad(date.getDate());
    },

    m: function (date) {
      return zeroPad(date.getMonth() + 1);
    },

    y: function (date) {
      return date.getYear() % 100;
    },

    Y: function (date) {
      return date.getFullYear();
    },

    // フォーマット略記法
    F: "%Y-%m-%d",
    D: "%m/%d/%y"
  };

  return strftime;
}());
```

`Date.prototype.strftime`は、主として2つの部分から構成されている。書式指定子を対応する値に置き換える`replace`関数と、ヘルパーメソッドのコレクションである`Date.formats`オブジェクトだ。コードは次のように分解できる。

- `Date.formats`は、書式指定子をキー、`Date`から対応するデータを抽出するメソッドを値とするオブジェクトである。
- 一部の書式指定子は、長い形式の略記法になっている。
- `String.prototype.replace`は、書式指定子にマッチする正規表現とともに使われる。
- `replace`関数は、与えられた指定子が`Date.formats`に含まれているかどうかをチェックし、含まれていればそれを使う。そうでなければ、指定子はそのままの形で残される（つまり直接返される）。

このメソッドをテストするためにはどうすればよいだろうか。たとえば、Webページにスクリプトをインクルードし、必要なところでそれを使って、Webサイトが日付を正しく表示したかどうかを手作業でチェックするのも1つの手である。正しく表示されない場合、なぜそうなのかについてのヒントはあまり得られず、デバッグ作業が残される。それよりも、Webページにスクリプトをロードし、コンソールをオープンして操作したほうが少し高度になる（大差はないが）。おそらく、**リスト1-3**のようなセッションになるだろう。

リスト 1-3　Firebug で手作業でコードをチェックする

```
>>> var date = new Date(2009, 11, 5);
>>> date.strftime("%Y");
"2009"
>>> date.strftime("%m");
"12"
>>> date.strftime("%d");
"05"
>>> date.strftime("%y");
"9"
```

　Firebug セッションを見ると、私たちの `strftime` にはまずいところがあるようだ。とすると、どこが悪いのかを調べてテストを再実行し、直ったかどうかを確かめなければならない。これでは手作業が増えてしまう。もっとうまいやり方がある。ソーススクリプトとともにテストコードをまとめたスクリプトをロードする小さな HTML ページを作るのである。こうすると、テストをまた入力しなくても、コードを修正した結果を調べられる。**リスト 1-4** は、このようなテストに使える HTML ページである。

リスト 1-4　HTML テストページ

```html
<!DOCTYPE html PUBLIC "-//W3C//DTD HTML 4.01//EN"
          "http://www.w3.org/TR/html4/strict.dtd">
<html lang="en">
  <head>
  <title>Date.prototype.strftime test</title>
    <meta http-equiv="content-type"
          content="text/html;charset=utf-8">
  </head>
  <body>
    <script type="text/javascript" src="../src/strftime.js">
    </script>
    <script type="text/javascript" src="strftime_test.js">
    </script>
  </body>
</html>
```

　次に、先ほどのコンソールセッションを**リスト 1-5** のような新ファイルにコピーする。これがテストスクリプトファイルになる。結果の記録には、新しいブラウザがほとんどかならずサポートしている `console.log` を使い、ブラウザの JavaScript コンソールに出力する。

リスト 1-5　strftime_test.js

```javascript
var date = new Date(2009, 11, 5);
console.log(date.strftime("%Y"));
console.log(date.strftime("%m"));
console.log(date.strftime("%d"));
console.log(date.strftime("%y"));
```

```
console.log(date.strftime("%F"));
```

これでテストケースを再現できるようになった。それでは、誤りに注目してみよう。"%y"が、返す数字に前0を付けていない。これは単純にメソッド呼び出しをさらにzeroPad()呼び出しでラップするのを忘れたというだけだ。**リスト1-6**は、修正後のDate.formats.yメソッドである。

リスト 1-6　年の前 0

```
Date.formats = {
  // ...

  y: function (date) {
    return zeroPad(date.getYear() % 100);
  }

  // ...
};
```

ブラウザでテストファイルを再実行し、コンソールを見て、この修正によって"y"フォーマット識別子の問題が解決されたことを確認しよう。今書いたのが単体テストである。このテストは、JavaScriptでもっとも小さな単位（ユニット）、つまり関数をターゲットとしている。あなたも、これが単体テストだということに気付かずに同じようなことを何度も実行していることだろう。

テストオブジェクトの作成とそのオブジェクトの一部のメソッド呼び出しを自動化したのはすばらしいが、まだどの呼び出しがOKでどの呼び出しがNGかを手作業でチェックしなければならない。単体テストを本当の意味で自動化するためには、自己チェックの仕組みが必要だ。

1.2 アサーション

単体テストの中心はアサーションである。アサーションとは、プログラマが想定しているシステムの状態を表す述語である。前節の正しく動作していない"y"書式指定子のデバッグの場合、私たちは言わば手作業のアサーションを行っている。つまり、2009年の日付でstrftimeメソッドを呼び出し、"%y"を指定した場合、"09"という文字列が返されてこなければならない、ということである。そうでない場合は、システムは正しく動作していない。アサーションは、単体テストでこういったチェックを自動的に行うために使われる。アサーションが不合格になったら、テストは異常終了し、エラーが通知される。**リスト1-7**は、簡単なassert関数である。

リスト 1-7　単純な assert 関数

```
function assert(message, expr) {
  if (!expr) {
    throw new Error(message);
  }

  assert.count++;
```

```
    return true;
}

assert.count = 0;
```

このassert関数は、第2引数が真的なもの（つまり、`false`、`null`、`undefined`、`0`、`""`、`NaN`以外の任意の値）かどうかを単純にチェックする。そうであれば、アサーションカウンタをインクリメントし、そうでなければ第1引数をエラーメッセージとしてエラーを投げる。**リスト1-8**のようにすれば、今まで使ってきたテストのなかでこのassert関数を活用できる。

リスト1-8　assertを使ってテストする

```
var date = new Date(2009, 9, 2);

try {
  assert("%Y should return full year",
         date.strftime("%Y") === "2009");
  assert("%m should return month",
         date.strftime("%m") === "10");
  assert("%d should return date",
         date.strftime("%d") === "02");
  assert("%y should return year as two digits",
         date.strftime("%y") === "09");
  assert("%F should act as %Y-%m-%d",
         date.strftime("%F") === "2009-10-02");
  console.log(assert.count + " tests OK");
} catch (e) {
  console.log("Test failed: " + e.message);
}
```

このテストコードは先ほどよりも少し入力量が多いが、テストは自分でしゃべれるようになり、自分で自分を確かめられるようになった。手作業は、すべての結果を1つひとつ確かめることから単純にテストが返してくるステータス情報を確かめることに圧縮された。

1.2.1 赤と緑

単体テストの世界では、「不合格」と「合格」の代わりに「赤」と「緑」という表現を使うことが多い。テストの結果を赤、緑で表すと、出力がさらにはっきりと解釈でき、プログラマの労力はさらに小さくなる。**リスト1-9**は、DOMを使ってカラーでメッセージを表示する単純化されたoutput関数を提供する。

リスト1-9　メッセージをカラー出力する

```
function output(text, color) {
  var p = document.createElement("p");
  p.innerHTML = text;
  p.style.color = color;
```

```
    document.body.appendChild(p);
}

// console.log呼び出しは、次の呼び出しに置き換えられる
output(assert.count + " tests OK", "#0c0");
// こちらは不合格用
output("Test failed: " + e.message, "#c00");
```

1.3 テスト関数、テストケース、テストスイート

　今までのテストは複数のアサーションを含んでいるが、assert 関数はテストが不合格になるとエラーを投げるため、不合格したテストよりあとのテストが合格するのかしないのかはわからない。もっときめの細かいフィードバックを実現するためには、テストをテスト関数にまとめればよい。個々のテスト関数は、1個のユニット（単体）だけをテストするが、そのために使うアサーションは1つでも複数でもよい。完全な管理のためには、1つのテストが1つのユニットの特定のふるまいだけをテストするように制限する。そのため、個々の関数には無数のテストが作られることになるが、それらは短くて理解しやすく、全体としてのテストは、適切なフィードバックを提供する。

　関連するテスト関数/メソッドの集合をテストケースと呼ぶ。strftime 関数の場合、メソッド全体のために1個のテストケースを作り、個々のテストは1個または数個のアサーションにより関数の特定のふるまいをテストする。複雑なシステムでは、テストケースをさらにまとめてテストスイートを作る。**リスト 1-10** は、非常に単純な testCase 関数である。この関数は、引数として文字列の名前とテストメソッドを持つオブジェクトを受け付ける。名前の先頭が「test」になっているプロパティはどれもテストメソッドとして実行できる。

リスト 1-10　単純な testCase 関数

```
function testCase(name, tests) {
    assert.count = 0;
    var successful = 0;
    var testCount = 0;
    for (var test in tests) {
        if (!/^test/.test(test)) {
            continue;
        }

        testCount++;

        try {
            tests[test]();
            output(test, "#0c0");
            successful++;
        } catch (e) {
            output(test + " failed: " + e.message, "#c00");
```

```
    }
  }

  var color = successful == testCount ? "#0c0" : "#c00";
  output("<strong>" + testCount + " tests, " +
         (testCount - successful) + " failures</strong>",
         color);
}
```

リスト 1-11 は、testCase を使って strftime テストをテストケースに再編している。

リスト1-11　strttime テストケース

```
var date = new Date(2009, 9, 2);

testCase("strftime test", {
  "test format specifier %Y": function () {
    assert("%Y should return full year",
           date.strftime("%Y") === "2009");
  },
  "test format specifier %m": function () {
    assert("%m should return month",
           date.strftime("%m") === "10");
  },
  "test format specifier %d": function () {
    assert("%d should return date",
           date.strftime("%d") === "02");
  },
  "test format specifier %y": function () {
    assert("%y should return year as two digits",
           date.strftime("%y") === "09");
  },
  "test format shorthand %F": function () {
    assert("%F should act as %Y-%m-%d",
           date.strftime("%F") === "2009-10-02");
  }
});
```

今までのテストは十分単純で独立していたので、1つのテストにアサーションも1つずつだった。テストケースは、すべてのテストを1つのオブジェクトにまとめるが、Date オブジェクトは、まだ外側で作られている。しかし、Date オブジェクトはテストの密接不可分な一部なので、この形は不自然だ。各テストのなかで新しい Date を作ることもできるが、すべてのテストで同じように Date を作ることができるので、不要な重複を生みがちである。共通セットアップコードを1か所にまとめるほうがよいやり方だ。

1.3.1 セットアップとティアダウン

xUnitフレームワークは、通常setUp、tearDownメソッドを提供している。これらのメソッドは、個々のテストメソッドの前（setUp）、後（tearDown）に呼び出され、テストデータのセットアップ（セットアップされたデータはテストフィクスチャとも呼ばれる）の一元管理を実現する。それでは、setUpメソッドを使ってテストフィクスチャとしてのDateオブジェクトを用意しよう。**リスト1-12**は、テストケースがsetUp、tearDownを持っているかどうかをチェックし、持っている場合には適切なタイミングでそれを実行するように書き換えたtestCase関数である。

リスト1-12　setUp、tearDown対応のtestCase

```
function testCase(name, tests) {
  assert.count = 0;
  var successful = 0;
  var testCount = 0;
  var hasSetup = typeof tests.setUp == "function";
  var hasTeardown = typeof tests.tearDown == "function";
  for (var test in tests) {
    if (!/^test/.test(test)) {
      continue;
    }

    testCount++;

    try {
      if (hasSetup) {
        tests.setUp();
      }
      tests[test]();
      output(test, "#0c0");

      if (hasTeardown) {
        tests.tearDown();
      }
      // tearDownメソッドがエラーを投げたら、テスト不合格と考えられる
      // その場合はここは実行されないので合格の回数に入らない
      successful++;
    } catch (e) {
      output(test + " failed: " + e.message, "#c00");
    }
  }
  var color = successful == testCount ? "#0c0" : "#c00";

  output("<strong>" + testCount + " tests, " +
    (testCount - successful) + " failures</strong>",
```

新しいsetUpメソッドを使うと、**リスト1-13**のようにテストフィクスチャを確立するオブジェクトプロパティを追加できるようになる。

リスト1-13 　strftimeテストケースにsetUpを追加する

```
testCase("strftime test", {
  setUp: function () {
    this.date = new Date(2009, 9, 2, 22, 14, 45);
  },

  "test format specifier Y": function () {
    assert("%Y should return full year",
           this.date.strftime("%Y") == 2009);
  },

  // ...
});
```

1.4 統合テスト

　自動車工場の製造ラインについて考えてみよう。単体テストは、車の1つひとつの部品のチェックに対応する。ハンドル、ホイール、パワーウィンドウといったものだ。統合テストは、全体としての車、あるいは部品をいくつか組み合わせて作った構造物が期待通りに動作することをチェックするのに対応する。たとえば、ハンドルを回したときにホイールが動くのを確かめるようなものだ。統合テストは、部品の集合体をテストする。それらの部品は単体テストを終わらせ、単独では正しく動作することがわかっていることが望ましい。

　高水準の統合テストには、ブラウザを自動操作するソフトウェアなどの高度なツールを必要とすることがあるが、xUnitフレームワークでもさまざまな種類の統合テストを書くことができる。もっとも単純な形態の統合テストは、2つ以上の部品の組合せの動作をテストするものだ。実際、もっとも単純な統合テストは、単体テストに非常に近いため、単体テストと間違われることも多い。

　リスト1-6では、date.getYear()呼び出しの結果に前ゼロを入れて"y"書式指定子の誤動作を修正した。これは、Date.formats.yを修正してDate.prototype.strftimeの単体テストを合格させたということである。Date.formats.yが非公開/内部ヘルパー関数なら、strftimeの実装の細部ということになり、動作をテストするときのエントリポイントはstrftimeでよかっただろう。しかし、Date.formats.yは公開されたメソッドなので、独立した単位と考えるべきものである。だから、先ほどのテストはおそらくこれを直接テストすべきだったのである。**リスト1-14**では、この区別を明確にするために、引数の日付が1年の何日目かを計算するjという新しい整形メソッドを追加する。

リスト 1-14　1年の何日目かの計算

```
Date.formats = {
  // ...

  j: function (date) {
    var jan1 = new Date(date.getFullYear(), 0, 1);
    var diff = date.getTime() - jan1.getTime();

    // 86400000 == 60 * 60 * 24 * 1000
    return Math.ceil(diff / 86400000);
  },

  // ...
};
```

Date.formats.j メソッドは、今までの整形メソッドよりも少し複雑である。どのようにしてテストすればよいだろうか。new Date().strftime("%j") の結果をアサートするようなテストを書いても、Date.formats.j の単体テストにはまずならないだろう。実際、先ほどの統合テストの定義に従うなら、まさにこれは統合テストのように見える。特定の整形メソッドと strftime メソッドの両方をテストしているのである。それよりも書式指定子を直接テストし、それから strftime の置換ロジックを別個にテストしたほうがよい。

リスト 1-15 は、「そのつもりでない統合テスト」を避け、直接テストできるように作られたメソッドを対象とするテストである。

リスト 1-15　書式指定子を直接テストする

```
testCase("strftime test", {
  setUp: function () {
    this.date = new Date(2009, 9, 2, 22, 14, 45);
  },

  "test format specifier %Y": function () {
    assert("%Y should return full year",
           Date.formats.Y(this.date) === 2009);
  },

  "test format specifier %m": function () {
    assert("%m should return month",
           Date.formats.m(this.date) === "10");
  },

  "test format specifier %d": function () {
    assert("%d should return date",
           Date.formats.d(this.date) === "02");
  },
```

```
    "test format specifier %y": function () {
      assert("%y should return year as two digits",
             Date.formats.y(this.date) === "09");
    },

    "test format shorthand %F": function () {
      assert("%F should be shortcut for %Y-%m-%d",
             Date.formats.F === "%Y-%m-%d");
    }
  });
```

1.5 単体テストから得られるもの

　テストを作るのは投資である。単体テストに対する反対論としてもっとも大きなものは、時間がかかりすぎることだ。もちろん、アプリケーションのテストには時間がかかる。しかし、自動テストの代わりの選択肢は、普通アプリケーションをまったくテストしないことではない。テストがなければデベロッパは手作業でテストするしかないが、それでは効率が悪すぎる。私たちは一度で捨ててしまうようなテストを何度も何度もくり返し書いてきた。そして、うまく動いていないように見えるとか、何かほかの理由から欠陥があるだろうと考えているという場合でない限り、厳格なテストをかけることはまずない。自動テストを選べば、テストコードを一度書くだけで、何度でも好きなだけテストを実行できる。

1.5.1 退行テスト

　私たちはときどきコードのなかでミスを犯す。それらのミスは、バグとなって本番システムで顔を出すことがある。もっと困るのは、バグをフィックスしたはずなのに、あとになって同じバグが本番システムに入り込むことだ。退行テストは、このようなことを起きにくくする。テスト内のバグを「トラップして」、バグが再び起きるようになったら、テストスイートが報告を送ってくる。自動テストは自動化されていて再現可能なので、コードを本番稼働に移す前にすべてのテストを実行して、過去の誤りがそのまま残っていないことを確かめることができる。システムが大きくなり、複雑になるにつれて、手作業の退行テストは急速に不可能になっていく。

1.5.2 リファクタリング

　コードのリファクタリングとは、ふるまいには手を付けずに、実装だけを変更することである。単体テストと同じように、あなたもそれをリファクタリングと呼んだかどうかは別として、リファクタリングをしたことはあるだろう。たとえば、ほかのメソッドで再利用するために、あるメソッドからヘルパーメソッドを取り出したことがあれば、それはリファクタリングをしたということである。オブジェクトや関数の名称変更もリファクタリングである。リファクタリングは、設計の良さを保ちながらアプリケーションを成長させ、DRY（Don't Repeat Yourself）を保ち、変更要求に対応できるようにするうえで必要不可欠である。

　リファクタリングで失敗するポイントはたくさんある。メソッドの名前を変えるときには、そのメソッドが

参照されているすべての箇所を確実に書き換えなければならない。あるメソッドから共有ヘルパーにコードをコピーアンドペーストするときには、もとの実装で使われていたローカル変数などの細部に神経を使わなければならない。

　Martin Fowler は、著書『Refactoring: Improving the Design of Existing Code』[1] で、リファクタリングの最初のステップを次のように書いている。「コードの書き換えようとしている部分のために、しっかりとしたテストセットを書きなさい」テストがなければ、リファクタリングが成功したかどうか、新しいバグが入っていないかどうかを信頼できる形で教えてくれる手段はない。Hamlet D'Arcy の不滅の言葉が言うように「カバレッジに含まれていないものに手を触れてはいけない。そうでなければ、リファクタリングではなく、たんに汚物に手を加えるだけになってしまう」

1.5.3 クロスブラウザテスト

　Web デベロッパは、プラットフォームとユーザーエージェントのさまざまな組合せのもとで動作しなければならないコードを書いている。単体テストを活用すれば、さまざまな環境でコードが動作することを確かめるために必要な作業量が大幅に削減できる。

　私たちがサンプルとして使ってきた strftime メソッドで考えてみよう。さまざまなブラウザを起動し、メソッドを使っている Web ページに移動し、日付が正しく表示されるのを手作業で確かめるなら、場当たり的なテストと言うしかない。問題のコードにもっと近いところでテストしたければ、「1.1 単体テスト」で行ったようにブラウザコンソールをオープンし、その場でテストを行うことになる。しかし、単体テストを使えば、単純にすでに書いた単体テストをすべてのターゲット環境で実行してみるだけで済む。賢いテストランナーがあり、一連のユーザーエージェントがテストされるのを待っている状態なら、シェルでコマンドを 1 つ発行するか、IDE（統合開発環境）のボタンを押すだけで、すべてのブラウザでの動作を確かめられる。

1.5.4 その他の利点

　きちんと書かれたテストは、インターフェイスのよいドキュメントにもなる。短くてポイントが絞れている単体テストがあれば、新しく参加したデベロッパでも、テストを熟読するうちに、開発されているシステムのことがわかってくる。実際、単体テストを使っていると、自分で書いたインターフェイスを使わなければならなくなるので、フィードバックのループが短くなり、書いているコードのインターフェイスがクリーンになっていく。だから、テストがインターフェイスのドキュメントになるというのもうなずける話だ。第 2 章「テスト駆動開発プロセス」で説明するように、単体テストのもっとも重要な利点の 1 つは、単体テストが設計ツールになることである。

1.6 単体テストの落とし穴

　単体テストを書くのは、いつも簡単だとは限らない。特に、優れた単体テストを書くためには経験が必要であり、単体テストがかなりの難題になることがある。「1.5 単体テストから得られるもの」で列挙した利点は、どれも、単体テストがベストプラクティスに従って実装されていることが大前提である。ひどい単体テストを書いたら、これらの利点はどれ 1 つとして得られず、時間がかかってメンテナンスしにくいテストにいつまでも

悩まされることになる。

　本当に優れた単体テストを書くためには、テストしているコードがテストできるものでなければならない。テストすることを考えずに作られたアプリケーションにあとからテストスイートを追加しようとするとわかるが、そのようなアプリケーションの一部は、テストが不可能でなくても、容易ではない。単体を独立してテストしていると、密結合しすぎているコードが明らかになり、問題の分割が進むものだ。

　本書では、全体を通じて、テストできるコードの特徴は何か、単体テストとテスト駆動環境の利点を享受できる優れた単体テストはどのようなものかをサンプルとともに示していくつもりだ。

1.7 まとめ

　この章では、ブラウザコンソールで実行する思いつきのテストと構造化され再現可能な単体テストの類似点を見てきた。また、xUnit テストフレームワークのもっとも重要な構成要素であるテストケース、テストメソッド、アサーション、テストフィクスチャについて、またテストランナーによる単体テストの実行方法についても学んだ。さらに、JavaScript 用の `strftime` の未熟な実装をテストするという形で、概念的な xUnit フレームワークのおおよその実装を作ってみた。

　この章では統合テストについても、特に xUnit フレームワークを使って実現できるということを中心として簡単に触れた。また、統合テストと単体テストが混同されやすいことについても触れ、アプリケーションの独立したコンポーネントをテストすることになっているかどうかに注目すれば両者を見分けられることを説明した。

　単体テストの利点については、長期的に見れば時間の節約につながること、退行テストが楽になることを説明し、単体テストは投資なのだということを明らかにした。また、テストがなければリファクタリングが不可能でなくても困難になること、また信頼性が得られないことも説明した。リファクタリングの前にテストを書いておけば、リスクを大きく軽減できる。そして、同じ単体テストがクロスブラウザテストをかなり簡単なものにしてくれる。

　第 2 章「テスト駆動開発プロセス」では、単体テストについての検討をさらに進める。第 2 章でも、この章で説明した単体テストの利点、すなわち設計ツールとしての単体テストということに注目していく。そして、新しいコードを書くための最大の駆動力として、単体テストを活用していく。

第2章
テスト駆動開発プロセス

　第1章「自動テスト」では、単体テストについて学んだ。そして、単体テストによって手作業でテストしたりコードをへたにいじくり回したりする必要がなくなるため、コードの欠陥が減り、退行を捕捉でき、デベロッパの生産性が上がることも知った。この章では、テスト駆動開発を取り上げるため、焦点はテストから仕様に移る。テスト駆動開発（TDD）は、単体テストを前面に押し出し、本番コードの主要なエントリポイントに据えるプログラミングテクニックである。テスト駆動開発では、テストは本番コードを書く前に、仕様として書かれる。この方法には、テストがしやすくなる、インターフェイスがクリーンになる、デベロッパが自信を持てるようになるなどの利点がある。

2.1 テスト駆動開発の目的、目標

　Kent Beckは、著書『Test-Driven Development By Example』[3]のなかで、テスト駆動開発の目標は、動作するクリーンなコードだと述べている。TDDは、反復的な開発プロセスで、個々のイテレーションは実装しようとしている仕様の一部としてテストを書くことからスタートする。1つのイテレーションが短いので、書いているコードのフィードバックが早い段階で得られ、設計上の判断のまずさも見つけやすい。本番コードを書く前に必ずテストを書くため、単体テストカバレッジが上がるが、それは歓迎すべき副作用にすぎない。

2.1.1 開発の上下をひっくり返す

　伝統的なプログラミング問題は、コンセプトがコード内で完全に表現されるまでプログラミングすることによって解決される。コードは、アーキテクチャ全体として何らかの設計思想に従ったものであることが望ましいが、多くの場合、特にJavaScriptの世界では、そうなっていない。このスタイルのプログラミングは、解決のためにどのようなコードが必要になるかを推測しながら問題を解決していくので、どうしてもコードは水ぶくれになっていき、密結合が生まれやすい。さらに単体テストも行っていなければ、このアプローチによって作られたソリューションは、エラー処理ロジックなどに絶対に実行されないコードが含まれていたり、境界条件が完全にテストされつくしていなかったりといった問題を含んだものになる。

　テスト駆動開発は、開発サイクルの上下をひっくり返す。テスト駆動開発では、問題を解決するためにどのようなコードが必要なのかを考えるのではなく、まず目標を定義するところから始める。単体テストは、どのような動作がサポートされ、計算に入っているかを示す仕様書になる。確かに、TDDの目標はテストではなく、境界条件の処理が改善される保証はない。しかし、コードの各行が代表的なサンプルコードによってテストされるため、TDDは余分なコードを作り出さない場合が多い。そして、計算に入っている機能は、堅牢度が高くな

る傾向がある。テスト駆動開発を正しく進めれば、システムに実行されないコードが含まれることはなくなる。

2.1.2 テスト駆動開発における設計

　テスト駆動開発では、「あらかじめ決められた大きな設計」はないが「最初の段階では設計はない」というわけではない。プロジェクトの完成まで、さらにそのあとのシステムの生涯を通じてスケーラビリティを維持できるクリーンなコードを書くためには、プランが必要だ。TDDは、何もないところから優れた設計を自動的に生み出すわけではなく、作業の進展とともに設計を進化させやすくするのである。TDDは、単体テストに強く依存しているため、ほかの部分から切り離して単独のコンポーネントに力を注ぐ開発スタイルになる。そのため、コードの疎結合を保ち、単一責任の原則を守り、不必要にコードが水ぶくれすることを防ぐために大きな力になる。TDDは開発プロセスをしっかりと制御するため、設計に関する多くの決定をどうしてもそれが必要なときまで先送りすることができる。結局不要だった機能や最初の予想とは裏腹に不要だった機能を設計することがまず考えられないため、要件の変化に対応しやすい。

　テスト駆動開発のもとでは、設計のことをじっくりと考えないわけにはいかなくなる。新しい機能を追加するときには、いつでもまず単体テストという形で妥当なユースケースを組み立てるところから仕事を始める。単体テストを書くためには、思考実験が必要だ。解決しようとしている問題を記述しなければならない。それが終わらなければ、実際にコーディングをスタートさせることはできない。言い換えれば、TDDのもとでは、ソリューションを提供する前に、結果について考えなければならない。このプロセスからどのような利点が得られるのかについては、プロセス自体についてもう少し理解してから、「2.4 テスト駆動開発の利点」で取り上げる。

2.2 プロセス

　テスト駆動開発は反復的なプロセスで、個々のイテレーションは次の4つのステップから構成される。

- テストを書く
- テストを実施する。新しいテストが不合格になるのを確認する。
- テストに合格するようにコードを書く。
- リファクタリングして重複を取り除く。

　毎回のイテレーションでは、テストが仕様になる。テストを合格させられるような本番コードが書けたら、そこで開発は完了で、あとは重複を取り除いたり、設計を改良したりするために、テストが合格し続ける限りで、コードのリファクタリングを進める。

　TDDでは「あらかじめ決められた大きな設計」はないが、TDDセッションの開始に当たっては、設計のためにある程度時間を割かなければならない。設計はどこかからわき上がってくるものではなく、あらかじめ決められた設計もないのであれば、最初のテストの書き方はどうすればわかるのだろうか。テストを作れるだけの知識を集めてきたら、テストを書くことこそが設計になる。テストを書くということは、特定の状況の下でコードがどのようにふるまわなければならないか、システムのコンポーネントの間でどのように仕事を移譲しあうのか、コンポーネントがどのように一体化されるのかを規定することである。この本では、全体を通じて、

複数のテスト駆動コードを開発していくが、さまざまなシナリオのもとで、最初にどのような準備が必要かを明らかにしていくつもりだ。

　TDDのイテレーションは短く、始まったら通常は数分で終わる。大切なのは、今どの段階にいるのかを意識し、よく考えることである。コードのなかに変更が必要な箇所や足りない機能を見つけたら、それについてメモを残し、対処する前にイテレーションを終わらせる。私もそうだが、多くのデベロッパは、この種の観察作業のために簡単なto doリストを作っている。新しいイテレーションを始める前に、私たちはto doリストから仕事を選び出す。to doリストはただのメモ用紙でも何かデジタルなものでもかまわない。どちらにするかは大きな問題ではない。大切なのは、新しい項目をすばやく気楽に追加できることである。私個人は、Emacsのorg-modeを使って、すべてのプロジェクトのto doファイルを管理している。私は1日中Emacsのなかで作業しており、to doリストにはキーバインドでアクセスできる。to doリストの内容は、「引数が足りないときにはエラーを投げる」のようにごく簡単なものもあるが、あとで複数のテストに分けられるような複雑なものもある。

2.2.1 ステップ1：テストを書く

　テスト駆動開発イテレーションの最初のステップは、実装する機能を選び、そのための単体テストを書くことである。第1章「自動テスト」で説明したように、優れた単体テストは短く、関数/メソッドの単一のふるまいだけを対象にしていなければならない。1つのふるまいだけのテストを作るための目安としては、できる限り少ないコードでテストを不合格にすることを考えるとよい。また、新しいテストは、すでに動作することがわかっているアサーションを重複させないようにしなければならない。1つのテストがシステムの複数の側面をチェックしているなら、不合格にするために必要以上にコードを追加しているか、すでにテストされていることをテストしているということだ。

　実装について何らかの前提条件を設けていたり、実装または実装の状態について何らかの想定を持っていたりするテストには注意しなければならない。テストは、実装しているもののインターフェイスを記述するものでなければならない。

　`String.prototype.trim`メソッドを実装しているものとする。つまり、文字列オブジェクトのメソッドで、文字列の前後の空白を取り除くものである。そのようなメソッドの最初のテストとしては、**リスト2-1**のように、先頭の空白が削除されることをアサートするのがよいだろう。

リスト2-1　String.prototype.trimの最初のテスト

```
testCase("String trim test", {
    function () {
        "a string" === " a string".trim());
    }
});
```

　うるさいことを言えば、もっと小さいところから初めて、そもそも文字列が`trim`メソッドを持っているかどうかを確かめるテストを書いてもよいところだ。馬鹿げたことに見えるかもしれないが、私たちはグローバルメソッドを追加しようとしているので（グローバルオブジェクトを書き換えて）、サードパーティコードと衝突を起こす可能性があるから、まず`typeof "".trim == "function"`のアサーションからスタートすれば、合格前のテストを実行して問題を見つけるために役に立つ。

単体テストは、既知の入力を渡し、出力が想定通りになっていることをアサートして、コードが想定通りに動くことをチェックする。この場合の「入力」は、関数の引数というだけではない。グローバルスコープ、特定のオブジェクトが特定の状態になっていることなど、テスト対象の関数が依存しているあらゆるものが入力を構成する。同様に、出力は戻り値だけではなく、グローバルスコープや所属オブジェクトの変化も含む。入出力は、関数引数と戻り値を指す直接入出力と引数として渡されるオブジェクトや外部オブジェクトへの変更を指す間接入出力に分類されることがよくある。

2.2.2 ステップ2：テストが不合格になるのを確認する

テストを書いたら、すぐに実行する。どうせ不合格になるということがわかっているので、このステップは無駄な感じがするかもしれない。そもそも、不合格になるように書いたのではないだろうか。合格するコードを書く前にテストを実行することには、複数の理由がある。もっとも重要な理由は、私たちのコードの現在の状態について、私たちの理論の正しさを確かめることだ。テストを書いているときには、テストがどのように不合格になるかについて明確に想定できていなければならない。単体テストと言えどもコードであり、ほかのコードと同じようにバグを含んでいる場合がある。確かに、単体テストは分岐ロジックを含んでいてはならないことになっており、実際に数行の単純な文以外のものが含まれていることはまれなので、バグは起きにくいが、それでも起きることはある。何が起きるのかを想定してテストを実行すると、テスト自体のバグをキャッチする確率が上がる。

理想としては、新しいテストを追加するたびに、すべてのテストを実行できるくらい、テストは高速でなければならない。すべてのテストを実行すると、違反テスト、つまりほかのテストが存在することに依存しているテストや、ほかのテストがあると不合格になるテストを見つけやすくなる。

合格するコードを書く前にテストを実行すると、書こうとしているコードについて新しいことがわかる場合もある。まだコードを書く前にテストが合格してしまうことがときどきある。通常、TDDは不合格になることが想定されるテストを追加するよう教えているだけなので、こんなことになってはいけないのだが、それでもテストが成功してしまうことがある。このようにテストが成功してしまうのは、たとえば強制型変換などのために実装が暗黙のうちにサポートしている要件を対象とするテストを追加したときである。このような場合は、テストを取り除くか、記述された要件として残しておけばよい。私たちが追加しようとしている機能を現在の環境がすでにサポートしているためにテストが合格する場合もある。Firefoxで`String.prototype.trim`メソッドを実行すると、Firefox（他のブラウザと同様に）がすでにこのメソッドをサポートしていることがわかるだろう[1]。終了時にネイティブ実装をそのまま残す形でメソッドを実装せよと促されるはずだ。こういった発見は、to doリストに書いておくとよい項目である。今の私たちは`trim`メソッドを追加しようとしている。そこで、新しい要件として、今あるネイティブ実装を残さなければならないということをメモしておくのである。

2.2.3 ステップ3：テストを合格させる

テストが不合格になる、それも想定通りに不合格になることを確かめたら、いよいよ仕事だ。この段階でのテスト駆動開発の教えは、おそらく動作するソリューションのなかでもっとも単純なものを作れである。言い換えれば、唯一の目標はテストを緑にすることで、そのためには必要なあらゆる手段を使い、ときにはハード

---

[1] 実際、JavaScriptの言語仕様の最新バージョンであるECMAScript 5は、`String.prototype.trim`を規定しているので、そう遠くない将来に、すべてのブラウザがこのメソッドを実装するだろう。

コードさえ辞さない。このステップで提供するソリューションがどれだけごちゃごちゃしていても、最終的にはリファクタリングとその後のステップがすっきりと整理してくれる。ハードコードを恐れてはならない。テスト駆動開発プロセスにはあるリズムがあり、作られたソリューションがその時点では完璧でなくても、イテレーションを完結させたというパワーを過小評価すべきではない。ここでは通常素早い判断基準がある。自明の実装があるかどうかだ。あるなら、それを使えばよい。ない場合には、フェイクして先に進めば、その後のステップが次第に実装を本当に自明なものにしていく。本当のソリューションを先送りにすると、その後のいつかに、もっとよい方法で問題を解くためのヒントが得られることもある。

　テストに対する自明な解がある場合は、そのままそれを実装する。しかし、もっと優れた構図が同じように自明に感じられたとしても、テストを合格させるために必要なだけのコードを追加するのだということを忘れてはならない。これは、「2.2 プロセス」で述べた観察の1つであり、メモに書き込み、別のイテレーションで追加する。コードを追加するということはふるまいを追加するということであり、追加されたふるまいは、追加された要件によって表現されていなければならない。明確な要件を背後に持たないようなコードがあるとすれば、それは水ぶくれに過ぎない。水ぶくれしたコードには、コードが読みにくく、メンテナンスがしにくく、安定した状態が保ちにくくなるというコストがかかっている。

これからも必要にならないもの

　エクストリームプログラミングには、テスト駆動開発のもとになっているソフトウェア開発方法論があり、それを YAGNI と言う。YAGNI は「you ain't gonna need it」（それが必要になることはない）の略で、必要になるまで機能を追加してはならないという原則である [4]。いつかいいことをしてくれるという前提のもとでコードを追加すると、その部分の必要性を具体的に示すユースケースがないのに、コードベースに水ぶくれの無駄なコードを追加することになる。JavaScript のような動的言語では、柔軟性が高い分、YAGNI 原則を破りたいという誘惑が強くなる。私が個人的に一度ならず犯した YAGNI 違反の1つは、メソッド引数を過度に柔軟にすることである。JavaScript 関数は任意の型、任意の個数の変数を受け付けられるが、だからといって、あらゆる引数の組合せに対応しなければならないわけではない。追加したコードの妥当な使い方を具体的に示すテストが作れるようになるまでは、そのコードを追加してはならない。to do リストにアイデアを書き出し、新しいイテレーションを開始するときに、それを優先的に取り上げる以上のことをやってはならない。

String.prototype.trim のテストを合格させる

　おそらく動作するソリューションのなかでもっとも単純なものの例として、リスト 2-1 のテストを通過する最小限のコードを書いたのが**リスト 2-2** である。このコードは、元のテストが記述した条件だけを解決し、その他の要件はあとのイテレーションに対処を任せている。

リスト 2-2　String.prototype.trim メソッドの提供

```
String.prototype.trim = function () {
  return this.replace(/^\s+/, "");
};
```

　鋭い読者なら、このメソッドの欠点をいくつも指摘できるだろう。ネイティブ実装を上書きしているとか、左側の空白しか取り除いていないといったことである。TDD のプロセスと自分が書いているコードにもっと自信が持てるようになったら、1つのステップをもっと大きくすることができるが、テスト駆動開発は、このよ

うに小さなステップを認めるということを知っていると楽になるだろう。慣れない分野に足を踏み入れるときや、エラーを起こしやすいメソッドを書くとき、ブラウザによってはきわめて不安定になるコードを扱うときには、小さなステップで前進できるのはとても大きな意味を持つ。

おそらく動作するもっとも単純なソリューションを書く

おそらく動作するもっとも単純なソリューションは、本番コードに値のハードコードを埋め込むことになる場合がある。汎用性のある実装がただちに自明ではない場合には、ハードコードはすぐに前進するために役立つことがある。しかし、1つひとつのテストのために、何らかの本番コードを書かなければならない。それが前進を表す。つまり、おそらく動作するもっとも単純なソリューションは、一度、二度、いや三度くらいまでなら値のハードコードに頼ることになるかもしれないが、固定された入出力の集合をただハードコードするだけでは前進にならない。ハードコードは、素早く前進するための足場として役に立つことがあるが、目標は品質の高いコードを十分たくさん作ることであり、一般化は避けられない。

TDDに慣れない多くのデベロッパは、ハードコードでもかまわないというTDDの原則に、どうしても不安な気持ちになる。しかし、TDDを完全に理解できたら、こんなことが警告サインになることは決してない。TDDは、ハードコードを含むソリューションを出荷せよと教えているわけではないのだ。ただ、何も手がかりがないのに一般的なソリューションを探さなければ先に進めないようにすると、時間を使いすぎてしまう。そのようなときには、開発ペースを保つために、中間的なソリューションとしてハードコードを認めているというだけである。それまでの進歩を振り返り、リファクタリングを実行すると、よりよいソリューションを思いつくことがある。そうでない場合でも、ユースケースを増やしていくと、土台のパターンが見つけやすくなる。第3部「JavaScriptテスト駆動開発の実際」では、ハードコードを含むソリューションの例を実際に示す。

2.2.4 ステップ4：重複を取り除くためにリファクタリングする

最後のステップは、クリーンなコードを書くという点ではもっとも重要なステップである。すべてのテストに合格するだけのコードを書いたら、それまでの仕事を見直し、調整を加えて重複を取り除き、設計を改良する時間がやってくる。このステップで従わなければならないルールは、テストを緑のまま維持するということだけだ。コードをリファクタリングするときには、同時に複数の作業をしてはならない、そして作業と作業の合間にテストをして緑のままになっていることを確かめなければならないと言われているが、これはよいアドバイスだ。リファクタリングとは、インターフェイスを変えないようにしながら実装を書き換えることだということを忘れてはならない。だから、この段階でテストを不合格にさせる必要はないのである（もちろん、コーディングミスをしたときは別である。そのようなときにはテストが特に役に立つ）。

重複は、複数の箇所で起きることがある。もっともわかりやすいのは、本番コードのなかだ。重複は、ハードコードソリューションから汎用ソリューションへの移行を助けることが多い。実装をごまかして応答をハードコードするところからスタートした場合、次は異なる入力を受け付け、ハードコードの応答では当然不合格になる別のテストを追加するのが自然な流れだ。たとえ、そのようにしても、ただちにソリューションの一般化につながらないという場合でも、ハードコードの応答をもう1つ追加すれば、重複が明らかになる。ハードコードの応答が増えてくると、一般化するためのパターンとして十分になり、本当のソリューションが導かれることがある。

重複は、テストのなかでも起きる。特にテストを実行するために必要なオブジェクトのセットアップや、依

存コンポーネントのフェイクなどが行われているときだ。重複は、テストでも本番コードと同じように望ましくない。それは、テストとシステムが密結合になりすぎていることを表している。テストとシステムが密結合になりすぎている場合は、（ヘルパー）メソッドの抽出などのリファクタリング技法を使って重複を取り除く。セットアップ、ティアダウンメソッドを使えば、オブジェクトの作成、解体を一元管理しやすくなる。テストもコードなので、メンテナンスが必要だ。テストコードはできる限り低コストで楽しくメンテナンスできるようにしなければならない。

　インターフェイス自体のリファクタリングによって設計が改善できる場合もある。その場合は本番コード、テストの両方で、普通よりも大きな変更が必要になることが多いので、ステップごとにテストを実行することがきわめて重要になる。しかし、プロセス全体を通じて重複にすばやく対処していれば、インターフェイスを変更することになっても、本番コード、テストのどちらに対してもドミノ倒しのような波及効果は生まれないだろう。

　不合格になるテストを残したまま、リファクタリングのステップを終了してはならない。コードを追加しなければリファクタリングを達成できない場合（つまり、メソッドを2つに分割したいが、現在のソリューションは2つの新メソッドの機能を完全に実現しきっていない場合）には、イテレーションを重ねて必要な機能をサポートできるところに到達するまで、分割を延期し、それからリファクタリングするようにすべきだ。

2.2.5 シャンプー、リンスのくり返し

　リファクタリングが終わり、取り除かなければならない重複や設計に加えるべき改良点がなくなれば、完成である。to doリストから新しい仕事を取り出して、プロセスをくり返す。反復は必要なだけ行う。プロセスとコードに自信が持てるようになったら、1歩の大きさを大きくしたくなるかもしれないが、ひんぱんにフィードバックをもらえる状態を保つために、サイクルは短くしたほうがよいということを覚えておこう。1歩を大きくしすぎると、追跡にしにくいバグや手作業のデバッグなど、このプロセスで避けようとしている多くの問題に直面することになり、このプロセスを採用した意味がなくなる。

　1日の仕事を終えるときには、テストを1つ不合格になる状態にしておいて、翌日どこから仕事を始めたらよいかがわかるようにしておこう。書くべきテストがなくなったら、実装は完成である。実装は、すべての要件を満たすようになっている。そこまできたところで、今度はテストカバレッジを改善することを主眼として、テストを追加したい場合がある。テスト駆動開発は、その性質上、すべてのコードを確実にテストしているはずだが、かならずしも十分強力なテストスイートを作れるとは限らない。すべての要件を満たしたら、新たな境界条件、新たな入力タイプなどをチェックする新しいテストを作れる。そして、特に重要なことだが、新しく書いたコンポーネントや開発中はフェイクだった依存コンポーネントとの間の統合テストをする。

　文字列の trim メソッドは、今までのところ、先頭の空白を取り除けることしか証明できていない。このメソッドに対するテスト駆動開発プロセスの次のステップは、**リスト2-3**のように、末尾のスペースが取り除けることである。

リスト2-3　String.prototype.trim の第2のテスト

```
"test trim should remove trailing white-space":
function () {
  assert("should remove trailing white-space",
      "a string" === "a string ".trim());
}
```

次はあなたの番だ。テストを実行し、本番コードに必要な変更を加え、最後に本番コードとテストの両方について、リファクタリングできそうなところを探していただきたい。

2.3 テスト駆動開発を円滑に進めるために

テスト駆動開発を進める上でもっとも大きな鍵を握っているのは、テストの実行である。テストは高速に実行できなければならないし、簡単に実行できなければならない。そうでなければ、デベロッパはテストの実行をさぼるようになり、テストされていない機能が追加され、プロセスはぐちゃぐちゃになってしまう。これは最悪だ。テスト駆動開発のために余分な時間を使いながら、正しく行われていないために、想定通りの結果が得られていると信じることができず、最悪の場合は、最悪のコードを書くために余分に時間をかけてしまうことになる。テストを円滑に進められるようにすることがポイントだ。

お勧めできるアプローチは、何らかの形の自動テストを実行することである。自動テストを実行するとは、ファイルが保存されるたびにテストが実行されるようにするということである。実行中のテストが緑か赤かを示す小さなインジケータを付けるとよい。さらに、最近では大画面が当たり前になってきているので、常時テスト出力ウィンドウを表示しておくスペースを用意するのもよいだろう。こうすれば、デベロッパが自分からテストを実行しなくてもよいので、プロセスをさらにスピードアップできる。テストの実行が、どちらかというと環境のほうの仕事になるのだ。デベロッパは、結果が返されてきたときに反応すればよい。しかし、テストがエラーを起こしたときには、自分で結果をチェックしなければならないことを忘れてはならない。このような形で自動テストを使うと、コーディングミスを除いてテストを不合格にしてはならないリファクタリングのスピードが上がる。第3章「現役で使われているツール」では、IDEとコマンドラインの両方について自動テストを詳しく見ていく。

2.4 テスト駆動開発の利点

テスト駆動開発の利点については、この章の導入部でも一部取り上げた。この節では、それらに別の形で触れるとともに、それ以外の利点も説明する。

2.4.1 動作するコードが手に入る

TDDの最大の利点は、動作するコードを作り出していくことである。1行1行が基本的な単体テストのカバレッジに含まれているということは、コードの安定性を保証するために非常に大きな効果がある。さまざまなブラウザ/プラットフォームの組合せでコードをテストしなければならないJavaScript開発では、単体テストが再現可能だということが特に重要な意味を持つ。テストは一度に1つずつの問題だけを相手にするように書かれるので、テストスイートを実行すると、コードのどの部分が動作していないかがテストの不合格という形で明らかになり、バグを見つけやすい。

2.4.2 単一責任の原則を尊重できる

独立して専用のコンポーネントを記述、開発していくので、疎結合のコードが書きやすく、単一責任の原則を守りやすくなる。TDD の単体テストでは、依存コンポーネントをテストしてはならないので、依存コンポーネントはフェイクに置き換えなければならない。また、テストスイートは、全体としてのアプリケーションとともに、各コード単位の第 2 のクライアントになっている。2 つのクライアントにサービスを提供すると、単一のユースケースだけを想定してコードを書いたときと比べ、密結合が見つけやすくなる。

2.4.3 意識的な開発が強制される

テスト駆動開発のもとでは、毎回のイテレーションが特定のふるまいを記述するテストを書くことから始まるので、書く前にコードについて考えなければならなくなる。解こうとする前に問題について考えると、しっかりとしたソリューションを作れる可能性が大幅に上がる。代表的なユースケースを通じて各機能を記述することから始めると、コードを小さく保てることが多い。また、コードの実際の使用例から書き始めるので、誰も必要としない機能を導入する可能性は下がる。YAGNI 原則を忘れてはならない。

2.4.4 生産性が向上する

テスト駆動開発を経験したことのないデベロッパには、こういったテストと手順を聞かされると、すごく時間がかかるような気がするかもしれない。最初から TDD は簡単だと強弁するつもりは私にもない。優れた単体テストを書けるようになるためには、経験が必要だ。本書を通じて、読者は十分な数のサンプルを見て、優れた単体テストのパターンをつかんでいくだろう。そのようにしてつかんだパターンに従ってコードを書き、第 3 部「JavaScript テスト駆動開発の実際」の課題を解いていくだけでも、読者は自分自身の TDD プロジェクトをスタートできるだけの基礎を身につけられるはずだ。TDD が習慣になれば、読者の生産性は上がっていく。おそらく、以前よりもテスト、コードの入力のためにエディタで使う時間は少し長くなるだろう。しかし、ブラウザで F5 キーをたたきまくる時間は大幅に短縮されるはずだ。その上で、動作することが実証されていて、テストによってカバーされているコードを作れるようになる。リファクタリングはもう恐くなくなるだろう。ストレスは減り、以前よりも幸せな気分で素早く仕事がこなせるようになる。

2.5 まとめ

この章では、エクストリームプログラミングから生まれた反復的プログラミングテクニック、テスト駆動開発について学んだ。まず、システムの新しいふるまいを規定するためにテストを書き、テストを実行して想定通りに不合格になることを確かめ、テストに合格するために必要な最小限のコードを書き、最後に重複を取り除き、設計を改良するために、積極的にリファクタリングをかけるというイテレーションの 1 つひとつのステップを順にたどった。テスト駆動開発は、クリーンで開発者自身が自信を持てるようなコードを書きやすくするために考えられたテクニックである。デベロッパのストレスは軽減され、コードを書くのがずっと楽しくなるだろう。第 3 章「現役で使われているツール」では、JavaScript 用のテストフレームワークをじっくりと見ていく。

第3章
現役で使われているツール

　第1章「自動テスト」では、テストケース全体のセットアップ、ティアダウンのメソッドを持ち、基本的な単位テストを実行できるごく単純な`testCase`関数を開発した。独自のテストフレームワークの開発はすばらしい練習にはなるが、JavaScript用のフレームワークはすでに多数出ているので、この章ではそれらの一部を見ていくことにする。

　この章で見ていくのは「現役で使われているツール」である。テスト駆動の作業フローをサポートする必要不可欠で便利なツールである。もっとも重要なツールは、もちろんテストフレームワークなので、まず入手可能なフレームワークを見てから、本書のサンプルコードの大半で使うことになるテストフレームワーク、JsTestDriverのセットアップと実行の方法を説明する。この章では、テストフレームワークのほか、カバレッジレポートや継続的統合のためのツールも見ていく。

3.1 xUnitテストフレームワーク

　第1章「自動テスト」では、Kent Beckが設計したJavaのJUnit、SmalltalkのSUnitの設計を借用したテストフレームワークを指す言葉としてxUnitを説明した。ここ数年は、いわゆるふるまい駆動開発（BDD）テストフレームワークが利用者を増やしてきているが、xUnitファミリのテストフレームワークは、コードの自動テストを書くための手段としてまだもっとも支配的な地位を保っている。

3.1.1 ふるまい駆動開発

　ふるまい駆動開発（BDD：Behavior-driven development）は、TDDと密接な関わりを持っている。第2章「テスト駆動開発プロセス」で論じたように、TDDはテストの問題ではなく、設計とプロセスの問題である。しかし、プロセスの名前がこのようなものなので、多くのデベロッパは、単にコードを確かめるために単体テストを書くというレベルより先に踏み込もうとせず、そのため設計ツールとしてテストを使うことによる利点の多くを経験しなかった。BDDは、用語の改良によってデベロッパたちの理解を深めることを意図している。実際、BDDのもっとも重要な部分は用語法で、プログラマ、ビジネスデベロッパ、テスター、その他システム開発に関わる人々が問題、要件、ソリューションを論じるときに使う語彙を標準化しようと努力している。

　「ダブルD」の用語としてはATDD：Acceptance Test-Driven Development（受け入れテスト駆動開発）もある。ATDDでは、開発は、高水準機能の自動テストを書くことから始まる。この自動テストは、クライアントとともに定義した受け入れテストを基礎としている。目標は、受け入れテストに合格することだ。そこに到達するために、小さな部品となる部分を見つけ出し、「通常の」TDDで開発を進める。BDDでは、プロセスの

中心にユーザーストーリーを据える。ユーザーストーリーとは、プロジェクトにかかわる全員が理解できる語彙を使ってシステムとのやり取りを描いたものである。CucumberなどのBDDフレームワークでは、ユーザーストーリーを実行可能テストとして使うことができる。つまり、クライアントとともに受け入れテストを書けるということだ。そのため、クライアントが最初にイメージした通りの製品を作れる可能性が高くなっている。

3.1.2 継続的統合

継続的統合は、デベロッパ全員のコードを随時統合するという開発方法である。通常、統合は、デベロッパがリモートバージョン管理リポジトリにコードをプッシュするたびに行われる。継続的統合サーバーは、一般にまずすべてのソースをビルドしてから、テストを実行する。このようなプロセスを取れば、デベロッパがそれぞれ独立した機能単位を担当していても、コードがアップストリームのリポジトリにコミットされるたびに、統合された全体をチェックすることができる。JavaScriptは、コンパイルを必要としないが、定期的にアプリケーションのテストスイート全体を実行すれば、早い段階でエラーを捕捉しやすくなる。

JavaScriptで継続的統合を実行すると、デベロッパが定期的に実行するのは現実的でない仕事をどうするかという問題を解決できる。たとえば、ブラウザとプラットフォームのさまざまな組合せのもとでテストスイート全体を実行することだ。TDDを実践しているデベロッパは少数の代表的なブラウザに注意を集中させ、もっと広い対象は継続的統合サーバーがテストして、エラーが見つかったときには電子メールやRSSでチームに知らせるのである。

また、JavaScriptでは、スクリプトのミニファイ、つまり、回線に流すバイト数を節約するために、スクリプトの実行に不要な空白やコメントを取り除いたり、オプションでローカル識別子をバイト数の小さなものに変化したりすることが一般的に行われている。しかし、コードを過激にミニファイしたり、ファイルを間違って結合したりすると、バグになることがある。継続的統合サーバーは、完全なソースのもとですべてのテストを実行するだけでなく、連結され、ミニファイされたリリースファイルを作り、そのファイルのもとでもテストスイートを再実行するので、この種の問題が解決しやすくなる。

3.1.3 非同期テスト

JavaScirptプログラミングでは、`XMLHttpRequest`操作、アニメーション、その他の遅延処理（つまり、`setTimeout`と`setInterval`を使ったコード）のように非同期的な性質の処理が多いが、ブラウザは`sleep`関数を提供していないので（`sleep`があると、ユーザーインターフェイスがフリーズされるため）、多くのテストフレームワークは非同期テストを実行するための手段を提供している。非同期単体テストがよいアイデアかどうかは議論の余地がある。この問題については、第12章「ブラウザ間の違いの吸収：Ajax」で詳細に扱うとともに、サンプルを示すことにしたい。

3.1.4 xUnitテストフレームワークの機能

xUnitテストフレームワークの基本機能については、第1章「自動テスト」ですでに説明した。テストフレームワークは、一連のテストメソッドを実行できるテストランナーを提供し、結果を報告する。また、共有テストフィクスチャを作りやすくするために、テストケースは、個別のテストの実行前後に呼び出される`setUp`、`tearDown`関数を定義できる。また、テストフレームワークは、テスト対象のシステムの状態をチェックするた

めに使われるさまざまなアサーションを提供できる。今までは、任意の値を受け付け、その値が偽的なものなら例外を投げる `assert` メソッドしか使ってこなかったが、ほとんどのフレームワークは、テストの表現力を高めるために、多様なアサーションを提供している。おそらく、もっとも一般的なのは、期待される値と実際の結果を比較する `assertEqual` だろう。

テストフレームワークを評価するときには、テストランナー、アサーション、依存ファイルの内容を検討することになる。

テストランナー

テストランナーは、作業フローを支配するものであり、テストフレームワークのなかでももっとも重要な部分である。たとえば、今あるほとんどの JavaScript 用単位テストフレームワークは、ブラウザ内テストランナーを使っている。つまり、テストは、ブラウザに HTML ファイル（HTML フィクスチャと呼ばれることが多い）をロードし、その HTML ファイルが単体テストやテストフレームワークとともにテスト対象のライブラリをロードして、ブラウザ内で実行される。それ以外の環境でテストを実行できるテストランナーもある。たとえば、Mozilla の Rhino は、コマンドラインでテストを実行する。特定のアプリケーションのテストにどのようなタイプのテストランナーが適切かは、それがクライアントサイドアプリケーションか、サーバーサイドアプリケーションか、ブラウザプラグインかによって異なる（たとえば、Firebug を使う単位テストフレームワーク、FireUnit は、Firefox プラグインの開発に適している）。

これと関連して重要なのがテストの報告形式である。テスト駆動開発プロセスでは、合格/不合格のステータスが明確に示されることがまず何よりも大切で、テストが不合格になったときやエラーが起きたときには、エラーや例外に対処するために、詳細情報を明確にフィードバックしてくれなければならない。また、継続的統合ソフトウェアの出力と簡単に統合できるような出力が望ましい。

さらに、テストランナーにプラグインアーキテクチャがあれば、テストから計測値を集めたり、その他さまざまな形でランナーを拡張して作業フローを改善できる。そのようなプラグインの例としては、テストカバレッジレポートがある。カバレッジレポートは、テストが本番コードを何行実行したかを計測して、テストスイートがシステムをどれくらいよくカバーしているかを示す。ただし、カバレッジが 100% でも、特定の入力の組合せによってコードが誤動作を起こす可能性は残っている。たとえば、エラー処理のし忘れがないことを保証することはできない。カバレッジレポートは、テストの対象になっていないコードを探すために役立つ。

アサーション

アサーションが豊富に揃えられていると、テストの表現力が大きく上がる。優れた単体テストがその意図を明確に示すことができれば、その恩恵ははかりしれない。`assert(expected == actual)` ではなく、`assertEqual(expected, actual)` で 2 つの値を比較していれば、テストが何を対象としているのかがすぐにわかる。`assert` があればどんな仕事でもできるが、専門的なアサーション関数が多数あれば、コードが読みやすく、メンテナンスしやすく、デバッグしやすくなる。

アサーションは、たとえば Java から xUnit フレームワークの設計を忠実に移植することがあまり意味のない領域の 1 つである。表現力の高いテストを実現するためには、特定の言語の機能に合わせて作り込んだアサーションを用意すると役立つ。たとえば、undefined、NaN、infinity などの JavaScript の特殊値を処理するアサーションがあるとよい。その他のさまざまなアサーションも、何でもよいプログラミング言語ではなく、JavaScript のテストを適切にサポートできるように作られていることが望ましい。幸い、今触れたような特殊

なアサーションは、汎用の assert（あるいは、アサーションが満たされなかったときに呼び出せる fail メソッド）を使えば簡単に書ける。

依存ファイル

テストフレームワークは、依存ファイルが少なければ少ないほどよい。依存ファイルが多いと、フレームワークのメカニズムが特定のブラウザ（特に古いもの）でうまく動作しない可能性が大きくなる。テストフレームワークの依存ファイルで最悪なのは、グローバルスコープに踏み込んでくるような図々しいライブラリである。Prototype.js ライブラリのために作られ、このライブラリが使っていた JsUnitTest のオリジナルバージョンは、Prototype.js 自身に依存していた。Prototype.js は、いくつかのグローバルプロパティを追加するだけではなく、グローバルコンストラクタとオブジェクトも追加していた。そこで、Prototype.js を使わずに開発されたコードをテストするために JsUnitTest のオリジナルバージョンを使うと、次の 2 つの理由でばかばかしいことが起きていた。

- テストフレームワークを通じて、そのつもりがないのに Prototype.js に依存するようになりがちだった（テストでは緑なのに、Prototype.js がない本番で失敗するコードになってしまう）。
- グローバルスコープで衝突が起きる危険が高すぎる（たとえば、MooTools ライブラリは、同じグローバルプロパティを多数追加する）。

3.2 ブラウザ内テストフレームワーク

JUnit フレームワークを JavaScript に移植した最初のものは、2001 年にリリースされた JsUnit である。当然ながら、JsUnit は、その後の多数のテストフレームワークから見てさまざまな意味で標準になった。JsUnit は、ブラウザ内でテストを実行する。テストランナーは、実行するテストファイルの URL の入力を求めてくる。テストファイルは、実行する複数のテストケースをリンクしている HTML テストスイートである。テストは、サンドボックス化されたフレームで実行され、テストの実行中は緑の進行バーが表示される。当然、テストが失敗すると、バーの色は赤くなる。JsUnit は、今でもときどきアップデートされているが、長期に渡って大きな更新を受けておらず、だんだん最先端から遅れ始めている。JsUnit は多くのデベロッパを助けてきた。私自身もお世話になったが、今ではもっと成熟して最新の状況を反映しているものが出ている。

HTML フィクスチャファイルに対して、テスト対象のファイル、テストライブラリ（通常は JavaScript と CSS ファイル）、実行するテストのロードを要求するのは、ブラウザ内テストフレームワークに共通している特徴である。通常、フィクスチャは新しいテストケースに単純にコピーアンドペーストできる。HTML フィクスチャは、単体テストのために必要なダミーマークアップのホスティングという機能も果たす。テストがそのようなマークアップを必要としない場合には、URL をスキャンしてパラメータからロードするライブラリ、テストファイルを読み取り、それらを動的にロードするスクリプトを書けば、テストケースごとに別個の HTML ファイルを用意する負担を軽減できる。テストフィクスチャは、サーバーサイドアプリケーションから生成することもできるが、このルートを使う場合は注意が必要だ。シンプルを保つようにしたほうがよい。テストランナーが複雑だと、デベロッパたちは一気にテストを実行しなくなる。

3.2.1 YUI Test

今日流通しているメジャーなJavaScriptライブラリの大半は、それぞれの単体テストフレームワークを持っている。Yahoo!のYUIも例外ではない。YUI Test 3は、任意のJavaScriptコードを安全にテストできる（つまり、押しつけがましい依存ファイルを持っていない）。YUI Testは、自身の言葉を借りれば、「特定のxUnitフレームワークからの直接的な移植ではない」が、「nUnitとJUnitの特徴の一部を受け継いでいる」。なお、nUnitとは、C#で書かれたxUnitフレームワークファミリの.NET版である。YUI Testは、豊かな機能セットを揃えた成熟したテストフレームワークである。豊富なアサーション、テストスイート、モックライブラリ（YUI 3）、非同期テストをサポートする。

セットアップ

セットアップは、YUIのローダーユーティリティのおかげで非常に簡単である。手っ取り早くインストールするには、YUIサーバー上のYUIシードファイルに直接リンクし、YUI.useを使って必要な依存ファイルをフェッチする。ここで、第1章「自動テスト」で作った`testCase`関数とYUI Testを比較するために、第1章の`strftime`のサンプルをもう一度見てみよう。**リスト3-1**は、HTMLフィクスチャファイルで、たとえば`strftime_yui_test.html`のような名前のファイルに保存できる。

リスト3-1　YUI Test HTMLフィクスチャファイル

```html
<!DOCTYPE HTML PUBLIC "-//W3C//DTD HTML 4.01//EN"
  "http://www.w3.org/TR/html4/strict.dtd">
<html>
  <head>
    <title>Testing Date.prototype.strftime with YUI</title>
    <meta http-equiv="content-type"
          content="text/html; charset=UTF-8">
  </head>
  <body class="yui-skin-sam">
    <div id="yui-main"><div id="testReport"></div></div>
    <script type="text/javascript"
  src="http://yui.yahooapis.com/3.0.0/build/yui/yui-min.js">
    </script>
    <script type="text/javascript" src="strftime.js">
    </script>
    <script type="text/javascript" src="strftime_test.js">
    </script>
  </body>
</html>
```

`strftime.js`ファイルには、第1章「自動テスト」のリスト1-2で示した`Date.prototype.strftime`の実装が含まれている。**リスト3-2**は、`strftime_test.js`ファイルに保存されているテストスクリプトである。

リスト3-2　Date.prototype.strftime YUI テストケース

```
YUI({
  combine: true,
  timeout: 10000
}).use("node", "console", "test", function (Y) {
  var assert = Y.Assert;

  var strftimeTestCase = new Y.Test.Case({
    // テストケース名 - 指定しなければ自動生成される
    name: "Date.prototype.strftime Tests",

    setUp: function () {
      this.date = new Date(2009, 9, 2, 22, 14, 45);
    },

    tearDown: function () {
      delete this.date;
    },

    "test %Y should return full year": function () {
      var year = Date.formats.Y(this.date);

      assert.isNumber(year);
      assert.areEqual(2009, year);
    },

    "test %m should return month": function () {
      var month = Date.formats.m(this.date);

      assert.isString(month);
      assert.areEqual("10", month);
    },

    "test %d should return date": function () {
    assert.areEqual("02", Date.formats.d(this.date));
    },

    "test %y should return year as two digits": function () {
      assert.areEqual("09", Date.formats.y(this.date));
    },

    "test %F should act as %Y-%m-%d": function () {
      assert.areEqual("2009-10-02", this.date.strftime("%F"));
    }
  });
```

```
  // コンソールを作成する
  var r = new Y.Console({
    newestOnTop : false,
    style: 'block'
  });

  r.render("#testReport");
  Y.Test.Runner.add(strftimeTestCase);
  Y.Test.Runner.run();
});
```

本番コードのために YUI Test を使うときには、必要なソースをローカルにダウンロードしなければならない。ローダーは最初の時点では便利だが、テストの実行のためにインターネット接続に依存するのはよくない。そんなことをすれば、オフラインのときにはテストを実行できなくなってしまう。

テストの実行

YUI Test でテストを実行するには、ブラウザ（複数のブラウザを使うことが望ましい）に HTML フィクスチャをロードし、コンソールで出力を見ればよい（図 3-1 参照）。

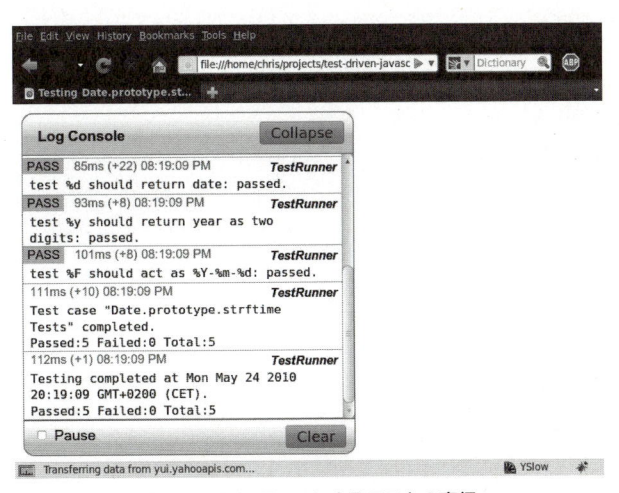

図 3-1　YUI Test によるテストの実行

3.2.2 その他のブラウザ内テストフレームワーク

ブラウザ内テストフレームワークを選ぶときには、選択肢は無数にある。YUI Test は、JsUnit や QUnit と並んでもっとも人気のあるシステムである。JsUnit は、先ほども触れたようにアップグレードまでのタイムラグが長いので、現時点で新しいプロジェクトのために JsUnit を使うのはお勧めできない。QUnit は、JQuery チームが開発し、使っているテストフレームワークである。YUI Test と同様に、ブラウザ内テストフレームワークだが、伝統的な xUnit の設計にそれほど厳格に従っていない。

テストフレームワークは、自分のスクリプトの単体テストをしているデベロッパの数だけあるのではないか

という印象を受けるかもしれない。JavaScriptをテストするための事実上の標準はない。実際、JavaScriptは汎用の標準ライブラリというものを持たないので、ブラウザのスクリプティングと直接関係のないプログラミングタスクはどれでも事実上の標準を持たないのである。この状況を改善するために、もともとはサーバーサイドJavaScriptの標準化を目指していたCommonJSという活動がある。CommonJSは、単体テストの仕様も開発している。第14章「Node.jsによるサーバーサイドJavaScript」で取り上げるNode.jsアプリケーションをテストするときには、CommonJSによる単体テスト仕様を詳しく見ていく。

3.3 ヘッドレステストフレームワーク

　ブラウザ内テストフレームワークは、作業フローにテストを組み込み、テストをひんぱんに実行しなければならないテスト駆動開発プロセスのサポートには向かない。このタイプのフレームワークに代わるものとして、ヘッドレステストフレームワークというものがある。一般にコマンドラインから実行され、他のサーバーサイドプログラミング言語と同じようにテストフレームワークとやり取りができる。

　JavaScript単体テストをヘッドレスに実行できるソリューションは複数あり、その大半が、JavaかRubyのフレームワークを移植したものである。JavaとRubyのコミュニティには、テストの強固な文化があるが、コードベースの半分だけ（サーバーサイドの部分）をテストしても、あまり意味がない。JavaScript用のヘッドレステストフレームワークの分野でこの2つのコミュニティが特に目立っているのは、おそらくそのためだろう。

3.3.1 Crosscheck

　Crosscheckは、初期のヘッドレステストフレームワークの1つである。Javaで書かれたInternet Explorer 6とFirefox 1.0、1.5のエミュレーションを提供する。言うまでもないが、Crosscheckは時代の最先端から遅れてしまっており、対応しているブラウザは、2010年のアプリケーションの開発には役に立たないだろう。Crosscheckは、YUI Testとほぼ同じようなJavaScript単体テストを提供している。違いは、ブラウザ内ではなく、Crosscheck jarファイルを指定したコマンドラインで実行できることだ。

3.3.2 Rhinoとenv.js

　env.jsは、JavaScriptフレームワークのJQueryを作ったJohn Resigが開発したライブラリである。MozillaのJavaによるJavaScript実装、Rhinoの上で動作するブラウザ（つまりBOM）とDOM APIの実装を提供する。env.jsライブラリとRhinoの組合せを使うということは、コマンドラインでブラウザ内テストをロード、実行できるということである。

3.3.3 ヘッドレステストランナーの問題点

　コマンドライン上でテストを実行できるというアイデアはすばらしいものだが、私は、本番コードが決して実行されない環境でテストを実行することにどれだけの意味があるのかと考えてしまう。ブラウザ環境とDOMエミュレーションだけでなく、JavaScriptエンジン（通常はRhinoを使う）も、本番の環境とは異なるのである。ブラウザをエミュレートするだけのテストフレームワークに頼ってしまうことには複数の問題点がある。ま

ず第1に、テストフレームワークがエミュレートしているブラウザか、Rhinoとenv.jsの組合せの場合のようにまったく別のブラウザとDOM実装のもとでしかテストを実行できない。テストターゲットが制限されてしまうのは、テストフレームワークとして問題であり、クロスブラウザJavaScriptを書く上で障害になる。第2に、エミュレーションがエミュレートされているものと完全に一致することは決してない。IE8でInternet Explorer 7エミュレーションモードを提供しているMicrosoftは、このことをもっともよく証明している。実際、このエミュレーションはIE7とぴったり一致してはいないのである。幸い、次節「1つのテストランナーですべてを掌握する」で見るように、両方の世界のよいところを総取りする方法がある。

3.4 1つのテストランナーですべてを掌握する

　ブラウザ内テストフレームワークの問題点は煩わしいことで、特にテストを絶えず実行し、作業フローにテストを組み込まなければならないテスト駆動環境ではこれが大きな問題になる。また、プラットフォーム/ブラウザのさまざまな組合せのもとでテストをしなければならないので、手作業がかなりの量になってしまう。それに対し、ヘッドレスフレームワークは、操作こそブラウザ内フレームワークよりも楽だが、コードが実際に実行される環境でテストすることができないため、テストツールとして見劣りがする。しかし、xUnitテストフレームワークの世界に、Googleが作ったJsTestDriverという新しいシステムが登場してこれらの問題が解決されつつある。JsTestDriverは、従来のフレームワークとは異なり、まず第1にテストランナーであり、テストランナーとして非常に賢い作りになっている。JsTestDriverは、テストを実行しやすくするとともに、実際のブラウザでテストできるようにして、今までのフレームワークが抱えていた欠点を解決する。

3.4.1 JsTestDriverが動作する仕組み

　JsTestDriverは、小さなサーバーを使ってテストを実行する。テストランナーがブラウザをキャプチャし、デベロッパは、サーバーに要求を発行してテストをスケジューリングする。各ブラウザがテストを実行すると、結果がクライアントに送り返され、デベロッパの目の前に表示される。ブラウザがアイドル状態でテストを待っているときに、コマンドライン、IDE、その他デベロッパがもっとも使いやすいと思う場所からテストの実行をスケジューリングできるのである。このアプローチには、さまざまな利点がある。

- ブラウザを手作業で操作せずにブラウザ内でテストを実行できる。
- モバイルデバイスを含む複数のマシン上のブラウザでテストを実行できるので、任意の複雑な組合せでテストを実行できる。
- 結果をDOMに追加して、表示する必要がないほか、任意の数のブラウザで同時にテストを実行でき、ブラウザでは最後にテストを実行してから変更されていないスクリプトを再ロードする必要がないので、テストが高速に実行される。
- ドキュメント内にテストランナーが結果を表示するために予約された部分がないため、テストはDOMをフルに使える。
- HTMLフィクスチャが不要で、単純に1つ以上のスクリプトとテストスクリプトを与えれば、テストランナーがその場で空文書を作ってくれる。

JsTestDriverは、とにかく**高速**にテストを実行する。テストランナーは、数百個のテストから構成される複雑なテストスイートを1秒以下で実行できる。テストは同時実行されるため、同時に15種類のブラウザをテストする場合でも、テストは1秒程度で実行される。たしかに、サーバーとの通信やオプションでブラウザキャッシュのリフレッシュを行うと、ある程度時間がかかるが、それでも全体として数秒程度でテストを終えられる。1つのテストケースは、通常一瞬のうちに終わる。

JsTestDriverは、高速テスト、単純なセットアップ、完全なDOMによる柔軟性だけではまだ足りないとばかりに、テストカバレッジを計算するプラグイン、JUnitのレポートと互換性のあるXMLテストレポート出力も提供する。既存の継続的統合サーバーを使いつつ、代替アサーションフレームワークを使えるのである。他のJavaScriptテストフレームワークは、プラグインを通じてJsTestDriverのテストランナーを利用できる。本稿執筆時点で、すでにQUnitとYUI Testのためのアダプタが存在する。そのため、たとえばYUI Testのアサーションと構文を使ってテストを書き、JsTestDriverを使って実行することができるのである。

3.4.2 JsTestDriverの欠点

本稿執筆時点では、JsTestDriverは、どのような形でも非同期テストをサポートしていない。第12章「ブラウザ間の違いの吸収：Ajax」で見るように、単体テストという視点からはこれはかならずしも問題ではないが、フェイクをできる限り少なくしたい統合テストでは、選択肢に制限を感じるだろう。もちろん、JsTestDriverの将来のバージョンに非同期テストサポートが追加される可能性はある。

テストを実行するために必要なJavaScriptが少し先進的で、古いブラウザで問題を起こす可能性があることも、JsTestDriverの欠点である。たとえば、JsTestDriverを実行するブラウザは、サーバーと通信するために、`XMLHttpRequest`オブジェクトかそれに類したもの（つまり、Internet Explorerの対応するActiveXオブジェクト）を必要とする。そのため、このオブジェクトをサポートしないブラウザ（古いブラウザ、ActiveXが無効にされたver.7以前のInternet Explorer）は、JsTestDriverテストランナーではテストできない。しかし、この問題は、YUI Testでテストを書き、非対応ブラウザではデフォルトテストランナーを手作業で実行するようにすれば、実質的に回避できる。

3.4.3 セットアップ

JsTestDriverのインストール、セットアップは、平均的なブラウザ内テストフレームワークよりも少し込み入っているが、数分で終わる。また、セットアップは一度するだけでよい。セットアップ後に開始したプロジェクトは、おそろしく簡単に実行できる。JsTestDriverは、サーバーコンポーネントとテストランの起動の2つの目的でJavaを必要とする。ここではJavaのインストール方法までは説明しないが、ほとんどのシステムはすでにJavaがインストールされている。Javaがインストールされているかどうかは、シェルをオープンして`java -version`コマンドを実行すれば確かめられる。Javaがまだインストールされていない場合には、java.comにインストール方法が書かれている。

Jarファイルのダウンロード

Javaがセットアップされたら、`http://code.google.com/p/js-test-driver/downloads/list`から最新のJsTestDriver Jarファイルをダウンロードする。本書のサンプルは、すべてver.1.2.1を使っている。サン

3.4 1つのテストランナーですべてを掌握する

プルを実際に動かしてみる場合には、このバージョンを使うようにしていただきたい（本書 Web サイトの `http://tddjs.com` からダウンロードできる）。Jar ファイルはシステムのどの位置に配置してもよいが、`~/bin` に置くことをお勧めする。実行しやすくするためには、**リスト 3-3** のようにこのディレクトリを指す環境変数をセットアップする。

リスト 3-3　$JSTESTDRIVER_HOME 環境変数のセットアップ

```
export JSTESTDRIVER_HOME=~/bin
```

環境変数の設定は、.bashrc や.zshrc（ファイル名はシェルによって異なる。ほとんどのシステムは Bash を使っている、つまりデフォルトで~/.bashrc を使っている）などのログインスクリプトで行う。

Windows ユーザー

Windows ユーザーは、cmd のコマンドラインで `set JSTESTDRIVER_HOME=C:\bin` コマンドを実行すれば、環境変数を設定できる。環境変数を永続的に設定するには、マイコンピュータ（Windows 7 ではコンピューター）を右クリックし、プロパティを選択して、システムウィンドウをオープンし、「システムの詳細設定」を選んで、「詳細設定」タブの「環境変数...」ボタンをクリックする。自分だけで使うか、全ユーザーのために設定するかを決め、「新規」をクリックして、上のボックスに名前（JSTESTDRIVER_HOME）、下のボックスに jar ファイルを保存したパスを入力する。

サーバーの起動

JsTestDriver を介してテストを実行するためには、ブラウザをキャプチャできるサーバーが実行されていなければならない。サーバーは、マシンから届くところであればどこで実行していてもよい。つまり、ローカル、ローカルネットワーク上のマシン、公開マシンなどである。公開マシンでサーバーを実行すると、IP アドレスなどによるアクセス制限がない限り、あらゆるユーザーがサーバーにアクセスできるようになることに注意しよう。最初は、ローカルにサービスを実行することをお勧めする。こうすれば、オフラインになっているときでもテストを実行できる。シェルをオープンして、**リスト 3-4** か**リスト 3-5**（このコマンドは、カレントディレクトリがどこでも動作する）のコマンドを実行する。

リスト 3-4　Linux と OS X で JsTestDriver サーバーを起動する

```
java -jar $JSTESTDRIVER_HOME/JsTestDriver-1.2.1.jar --port 4224
```

リスト 3-5　Windows で JsTestDriver サーバーを起動する

```
java -jar %JSTESTDRIVER_HOME%\JsTestDriver-1.2.1.jar --port 4224
```

ポート 4224 は、JsTestDriver のポートとして事実上の標準となっているが、特別な意味はなく、ほかのポートで実行することもできる。サーバーが起動したら、起動に使ったシェルは、必要な限りでオープンしたままにしておかなければならない。

ブラウザのキャプチャ

任意のブラウザをオープンし、http://localhost:4224 に移動する（サーバー起動時に別のポート番号を使った場合には、番号をそれに合わせて変更する）。開かれたページには、Capture This Browser と Capture This Browser in strict mode の 2 つのリンクが表示されているはずだ。JsTestDriver は、HTML 4.01 文書のなかでテストを実行する。そして、この 2 つのリンクは、移行型と厳密型のどちらの doctype でテストを実行するかを選ぶためのものである。適切なリンクをクリックして、ブラウザをオープンしたままにする。テストするすべてのブラウザについて同じことをくり返す。仮想インスタンスを使って、電話やほかのプラットフォームのブラウザに接続することもできる。

テストの実行

テストはコマンドラインから実行でき、サーバーサイド言語用単体テストフレームワークと同じようにフィードバックが返される。テストの実行中は、合格したテストに対してドット、失敗したテストに対して F、エラーを起こしたテストに対して E が表示される。エラーは、テストのエラーであって、アサーションエラーではなく、予想外の例外が発生したということである。テストを実行するためには、どのソースとテストファイルをどの順序でロードし、どのサーバーでテストを実行するかを指示する小さな設定ファイルが必要である。設定ファイルの jsTestDriver.conf は、デフォルトで YAML の構文を使う。もっとも単純な場合は、**リスト 3-6** に示すように、すべてのソースファイルとすべてのテストファイルをロードし、http://localhost:4224 でテストを実行する。

リスト 3-6　もっとも単純な jsTestDriver.conf ファイル

```
server: http://localhost:4224

load:
  - src/*.js
  - test/*.js
```

ロードパスは、設定ファイルの位置からの相対パスである。特定のファイルを他のファイルよりも先にロードしなければならない場合、最初にそのファイルを指定したあとで、*.js 記法を使うことができる。JsTestDriver は、設定ファイルでロードするファイルが二度以上参照されていても、ファイルを一度ずつしかロードしない。**リスト 3-7** は、src/mylib.js をいつも最初にロードしなければならない場合の設定ファイルである。

リスト 3-7　特定のファイルを最初にロードする

```
server: http://localhost:4224

load:
  - src/mylib.js
  - src/*.js
  - test/*.js
```

設定をテストするためには、サンプルプロジェクトが必要である。ここでもう一度 strftime サンプルに戻

り、`strftime.js` ファイルを src ディレクトリにコピーするところから始めよう。次に、**リスト 3-8** のテストケースを `test/strftime_test.js` として追加する。

リスト 3-8　JsTestDriver が使う Date.prototype.strftime テスト

```
TestCase("strftimeTest", {
  setUp: function () {
    this.date = new Date(2009, 9, 2, 22, 14, 45);
  },

  tearDown: function () {
    delete this.date;
  },

  "test %Y should return full year": function () {
    var year = Date.formats.Y(this.date);

    assertNumber(year);
    assertEquals(2009, year);
  },

  "test %m should return month": function () {
    var month = Date.formats.m(this.date);

    assertString(month);
    assertEquals("10", month);
  },

  "test %d should return date": function () {
    assertEquals("02", Date.formats.d(this.date));
  },

  "test %y should return year as two digits": function () {
    assertEquals("09", Date.formats.y(this.date));
  },

  "test %F should act as %Y-%m-%d": function () {
    assertEquals("2009-10-02", this.date.strftime("%F"));
  }
});
```

テストメソッドは、YUI Test のサンプルと構文的にはほとんど同じだが、このテストケースは、テストランナーをサポートするためのコードが少ないことに注意していただきたい。ここで、**リスト 3-9** のような設定ファイルを作る。

リスト 3-9　JsTestDriver の設定

```
server: http://localhost:4224

load:
  - src/*.js
  - test/*.js
```

リスト 3-10 または**リスト 3-11** のコマンドを実行すれば、テストの実行をスケジューリングできる。

リスト 3-10　Linux、OS X で JsTestDriver を使ってテストを実行する

```
java -jar $JSTESTDRIVER_HOME/JsTestDriver-1.2.1.jar --tests all
```

リスト 3-11　Windows で JsTestDriver を使ってテストを実行する

```
java -jar %JSTESTDRIVER_HOME%\JsTestDriver-1.2.1.jar --tests all
```

設定ファイルのデフォルトの名前は `jsTestDriver.conf` で、この名前を使っている限り、設定ファイル名を指定する必要はない。

テストを実行するとき、JsTestDriver は、ブラウザにテストファイルを強制的にリフレッシュさせる。しかし、ソースファイルはテストランの間も再ロードされず、古くなったファイルのためにエラーが起きることがある。`--reset` オプションを追加すれば、JsTestDriver にすべてのファイルをリロードさせることができる。

JsTestDriver と TDD

　TDD を行っているとき、テストはひんぱんに失敗するので、テストのバグを避けるために、想定された失敗が起きたことをすぐに確かめられるようにしておくことが大切である。Internet Explorer のようなブラウザは、このプロセスには適していないが、理由は複数ある。まず第 1 に、IE のエラーメッセージは役に立たない。読者も、「オブジェクトはこのプロパティまたはメソッドをサポートしません」のようなメッセージをうんざりするほど見ているだろう。第 2 の理由は、IE、少なくとも古いバージョンの IE は、スクリプトエラーの処理のしかたが劣悪なことである。IE で TDD セッションを実行すると、固まってしまって手作業でリフレッシュしなければならないことがたびたびある。そして、言うまでもなく IE は遅い。たとえば Google Chrome などと比べると、特に遅さが際立つ。

　IE の問題は別としても、メインの TDD プロセスにあまりたくさんのブラウザを詰め込んでおくことはお勧めできない。そのようなことをすると、キャプチャしたすべてのブラウザが出力するエラーとログメッセージでテストランナーのレポートがぐちゃぐちゃになってしまう。選んだブラウザだけをキャプチャする 1 つのサーバーで開発を進め、多くのブラウザをキャプチャする第 2 サーバーでもひんぱんにテストを実行するようにしたほうがよい。この第 2 サーバーは、テストが合格したとき、メソッドが完成したとき、大胆な気分になったときなど、必要に応じていくらでも実行してよい。テストランとテストランの間に追加したコードが多ければ多いほど、これら第 2 ブラウザで失敗を起こすバグがどこで入ったかがわかりにくくなることは忘れないようにしておこう。

　このような開発を楽に進めるためには、設定ファイルから server 行を取り除き、コマンドラインオプショ

ンの--serverを使うとよい。私個人は、Firefoxを対象としてこの種の開発を行っている。Firefoxは、まずまず高速で、エラーメッセージが優れており、いずれにしてもいつも私のコンピュータで実行されている。テストに合格すると、私はただちに新旧さまざまなブラウザをキャプチャしているリモートサーバーでテストランを実行する。

3.4.4 IDEからJsTestDriverを使う

JsTestDriverは、ポピュラーなIDE（統合開発環境）であるEclipseとIntelliJ IDEAへのプラグインも出荷している。この節では、Eclipseプラグインをセットアップし、それを使ってテスト駆動開発プロセスをサポートする手順を一通り説明する。Eclipse（またはAptana）での開発に興味がなければ、「3.4.5 コマンドラインの生産性を上げる」にすぐに進んでよい。

EclipseにJsTestDriverをインストールする

まず最初に、Eclipse（または、Eclipseを基礎とするWebデベロッパ用IDEのAptana Studio）をインストールしておく必要がある。Eclipseは無料でオープンソースのIDEで、http://eclipse.orgからダウンロードできる。Eclipseが動くようになったら、「Help」メニューから「Install new software」を選択する。ウィンドウがオープンするので、新しいupdate siteとしてhttp://js-test-driver.googlecode.com/svn/update/と入力する。

すると、横にチェックボックスがついた形で、「JS Test Driver Eclipse Plugin」が表示される。そこでこれをチェックして、「Next」をクリックする。次の画面は、インストールするプラグインのことをまとめた確認ページである。ここでも「Next」をクリックすると、Eclipseは使用条件を受け入れるよう求めてくる。適切なラジオボタンをチェックして、受け入れる場合は「Finish」をクリックする。これでインストールは終わる。

プラグインがインストールされたら、設定が必要である。Windowメニュー（OS XではEclipseメニュー）のPreferencesペーンを見ると、JS Test Driverのための新しいエントリが含まれているはずなので、それを選択する。最小限、Eclipseがサーバーを実行するときに使うポートを指定しなければならない。この本のサンプルを試してみるなら、4224と入力する。ローカルにインストールされているブラウザのパスを入力すれば、ブラウザのキャプチャが楽になるが、別にそれが必要なわけではない。

EclipseでJsTestDriverを起動する

次に、プロジェクトが必要である。新しいプロジェクトを作り、位置としてコマンドラインサンプルのディレクトリを入力する。そして、サーバーを起動する。EclipseでJSTestDriverパネルを探し、緑の「play」ボタンをクリックする。サーバーが起動したら、ブラウザアイコンをクリックして、ブラウザをキャプチャする（セットアップでブラウザのパスが設定されていれば）。プロジェクト内のファイルを右クリックし、「Run As」、続いて「Run Configuration...」を選択して、「Js Test Driver Test」を選択し、「新しい設定」を表す用紙のアイコンをクリックする。設定に名前を付け、プロジェクトのコンフィギュレーションファイルを選択する。ここで「run」をクリックすると、図3-2のように、Eclipseのなかでテストが実行される。

その後の実行では、単純に「Run As」、続いて設定名を選択すればよい。さらに、コンフィギュレーションプロンプトで「Run on every save」チェックボックスをチェックすると、プロジェクト内のファイルが保存されるたびにテストが実行される。これはテスト駆動開発プロセスにとってうってつけだ。

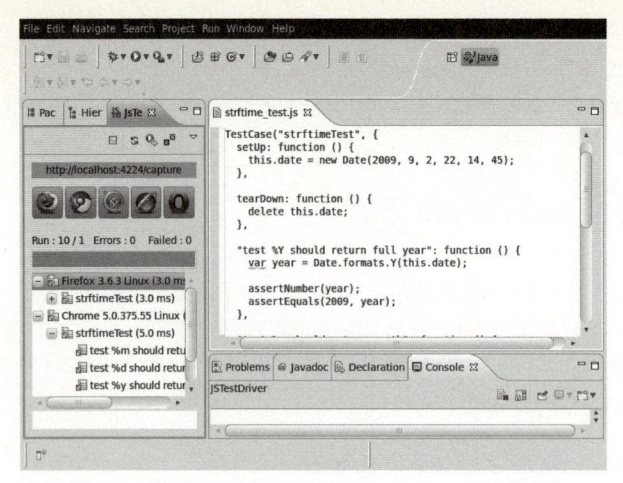

図 3-2　Eclipse のなかで JsTestDriver テストを実行する

3.4.5 コマンドラインの生産性を上げる

　作業環境としてコマンドラインを選んだ場合、テストを実行するために Java コマンドを入力するのがすぐに面倒になってくる。また、Eclipse と IDEA のプラグインのように、プロジェクト内のファイルが変更されるたびに自動的にテストが実行できるとよいところだ。JsTestDriver にコマンドラインへのシンインターフェイスを追加した Ruby プロジェクトで、Jstdutil というものがある。Jstdutil は、テストを実行する短いコマンド名を提供するとともに、プロジェクト内のファイルが変更されるたびに、関連テストを実行する jsautotest も提供している。

　Jstdutil は Ruby を必要とする。Ruby は Mac OS X ではプレインストールされているが、他のシステムでは、ruby-lang.org にインストールの手順が書かれている。Ruby をインストールしたら、シェルで gem install jstdutil を実行して Jstdutil をインストールする。Jstdutil は、以前触れた環境変数 $JSTESTDRIVER_HOME を使って、JsTestDriver jar ファイルを探す。そのため、テストは jstestdriver --tests all、または自動テストなら単純に jstestdriver と入力するだけで実行できる。設定ファイルが自動的に読み込まれるようになっていない場合は、jstestdriver --config path/to/file.conf --tests all を使って指定する。jstestdriver、jsautotest コマンドは、テストレポートに赤と緑のわかりやすいフィードバックも追加してくれる。

3.4.6 アサーション

　JsTestDriver は、アサーションを豊富にサポートしている。これらのアサーションを使えば、非常に表現力の高いテストを作ることができ、カスタムアサーションメッセージを指定していないときでも、失敗について詳細なフィードバックを提供できる。JsTestDriver がサポートしているアサーションは、以下の通りである。

- assert(msg, value)
- assertTrue(msg, value)
- assertFalse(msg, value)

- assertEquals(msg, expected, actual)
- assertNotEquals(msg, expected, actual)
- assertSame(msg, expected, actual)
- assertNotSame(msg, expected, actual)
- assertNull(msg, value)
- assertNotNull(msg, value)
- assertUndefined(msg, value)
- assertNotUndefined(msg, value)
- assertNaN(msg, number)
- assertNotNaN(msg, number)
- assertException(msg, callback, type)
- assertNoException(msg, callback)
- assertArray(msg, arrayLike)
- assertTypeOf(msg, type, object)
- assertBoolean(msg, value)
- assertFunction(msg, value)
- assertNumber(msg, value)
- assertObject(msg, value)
- assertString(msg, value)
- assertMatch(msg, pattern, string)
- assertNoMatch(msg, pattern, string)
- assertTagName(msg, tagName, element)
- assertClassName(msg, className, element)
- assertElementId(msg, id, element)
- assertInstanceOf(msg, constructor, object)
- assertNotInstanceOf(msg, constructor, object)

この本のほとんどのサンプルは、JsTestDriver を使って書いていく。

3.5 まとめ

　この章では、テスト駆動開発プロセスをサポートするツールのなかでどれが役に立つかを見てきた。テスト駆動開発のリズムをつかむためには十分なツールが必要であり、本書のこれからの部分で書いていくサンプルでは、基本的に JsTestDriver を使ってテストを実行していくことにする。JsTestDriver は、とても効率のよい作業フローを提供し、プラットフォームとブラウザのさまざまな組合せに対して徹底的なテストを実行できる。

　この章では、BDD や受け入れテストにも簡単に触れ、本書で実践するテスト駆動開発にはこれらとの共通点がたくさんあることを示した。

　この章では、テストカバレッジレポートや継続的統合といったトピックにも触れたが、それらのツールのセッ

トアップやサンプルは示せなかった。この本の Web サイト[*1]に行けば、JsTestDriver の Coverage プラグインの実行方法、オープンソースの継続的統合サーバー、Hudson での JsTestDriver テストの実行方法のガイドが含まれている。

　次章では、第 2 部「プログラマのための JavaScript」に移る前に、単体テストのその他の使い方を見ておく。

1　http://tddjs.com

第4章
学ぶためのテスト

　今までの3章では、自動テストが設計、開発を導き、コードの品質を引き上げるというのはどういうことかを示してきた。この章では、自動テストを使ってコードを学ぶ。単体テストは、小さな実行可能コードのサンプルであり、コードの教材として完璧だ。インターフェイスの特定の側面を単体テストに閉じ込めることは、コードのふるまいについてより多くのことを学ぶための優れた方法である。その他のタイプの自動テストでも、言語と特定の問題の両方を深く理解することができる。ベンチマークは、相対的なパフォーマンスを計測するための貴重なツールであり、特定の問題をどのように解決すべきかについての判断を助けることができる。

4.1 単体テストによるJavaScriptの探究

　オブジェクトのふるまいを探るために数行のスクリプトを実行するときのように、JavaScriptを手っ取り早く実行するのは簡単なことである。今のほとんどのブラウザにはコンソールが付属しており、この目的に的確に応えている。さらに、ブラウザ環境自体にそれほど関心がないときのJavaScriptコマンドラインインターフェイスのために、オプションも用意されている。この種の一度限りのコーディングセッションはインターフェイスの理解を大いに助けてくれるが、手作業によるアプリケーションのテストと同じ問題を抱えてもいる。実験を反復することができず、以前に実行した実験の記録が残らない。そして、複数のブラウザで同じ実験を簡単に反復実行する方法がない。

　第1章「自動テスト」では、手作業のテストが抱える問題を解決するための手段として単体テストを導入した。単体テストが、インターフェイスを学習したいときの同じ問題も解決に近づけてくれるのは間違いない。この目的のために学習テスト、すなわちインターフェイスのテストだけを目的とするのではなく、学習という目的も持つ単体テストを書くことができる。

　例として、組み込みのArray.prototype.spliceメソッドを使ってみよう。このメソッドは、引数として2つ以上の値を取る。先頭の添字、削除する要素数、オプションで配列に挿入する要素である。このメソッドが元の配列を書き換えるのかどうかを知りたいものとする。答を覗いてみてもよいが、**リスト4-1**の学習テストが示すように、JavaScriptにたずねてみるのでもよい。テストを実行するには、第3章「現役で使われているツール」で説明したようにJsTestDriverプロジェクトをセットアップし、テストディレクトリを作って、そのディレクトリのファイルにテストを保存する。そして、test/*.jsをロードする設定ファイルを追加する。

リスト4-1　Array.prototype.spliceは配列を書き換えないと予想している

```
TestCase("ArrayTest", {
    "test array splice should not modify array": function () {
```

```
      var arr = [1, 2, 3, 4, 5];
      var result = arr.splice(2, 3);

      assertEquals([1, 2, 3, 4, 5], arr);
    }
  });
```

私たちは答を知らないので、splice メソッドは非破壊的だと想定している。本来の単体テストとはこの部分が異なることに注意していただきたい。本番コードをテストするときには、結果についてはっきりとした予想があってアサーションを書いている。しかし、ここでは、実装が言ってくることを観察して学習しようとしているので、テスト実行前の予想の答が正しいかどうかはあまり重要な問題ではない。テストを実行すると、expected [1, 2, 3, 4, 5] but was [1, 2] と表示され、予想が間違っていたことがわかる。これで私たちは新しいことを学ぶことができた。私たちが発見したことを記録するために、**リスト 4-2** は、今私たちが覚えたことが真実だということを示すためにテストを書き換えたコードである。

リスト 4-2　Array.prototype.splice は引数の配列を書き換える

```
TestCase("ArrayTest", {
  "test array splice should modify array": function () {
    var arr = [1, 2, 3, 4, 5];
    var result = arr.splice(2, 3);

    assertEquals([1, 2], arr);
  }
});
```

メッセージとアサーションが書き換えられていることに注目していただきたい。疑問に思ったメソッドが実際には破壊的だということがわかったので、今度は、結果も返すのかという新しい問題が気になっている。**リスト 4-3** は、その答を調べている。

リスト 4-3　Array.prototype.splice は部分削除後の配列を返すか

```
"test array splice should return modified array":
function () {
  var arr = [1, 2, 3, 4, 5];
  var result = arr.splice(2, 3);

  assertEquals(arr, result);
}
```

テストを実行すると、expected [1, 2] but was [3, 4, 5] と表示され、またも予想が間違っていたことがわかる。splice メソッドが削除した項目を返しているのは明らかだ。テストの表現を**リスト 4-4** のように書き換えなければならない。

リスト 4-4　Array.prototype.splice は削除した要素を返してくる

```
"test array splice should return removed items":
function () {
  var arr = [1, 2, 3, 4, 5];
  var result = arr.splice(2, 3);

  assertEquals([3, 4, 5], result);
}
```

ブラウザコンソールで配列や splice メソッドをいじってみるのではなく、ファイルにテストを保存している。ほんの少しオーバーヘッドを加えるだけで、学んだばかりのことをドキュメントできる反復可能な実験が作れる。あとで見直すにはちょうどよい。JsTestDriver テストランナーを使えば、このテストを一連のブラウザに次々に送り込んで、すべてのブラウザで同じ動作になるかどうかを確かめられる。

組み込みの機能をこのようにテストするのは、自分で書いていないコードをテストするな、テスト中、外部の依存ファイルはモック、スタブに置き換えよという単体テストに対する私たちの普段の態度と矛盾するものだと感じるかもしれない。これらは役に立つアドバイスだが、学習テストには当てはまらない。学習テストは、本番コードの一部ではない。学習テストは、個人用の別個のリポジトリに収められ、自分の知識や学習経験をドキュメントすることが主目的である。

さらに、本来の単体テストとは異なり、学習テストは共同作業には向かない。自分の学習テストスイートは、自分で管理すべきだ。なぜかというと、学習テスト自体は、それほど大きな価値を持たないからである。どこから学ぶかというと、テストを書くこととそれに付随する思考プロセスからだ。テストを残しておけば、あとで同じ問題を確かめることができるし、新しいブラウザで実行してそれまでの経験がまだ有効かどうかも調べられる。他人が書いた学習テストスイートを流し読みしても何らかの情報は得られるだろうが、自分で学習テストを書いたときと比べて知識は定着しないだろう。

4.1.1 観察に基づくプログラミングの落とし穴

　JavaScript という言葉は、実際には複数の方言をまとめて指している。たとえば、Mozilla の JavaScript、Microsoft の JScript、Webkit の JavaScriptCore などである。これらはすべて Netscape が作ったオリジナルの JavaScript 言語から派生したもので、ECMA-262、あるいは言語の標準化版である ECMAScript に共通の基礎を持っている。クライアントサイドスクリプトを書くときには複数の方言を相手にしているため、前節の 2 つの学習テストで得たような情報をまとめて取得できる権威ある情報源は存在しない。言い換えれば、JavaScript についての情報が必要なときに頼ることのできる権威あるインタープリタは存在しない。すべてのバージョンがそれぞれのバグや癖を持っており、それぞれの独自拡張を持っている。そしてそれらのマーケットシェアは、今までになく均等に分布している（Internet Explorer ver.6 から ver.8 までの合計でまだ Microsoft が首位を占めているが）。そのため、「ベスト」と考えられるブラウザは 1 つに絞られず、スクリプトはそれらすべてで動作しなければならない。

　JavaScript には、実際に使われているバージョンが非常にたくさんあるため、1 つのブラウザで何らかの文を実行したときの結果をそのまま信じ込んでしまってはならない。そして、結果がブラウザによって異なる場合、どの結果を信じたらよいのだろうか。疑いがあるときには、基礎である ECMA-262 仕様を調べる必要がある。ブラウザによって言語機能の動作が異なる場合には、それらが実装しようとしている仕様を見て、正し

い答は何かを理解しなければならない。ある機能がどのような動作を意図したものなのかを知らなければ、動作の誤っているブラウザの組み込み実装を上書きするとか、抽象化レイヤを用意するとかして動作を修正することはできない。

前節では、2つの学習テストを書き、あるブラウザでテストを実行した結果を見て、`Array.prototype.splice`についていくつかの知識を得た。しかし、ブラウザ間の違いを扱うときには、少数の観察例に基づいて結論を導き出すのは危険なアプローチだ。

正規表現で\sを使って空白にマッチさせる処理などは、観察の危うさを示すよい例だ。つい最近まで、ECMA-262で定義されているすべての空白文字に正しくマッチする実装はなかった。ある空白文字を\sでテストしようとすると、すべてのブラウザで失敗してしまう。その動作を信じると、\s文字クラスは特定の文字にマッチしないように作られているのだと勘違いしてしまうだろう。

4.1.2 学習テストが適していること

「観察によるプログラミング」には健全な懐疑を持つべきだが、学習テストは、JavaScript言語や言語が動作する環境についての理解を深めるためにとても役に立つツールになり得る。この節では、JavaScript言語についての学習を加速し、維持するために学習テストが役立つ場面を拾い上げていこう。

外で学んだ知恵の定着

学習テストは、他人が書いたコード、論文、書籍を読んでいて知った知恵を取り入れるためのツールとして最適である。これは、決して新しい話ではない。巧妙なトリックと同じくらい単純なことである。その知恵をテストケースとして書いておけば、得られる利点はいくつもある。まず第1に、実際にそのコードを書くことになるため、学んだことを覚えておきやすくなる。第2に、そのコードをテストという形で別個に管理すれば、それを試してみたり、複数のブラウザで実行したりすることが簡単になる。何度もコピーして書き換えられるので、その知恵からより多くのことを学ぶこともできる。そして、そのようなテストを他の学習テストとともに管理すれば、ドキュメントとしてあとで見直すことができる。

奇妙なふるまいの調査

本番コードを書いていると、奇妙なバグや予想外の動作につまずくことがたびたびある。そのような経験から十分な教訓を引き出せなければ、同じ過ちをくり返す危険がある。学習テストにそのバグの性質を記録すれば、あやふやになりがちな状況を掌握して、それが現れたときでも、その動作がバグの原因になるのではなく、コードの一部としてきちんと機能するように意識的に対処できるようになるだろう。

新しいブラウザの調査

学習テストのスイートを残しておくと、新しくリリースされたブラウザを試すための出発点になる。今まで依存してきたブラウザのふるまいが変わっているか。現在は回避するために特別な処理を行っているバグをフィックスしたか。ECMA-262、DOM、その他のインターフェイスのための包括的なテストスイートを手作業でメンテナンスせよとは言わない。しかし、新しくリリースされたブラウザで学習テストのスイートを実行すると、それまでに蓄積した経験がどのくらい維持されているかをチェックできる。何か新しいことがあれば、それをすぐに教えてくれるかもしれない。

フレームワークの調査

「Ajax ライブラリ」などのサードパーティインターフェイスは、学習テストにとってすばらしいターゲットである。学習テストは、ライブラリを操作する中立的なグラウンドを提供するので、単純にアプリケーションにフレームワークを落とし込んだときよりも自由な形でインターフェイスを試せる。実際、フレームワークを少し実験すると、それをアプリケーションのなかで使うべきかどうかの判断に影響を及ぼす。多くのライブラリは、最初の時点では大きくアピールしてきても、現実の期待に応えられることは少ない。サンドボックス化された環境でフレームワークを試してみると、実際に使ったときの感じをよりよくつかめる。現実の本番環境に導入されたときに処理しなければならないことがわかっている課題は、フレームワークに実際にやらせてみるとよい。くり返しになるが、コンソール環境ではなく、構造化されたファイルのなかでこの種の実験を実行すると、いつでもその結果を見ることができるので、同じようにテストしたほかのライブラリとも比較しやすい。

4.2 パフォーマンスツール

相対的なパフォーマンスを計測するベンチマークも、多くのことを教えてくれる自動テストである。ほとんどの問題にはさまざまな解き方があり、どの解き方がもっともよいかが自明ではないこともある。たとえば、第 7 章「オブジェクトとプロトタイプの継承」でも見ていくように、JavaScript オブジェクトの作り方は一通りではない。主なものとしては、JavaScript のコンストラクタを使う疑似古典的な方法と、クロージャを使う関数的な方法がある。どちらの方法を使うべきかをどのようにして決めたらよいだろうか。このような選択では、テストのしやすさ、柔軟性、パフォーマンスなどとともに、個人的な好みが大きな役割を果たす。しかし、ユースケース次第では、パフォーマンスの側面が特に重要な意味を持つ場合がある。

4.2.1 ベンチマークと相対的なパフォーマンス

与えられた問題の解き方が複数ある場合、ベンチマークを使うと、ある方法がほかの方法と比べてどのくらい高速か、すなわち「相対的なパフォーマンス」がわかる。ベンチマークは非常に単純なコンセプトで作られている。

- `new Date()` をする。
- 計測対象のコードを実行する
- `new Date()` をする。ここから最初の `Date` を減算すると、処理にかかった時間がわかる。
- すべての方法について同じ処理を繰り返す。
- 結果を比較する。

通常、計測のためのコード実行では、精度を上げるために、ループを使って何度も実行しなければならない。しかも、Windows XP と Windows Vista の場合、15m 秒ごとにしか更新されないタイマーをブラウザに使わせているので、問題がややこしくなる。つまり、これらのシステムでは高速実行テストはかなり不正確な値になる場合があるということだ。そこで、少なくとも 500m 秒以上はテストを実行するようにすべきである。

リスト 4-5 は、ベンチマークテストを使って相対的なパフォーマンスを計測するときに使う関数である。

リスト 4-5　ベンチマークランナー

```javascript
var ol;

function runBenchmark(name, test) {
  if (!ol) {
    ol = document.createElement("ol");
    document.body.appendChild(ol);
  }

  setTimeout(function () {
    var start = new Date().getTime();
    test();
    var total = new Date().getTime() - start;

    var li = document.createElement("li");
    li.innerHTML = name + ": " + total + "ms";
    ol.appendChild(li);
  }, 15);
}
```

　リスト 4-6 は、この関数を使って異なるスタイルのループで相対的パフォーマンスを計測している。ファイルは、benchmarks/loops.js に保存する。

リスト 4-6　ベンチマークループ

```javascript
var loopLength = 500000;

// ループ実行のために配列に値をセット
var array = [];

for (var i = 0; i < loopLength; i++) {
  array[i] = "item" + i;
}

function forLoop() {
  for (var i = 0, item; i < array.length; i++) {
    item = array[i];
  }
}

function forLoopCachedLength() {
  for (var i = 0, l = array.length, item; i < l; i++) {
    item = array[i];
  }
}
```

```javascript
function forLoopDirectAccess() {
  for (var i = 0, item; (item = array[i]); i++) {
  }
}

function whileLoop() {
  var i = 0, item;

  while (i < array.length) {
    item = array[i];
    i++;
  }
}

function whileLoopCachedLength() {
  var i = 0, l = array.length, item;

  while (i < l) {
    item = array[i];
    i++;
  }
}

function reversedWhileLoop() {
  var l = array.length, item;

  while (l--) {
    item = array[l];
  }
}

function doubleReversedWhileLoop() {
  var l = array.length, i = l, item;

  while (i--) {
    item = array[l - i - 1];
  }
}

// テストを実行
runBenchmark("for-loop",
             forLoop);
runBenchmark("for-loop, cached length",
             forLoopCachedLength);
runBenchmark("for-loop, direct array access",
             forLoopDirectAccess);
```

```
runBenchmark("while-loop",
             whileLoop);
runBenchmark("while-loop, cached length property",
             whileLoopCachedLength);
runBenchmark("reversed while-loop",
             reversedWhileLoop);
runBenchmark("double reversed while-loop",
             doubleReversedWhileLoop);
```

テスト中にブラウザを止めないために、setTimeout 呼び出しは重要である。ブラウザは 1 つのスレッドを使って JavaScript を実行し、イベントを生成し、Web ページをレンダリングする。そして、タイマーは、長時間実行されている可能性のあるテストの合間にキューイングされたタスクを拾い上げる「息継ぎ」の機会を与える。タイマーによって作業を中断すると、ブラウザがテストに割り込んで「スクリプトの実行が遅い」と警告してくるのも避けられる。

このベンチマークを実行するために必要なものは、**リスト 4-7** のようなスクリプトをロードする簡単な HTML ファイルだけである。

リスト 4-7　YUI Test HTML フィクスチャファイル

```html
<!DOCTYPE HTML PUBLIC "-//W3C//DTD HTML 4.01//EN"
    "http://www.w3.org/TR/html4/strict.dtd">
<html>
  <head>
    <title>Relative performance of loops</title>
    <meta http-equiv="content-type"
          content="text/html; charset=UTF-8">
  </head>
  <body>
    <h1>Relative performance of loops</h1>
    <script type="text/javascript" src="../lib/benchmark.js">
    </script>
    <script type="text/javascript" src="loops.js"></script>
  </body>
</html>
```

テストはどれも同じことをしている。配列のすべての要素をループで処理し、現在の要素にアクセスするということである。現在の要素へのアクセスによってテストのフットプリントは大きくなるが、ループ条件で現在の要素にアクセスしているループとそうでないループを比較できる。ただし、ループは空文字列、null、0、その他の偽の値によって途中で終了してしまうので、これはいつも安全な選択肢だとは言えない。すべてのテストが現在の要素にアクセスするので、テスト結果の変動要因としてのアクセスのオーバーヘッドは、ループスタイルの違いによる結果として無視することができる。逆 while ループは、配列を逆にループするので、直接比較できないことに注意していただきたい。しかし、ベンチマークを実行するとわかるように、順序が重要な意味を持たない場合には、配列要素の反復処理としては、逆 while がもっとも高速である。

リスト 4-6 のようなベンチマークは、非常に簡単にセットアップできる。それでも、作業フローに簡単に統

合できるようにするためには、ベンチマーク作成から余分な作業をすべて取り除く単純な benchmark 関数が必要だ。**リスト 4-8** は、そのような関数の例である。この関数は、第 1 引数として一連のテストのためのラベル、第 2 引数として、プロパティ名がテスト名として使われるオブジェクト、プロパティの値がテストされる関数となっているオブジェクトを受け付ける。最後の引数はオプションで、テストを何回実行すべきかをベンチマークに知らせる。結果は、テストごとの全時間と平均時間の両方の形で表示される。

リスト 4-8　単純なベンチマークツール

```
var benchmark = (function () {
  function init(name) {
    var heading = document.createElement("h2");
    heading.innerHTML = name;
    document.body.appendChild(heading);

    var ol = document.createElement("ol");
    document.body.appendChild(ol);

    return ol;
  }

  function runTests(tests, view, iterations) {
    for (var label in tests) {
      if (!tests.hasOwnProperty(label) ||
          typeof tests[label] != "function") {
        continue;
      }

      (function (name, test) {
        setTimeout(function () {
          var start = new Date().getTime();
          var l = iterations;

          while (l--) {
            test();
          }

          var total = new Date().getTime() - start;

          var li = document.createElement("li");
          li.innerHTML = name + ": " + total +
            "ms (total), " + (total / iterations) +
            "ms (avg)";
          view.appendChild(li);
        }, 15);
      }(label, tests[label]));
    }
```

```
    }

    function benchmark(name, tests, iterations) {
      iterations = iterations || 1000;
      var view = init(name);
      runTests(tests, view, iterations);
    }
    return benchmark;
}());
```

benchmark 関数は、今までのサンプルとははっきり異なることを 1 つ行う。各イテレーションを関数として実行するのである。テストは関数という形にまとめられ、その関数は指定された回数だけ実行される。この関数呼び出し自体にフットプリントがあるので、テストにどれだけの時間がかかったかについては、特にテスト関数が小さいときには精度が落ちる。しかし、テストしているのは相対的なパフォーマンスなので、ほとんどの場合、このオーバーヘッドは無視できる。関数呼び出しによってテストの数値が大きく歪められるのを避けたければ、十分に複雑なテストを書けばよい。あるいは、関数が何個の仮引数を取るかを示す length プロパティというものを関数が持っていることを利用する方法もある。このプロパティの値が 0 ならループ内でテスト関数を実行し、そうでなければ、関数が引数として反復回数を受け付けているものと見なし、反復回数を引数として単純に関数を呼び出す。**リスト 4-9** は、これを行っている。

リスト 4-9 Function.prototype.length を使ってループするかどうかを決める

```
// Inside runTests
(function (name, test) {
  setTimeout(function () {
    var start = new Date().getTime();
    var l = iterations;

    if (!test.length) {
      while (l--) {
        test();
      }
    } else {
      test(l);
    }

    var total = new Date().getTime() - start;

    var li = document.createElement("li");
    li.innerHTML = name + ": " + total +
      "ms (total), " + (total / iterations) +
      "ms (avg)";
    view.appendChild(li);
  }, 15);
}(label, tests[label]));
```

benchmarkの使い方の例として、先ほどのループテストを書き換えてみよう。この例では、ループで処理する配列の長さを少し短くし、全体としての反復回数を増やしている。**リスト 4-10** が書き直したあとのテストである。コードを簡潔にするために、一部のテストは省略されている。

リスト 4-10 　benchmark の使用例

```javascript
var loopLength = 100000;
var array = [];

for (var i = 0; i < loopLength; i++) {
  array[i] = "item" + i;
}

benchmark("Loop performance", {
  "for-loop": function () {
    for (var i = 0, item; i < array.length; i++) {
      item = array[i];
    }
  },

  "for-loop, cached length": function () {
    for (var i = 0, l = array.length, item; i < l; i++) {
      item = array[i];
    }
  },

  // ...

  "double reversed while-loop": function () {
    var l = array.length, i = l, item;

    while (i--) {
      item = array[l - i - 1];
    }
  }
}, 1000);
```

この種のベンチマーク用ユーティリティは、もっと使いやすいレポートを生成するように書き換えられる。たとえば、最高速のテストと再低速のテストの結果を強調表示することなどが考えられるだろう。**リスト 4-11** のようにすれば、実現できる。

リスト4-11　極端値を計測、強調表示する

```javascript
// 時間を記録する
var times;

function runTests (tests, view, iterations) {
  // ...
  (function (name, test) {
    // ...
    var total = new Date().getTime() - start;
    times[name] = total;
    // ...
  }(label, tests[label]));
  // ...
}

function highlightExtremes(view) {
  // タイムアウトはほかのすべてのタイマーのあとにキューイングされる
  // すべてのテストが実行を終了し、
  // timesオブジェクトに値がセットされていることが保証される
  setTimeout(function () {
    var min = new Date().getTime();
    var max = 0;
    var fastest, slowest;

    for (var label in times) {
      if (!times.hasOwnProperty(label)) {
        continue;
      }

      if (times[label] < min) {
        min = times[label];
        fastest = label;
      }

      if (times[label] > max) {
        max = times[label];
        slowest = label;
      }
    }

    var lis = view.getElementsByTagName("li");
    var fastRegexp = new RegExp("^" + fastest + ":");
    var slowRegexp = new RegExp("^" + slowest + ":");

    for (var i = 0, l = lis.length; i < l; i++) {
      if (slowRegexp.test(lis[i].innerHTML)) {
```

```
      lis[i].style.color = "#c00";
    }

    if (fastRegexp.test(lis[i].innerHTML)) {
      lis[i].style.color = "#0c0";
    }
  }
}, 15);
}

// アップデートされたbenchmark関数
function benchmark (name, tests, iterations) {
  iterations = iterations || 1000;
  times = {};
  var view = init(name);
  runTests(tests, view, iterations);
  highlightExtremes(view);
}
```

結果を表示するDOM操作をここから切り離して代替レポートジェネレータを認められるようにすれば、benchmarkをさらに拡張できる。そうすれば、サーバーサイドJavaScriptランタイムなど、DOMのない環境でもベンチマークテストを実行できる。

4.2.2 プロファイリングとボトルネックの検出

　FirefoxのWebデベロッパアドオンであるFirebugは、実行されるコードをプロファイリングできるプロファイラを提供している。たとえば、動いているサイトに行き、プロファイラを起動し、スクリプトを起動するリンクをクリックする。スクリプトが終了してから、プロファイラを止める。すると、プロファイルレポートが実行されたすべての関数の明細とそれぞれの実行にかかった時間を表示する。多くの場合、ある仕事をするために実行された関数の数がわかるだけでも、複雑すぎるコードがわかるので意味がある。図4-1は、Firebugプロファイラの実行例として、Twitterのサーチ機能を使ったあとのプロファイルレポートを示したものである。Twitterサーチは、XMLHttpRequestを使ってデータをフェッチし、DOMを操作して結果を表示する。プロファイルレポートは、JQueryのなかで多くのことが行われており、全部で31000回を越す関数呼び出しがあったことを示している。

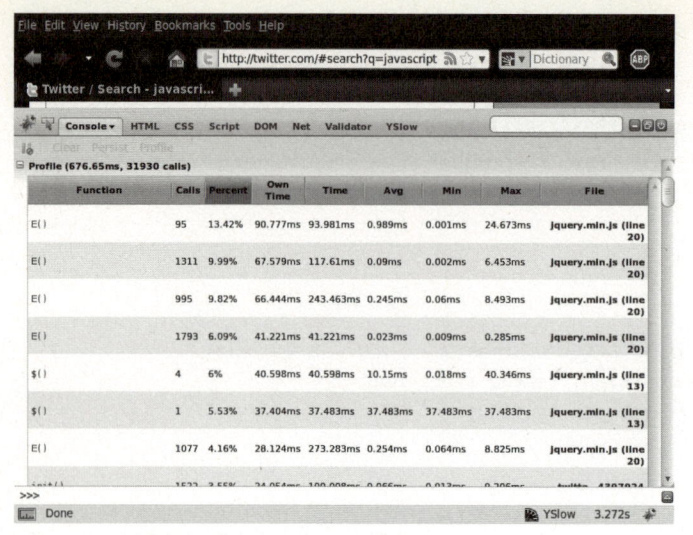

図4-1　Twitterのサーチ機能のプロファイリング

4.3 まとめ

　この章では、単に本番コードをサポートするだけでなく、JavaScriptについての学習を進めるためにも単体テストが使えることを示した。学習テストスイートを残すと、学習したことのドキュメントとして非常に効果的であり、過去に遭遇したさまざまな問題のハンディなリファレンスになる。この本を読むときも、サンプルの一部を実際に試してみて、何が行われているのかを理解することをお勧めする。まだ学習テストスイートを持っていない読者は、今から始めるとよい。この本のサンプルをより深く理解するために学習テストを書くのである。

　与えられた問題の有力な解法がいくつもあるときには、ベンチマークを実施するとどれを選べばよいかを決めやすくなる。相対的なパフォーマンスを計測すれば、パフォーマンスがよくなる傾向のあるパターンがどのようなものかを学べる。そして、学習テストとともにベンチマークを残せば、個人用の知識バンクとして非常に強力なものができあがる。

　自動テストの入門的な解説は、この章で終わりである。第2部「プログラマのためのJavaScript」では、JavaScript言語について、特にほかの言語と大きく異なる側面に重点をおいて学んでいく。オブジェクト、コンストラクタ、プロトタイプ、スコープ、関数を詳しく見ていくつもりだ。

第2部
プログラマのための JavaScript

第5章
関数

　JavaScriptの関数は強力である。関数は正真正銘のオブジェクトであり、変数、プロパティに代入したり、関数に引数として渡したり、自分自身のプロパティを持ったりすることができる。JavaScriptは、無名関数もサポートしている。無名関数は、ほかの関数やオブジェクトメソッドへのインラインコールバックに使われることが多い。

　この章では、JavaScript関数の理論的な側面を説明する。第6章「関数とクロージャの応用」でクロージャについて、また第7章「オブジェクトとプロトタイプの継承」でオブジェクトを実装する手段としてのメソッドと関数について掘り下げていくときには、関数のおもしろい使い方をいくつも示していくことになるが、それをすんなりと理解するために必要な基礎知識をここで蓄えることにしよう。

5.1 関数の定義

　実は、第1部全体を通じて、関数のいくつかの定義方法をすでに示してきている。この節では、JavaScriptが認めている関数のすべての定義方法を一通り見ていく。そして、それらの長所短所を明らかにするとともに、知らなければ驚くようなブラウザによる違いについても説明する。

5.1.1 関数宣言

　関数を定義するためのもっとも素直な方法は、**リスト5-1**のように関数宣言を使うものである。

リスト5-1　関数宣言

```
function assert(message, expr) {
  if (!expr) {
    throw new Error(message);
  }

  assert.count++;

  return true;
}
assert.count = 0;
```

　これは、第1章「自動テスト」で取り上げたassert関数である。関数宣言は、functionキーワードから始

まり、そのうしろに識別子（上の例では assert）、最後に中かっこで囲まれた本体が続く。関数は値を返すことができる。return 文がない場合、あっても式をともなわない場合は、undefined を返す。関数はオブジェクトなのでプロパティを持つことができるが、上の例の count プロパティはそのよい例だ。

5.1.2 関数式

JavaScript は、関数宣言のほか、関数式もサポートしている。関数式を書くと、すぐに実行できる無名関数が作られる。無名関数は、ほかの関数に渡したり、関数の戻り値にしたり、変数やオブジェクトプロパティに代入したりすることができる。関数式では、識別子はオプションである。**リスト5-2** は、上の assert 関数を関数式として実装したものである。

リスト5-2　無名関数式

```
var assert = function (message, expr) {
  if (!expr) {
    throw new Error(message);
  }

  assert.count++;

  return true;
};

assert.count = 0;
```

関数宣言とは異なり、関数式は、ほかの式と同様に、最後に終端子としてセミコロンを書かなければならないことに注意していただきたい。厳密にどうしても必要というわけではないが、セミコロンの自動挿入は予想外の結果を招くことがあるので、かならず自分でセミコロンを挿入するのがベストプラクティスである。

　assert 関数のこの実装は、先ほどのものと少し異なる。無名関数には名前がないので、自分自身を参照するには、assert 変数か、スコープチェーンを介してアクセスできる arguments.callee からたどっていかなければならない。arguments オブジェクトとスコープチェーンについては、すぐあとで詳しく説明する。

　先ほども言ったように、関数式では識別子はオプションである。名前付き関数式が無名関数かどうかは定義の問題だが、外側のスコープからは無名であることに変わりはない。**リスト5-3** は、名前つき関数式の例を示したものである。名前つき関数式が暗黙のうちに持つ意味や、ブラウザ間での名前つき関数式の扱いの違いについては「5.3.6 再び関数式について」で取り上げる。

リスト5-3　名前つき関数式

```
var assert = function assert(message, expr) {
  if (!expr) {
    throw new Error(message);
  }

  assert.count++;
```

```
    return true;
  };

  assert.count = 0;
```

5.1.3 Functionコンストラクタ

JavaScript 関数は、正真正銘のオブジェクトなので、メソッドを含むプロパティを持つことができる。その他のJavaScript オブジェクトと同様に、関数はプロトタイプチェーンを持っている。関数は Function.prototype を継承し、Function.prototype は Object.prototype[1]を継承する。Function.prototype オブジェクトは、call、apply メソッドなど、役に立つプロパティを提供している。これらのプロトタイプが定義しているプロパティのほか、関数オブジェクトは length と prototype の２つのプロパティを持っている。

予想とは裏腹に、prototype プロパティは、関数オブジェクト内部のプロトタイプ（すなわち、Function.prototype）への参照ではない。prototype プロパティは、コンストラクタとして関数を使って作られたオブジェクトのプロトタイプとなるオブジェクトである。コンストラクタについては、第７章「オブジェクトとプロトタイプの継承」で説明する。

関数の length プロパティは、関数が期待する仮引数の数を示し、関数の arity とも呼ばれる。**リスト5-4** はその例を示している。

リスト5-4 関数オブジェクトの length プロパティ

```
TestCase("FunctionTest", {
  "test function length property": function () {
    assertEquals(2, assert.length);
    assertEquals(1, document.getElementById.length);
    assertEquals(0, console.log.length); // In Firebug
  }
});
```

第３章「現役で使われているツール」で説明したように、プロジェクトをセットアップして、設定ファイルも用意すれば、JsTestDriver でこのテストを実行できる。

第４章「学ぶためのテスト」のリスト4-9で示した benchmark メソッドは、length プロパティを使って、テスト対象の関数をループ内で呼び出すべきかどうかを判断していた。関数が仮引数を取らなければ、benchmark が自分のループのなかで関数を呼び出す。そうでなければ、くり返しの回数は関数に引数として渡され、関数が関数呼び出しのオーバーヘッドを避けて自分でループを実行できる。

上のサンプルで、Firebug の console.log メソッドは、仮引数を使っていないことに注意しよう。それでも、このメソッドには好きなだけ実引数を渡すことができ、それらはみなログに書き込まれる。仮引数は、関数に渡される実引数にアクセスするための方法が２つあるなかの１つにすぎない。

Function コンストラクタも、新しい関数の作成に使える。コンストラクタは、関数として Function(p1, p2, ..., pn, body); という形でも、new 式を使った new Function(p1, p2, ..., pn, body); という形でも呼び

---

[1] JavaScript のプロトタイプ継承の詳細は、第７章「オブジェクトとプロトタイプの継承」で説明する。

出すことができ、同じ結果が得られる。どちらの式も、引数として、新関数が受け付けなければならない任意の数の仮引数とオプションの文字列形式での関数本体を取り、新しい関数オブジェクトを返す。引数なしでコンストラクタを呼び出すと、仮引数を取らず、関数本体も持たない無名関数が作られる。**リスト5-5**は、関数として呼び出した Function コンストラクタで assert 関数を定義する例を示したものである。

リスト5-5　Function を使った関数の作成

```
var assert = Function("message", "expr",
                "if (!expr) { throw new Error(message); }" +
                "assert.count++; return true;");
assert.count = 0;
```

このようにして関数を作るときには、仮引数の指定方法が複数ある。もっともわかりやすいのは、上の例のように1個の仮引数ごとに1個の文字列を渡すものである。しかし、1個のカンマ区切りの文字列を渡すこともできるし、両者を混合した形のもの、つまり Function("p1,p2,p3", "p4", body); のようなものを使うこともできる。

Function コンストラクタは、関数本体を動的にコンパイルしなければならない場合に役に立つ。本体の動的コンパイルは、実行環境や一連の入力値によって内容が調整される関数を作るときに必要になる。

5.2 関数呼び出し

JavaScript は、関数呼び出しの方法を 2 通り用意している。かっこを使う直接的な呼び出しと、Function から継承した call、apply メソッドを使う間接的な呼び出しである。直接的な呼び出しは、**リスト5-6**のようなもので、誰もが予想する通りの動きになる。

リスト5-6　関数の直接呼び出し

```
assert("Should be true", typeof assert == "function");
```

JavaScript は、関数を呼び出すときに、引数の個数をチェックしない。関数が指定している仮引数がいくつであれ、関数には 1 個でも 10 個でも実引数を渡すことができるし、引数を渡さずに呼び出すことができる。実際の値が与えられなかった仮引数は、値が undefined になる。

5.2.1 arguments オブジェクト

関数のすべての実引数は、arguments という配列風のオブジェクトから取得できる。このオブジェクトは、受け取った引数の数を示す length プロパティと、関数呼び出しに渡された実引数に対応する 0 から length - 1 までの数値インデックスを持っている。**リスト5-7**は、仮引数ではなく、このオブジェクトを使った assert 関数を示したものである。

リスト5-7　arguments の使い方

```
function assert(message, expr) {
```

```
  if (arguments.length < 2) {
    throw new Error("Provide message and value to test");
  }

  if (!arguments[1]) {
    throw new Error(arguments[0]);
  }

  assert.count++;

  return true;
}

assert.count = 0;
```

これは、argumentsの使い方として特に役に立つというわけではないが、argumentsがどのようなものかはわかる。一般に、argumentsオブジェクトを使うとパフォーマンスが下がるので、argumentsは仮引数では目の前の問題が解決できないときに限り使うようにしたほうがよい。実際、ただこのオブジェクトを参照しただけでオーバーヘッドがかかるので、ブラウザはargumentsを使わないように関数を最適化している。

argumentsオブジェクトが配列風なのは、lengthプロパティと数値によるインデックスプロパティがあるところだけで、配列メソッドを提供しているわけではない。しかし、Array.prototype.*とそのcall、applyメソッドを活用すれば、配列メソッドを使うことはできる。**リスト5-8**は、関数に渡された第1引数以外のすべての引数から構成される配列を作る例である。

リスト5-8　argumentsで配列メソッドを使う

```
function addToArray() {
  var targetArr = arguments[0];
  var add = Array.prototype.slice.call(arguments, 1);

  return targetArr.concat(add);
}
```

配列の場合と同様に、argumentsの数値インデックスは、識別子を数値にしているプロパティに過ぎない。JavaScriptでは、オブジェクトの識別子はかならず文字列に変換される。**リスト5-9**のコードはそこから説明できる。

リスト5-9　文字列によるプロパティへのアクセス

```
function addToArray() {
  var targetArr = arguments["0"];
  var add = Array.prototype.slice.call(arguments, 1);

  return targetArr.concat(add);
}
```

Firefoxなど、一部のブラウザは、配列を最適化し、実際に数値プロパティ識別子を数値として扱っている。その場合でも、プロパティは文字列識別子でアクセスできる。

5.2.2 仮引数と実引数

argumentsオブジェクトは、仮引数と動的な関係を維持している。つまり、**リスト5-10**に示すように、argumentsオブジェクトのプロパティを書き換えると、対応する仮引数も変更され、その逆も成り立つ。

リスト5-10　実引数の変更

```
TestCase("FormalParametersArgumentsTest", {
  "test dynamic relationship": function () {
    function modify(a, b) {
      b = 42;
      arguments[0] = arguments[1];

      return a;
    }

    assertEquals(42, modify(1, 2));
  }
});
```

仮引数のbに42をセットすると、arguments[1]も同じように更新される。arguments[0]にこの値をセットすると、aも同じように更新される。

この関係は、仮引数と実際に受け取った値の間にしかない。**リスト5-11**は、上と同じテストケースのなかで、関数呼び出しのときに第2引数が省略されている例である。

リスト5-11　指定されていない仮引数には動的マッピングがきかない

```
assertUndefined(modify(1));
```

この例では、戻り値はundefinedになる。bに値が渡されていないので、bに値をセットしても、arguments[1]は更新されない。そこで、arguments[1]は、まだundefinedのままであり、arguments[0]もundefinedのままである。aは実際に値を受け取っており、argumentsオブジェクトとまだつながっているので、戻り値もundefinedになる。すべてのブラウザが仕様通りにこの処理をするわけではないので、読者の環境ではサンプルの結果が異なっているかもしれない。

この関係は紛らわしく、奇妙なバグの原因になる場合もある。関数の仮引数を書き換えるとき、特に仮引数とargumentsオブジェクトの両方を使う関数の場合には、注意したほうがよい。ほとんどの場合、仮引数やargumentsに書き込みをするよりも、新しい変数を定義したほうが健全なやり方だ。このような理由から、JavaScriptの次のバージョンであるECMAScript 5は、厳密モードでこの機能を取り除く。厳密モードについては、第8章「ECMAScript 第5版」で詳しく説明する。

5.3 スコープと実行コンテキスト

　JavaScriptには、グローバルスコープと関数スコープの2種類のスコープしかない。これは、ブロックスコープに慣れているデベロッパには紛らわしく感じられるかもしれない。**リスト5-12**は、スコープのサンプルコードである。

リスト5-12　関数のスコープ

```
"test scope": function () {
  function sum() {
    assertUndefined(i);

    assertException(function () {
      assertUndefined(someVar);
    }, "ReferenceError");

    var total = arguments[0];

    if (arguments.length > 1) {
      for (var i = 1, l = arguments.length; i < l; i++) {
        total += arguments[i];
      }
    }

    assertEquals(5, i);

    return total;
  }

  sum(1, 2, 3, 4, 5);
}
```

　このサンプルには、いくつかおもしろい側面が含まれている。`i`変数は、`for`ループのなかの`var`文よりも手前でも参照されている。でたらめな変数にアクセスしようとしても失敗し、`ReferenceError`（Internet Explorerの場合は`TypeError`）が投げられることに注意しよう。しかも、`i`変数は、`for`ループの終了後もアクセスでき、値を持っている。複数のループを使うメソッドでは、`i`変数をループごとに再宣言するコードがよく見られるがそれは誤りである。

　グローバルスコープと関数スコープのほか、`with`文を使えばブロックのスコープチェーンを変更できるが、`with`文は通常使わないほうがよいとされており、ECMAScript 5の厳密モードでは、実質的に推奨されない機能になっている。現在「Harmony」の名のもとに作業中のECMAScriptの次のバージョンでは、`let`文とともにブロックスコープを新設する予定になっている。`let`は、ver.1.7以降のMozillaのJavaScript（Firefox 2.0でリリース）では独自拡張として使えるようになっている。

5.3.1 実行コンテキスト

ECMAScript 仕様は、すべての JavaScript コードが実行コンテキストのもとで動作すると規定している。実行コンテキストは JavaScript のアクセス可能なエンティティではないが、関数とクロージャの動作を完全に理解するためには実行コンテキストの理解が欠かせない。仕様には次のように書かれている。

「ECMAScript 実行可能コードに制御が渡されたら、制御は実行コンテキストに入る。アクティブな実行コンテキストは、論理的にスタックを形成する。このスタックのトップにある実行コンテキストは、実行中の実行コンテキストである」

5.3.2 変数オブジェクト

実行コンテキストは、変数オブジェクトを持っている。関数内で定義されたすべての変数、関数は、変数オブジェクトのプロパティとして追加される。このプロセスのアルゴリズムを詳しく見ていくと、前節のサンプルがすべて理解できる。

- すべての仮引数について、変数オブジェクトに対応するプロパティを追加する。その値は、関数に渡された実引数の値とする。
- すべての関数宣言について、変数オブジェクトに対応するプロパティを追加する。その値は関数とする。関数宣言が仮引数と同じ識別子を使っている場合には、プロパティは上書きされる。
- すべての変数宣言について、変数オブジェクトに対応するプロパティを追加する。ソースコードで変数がどのように初期化されるかにかかわらず、プロパティの初期値は undefined になる。変数がすでに定義されているプロパティ（つまり、仮引数か関数）と同じ識別子を使っている場合、上書きは行われない。

このアルゴリズムの効果は、関数、変数宣言のホイストと呼ばれている。関数は全体がホイストされるのに対し、変数は宣言だけがホイストされることに注意しよう。初期化は、ソースコード内で定義されたときに起きる。そのため、リスト 5-12 のコードは、**リスト 5-13** のように解釈される

リスト 5-13　ホイスト後の関数スコープ

```
"test scope": function () {
  function sum() {
    var i;
    var l;

    assertUndefined(i);

    /* ... */
  }

  sum(1, 2, 3, 4, 5);
}
```

var 文が undefined を作り出す前に i にアクセスできるのに対し、何か適当な変数にアクセスしようとしても参照エラーが起きるのはそのためだ。参照エラーは、スコープチェーンの仕組みによってさらに説明される。

5.3.3 アクティベーションオブジェクト

関数内に arguments オブジェクトが存在する理由は、変数オブジェクトでは説明できない。変数オブジェクトは、実行コンテキストに結びついているアクティベーションオブジェクトという別のオブジェクトのプロパティである。アクティベーションオブジェクトと変数オブジェクトはどちらも純粋に仕様上のメカニズムで、JavaScript コードからはアクセスできないことに注意しよう。識別子の解決、つまり変数と関数の解決という目的のためには、アクティベーションオブジェクトと変数オブジェクトは同じオブジェクトである。変数オブジェクトのプロパティは、実行コンテキスト内のローカル変数としてアクセスでき、変数オブジェクトとアクティベーションオブジェクトは同じオブジェクトなので、関数本体は、まるでローカル変数のように arguments オブジェクトにアクセスできるのである。

5.3.4 グローバルオブジェクト

JavaScript エンジンは、コードをまだ1行も実行する前に、初期プロパティが ECMAScript で定義された Object、String、Array などの組み込みオブジェクトになっているグローバルオブジェクトを作成する。定義済みプロパティをただホスティングするだけではないのである。JavaScript のブラウザ実装は、グローバルオブジェクトのプロパティで、それ自体もグローバルオブジェクトである window を提供している。

グローバルオブジェクトは、window プロパティ（ブラウザの場合）のほか、グローバルスコープでは this としてもアクセスできる。リスト 5-14 は、ブラウザ内で window がグローバルオブジェクトとどのように関係しているかを示している。

リスト 5-14　グローバルオブジェクトと window

```
var global = this;

TestCase("GlobalObjectTest", {
  "test window should be global object": function () {
    assertSame(global, window);
    assertSame(global.window, window);
    assertSame(window.window, window);
  }
});
```

グローバルスコープでは、グローバルオブジェクトは変数オブジェクトとして使われる。つまり、var キーワードを使って変数を宣言すると、グローバルオブジェクトに対応するプロパティが作られる。言い換えれば、リスト 5-15 の2つの代入は、ほとんど同じ意味である。

リスト 5-15　グローバルオブジェクトのプロパティへの代入

```
var assert = function () { /* ... */ };
this.assert = function () { /* ... */ };
```

変数宣言はホイストされるが、プロパティ代入はされないので、これら2つの文は完全に同じというわけではない。

5.3.5 スコープチェーン

関数が呼び出されると、制御は新しい実行コンテキストに入る。これは関数の再帰呼び出しのときでも変わらない。今説明したように、関数内の識別子の解決には、アクティベーションオブジェクトが使われる。実は、識別子の解決はスコープチェーンを通じて行われ、その出発点が現在の実行コンテキストのアクティベーションオブジェクトになっている。スコープチェーンの終点は、グローバルオブジェクトである。

リスト5-16の単純な関数について考えてみよう。この関数に数値を与えて呼び出すと、関数が返される。この関数を呼び出すと、引数に先ほどの数値を加えた値が返される。

リスト5-16 ほかの関数を返す関数

```
function adder(base) {
  return function (num) {
    return base + num;
  };
}
```

リスト5-17は、adderを使ってインクリメント、デクリメント関数を作っている。

リスト5-17 インクリメント、デクリメント関数

```
TestCase("AdderTest", {
  "test should add or subtract one from arg": function () {
    var inc = adder(1);
    var dec = adder(-1);

    assertEquals(3, inc(2));
    assertEquals(3, dec(4));
    assertEquals(3, inc(dec(3)));
  }
});
```

incメソッドのスコープチェーンの先頭は、inc自身のアクティベーションオブジェクトである。このオブジェクトは、仮引数に対応するnumプロパティを持っている。しかし、base変数は、このアクティベーションオブジェクトでは見つからない。JavaScriptは、識別子の解決のために、オブジェクトがもうないというところまでスコープチェーンを上っていく。baseが見つからなければ、スコープチェーンの次のオブジェクトで探す。それは、adderのために作られたアクティベーションオブジェクトであり、baseプロパティはここで見つかる。ここにもプロパティがなければ、識別子の解決はスコープチェーンの次のオブジェクト、すなわちグローバルオブジェクトで行われる。グローバルオブジェクトでも識別子が見つからない場合には、参照エラーが投げられる。

adderで作られ、返された関数の内部では、base変数は**自由変数**、すなわちadder関数が実行を終了した後も生き残る変数である。この動作は**クロージャ**とも呼ばれ、第6章「関数とクロージャの応用」で詳しく取り

上げる。

　Functionコンストラクタで作られた関数は、これとはスコープルールが異なる。どこで作られたかにかかわらず、この種の関数はスコープチェーンにグローバルオブジェクトしか持たない。つまり、外側のスコープは、スコープチェーンに追加されないということである。そこで、Functionコンストラクタは、意図せぬクロージャが作られるのを防ぐために役立つ。

5.3.6 再び関数式について

　スコープチェーンの理解が進んだところで、関数式をもう一度取り上げ、その仕組みについての理解を深めよう。関数式は、条件に基づいて関数を定義しなければならないときに役立つ。関数宣言は、ブロック内では、つまりif-else式のなかでは認められていないのである。条件に基づく関数定義が必要になる状況として一般的なものは、機能検出に基づいてブラウザ間の違いを吸収する関数を定義するときだ。第10章「機能検出」では、このトピックを深く掘り下げる。たとえば、文字列の前後の空白を取り除くtrim関数の追加は、このような状況の典型的な例である。一部のブラウザはString.prototype.trimメソッドを提供しているので、そのような場合はそちらのメソッドを使う。**リスト5-18**は、このようなtrim関数の実装例を示している。

リスト5-18　条件に基づく関数定義

```
var trim;

if (String.prototype.trim) {
  trim = function (str) {
    return str.trim();
  };
} else {
  trim = function (str) {
    return str.replace(/^\s+|\s+$/g, "");
  };
}
```

　この場合、関数宣言を使うと、ECMAScript仕様によれば構文エラーになる。しかし、ほとんどのブラウザは、**リスト5-19**のようなコードを実行できる。

リスト5-19　条件に基づく関数宣言

```
// 危険！　試さないように
if (String.prototype.trim) {
  function trim(str) {
    return str.trim();
  }
} else {
  function trim(str) {
    return str.replace(/^\s+|\s+$/g, "");
  }
}
```

しかし、このようなコードを書くと、関数のホイストのために、かならず第2実装が使われることになってしまう。関数宣言は、条件文の実行の前にホイストされるため、第2実装が第1実装を上書きしてしまうのである。ただし、Firefox は例外で、構文拡張としてこのような条件文を認めている。構文拡張は、仕様が認めていることではあるが、依存しないようにすべきだ。

上記の関数式と関数宣言の違いは、宣言で作られた関数が名前を持つことだ。これらの名前は関数を再帰的に呼び出すためにも、デバッグのためにも役に立つ。では、trim メソッドを持たないブラウザでは String.prototype オブジェクトで直接定義するように、trim メソッドの実装を書き換えてみよう。**リスト 5-20** は、そのようにして作ったアップデート版である。

リスト 5-20　条件に基づいて文字列メソッドを提供する

```
if (!String.prototype.trim) {
  String.prototype.trim = function () {
    return this.replace(/^\s+|\s+$/g, "");
  };
}
```

このように書けば、ブラウザが trim メソッドをネイティブにサポートしているかどうかにかかわらず、" string ".trim() を使って空白を取り除くことができる。しかし、このようにして定義したメソッドを使って大規模なアプリケーションを作ると、デバッグするときに困ることになる。たとえば、Firebug のスタックトレースには、無名関数呼び出しがいくつも含まれることになり、ナビゲートしたりエラーの原因を見つけたりしにくくなる。もちろん、単体テストによってそうなる前に問題は見つかっているはずだが、いずれにしても読んで理解できるスタックトレースは貴重である。

リスト 5-21 のような名前つき関数式なら、この問題を解決できる。

リスト 5-21　名前つき関数式を使う

```
if (!String.prototype.trim) {
  String.prototype.trim = function trim() {
    return this.replace(/^\s+|\s+$/g, "");
  };
}
```

名前つき関数式には、関数宣言と異なるところがある。識別子は内側のスコープに属し、関数を定義している側のスコープからは見えないのである。残念ながら、Internet Explorer は、そのようにはできていない。それどころか、Internet Explorer は名前つき関数式をきちんと実装できておらず、上の例は、**リスト 5-22** のような副作用を持ってしまう。

リスト 5-22　Internet Explorer における名前つき関数式

```
// ReferenceErrorを投げなければならないが、IEでは真になる
assertFunction(trim);

if (!String.prototype.trim) {
  String.prototype.trim = function trim() {
```

```
      return this.replace(/^\s+|\s+$/g, "");
   };
}

// ReferenceErrorを投げなければならないが、IEでは真になる
assertFunction(trim);

// さらに凶悪：IEは2つの異なる関数オブジェクトを作ってしまう
assertNotSame(trim, String.prototype.trim);
```

これはひどい状況だ。Internet Explorer は、名前つき関数式を前にすると、2つの別々の関数オブジェクトを作り、識別子を外側のスコープにリークし、そのうちの1つをホイストしてしまう。このような誤りがあると、名前つき関数式は簡単にわかりにくいバグを生んでしまい、危なくて使えなくなってしまう。同じ名前の変数に関数式を代入すれば、関数オブジェクトの重複は避けられるが（上書きされる）、スコープリークとホイストは消えない。

私は、必要に応じて分岐が異なれば名前も変わるようにして、クロージャ内の関数宣言を使い、名前つき関数式を避けるようにしている。もちろん、関数宣言はホイストされ、外側のスコープからも見える。しかし、関数宣言の場合は、これが予想される動作であり、いやな驚き方をしなくて済む。関数宣言のふるまいはすべてのブラウザを通じて既知で予測可能であり、バグの回避は不要である。

5.4 thisキーワード

JavaScript の this キーワードは、多くのベテランデベロッパを悩ませている。ほとんどのオブジェクト指向言語では、this（または self）は、かならずレシーバオブジェクトを指す。ほとんどのオブジェクト指向言語では、メソッド内で this を使うと、それはメソッド呼び出しに使われるオブジェクトを意味する。しかし、JavaScript では、多くの場合のデフォルトの動作はそうなのだが、そうならない場合もある。リスト 5-23 のメソッドとメソッド呼び出しは、予想通りのふるまいをする。

リスト5-23　thisの意外ではないふるまい

```
var circle = {
  radius: 6,

  diameter: function () {
    return this.radius * 2;
  }
};

TestCase("CircleTest", {
  "test should implicitly bind to object": function () {
    assertEquals(12, circle.diameter());
  }
});
```

this.radius が circle.diameter のなかで circle.radius を参照しているということに意外なところはない。しかし、**リスト 5-24** のサンプルは、そうでないふるまいをする。

リスト 5-24　this の値は circle オブジェクトではない

```
"test implicit binding to the global object": function () {
  var myDiameter = circle.diameter;
  assertNaN(myDiameter());

  // 警告：暗黙のグローバルに依存してはならない
  // これはサンプルにすぎない
  radius = 2;
  assertEquals(4, myDiameter());
}
```

このサンプルから明らかなように、this の値は、呼び出し元によって決まる。実際、この細部は、先ほどの実行コンテキストの議論では省略されていた。実行コンテキストに入ると、アクティベーションオブジェクトと変数オブジェクトが作られ、スコープチェーンに追加されるだけでなく、this の値も決まるのである。

5.4.1 thisの暗黙の設定

this は、かっこを使って関数を呼び出したときに暗黙のうちに設定される。関数として呼び出すとグローバルオブジェクト、メソッドとして呼び出すとその呼び出しに使ったオブジェクトが this になる。「関数をメソッドとして呼び出す」とは、関数をオブジェクトのプロパティとして呼び出すことだと理解しなければならない。これは非常に便利な機能で、複数の JavaScript オブジェクトが関数オブジェクトを共有しつつ、それぞれのオブジェクトが自分のメソッドとして呼び出せる巧妙な手段になっている。

たとえば、先ほども取り上げた arguments オブジェクトのために配列メソッドを借りてくるという問題では、arguments オブジェクトに値が実行したいメソッドになっているプロパティを作り、arguments から呼び出せば、暗黙のうちに arguments が this になる。**リスト 5-25** は、そのような例を示したものである。

リスト 5-25　関数をオブジェクトのメソッドとして呼び出す

```
function addToArray() {
  var targetArr = arguments[0];
  arguments.slice = Array.prototype.slice;
  var add = arguments.slice(1);

  return targetArr.concat(add);
}
```

addToArray 関数呼び出しは、リスト 5-8 の addToArray とまったく同じように動作する。ECMAScript 仕様は、多くの組み込みメソッドをジェネリックなものにするように求めているが、それによりそれらのメソッドは、適切な性質を持つほかのオブジェクトでも使えるようになっている。たとえば、arguments オブジェクトは、length メソッドと数値インデックスを持っており、Array.prototype.slice の要件を満たしている。

5.4.2 thisの明示的な設定

特定のメソッド呼び出しのためにthisの値を管理したいというだけなら、関数のcallまたはapplyメソッドを使って明示的に設定すればよい。Function.prototype.callメソッドは、第1引数をthisとして関数を呼び出す。第2引数以下は、関数を呼び出すときに渡される。リスト5-8で示した最初のaddToArrayは、Array.prototype.sliceという形でこのメソッドを使い、argumentsをthisとして渡した。リスト5-26は、先ほどのcircleを使った新しい例である。

リスト5-26　callの使い方

```
assertEquals(10, circle.diameter.call({ radius: 5 }));
```

ここでは、circle.diameter呼び出しのthis引数として、radiusプロパティを定義しているオブジェクトリテラルを使っている。

5.4.3 thisとしてプリミティブを使う

callの第1引数はどんなオブジェクトでもかまわない。nullでもよいのだ。nullを渡すと、thisとしてグローバルオブジェクトが使われる。しかし、第8章「ECMAScript第5版」で見ていくように、この動作は変わりつつある。ECMAScript 5の厳密モードでは、thisとしてnullを渡した場合、thisはグローバルオブジェクトではなく、nullになる。文字列や論理値などのプリミティブ型をthisとして渡すと、その値はオブジェクトでラップされる。リスト5-27は、thisが予想外の結果を生み出す例を示している。

リスト5-27　論理値をthisとしてメソッドを呼び出す

```
Boolean.prototype.not = function () {
  return !this;
};

TestCase("BooleanTest", {
  "test should flip value of true": function () {
    assertFalse(true.not());
    assertFalse(Boolean.prototype.not.call(true));
  },

  "test should flip value of false": function () {
    // false.not() == falseなので、どちらも失敗
    assertTrue(false.not());
    assertTrue(Boolean.prototype.not.call(false));
  }
});
```

このメソッドは、期待通りには動作しない。プリミティブの論理値は、thisとして使われるとBooleanオブジェクトに変換される。しかし、Booleanへの強制型変換を行うと、かならずtrueになってしまうので、true

の単項論理 not 演算子を実行すると、当然ながら false になる。ECMAScript 5 の厳密モードは、値を this として使う前にオブジェクトへの強制変換を行わないようにして、この問題を解決している。

apply メソッドは、call とよく似ているが、2 個の引数しか期待していないところが異なる。第 1 引数は、call のときと同じ this の値だが、第 2 引数は、呼び出される関数に渡される実引数を配列にまとめたものである。そして、第 2 引数は、本物の配列オブジェクトでなくてもかまわない。そのため、apply の第 2 引数として arguments を渡せば、関数呼び出しをチェイニングすることができる。

たとえば、apply を使えば、配列内のすべての数値の合計を計算できる。まず、**リスト 5-28** の関数について考えてみよう。この関数は、任意個の引数を受け付け、それらはすべて数値だという前提条件のもとで合計を返す。

リスト 5-28　数値の合計を計算する

```
function sum() {
  var total = 0;

  for (var i = 0, l = arguments.length; i < l; i++) {
    total += arguments[i];
  }

  return total;
}
```

リスト 5-29 は、このメソッドの 2 つのテストケースである。第 1 のテストは、かっこで関数を呼び出して一連の数値の合計を計算する。それに対し、第 2 のテストは、apply を使って数値の配列の合計を計算する。

リスト 5-29　apply を使って数値を合計する

```
TestCase("SumTest", {
  "test should sum numbers": function () {
    assertEquals(15, sum(1, 2, 3, 4, 5));
    assertEquals(15, sum.apply(null, [1, 2, 3, 4, 5]));
  }
});
```

第 1 引数として null を使うと、先ほども説明したように、this は暗黙のうちにグローバルオブジェクトにバインドされ、第 1 のテストと同じように関数が呼び出されたときと同じ条件になる。ECMAScript 5 は、グローバルオブジェクトへの暗黙のバインドを行わないため、this は、第 1 の呼び出しでは undefined、第 2 の呼び出しでは null になる。

call と apply は、ほかの関数にコールバックとしてメソッドを渡すときに非常に貴重なツールになる。次章では、与えられた関数をすぐに呼び出さずに、関数の this にオブジェクトをバインドできる Function.prototype.bind を実装する。

5.5 まとめ

　この章では、JavaScript 関数の理論的な基礎を説明した。関数の作り方、関数のオブジェクトとしての使い方、関数の呼び出し方、実引数と this の操作方法を説明した。

　JavaScript 関数は正真正銘のオブジェクトであり、実行コンテキストやスコープチェーンが独特の意味を持つという点で、ほかの多くの言語の関数やメソッドとは異なる。また、呼び出し元で this の値を操作できるのも、関数の操作方法としては異色かもしれない。しかし、この本を通読するとわかるように、この機能はとても役に立つ。

　次章では、関数の研究を続け、クロージャと呼ばれる概念を掘り下げて、この章よりもさらにおもしろいユースケースを学ぶ。

第6章
関数とクロージャの応用

　前章では、JavaScript 関数の理論的な側面を取り上げ、実行コンテキストとスコープチェーンの概念を頭に入れた。JavaScript は関数のネストをサポートしており、クロージャが非公開（プライベート）の状態を持つことができる。これは、アドホックなスコープからメモ化、関数バインド、モジュールとステートフル関数、オブジェクトの実装までの広い範囲で使える。

　この章では、JavaScript 関数とクロージャをうまく活用するさまざま方法について実例を使って考えていく。

6.1 関数のバインド

　コールバックとしてメソッドを渡すと、メソッドを実行するオブジェクトをいっしょに渡さない限り、暗黙の this の値は失われる。これは、this のセマンティクスをよく理解していないとわかりにくい。

6.1.1 thisの消失：ライトボックスの例

　問題を具体的に知るために、「ライトボックス」オブジェクトについて考えてみよう。ライトボックスとは、ページに重ね合わされ、ページのほかの部分の上に浮いているように見えるボックスで、ポップアップと非常によく似ているものに、Web 2.0 の名前を与えたものに過ぎない。このサンプルでは、ライトボックスは、ある URL から内容を取り出し、div 要素内でそれを表示する。anchorLightbox 関数は、アンカー要素をライトボックスに変換する便利な関数である。アンカーをクリックすると、リンクされているページが、現在のページの上に置かれる div にロードされる。リスト 6-1 は、概要を示したものである。

リスト 6-1　ライトボックスの擬似コード

```
var lightbox = {
  open: function () {
    ajax.loadFragment(this.url, {
      target: this.create()
    });

    return false;
  },

  close: function () { /* ... */ },
```

```
    destroy: function () { /* ... */ },

    create: function () {
      /* コンテナを作るか既存のコンテナを返す */
    }
  };

  function anchorLightbox(anchor, options) {
    var lb = Object.create(lightbox);
    lb.url = anchor.href;
    lb.title = anchor.title || anchor.href;
    Object.extend(lb, options);
    anchor.onclick = lb.open;

    return lb;
  }
```

このコードは、この形のままでは実行できない。概念を表しただけである。`Object.create` と `Object.extend` の詳細については、第7章「オブジェクトとプロトタイプの継承」で説明する。また、`ajax.loadFragment` メソッドは、`target` オプションが指定する DOM 要素に URL の内容をロードするものとする。`anchorLightbox` 関数は、`lightbox` オブジェクトを継承する新しいオブジェクトを作り、主要プロパティを設定し、新オブジェクトを返す。また、click イベントのイベントハンドラを設定する。さしあたりは DOM0 イベントプロパティを使っておけばよいが、この方法は一般にお勧めできない。よりよいイベントハンドラの追加方法については、第10章「機能検出」で説明する。

残念ながら、リンクをクリックしても期待したふるまいは得られない。なぜかというと、イベントハンドラとして `lb.open` メソッドを代入したときに、`this` から `lb` オブジェクトへの暗黙のバインドが失われるからである。暗黙のバインドがあるのは、この関数が `lb` オブジェクトのプロパティとして呼び出されたときだけだ。前章では、`call`、`apply` を使って関数を呼び出すときに明示的にこの値を設定する方法を学んだ。しかし、これらのメソッドが役立つのは呼び出しのときだけである。

6.1.2 無名関数を使った解決方法

この問題を回避するには、実行されたときに、正しい `this` の値がセットされた状態で open メソッドを呼び出すイベントハンドラとして無名関数を代入すればよい。

リスト 6-2　無名プロキシ関数を介した open 呼び出し

```
  function anchorLightbox(anchor, options) {
    /* ... */

    anchor.onclick = function () {
      return lb.open();
    };
```

```
    /* ... */
}
```

イベントハンドラとして内側の関数を代入すると、クロージャが作られる。通常、関数が終了すると、アクティベーション、変数オブジェクトと実行コンテキストは参照されなくなり、ガベージコレクションの対象になる。しかし、内側の関数をイベントハンドラとして代入すると、おもしろいことが起きる。anchorLightbox が実行を終了しても、anchor オブジェクトは、onclick プロパティを通じて、まだ anchorLightbox のために作られた実行コンテキストのスコープチェーンにアクセスできるままの状態になる。内側の無名関数は lb 変数を使っているが、これは仮引数でもローカル変数でもない。スコープチェーンからアクセスできる自由変数なのである。

クロージャを使ってイベントを処理し、実質的にメソッド呼び出しをプロキシ化すると、今度はライトボックスアンカーも動作する。しかし、メソッド呼び出しを手作業でラップするのは、あまり正しい方法には感じられない。複数のイベントハンドラを同じようにして定義するなら、重複を招き、コードがエラーを起こしやすくなってメンテナンスが難しくなり、理解しずらく書き換えにくいものになってしまう。もっとよい方法が必要だ。

6.1.3 Function.prototype.bind

ECMAScript 5 は Function.prototype.bind 関数を提供しており、今のほとんどの JavaScript ライブラリは何らかの形で同様のものを含んでいる。bind メソッドは、第 1 引数としてオブジェクトを受け付け、関数オブジェクトを返す。この関数オブジェクトを呼び出すと、第 1 引数のオブジェクトを this として元の関数が呼び出される。言い換えれば、今手作業で実装した機能を提供するものであり、call、apply の遅延バージョンと言うべきものである。bind を使えば、anchorLightbox は**リスト 6-3** のようにアップデートできる。

リスト 6-3　bind の使い方

```
function anchorLightbox(anchor, options) {
  /* ... */

  anchor.onclick = lb.open.bind(lb);

  /* ... */
}
```

この便利な関数はまだすべてのブラウザで実装されているわけではないので、実装されていないブラウザのために独自実装を提供することができる。**リスト 6-4** は、その簡単な実装を示したものである。

リスト 6-4　bind の実装

```
if (!Function.prototype.bind) {
  Function.prototype.bind = function (thisObj) {
    var target = this;

    return function () {
```

```
      return target.apply(thisObj, arguments);
    };
  };
}
```

この実装は、`thisObj` 引数と関数自体への参照を維持する関数（**クロージャ**）を返す。返された関数を実行すると、`this` としてバインドされたオブジェクトが明示的に設定された状態で、元の関数が呼び出される。返された関数に渡された実引数は、すべてもとの関数に渡される。

`Function.prototype` に関数を追加するということは、すべての関数オブジェクトのメソッドとしてその関数を使えるようにするということであり、`this` はメソッドの呼び出しに使われたオブジェクトを参照する。この値にアクセスするには、外側の関数のローカル変数に格納しなければならない。前章でも示したように、`this` は、新しい実行コンテキストに入るときに計算され、スコープチェーンの一部ではない。これをローカル変数に代入すると、内側の関数のスコープチェーンを介してアクセスできるようになる。

6.1.4 引数とのバインド

ECMAScript 5 仕様（そしてたとえば Prototype.js 実装）によれば、`bind` は `this` の値だけでなく、実引数への関数のバインドもサポートすべきとされている。つまり、デベロッパは、関数に引数を「プレフィル」し、オブジェクトにバインドして、そのあとのいつかの時点で呼び出されるように渡せるということだ。これは、バインド時にイベントハンドラの引数がわかっていなければならないような場合に非常に役に立つ。引数のバインドは、`setTimeout` にコールバックを渡して、何らかの計算を先延ばししたいときにも役に立つ。

リスト 6-5 は、`setTimeout` でベンチマークを遅延実行するために、`bind` を使って引数に関数をプレフィルする例である。`bench` 関数は、引数として渡された関数を 10000 回呼び出して、結果をログに書き込む。ここでは、`setTimeout` に渡された無名関数呼び出しを手作業で行うのではなく、`bind` を使って `benchmarks` 配列に `forEach` メソッドをバインドし、引数に `bench` 関数をバインドすることによって、`benchmarks` 配列のすべてのベンチマークを実行している。

リスト 6-5　`bind` と `setTimeout` を使ったメソッド呼び出しの遅延実行

```
function bench(func) {
  var start = new Date().getTime();

  for (var i = 0; i < 10000; i++) {
    func();
  }

  console.log(func, new Date().getTime() - start);
}

var benchmarks = [
  function forLoop() { /* ... */ },
  function forLoopCachedLength() { /* ... */ },
  /* ... */
];
```

```
setTimeout(benchmarks.forEach.bind(benchmarks, bench), 500);
```

上のリストは、500m 秒たつごとにベンチマークを実行する。鋭い読者は、第 4 章「学ぶためのテスト」のベンチマーク関数だということに気付かれたことだろう。

リスト 6-6 は、this だけでなく引数にも関数をバインドできる bind の実装例を示したものである。

リスト 6-6　引数のバインドもサポートする bind

```
if (!Function.prototype.bind) {
  Function.prototype.bind = function (thisObj) {
    var target = this;
    var args = Array.prototype.slice.call(arguments, 1);

    return function () {
      var received = Array.prototype.slice.call(arguments);

      return target.apply(thisObj, args.concat(received));
    };
  };
}
```

この実装は、ごく素直なものである。bind に渡された引数を配列で管理し、バインドされた関数が呼び出されたときには、この配列と、実際の呼び出しが受け付けたその他の引数を連結する。

上の実装は、単純なのはよいのだが、パフォーマンスが低い。ほとんどの場合、bind は、単純にオブジェクトに関数をバインドするために使われる。つまり、引数のバインドはあまり行われないのである。この単純な条件のもとでは、引数の変換と連結は、バインド時とバインドされた関数の呼び出し時の両方で、呼び出しにかかる時間を遅くするだけである。幸い、条件によって関数を最適化するのは簡単なことである。処理すべき条件は、次の 4 つである。

- オブジェクトに関数をバインドするが、引数にはバインドしない。
- オブジェクトに関数をバインドし、1 つ以上の引数に関数をバインドする。
- バインドされた関数を引数なしで呼び出す。
- バインドされた関数を引数つきで呼び出す。

後ろの 2 つは、前の 2 つのどちらでも起きるので、バインド時の条件は 2 種類、呼び出し時の条件は 4 種類ということになる。**リスト 6-7** は、最適化後の関数である。

リスト 6-7　最適化された bind

```
if (!Function.prototype.bind) {
  (function () {
    var slice = Array.prototype.slice;

    Function.prototype.bind = function (thisObj) {
      var target = this;
```

```
      if (arguments.length > 1) {
        var args = slice.call(arguments, 1);

        return function () {
          var allArgs = args;

          if (arguments.length > 0) {
            allArgs = args.concat(slice.call(arguments));
          }

          return target.apply(thisObj, allArgs);
        };
      }

      return function () {
        if (arguments.length > 0) {
          return target.apply(thisObj, arguments);
        }

        return target.call(thisObj);
      };
    };
  }());
}
```

この実装は少し込み入っているが、パフォーマンスははるかに高い。特に、オブジェクトに関数をバインドするだけで引数へのバインドがなく、引数なしで呼び出すという単純な条件で優れている。

この実装は、ECMAScript 5 仕様が規定しているある機能を持っていないことに注意していただきたい。仕様は、戻り値の関数は new 式のなかで使われたときにバインドされた関数としてふるまわなければならないと規定している。

6.1.5 Curry化

Curry 化は、バインドと非常に密接に関わっている。というのも、両者はともに関数の部分実行のための方法を提供しているからだ。Curry 化は、引数のプレフィルだけを行うという点でバインドとは異なる。Curry 化は this の値を設定したりはしない。関数やメソッドの暗黙の this を維持しながら、これらに引数をバインドできるので非常に役に立つ。この暗黙の this のおかげで、Curry 化を使えば、オブジェクトのプロトタイプの関数に引数をバインドしつつ、与えられたオブジェクトを this 値として関数を実行できる。**リスト 6-8** は、Function.prototype.curry を使って String.prototype.replace から String.prototype.trim を実装する例である。

リスト 6-8　curry と元のメソッドから別のメソッドを実装する

```
(function () {
  String.prototype.trim =
```

```
      String.prototype.replace.curry(/^\s+|\s+$/g, "");

    TestCase("CurryTest", {
      "test should trim spaces": function () {
        var str = " some spaced string ";

        assertEquals("some spaced string", str.trim());
      }
    });
  }());
```

リスト6-9のcurryの実装は、先ほどのbindの実装とよく似ている。

リスト6-9　curryの実装

```
  if (!Function.prototype.curry) {
    (function () {
      var slice = Array.prototype.slice;

      Function.prototype.curry = function () {
        var target = this;
        var args = slice.call(arguments);

        return function () {
          var allArgs = args;

          if (arguments.length > 0) {
            allArgs = args.concat(slice.call(arguments));
          }

          return target.apply(this, allArgs);
        };
      };
    }());
  }
```

curryに引数が渡されないときの最適化はないが、それは引数なしでcurryを呼び出しても無意味であり、避けるべきだからだ。

6.2 ただちに呼び出される無名関数

JavaScriptでは、ただちに呼び出される無名関数を作るということがよく行われる。リスト6-10は、典型的な形を示したものである。

リスト6-10　ただちに呼び出される無名関数

```
(function () {
  /* ... */
}());
```

式全体を囲んでいるかっこには2つの目的がある。かっこを省略すると、関数式は関数宣言に見えるようになるが、識別子がないので、それでは構文エラーになる。さらに、式（宣言ではなく）は、functionという単語では始められないようになっている。これを認めると関数式と紛らわしくなるからである。そのため、関数に名前を与えて呼び出すのもうまくいかない。かっこは構文エラーを防ぐために必要なのである。また、このような関数の戻り値を変数に代入するとき、先頭にかっこがあると、関数式は式から返されたものではないことがはっきりする。

6.2.1 アドホックなスコープ

JavaScriptは、グローバルスコープと関数スコープしか持っていないが、それがやっかいな問題を引き起こすことがある。避けなければならない第1の問題は、グローバルスコープへのオブジェクトのリークである。これが起きると、サードパーティライブラリ、ウィジェット、分析用スクリプトなどのほかのスクリプトと名前の衝突が起きる危険性が高くなる。

グローバルスコープを避ける

自動実行されるクロージャでコードをラップすれば、一時変数（ループ変数などの中間変数）でグローバルスコープを汚さなくて済むようになる。**リスト6-11** は、先ほど触れたライトボックスオブジェクトを使った例である。文書に含まれるlightboxというクラス名がついたすべてのアンカー要素は拾い集められ、anchorLightbox関数に渡される。

リスト6-11　ライトボックスを作る

```
(function () {
  var anchors = document.getElementsByTagName("a");
  var regexp = /(^|\s)lightbox(\s|$)/;

  for (var i = 0, l = anchors.length; i < l; i++) {
    if (regexp.test(anchors[i].className)) {
      anchorLightbox(anchors[i]);
    }
  }
}());
```

ブロックスコープのシミュレーション

ただちに呼び出されるクロージャは、ループ内にクロージャを作るときにも役に立つ。オブジェクトは1つしかないが、それを使って任意の数のライトボックスをオープンできるという先ほどとは異なる設計方法で、

6.2 ただちに呼び出される無名関数

ライトボックスウィジェットを作ったとする。この場合、**リスト6-12**のようにイベントハンドラを手作業で追加しなければならない。

リスト6-12　誤ったイベントハンドラの追加方法

```
(function () {
  var anchors = document.getElementsByTagName("a");
  var controller = Object.create(lightboxController);
  var regexp = /(^|\s)lightbox(\s|$)/;

  for (var i = 0, l = anchors.length; i < l; i++) {
    if (regexp.test(anchors[i].className)) {
      anchors[i].onclick = function () {
        controller.open(anchors[i]);
        return false;
      };
    }
  }
}());
```

しかし、このサンプルは期待通りに動かない。リンクのイベントハンドラは、外側の関数のローカル変数にアクセスできるクロージャを構成している。しかし、すべてのクロージャ（アンカーごとに1つ）は、同じスコープへの参照を持っている。任意のアンカーをクリックすると、同じライトボックスが開く。アンカーのイベントハンドラが呼び出されると、外側の関数が代入によって i の値を変更しているので、正しいライトボックスが開かれない。

この問題を解決するには、クロージャを使って、イベントハンドラと対応付けたいアンカーを、外側の関数からアクセスできない変数に格納すればよい。そうすれば、外側の関数がアンカーの位置を変えられなくなる。**リスト6-13**は、新しいクロージャへの引数としてアンカーを渡すようにしてこの問題を解決している。

リスト6-13　クロージャのネストでスコープ問題を解決する。

```
(function () {
  var anchors = document.getElementsByTagName("a");
  var controller = Object.create(lightboxController);
  var regexp = /(^|\s)lightbox(\s|$)/;

  for (var i = 0, l = anchors.length; i < l; i++) {
    if (regexp.test(anchors[i].className)) {
      (function (anchor) {
        anchor.onclick = function () {
          controller.open(anchor);
          return false;
        };
      }(anchors[i]));
    }
  }
```

```
}());
```

anchor は内側のクロージャへの仮引数であり、クロージャの変数オブジェクトは、外側のスコープからアクセスしたり書き換えたりすることはできない。そのため、イベントハンドラは期待通りに動作する。

サンプルは別として、ループ内にクロージャを置くと、一般にパフォーマンス問題が起きる。ほとんどの問題は、クロージャのネストを避ければ改善される。たとえば、リスト 6-11 でしたように、クロージャを作る専用関数を使えばよい。イベントハンドラの設定では、このようなネスト関数にはさらに別の問題が起きる。DOM 要素の間で循環参照が発生し、イベントハンドラがメモリリークを起こす可能性がある。

6.2.2 名前空間

グローバルスコープに入り込まないようにするためのよい戦略として、何らかの名前空間を使うという方法がある。JavaScript はネイティブな名前空間を持っていないが、名前空間がなくても困らない便利なオブジェクトと関数を持っている。オブジェクトを名前空間として使うには、グローバルスコープで 1 個のオブジェクトを定義し、その他の関数、オブジェクトをそのオブジェクトのプロパティとして実装すればよい。**リスト 6-14** は、tddjs 名前空間内にライトボックスオブジェクトを実装する方法を示したものである。

リスト 6-14　オブジェクトを名前空間として使う

```
var tddjs = {
  lightbox: { /* ... */ },
  anchorLightbox: function (anchor, options) {
    /* ... */
  }
};
```

もっと大規模なライブラリでは、同じオブジェクトのなかで何もかもを定義するのではなく、もう少し構造的なアプローチが必要になるだろう。たとえば、ライトボックスは tddjs.ui、Ajax 機能は tddjs.ajax にまとめる。多くのライブラリは、この種の構造化を助けるために、何らかの名前空間関数を提供している。すべてを 1 つのファイルにまとめてしまうのはまともな方法とは言えない。しかし、同じオブジェクトに含まれるコードを複数のファイルに分割するときには、名前空間オブジェクトがすでに作られているかどうかを知っていることが重要な意味を持つ。

名前空間を実装する

この本では、章をまたがって共有される再利用可能コードに名前空間を与えるために tddjs オブジェクトを使うことにする。名前空間による構造化を助けるために、私たちは名前空間の各レベル（文字列として提供される）をループで処理して存在しないオブジェクトを作る独自関数を実装する。

リスト 6-15　namespace 関数のデモコード

```
TestCase("NamespaceTest", {
  tearDown: function () {
    delete tddjs.nstest;
```

```
    },

    "test should create non-existent object":
    function () {
      tddjs.namespace("nstest");

      assertObject(tddjs.nstest);
    },

    "test should not overwrite existing objects":
    function () {
      tddjs.nstest = { nested: {} };
      var result = tddjs.namespace("nstest.nested");

      assertSame(tddjs.nstest.nested, result);
    },

    "test only create missing parts":
    function () {
      var existing = {};
      tddjs.nstest = { nested: { existing: existing } };
      var result = tddjs.namespace("nstest.nested.ui");

      assertSame(existing, tddjs.nstest.nested.existing);
      assertObject(tddjs.nstest.nested.ui);
    }
});
```

　namespaceは、グローバルtddjsオブジェクトのメソッドとして実装され、そのなかの名前空間を管理する。tddjsはこのようにして独自名前空間内で完全にサンドボックス化される。そして、これとただちに呼び出されるクロージャを組み合わせることによって、プロパティがグローバルオブジェクトにリークすることを確実に防いでいる。namespaceの実装は、**リスト6-16**に示す通りである。この関数をtdd.jsというファイルに保存しよう。このファイル/名前空間には、この本を通じてもっとユーティリティを追加していく。

リスト6-16　namespace関数

```
var tddjs = (function () {
  function namespace(string) {
    var object = this;
    var levels = string.split(".");

    for (var i = 0, l = levels.length; i < l; i++) {
      if (typeof object[levels[i]] == "undefined") {
        object[levels[i]] = {};
      }
```

```
      object = object[levels[i]];
    }
    return object;
  }

  return {
    namespace: namespace
  };
}());
```

この実装は、関数のおもしろい使い方をいくつか示している。実装全体をクロージャでラップし、戻り値のオブジェクトリテラルをグローバル tddjs オブジェクトに代入している。

名前つき関数式の問題を避け、クロージャがローカルスコープを作ることを利用するために、関数宣言を使って namespace を定義し、返されたオブジェクトの namespace プロパティにそれを代入している。

namespace 関数は、this から名前空間の解決を始める。こうすると、tddjs 以外のオブジェクトの名前空間を作るときに、この関数を借りやすくなる。**リスト 6-17** は、このメソッドを借りてほかのオブジェクトのなかに名前空間を作る例を示している。

リスト 6-17　カスタム名前空間の作成

```
"test namespacing inside other objects":
function () {
  var custom = { namespace: tddjs.namespace };
  custom.namespace("dom.event");

  assertObject(custom.dom.event);
  assertUndefined(tddjs.dom);
}
```

テストが示すように、tddjs オブジェクトは、ほかのオブジェクトからメソッドを呼び出すときにも変更されないが、これに驚いてはいけない。

名前空間をインポートする

名前空間でコードを構造化すると、入力にうんざりしてしまうことがある。プログラマは、怠惰な生き物であり、tddjs.ajax.request と入力せよと要求しても動かない。すでに触れたように、JavaScript はネイティブの名前空間を持っていないので、ローカルスコープに一連のオブジェクトをインポートする import キーワードがない。幸い、クロージャにはローカルスコープがある。そのため、ローカル変数にネストされたオブジェクトを代入するだけで、それらを「インポート」できる。**リスト 6-18** は、それを示したものである。

リスト 6-18　ローカル変数を使って名前空間を「インポート」する

```
(function () {
  var request = tddjs.ajax.request;

  request(/* ... */);
```

```
        /* ... */
    }());
```

このテクニックのもう 1 つの長所は、グローバル変数の場合とは異なり、ローカル変数の識別子は安全にミニファイできることだ。つまり、ローカルエリアを使うと、本番でのスクリプトサイズも削減できるのである。

上の例のようにしてメソッドのローカルエリアを作るときには注意が必要だ。メソッドがその this オブジェクトに依存している場合、このようにローカルインポートすると、暗黙のバインドを切ってしまう。名前空間をインポートするのは、実質的にオブジェクトをクロージャ内にキャッシュすることなので、インポートされたオブジェクトのモック、スタブを作ろうとしたときにも問題が起きる。

名前空間を使うことは、グローバル名前空間を汚さずに、クリーンにコードを構造化できるとても便利な方法だ。プロパティのルックアップにはパフォーマンス低下がともなうのではないかと心配になるかもしれない。実際にパフォーマンスは落ちるが、しかし、たとえば DOM 操作などと比べれば、名前空間による影響は小さい。

6.3 ステートフル関数

クロージャは、自由変数を使って状態を管理できる。これらの自由変数へのアクセスを認めるスコープチェーンは、スコープチェーン自体のなかからしかアクセスできないので、自由変数は、定義上、非公開である。第 7 章「オブジェクトとプロトタイプの継承」では、これを利用して、「モジュールパターン」として知られるパターンで非公開状態を持つオブジェクトを作る方法を説明する。JavaScript では、これ以外の方法では非公開状態を作ることはできない（つまり、private キーワードがない）。

この節では、クロージャを使って関数の実装の詳細を隠す方法を見ていく。

6.3.1 一意なIDを生成する

任意のオブジェクトに対して一意な ID が生成できると、オブジェクトや関数をプロパティキーとして使いたいときに役立つ。次章で見ていくように、JavaScript のプロパティ識別子は、かならず強制的に文字列に変換される。そのため、キーがオブジェクトになっているプロパティを設定することはできるが、そのプロパティは期待通りには動かない。

一意 ID は、DOM 要素でも役に立つ。DOM 要素のプロパティとしてデータを格納すると、メモリリークを初めとして困った問題を引き起こす原因になる。ほとんどのメジャーなライブラリがこれらの問題を解決するために今使っているのは、要素のために一意 ID を生成し要素とは別の場所に要素関連の格納場所を管理する方法である。こうすれば、要素のデータを取得、設定する API は、一意 ID を直接格納することを除けば、それらを直接要素に格納しなくて済む。

ステートフルクロージャの例として、tddjs.uid メソッドを実装しよう。このメソッドはオブジェクトを受け付けて、数値 ID を返す。ID は、オブジェクトのプロパティに格納される。**リスト 6-19** は、そのふるまいを記述するテストケースを少し書き出したものである。

リスト 6-19　uid 関数の仕様

```
TestCase("UidTest", {
    "test should return numeric id":
```

```
        function () {
          var id = tddjs.uid({});

          assertNumber(id);
        },

        "test should return consistent id for object":
        function () {
          var object = {};
          var id = tddjs.uid(object);

          assertSame(id, tddjs.uid(object));
        },

        "test should return unique id":
        function () {
          var object = {};
          var object2 = {};
          var id = tddjs.uid(object);

          assertNotEquals(id, tddjs.uid(object2));
        },

        "test should return consistent id for function":
        function () {
          var func = function () {};
          var id = tddjs.uid(func);

          assertSame(id, tddjs.uid(func));
        },

        "test should return undefined for primitive":
        function () {
          var str = "my string";

          assertUndefined(tddjs.uid(str));
        }
      });
```

テストは、第3章「現役で使われているツール」で説明したように、JsTestDriverで実行できる。これは、網羅的なテストスイートではないが、uidメソッドがサポートする基本的なふるまいをよく示している。この関数にプリミティブ型の値を渡しても、期待通りには動作しない。プリミティブにプロパティを代入しようとすると、プリミティブにプロパティを追加するのではなく、プロパティアクセスのためにプリミティブをオブジェクトでラップすることになるが、そのオブジェクトはすぐに捨てられてしまう。つまり、`new String("my string").__uid = 3`のようになる。

　おもしろいのは実装である。uidメソッドは、IDが要求されるたびにインクリメントされるカウンタをルッ

クアップして ID を生成する。この ID は、uid 関数オブジェクトのプロパティとして格納することもできるところだが、そうすると、外から変更される恐れがある。すると、uid メソッドは、仕様を破って同じ ID を二度返してしまうかもしれない。クロージャを使えば、外部からのアクセスから保護された自由変数にカウンタを格納できる。**リスト 6-20** に、この実装を示してある。

リスト 6-20　自由変数に状態を格納する

```
(function () {
  var id = 0;

  function uid(object) {
    if (typeof object.__uid != "number") {
      object.__uid = id++;
    }

    return object.__uid;
  }

  if (typeof tddjs == "object") {
    tddjs.uid = uid;
  }
}());
```

この実装は、ただちに呼び出される無名クロージャを使って、ID 変数の寿命をコントロールするスコープを作る。uid 関数は、この変数にアクセスでき、tddjs.uid として外部から呼び出せるようになっている。typeof によるテストは、何らかの理由で tddjs オブジェクトがロードされていない場合でも、参照エラーを起こさないようにするためである。

6.3.2 イテレータ

イテレータは、コレクションオブジェクトの反復処理をカプセル化するオブジェクトである。イテレータは、あらゆるタイプのコレクションを反復処理できる首尾一貫した API を提供し、単純な for、while ループよりも反復処理をきちんと管理できる。たとえば、要素が複数回アクセスされないようにして、要素が厳密にシーケンシャルにアクセスされるようにすることなどが実現できる。JavaScript では、クロージャを使えば、比較的楽にイテレータを実装できる。**リスト 6-21** は、tddjs.iterator によって作られたイテレータの基本的な動作を示している。

リスト 6-21　tddjs.iterator メソッドのふるまい

```
TestCase("IteratorTest", {
  "test next should return first item":
  function () {
    var collection = [1, 2, 3, 4, 5];
    var iterator = tddjs.iterator(collection);
```

```
      assertSame(collection[0], iterator.next());
      assertTrue(iterator.hasNext());
    },

    "test hasNext should be false after last item":
    function () {
      var collection = [1, 2];
      var iterator = tddjs.iterator(collection);

      iterator.next();
      iterator.next();

      assertFalse(iterator.hasNext());
    },

    "test should loop collection with iterator":
    function () {
      var collection = [1, 2, 3, 4, 5];
      var it = tddjs.iterator(collection);
      var result = [];

      while (it.hasNext()) {
        result.push(it.next());
      }

      assertEquals(collection, result);
    }
  });
```

リスト6-22は、このようなイテレータの実装例を示している。

リスト6-22　tddjs.iteratorの実装例

```
(function () {
  function iterator(collection) {
    var index = 0;
    var length = collection.length;

    function next() {
      var item = collection[index++];

      return item;
    }

    function hasNext() {
      return index < length;
    }
```

```
      return {
        next: next,
        hasNext: hasNext
      };
    }

    if (typeof tddjs == "object") {
      tddjs.iterator = iterator;
    }
  }());
```

全体のパターンは、そろそろおなじみのものになってきただろう。おもしろい部分は、`collection`、`index`、`length` 自由変数である。`iterator` 関数は、自由変数にアクセスしたメソッドが属するオブジェクトを返す。先ほども触れた、モジュールパターンの実装である。

イテレータインターフェイスは、Java のイテレータを真似るように作られている。しかし、JavaScript の関数のほうが機能が多いので、このインターフェイスは**リスト 6-23** のようにもっとすっきりと書くことができる。

リスト 6-23　実際的なイテレータ

```
  (function () {
    function iterator(collection) {
      var index = 0;
      var length = collection.length;

      function next() {
        var item = collection[index++];
        next.hasNext = index < length;

        return item;
      }
      next.hasNext = index < length;

      return next;
    }

    if (typeof tddjs == "object") {
      tddjs.iterator = iterator;
    }
  }());
```

この実装は、単純に `next` 関数を返し、そのプロパティとして `hasNext` を管理する。すべての `next` 呼び出しは、`hasNext` プロパティを更新する。これを利用すると、ループテストは**リスト 6-24** のようにアップデートできる。

リスト6-24　イテレータを使ったループ

```
"test should loop collection with iterator":
function () {
  var collection = [1, 2, 3, 4, 5];
  var next = tddjs.iterator(collection);
  var result = [];

  while (next.hasNext) {
    result.push(next());
  }

  assertEquals(collection, result);
}
```

6.4 メモ化

クロージャの最後のサンプルは、メモ化、すなわちメソッドレベルでのキャッシングテクニックである。JavaScript関数のパワーを示すためによく使われるサンプルだ。

メモ化は、コストの高い処理の反復実行を避けて、プログラムをスピードアップさせるためのテクニックである。JavaScriptでメモ化を実装する方法は複数考えられるが、今まで作ってきたサンプルともっとも近いものからスタートすることにしよう。

リスト6-25は、フィボナッチ数列の実装を示したものである。2つの再帰呼び出しを使って、数列内の特定の位置の値を計算している。

リスト6-25　フィボナッチ数列

```
function fibonacci(x) {
  if (x < 2) {
    return 1;
  }

  return fibonacci(x - 1) + fibonacci(x - 2);
}
```

フィボナッチ数列は非常にコストが高く、あっという間に再帰呼び出しが膨大な数になってブラウザでは処理できなくなってしまう。関数をクロージャでラップすれば、**リスト6-26**に示すように、値を手作業でメモ化し、このメソッドを最適化できる。

リスト6-26　フィボナッチ数列

```
var fibonacci = (function () {
  var cache = {};
```

```
    function fibonacci(x) {
      if (x < 2) {
        return 1;
      }

      if (!cache[x]) {
        cache[x] = fibonacci(x - 1) + fibonacci(x - 2);
      }

      return cache[x];
    }

    return fibonacci;
  }());
```

この新バージョンの fibonacci は、オリジナルと比べて何桁分も高速に実行でき、拡張によって計算できる数が増えている。しかし、計算とキャッシュロジックが混ざっているのは少し醜い。問題の分割を助けるために、ここでも Function.prototype に関数を追加する。**リスト 6-27** の memoize メソッドは、計算ロジックをぐちゃぐちゃにせずに、メソッドをラップしてメモ化機能を追加できる。

リスト 6-27　汎用メモ化メソッド

```
if (!Function.prototype.memoize) {
  Function.prototype.memoize = function () {
    var cache = {};
    var func = this;

    return function (x) {
      if (!(x in cache)) {
        cache[x] = func.call(this, x);
      }

      return cache[x];
    };
  };
}
```

このメソッドを使えば、**リスト 6-28** のように、関数をクリーンにメモ化できる。

リスト 6-28　fibonacci 関数のメモ化

```
TestCase("FibonacciTest", {
  "test calculate high fib value with memoization":
  function () {
    var fibonacciFast = fibonacci.memoize();

    assertEquals(1346269, fibonacciFast(30));
```

      }
    });

　`memoize`メソッドは、クリーンなソリューションを提供するが、1個の引数を取る関数しか処理できない。また、プロパティ代入の性質から、何も考えずにすべての引数を文字列に強制型変換してしまう（第7章「オブジェクトとプロトタイプの継承」で詳しく取り上げる）ので、用途がさらに限られてしまう。

　メモ化のメカニズムを改良するには、キーとして使うために、すべての引数をシリアライズする必要がある。たとえば、**リスト6-29**のように、引数を単純に`join`してしまえば、複雑さはすでにあるコードと大差ない。

リスト6-29　わずかに改良されたmemoizeメソッド

```
if (!Function.prototype.memoize) {
  Function.prototype.memoize = function () {
    var cache = {};
    var func = this;
    var join = Array.prototype.join;

    return function () {
      var key = join.call(arguments);

      if (!(key in cache)) {
        cache[key] = func.apply(this, arguments);
      }

      return cache[key];
    };
  };
}
```

　このバージョンは、前バージョンほどパフォーマンスは高くないが、それは`join`を呼び出した上に、`call`ではなく`apply`を使っているからである。引数の個数について前提条件を設けられないので、`apply`を使うのはやむをえない。また、このバージョンは、前のバージョンと同様にすべての引数を文字列に強制型変換しているため、たとえば引数として渡された"12"と12を区別できない。最後に、引数をカンマで連結してキャッシュキーを生成しているため、カンマを含む文字列引数を使うと、誤った値がロードされる。つまり、(1, "b") は、("1,b") と同じキャッシュキーを生成する。

　引数の型情報を組み込んだ適切なシリアライザを実装することは可能であり、おそらく`tddjs.uid`を使ってオブジェクトと関数引数をシリアライズすることになるが、そうすると、`memoize`のパフォーマンスが目に見えて落ち、ほかの方法でもっと最適化できる場合でなければ役に立たなくなってしまう。さらに、`tddjs.uid`を使ったオブジェクト引数のシリアライズは、単純で高速だが、メソッドが引数に新しいプロパティを代入してしまう可能性がある。これはほとんどの場合、予想外なことであり、少なくとも適切にドキュメントしておかなければならない。

6.5 まとめ

　この章では、クロージャに特に注目しながら、実用的な関数をいくつか作ってきた。第5章「関数」でスコープチェーンのことを学んだので、内部関数が自由変数に非公開の状態情報を管理できる仕組みも理解できた。サンプルを通じて、クロージャが提供するスコープと状態を活用すれば、さまざまな問題をエレガントに解決できることがわかった。

　この章で開発した関数の一部は、今後の章でも顔を出すことになるだろう。tddjs オブジェクトには、それらを基礎として便利なインターフェイスを追加していく。また、この本全体を通じて、クロージャを使った例はまだたくさん出てくるはずだ。

　次章では、JavaScript のオブジェクトに注目し、オブジェクトを作ってふるまいを共有するためのさまざまな方法を探るほか、プロパティアクセスやプロトタイプ継承の仕組み、JavaScript によるオブジェクト指向プログラミングにおいてクロージャが果たす役割についての理解を深める。

第7章
オブジェクトとプロトタイプの継承

　JavaScriptは、オブジェクト指向言語である。しかし、ほかのほとんどのオブジェクト指向言語とは異なり、JavaScriptはクラスを持たない。代わりに、JavaScriptプロトタイプを提供しており、ほかのオブジェクトを継承するときにはプロトタイプベースの継承を行う。また、JavaScriptはコンストラクタ、すなわちオブジェクトを作成する関数を提供している。

7.1 オブジェクトとプロパティ

　JavaScriptはオブジェクトリテラル、つまり決められた構文を使ってプログラムに直接書き込めるオブジェクトを持っている。ちょうど、ほとんどの言語のプログラムに文字列（"a string literal"）や数値リテラル（42）を直接埋め込むのと同じだ。**リスト7-1**は、オブジェクトリテラルの例である。

リスト7-1　オブジェクトリテラル

```
var car = {
  model: {
    year: "1998",
    make: "Ford",
    model: "Mondeo"
  },

  color: "Red",
  seats: 5,
  doors: 5,
  accessories: ["Air condition", "Electric Windows"],

  drive: function () {
    console.log("Vroooom!");
  }
};
```

　なお、リスト7-1は、JavaScriptで使えるほかのリテラルも示している（new Array()に対する[]）。
　ECMA-262は、JavaScriptオブジェクトを順序のないプロパティのコレクションと定義している。プロパティは、名前、値、一連の属性から構成される。プロパティ名は、文字列リテラル、数値リテラル、識別子のどれかである。プロパティは、プリミティブ（文字列、数値、論理値、null、undefinedのどれか）でも、関

数を含むオブジェクトでも、任意の値を取ることができる。プロパティの値が関数オブジェクトになっている場合、それをメソッドと呼ぶ。ECMA-262 は、言語の一部ではなく、実装が内部で使う一連の内部プロパティとメソッドも定義している。ECMA-262 は、これらの内部プロパティ、メソッドの名前を [[Prototype]] のようにダブル角かっこで囲んでいる。この本でもこの記法を使う。

7.1.1 プロパティへのアクセス

JavaScript プロパティには、2 通りのアクセス方法がある。car.model.year のようなドット記法と、辞書やハッシュでよく使われている car["model"]["year"] というスタイルである。角かっこ記法は、プロパティをルックアップするときにとても柔軟性が高い。文字列だけでなく、文字列を返す任意の式を取ることができる。つまり、実行時に動的にプロパティ名を突き止め、角かっこを使って直接オブジェクトを導き出してくることができるわけである。角かっこ記法には、空白などの識別子で認められていない文字を含む名前のプロパティにアクセスできるという利点もある。ドット記法と角かっこ記法は自由に併用できるので、オブジェクトのプロパティの動的なルックアップは非常に簡単である。

この本では、第 3 章「現役で使われているツール」でテストケース名を読みやすくするためにスペースを含むプロパティ名をすでに使っている（**リスト 7-2** 参照）。

リスト 7-2　スペースを含むプロパティ名

```
var testMethods = {
  "test dots and brackets should behave identically":
  function () {
    var value = "value";
    var obj = { prop: value };

    assertEquals(obj.prop, obj["prop"]);
  }
};
// テストを取り出す
var name = "test dots and brackets should behave identically";
var testMethod = testMethods[name];

// テストメソッドが期待する引数の数を取得するために、
// ドット記法と角かっこ記法を併用する
var argc = testMethods[name].length;
```

このコードでは、角かっこ記法を使ってオブジェクトからテストメソッド（プロパティ）を取得している。角かっこ記法を使っているのは、プロパティ名に識別子で使えない文字が含まれているからである。

オブジェクトのプロパティは、文字列リテラル、数値リテラル、識別子以外の値を使って取得、設定することができる。その場合、オブジェクトは、toString メソッド（存在し、文字列を返す場合）か valueOf メソッドによって文字列に変換される。これらのメソッドは実装固有（たとえば、ホストオブジェクト[1]）かもしれないので注意が必要だ。ジェネリックオブジェクトの toString メソッドは、"[object Object]"を返す。プ

1　ホストオブジェクトについては、第 10 章「機能検出」で説明する。

ロパティ名としては、識別子、文字列リテラル、数値リテラルだけを使うことをお勧めする。

7.1.2 プロトタイプチェーン

JavaScript では、すべてのオブジェクトがプロトタイプを持っている。プロトタイプは内部プロパティで、ECMA-262 仕様では [[Prototype]] と書かれている。これは、オブジェクトを作成したコンストラクタの prototype プロパティの暗黙の参照である。ジェネリックなオブジェクトの場合、これは Object.prototype に対応する。プロトタイプは、自分自身のプロトタイプを持てるので、**プロトタイプチェーン**が形成される。プロトタイプチェーンは、JavaScript でオブジェクトを越えてプロパティを共有するために使われ、JavaScript の継承モデルの基礎となっている。これは、クラス型のクラスを継承し、オブジェクトはクラスのインスタンスとなっている古典的な継承とは根本的に異なる。プロパティアクセスについて学んだことをさらに先に進めて、このテーマに取り組むことにしよう。

オブジェクトのプロパティを読み出すとき、JavaScript ではオブジェクトの内部メソッドの [[Get]] が使われる。このメソッドは、オブジェクトが指定された名前のプロパティを持つかどうかをチェックし、ある場合には値を返す。オブジェクトがその名前のプロパティを持たない場合には、インタープリタは、オブジェクトが null ではない [[Prototype]] を持つかどうかをチェックする（null の [[Prototype]] を持つのは Object.prototype だけ）。ある場合には、インタープリタはプロトタイプがそのプロパティを持つかどうかをチェックし、あればその値を返す。プロトタイプにプロパティがなければ、Object.prototype にたどり着くまでプロトタイプチェーンを上がっていく。オブジェクトも、プロトタイプチェーンのオブジェクトも、指定された名前のプロパティを持たない場合には、undefined が返される。

オブジェクトのプロパティに値を代入するときには、オブジェクトの内部メソッドの [[Put]] が使われる。オブジェクトが指定された名前のプロパティを持たない場合には、プロパティが作成され、与えられた値がプロパティの値として設定される。オブジェクトがすでに同名のプロパティを持つ場合は、与えられた値が新しくそのプロパティの値になる。

代入はプロトタイプチェーンに影響を与えない。実際、プロトタイプチェーンにすでにあるプロパティに代入をすると、プロトタイプのプロパティはシャドウイングされる。**リスト 7-3** は、プロパティのシャドウイングの例を示すものである。JsTestDriver でテストを実行するには、第 3 章「現役で使われているツール」で説明したように簡単なプロジェクトをセットアップし、test/*.js をロードする設定ファイルを追加しなければならない。

リスト 7-3　継承とプロパティのシャドウイング

```
TestCase("ObjectPropertyTest", {
  "test setting property shadows property on prototype":
  function () {
    var object1 = {};
    var object2 = {};

    // 両方のオブジェクトがObject.prototype.toStringを継承
    assertEquals(object1.toString, object2.toString);

    var chris = {
```

```
      name: "Chris",

      toString: function () {
        return this.name;
      }
    };

    // chrisオブジェクトはobject1がObject.prototypeから継承したのとは
    // 異なるtoStringプロパティを定義している
    assertFalse(object1.toString === chris.toString);

    // カスタムプロパティを削除すると、継承したObject.prototype.toStringが
    // 再び見えるようになる
    delete chris.toString;
    assertEquals(object1.toString, chris.toString);
  }
});
```

リスト 7-3 の object1 と object2 は、toString プロパティを定義しておらず、そのためプロトタイプチェーンから得た同じオブジェクト（Object.prototype.toString）を共有している。一方、chris オブジェクトは独自メソッドを定義しており、プロトタイプチェーンの toString プロパティはシャドウイングされている。delete 演算子を使って chris オブジェクトのカスタム toString プロパティを削除すると、toString プロパティは chris オブジェクトで直接定義されている状態ではなくなり、インタープリタはプロトタイプチェーンからメソッドをルックアップし、Object.prototype で定義されているものを見つけてくる。

なお、[[Put]] メソッドには、このほかに微妙な動作が含まれているが、それについてはプロパティの属性を取り上げるときに説明する。

7.1.3 プロトタイプチェーンを使ったオブジェクトの拡張

JavaScript コンストラクタの prototype プロパティを操作すると、操作前に作成されたものを含め、そのコンストラクタが作成したすべてのオブジェクトのふるまいを変更できる。これは配列などのネイティブオブジェクトにも当てはまる。この仕組みを調べるために、配列の sum メソッドを実装しよう。何をしたいのかは、リスト 7-4 のテストで表現されている。

リスト 7-4　Array.prototype.sum が実装すべき操作

```
TestCase("ArraySumTest", {
  "test should summarize numbers in array": function () {
    var array = [1, 2, 3, 4, 5, 6];

    assertEquals(21, array.sum());
  }
});
```

このテストを実行すると、配列には sum メソッドがないことがわかるが、これはそれほど驚くべきことでは

ない。リスト 7-5 のようなループを使えば実装は簡単である。

リスト 7-5　Array.prototype へのメソッドの追加

```javascript
Array.prototype.sum = function () {
  var sum = 0;

  for (var i = 0, l = this.length; i < l; i++) {
    sum += this[i];
  }

  return sum;
};
```

すべての配列は Array.prototype を継承しているので、すべての配列にメソッドを追加できる。しかし、配列にすでに sum メソッドがある場合にはどうなるのだろうか。ブラウザ、ライブラリ、その他、私たちのコードといっしょに実行されているコードがそのようなメソッドを定義している可能性がある。その場合、私たちはもとの sum メソッドを実質的に上書きしてしまう。リスト 7-6 は、追加しようとしているメソッドがすでに存在していないことをチェックする if テストのなかで実装を追加して、既存メソッドの上書きを避けている。

リスト 7-6　Array.prototype への防衛的なメソッドの追加

```javascript
if (typeof Array.prototype.sum == "undefined") {
  Array.prototype.sum = function () {
    // ...
  };
}
```

一般に、ネイティブオブジェクトの拡張やグローバルオブジェクトのその他の操作では、このようにすることが望ましい。こうすれば、ほかのコードを立ち往生させる危険性がなくなる。しかし、すでに sum メソッドがあっても、私たちの期待通りに動作しないのであれば、私たちの sum に依存している私たちのコードが正しく動作しない。強力なテストスイートがあればこのようなエラーはキャッチできるが、このような問題が起きるということ自体、堅牢なコードを書きたいのなら、グローバルオブジェクトへの拡張に依存するのはベストな方法とは言えないということを示している。

7.1.4 列挙可能プロパティ

今したようにネイティブプロトタイプの拡張には、代償を支払わなければならない。衝突が発生し得るということは今説明したが、このアプローチにはさらに別の欠点もある。オブジェクトにプロパティを追加すると、プロトタイプを継承したすべてのインスタンスでただちにプロパティが列挙可能になるのである。リスト 7-7 は、配列をループで処理する例を示している。

リスト7-7　for、for-inを使った配列のループ処理

```
TestCase("ArrayLoopTest", {
  "test looping should iterate over all items":
  function () {
    var array = [1, 2, 3, 4, 5, 6];
    var result = [];

    // 標準のforループ
    for (var i = 0, l = array.length; i < l; i++) {
      result.push(array[i]);
    }

    assertEquals("123456", result.join(""));
  },

  "test for-in loop should iterate over all items":
  function () {
    var array = [1, 2, 3, 4, 5, 6];
    var result = [];

    for (var i in array) {
      result.push(array[i]);
    }

    assertEquals("123456", result.join(""));
  }
});
```

　これら2つのループは、ともに配列のすべての要素を別の配列にコピーし、両方の配列の要素を連結して文字列を作り、実際に同じ要素が含まれているかどうかをチェックしようとしている。このテストを実行すると、第2のテストは**リスト7-8**のようなメッセージを出力して失敗することがわかる。

リスト7-8　リスト7-7のテストの実行結果

```
expected "123456" but was "123456function () { [... snip]"
```

　何が起きているのかを理解するためには、`for-in`による列挙の動作を理解する必要がある。`for (var property in object)`は、`object`の最初の列挙可能プロパティをフェッチする。`property`にはプロパティの名前が代入され、ループ本体が実行される。ループは、`object`が列挙可能プロパティを持つ限り反復され、ループ本体は`break`を発行しない（関数内なら`return`しない）。
　配列オブジェクトの列挙可能プロパティは、数値インデックスだけである。`Array.prototype`が提供するメソッドと`length`プロパティは、列挙可能ではない。配列オブジェクトを対象とする`for-in`ループがインデックスとそれに対応する値しか処理しないのはそのためである。しかし、オブジェクト自体かプロトタイプチェーン内のオブジェクトのどれかにプロパティを追加すると、そのプロパティはデフォルトで列挙可能になる。そのため、これら新プロパティも`for-in`ループに現れ、上の失敗したテストのようになる。

配列に対して for-in を使うのは避けたほうがよい。すぐあとで説明するように、この問題は回避できるが、その分パフォーマンスが低下する。配列で for-in を使うと、パフォーマンスの低下を引き起こさずに Array.prototype に足りないメソッドを追加してブラウザの動作を正規化するということが実質的にできなくなる。

Object.prototype.hasOwnProperty

Object.prototype.hasOwnProperty(name) は、オブジェクトが指定された名前のプロパティを持つ場合には、true を返す。オブジェクトがプロトタイプチェーンからプロパティを継承しているか、そのようなプロパティをまったく持たないなら、hasOwnProperty は false を返す。そこで、hasOwnProperty 呼び出しを使えば、**リスト7-9**のように、オブジェクト自身のプロパティのときに限り for-in ループの処理を行うようにすることができる。

リスト 7-9　hasOwnProperty でループを限定する

```
"test looping should only iterate over own properties":
function () {
  var person = {
    name: "Christian",
    profession: "Programmer",
    location: "Norway"
  };

  var result = [];

  for (var prop in person) {
    if (person.hasOwnProperty(prop)) {
      result.push(prop);
    }
  }

  var expected = ["location", "name", "profession"];
  assertEquals(expected, result.sort());
}
```

このテストが合格するのは、プロトタイプチェーンに追加されたプロパティがフィルタリングされて取り除かれるからである。Object.prototype.hasOwnProperty を扱うときには、次の2つのことを頭に置いておかなければならない。

- Safari の初期バージョンなど、このメソッドをサポートしていないブラウザがある。
- オブジェクトは、ハッシュとして使われることがよくある。hasOwnProperty は、ほかのプロパティによってシャドウイングされている危険がある。

コードをシャドウイングから守るためには、オブジェクトの hasOwnProperty メソッドがシャドウイングされているときや、ほかの理由で使えないときでも、引数としてオブジェクトとプロパティを受け付け、プロパティがオブジェクト自身のプロパティなら true を返すようなカスタムメソッドを実装しなければならない。リ

スト 7-10 は、そのようなメソッドを示している。

リスト 7-10 　hasOwnProperty サンドボックス

```
tddjs.isOwnProperty = (function () {
  var hasOwn = Object.prototype.hasOwnProperty;

  if (typeof hasOwn == "function") {
    return function (object, property) {
      return hasOwn.call(object, property);
    };
  } else {
    // 結果が不正確かもしれなくても問題なくやっていけるときのための
    // エミュレーションを提供する
  }
}());
```

　このメソッドをサポートしないブラウザのためにメソッドをエミュレートすることはできるが、完全に同じ実装を提供することはできない。このメソッドを持っていないブラウザは、ほかにも問題を抱えている可能性が高い。このような場合の対処のしかたについては、第 10 章「機能検出」で学ぶ。

　JavaScript が追加したプロパティはいつでも列挙可能になり、グローバルな変更を加えるとスクリプトと共存させるのが困難になるので、`Object.prototype` はそのまま手を付けないようにするという習慣が広く受け入れられている。このようなループは、一般に配列では避けたほうがよいが、サイズが大きく、中身がすかすかな配列を処理するときにはこれが役に立つことがある。

　自分ではネイティブオブジェクトの拡張を避けることにしても、ほかの人々もそう考えているとは限らないということは考えなければならない。自分では `Object.prototype` や `Array.prototype` を書き換えていないときでも、`hasOwnProperty` を使って `for-in` ループをフィルタリングしていると、ライブラリ、広告、分析関連コードなどのサードパーティコードがプロトタイプに手を付けているかどうかにかかわらず、コードは期待通りに動作する。

7.1.5 プロパティの属性

　ECMA-262 は、任意のプロパティのために設定できる 4 種類の属性を定義している。インタープリタはプロパティのためにこれらの属性を設定するが、JavaScript コードからはこれらの属性を設定できないことは、特に大切なことなので注意しなければならない。ReadOnly、DontDelete 属性は明示的にチェックできないが、これらの値は推測できる。ECMA-262 は、`Object.prototype.propertyIsEnumerable` メソッドを規定しており、このメソッドを使えば DontEnum の値が得られる。しかし、このメソッドはプロトタイプチェーンをチェックせず、すべてのブラウザで信頼できる実装が作られているとは言えない。

ReadOnly

　プロパティに ReadOnly 属性が設定されている場合、そのプロパティに書き込みをすることはできない。書き込もうとすると、エラーは起きないが、書き込もうとしたプロパティは変更されない。プロトタイプチェー

ンに ReadOnly 属性が設定されたプロパティを持つオブジェクトが 1 つでもある場合には、そのプロパティへの書き込みは失敗する。ReadOnly が設定されているからといって、値が一定で変化しないわけではない。インタープリタが、内部的に値を変更することはあり得る。

DontDelete

プロパティに DontDelete 属性が設定されている場合、delete 演算子を使ってそのプロパティを削除することはできない。ReadOnly 属性が設定されたプロパティへの書き込みと同様に、DontDelete 属性が設定されたプロパティの削除は静かに失敗する。オブジェクトがそのようなプロパティを持っていない場合でも、オブジェクトがプロパティを持っているが DontDelete 属性が設定されている場合でも、式は同じように false を返す。

DontEnum

DontEnum 属性が設定されているプロパティは、リスト 7-9 に示すように、for-in ループに現れない。DontEnum 属性は、コードにもっとも影響の大きい属性になるはずであり、理解することがもっとも大切な属性である。リスト 7-7 では、列挙可能プロパティが、書き方のよくない for-in ループの処理を狂わせる仕組みを示した。DontEnum 属性は、プロパティを列挙可能にするかどうかを決める内部メカニズムである。

Internet Explorer（ver.8 を含む）には、DontEnum 属性に関連したたちの悪いバグがある。プロトタイプチェーンのどこかに DontEnum 属性が設定されたプロパティを持つオブジェクトがあり、それと同じ名前のプロパティを持っているオブジェクトのそのプロパティは、同じように DontEnum 属性が設定さているかのような挙動を取るのである（ユーザーが作ったオブジェクトには DontEnum 属性のプロパティを持たせることはできないはずだが、それでも）。そのため、Internet Explorer では、オブジェクトを作って、Object.prototype のプロパティのどれかをシャドウイングすると、どちらのプロパティも for-in ループで列挙できなくなる。何らかのネイティブ、ホスト型のオブジェクトを作ると、**リスト 7-11** に示すように、プロトタイプチェーンの DontEnum 属性を持つすべてのプロパティは、for-in ループから忽然と消えてしまう。

リスト 7-11　DontEnum でプロパティをオーバーライド

```
TestCase("PropertyEnumerationTest", {
  "test should enumerate shadowed object properties":
  function () {
    var object = {
      // Object.prototypeでDontEnumが設定されているプロパティ
      toString: "toString",
      toLocaleString: "toLocaleString",
      valueOf: "valueOf",
      hasOwnProperty: "hasOwnProperty",
      isPrototypeOf: "isPrototypeOf",
      propertyIsEnumerable: "propertyIsEnumerable",
      constructor: "constructor"
    };

    var result = [];

    for (var property in object) {
```

```
      result.push(property);
    }

    assertEquals(7, result.length);
  },

  "test should enumerate shadowed function properties":
  function () {
    var object = function () {};

    // Function.prototypeでDontEnumが設定されているプロパティ
    object.prototype = "prototype";
    object.call = "call";
    object.apply = "apply";

    var result = [];

    for (var property in object) {
      result.push(property);
    }

    assertEquals(3, result.length);
  }
});
```

Internet Explorer のすべてのバージョン（IE8 を含む）では、どちらのテストも失敗し、`result.length` は 0 になる。この問題は、`Object.prototype` と `Function.prototype`（オブジェクトがこれも継承している場合）の列挙可能でないプロパティのために特別な条件を設定すれば解決できる。

リスト **7-12** の `tddjs.each` メソッドは、Internet Explorer のバグを考慮した上で、オブジェクトのプロパティをループで処理するために使える。`tddjs.each` メソッドは、`Object.prototype` の列挙不能プロパティをシャドウイングしているオブジェクトのプロパティと `Function.prototype` の列挙不能プロパティをシャドウイングしている関数をループで処理しようとする。ループに現れないプロパティは記録を残し、`each` 関数内で明示的にループされる。

リスト 7-12　クロスブラウザでプロパティのループ処理に使える each メソッド

```
tddjs.each = (function () {
  // 引数のオブジェクトのプロパティでfor-inループに姿を現さないものの配列を返す
  function unEnumerated(object, properties) {
    var length = properties.length;

    for (var i = 0; i < length; i++) {
      object[properties[i]] = true;
    }

    var enumerated = length;
```

```
      for (var prop in object) {
        if (tddjs.isOwnProperty(object, prop)) {
          enumerated -= 1;
          object[prop] = false;
        }
      }

      if (!enumerated) {
        return;
      }

      var needsFix = [];

      for (i = 0; i < length; i++) {
        if (object[properties[i]]) {
          needsFix.push(properties[i]);
        }
      }
      return needsFix;
    }

    var oFixes = unEnumerated({},
      ["toString", "toLocaleString", "valueOf",
      "hasOwnProperty", "isPrototypeOf",
      "constructor", "propertyIsEnumerable"]);

    var fFixes = unEnumerated(
      function () {}, ["call", "apply", "prototype"]);

    if (fFixes && oFixes) {
      fFixes = oFixes.concat(fFixes);
    }

    var needsFix = { "object": oFixes, "function": fFixes };

    return function (object, callback) {
      if (typeof callback != "function") {
        throw new TypeError("callback is not a function");
      }

      // 通常のループ、準拠ブラウザではすべての列挙可能プロパティが列挙される
      for (var prop in object) {
        if (tddjs.isOwnProperty(object, prop)) {
          callback(prop, object[prop]);
        }
      }
```

```
    // 非準拠ブラウザで列挙されていなかったプロパティを列挙
    var fixes = needsFix[typeof object];

    if (fixes) {
      var property;
      for (var i = 0, l = fixes.length; i < l; i++) {
        property = fixes[i];

        if (tddjs.isOwnProperty(object, property)) {
          callback(property, object[property]);
        }
      }
    }
  };
}());
```

リスト7-11のテストに含まれる`for-in`ループに新しい`tddjs.each`メソッドを使わせると、Internet Explorerでもテストが合格するようになる。また、シャドウイングされたときに関数オブジェクトの`prototype`プロパティが列挙不能になるChromeの同様のバグにも対処している。

7.2 コンストラクタによるオブジェクトの作成

　JavaScript関数は、`new`演算子とともに呼び出されると、つまり`new MyConstructor()`のように呼び出されると、コンストラクタとして機能することができる。通常の関数とオブジェクトを作成する関数の間に定義の違いはない。実際、JavaScriptは、すべての関数に、`new`演算子とともに使われたときのための`prototype`オブジェクトを提供している。関数が新オブジェクトを作るためのコンストラクタとして使われたとき、その内部の`[[Prototype]]`プロパティは、このオブジェクトを参照する。

　関数とコンストラクタの間に言語レベルのチェックがないので、コンストラクタ名はその目的を示すために先頭を大文字にする。コードのなかでコンストラクタを使うかどうかにかかわらず、コンストラクタではない関数、オブジェクトの名前の先頭文字を大文字にしないようにして、この習慣を尊重すべきだ。

7.2.1 prototypeと[[Prototype]]

　「プロトタイプ」という単語は、2つのことを表すために使われている。まず第1に、コンストラクタは、`prototype`という公開プロパティを持つ。コンストラクタを使って新しいオブジェクトを作ると、作られたオブジェクトは、コンストラクタの`prototype`プロパティを参照する`[[Prototype]]`内部プロパティを持つようになる。第2に、コンストラクタは、自分を作ったコンストラクタのプロトタイプ（一般的には、`Function.prototype`）を参照する`[[Prototype]]`内部プロパティを持つ。すべてのJavaScriptオブジェクトが、`[[Prototype]]`内部プロパティを持ち、関数オブジェクトだけが`prototype`プロパティを持つ。

7.2.2 newでオブジェクトを作成する

関数がnew演算子つきで呼び出されると、新しいJavaScriptオブジェクトが作成される。その関数は、新しく作成されたオブジェクトをthisとし、元の呼び出しに渡された引数を渡されて呼び出される。

リスト7-13は、コンストラクタを使ったオブジェクトの作成と今まで使ってきたオブジェクトリテラルとを比較している。

リスト7-13　コンストラクタでオブジェクトを作成する

```
function Circle(radius) {
  this.radius = radius;
}

// 円オブジェクトを作成する
var circ = new Circle(6);

// 円に似たオブジェクトを作成する
var circ2 = { radius: 6 };
```

2つのオブジェクトは、同じプロパティを持っている。Object.prototypeから継承したプロパティとradiusプロパティである。どちらのオブジェクトもObject.prototypeを継承しているが、circ2は直接継承している（つまり、circ2の[[Prototype]]プロパティはObject.prototypeを参照している）のに対し、circはCircle.prototypeを介して間接的に継承している。**リスト7-14**に示すように、constructorプロパティを使えば、それぞれが何によって作られているかを調べられる。

リスト7-14　オブジェクトの身元調査

```
TestCase("CircleTest", {
  "test inspect objects": function () {
    var circ = new Circle(6);
    var circ2 = { radius: 6 };
    assertTrue(circ instanceof Object);
    assertTrue(circ instanceof Circle);
    assertTrue(circ2 instanceof Object);
    assertEquals(Circle, circ.constructor);
    assertEquals(Object, circ2.constructor);
  }
});
```

a instanceof bは、a、またはそのプロトタイプチェーンに含まれるどれかのオブジェクトの[[Prototype]]プロパティがb.prototypeと同じオブジェクトなら真を返す。

7.2.3 コンストラクタプロトタイプ

関数はかならず prototype プロパティを持っており、その関数がコンストラクタとして使われたときに作成されたオブジェクトの [[Prototype]] 内部プロパティには prototype プロパティが代入される。代入された prototype オブジェクトのプロトタイプは Object.prototype であり、このプロトタイプは、constructor というプロパティを定義している。constructor は、コンストラクタ自身の参照である。new 演算子は、コンストラクタになる任意の式とともに使えるので、constructor プロパティを使えば、既知のオブジェクトと同じ型の新しいオブジェクトを動的に作ることができる。**リスト 7-15** では、円オブジェクトの constructor プロパティを使って、新しい円オブジェクトを作っている。

リスト 7-15　同じ種類のオブジェクトの作成

```
"test should create another object of same kind":
function () {
  var circle = new Circle(6);
  var circle2 = new circle.constructor(9);

  assertEquals(circle.constructor, circle2.constructor);
  assertTrue(circle2 instanceof Circle);
}
```

プロトタイプへのプロパティの追加

コンストラクタの prototype プロパティを補強すれば、「7.1.3 プロトタイプチェーンを使ったオブジェクトの拡張」でネイティブオブジェクトのふるまいを拡張したときと同じように、新しい円オブジェクトに新機能を追加できる。**リスト 7-16** は、円オブジェクトが継承する 3 つのメソッドを追加している。

リスト 7-16　Circle.prototype へのプロパティの追加

```
Circle.prototype.diameter = function () {
  return this.radius * 2;
};

Circle.prototype.circumference = function () {
  return this.diameter() * Math.PI;
};

Circle.prototype.area = function () {
  return this.radius * this.radius * Math.PI;
};
```

リスト 7-17 は、オブジェクトが本当にメソッドを継承しているかどうかをチェックする簡単なテストである。

7.2 コンストラクタによるオブジェクトの作成

リスト 7-17　Circle.prototype.diameter のテスト

```
"test should inherit properties from Circle.prototype":
function () {
  var circle = new Circle(6);

  assertEquals(12, circle.diameter());
}
```

プロトタイプに追加するプロパティが少し増えただけで、Circle.prototype のくり返しは煩わしくなり、コスト高にもなる（ケーブルに送られるバイト数という意味で）。このパターンには、いく通りかの改良方法がある。**リスト 7-18** は、新しいプロトタイプとしてオブジェクトリテラルを使うというもっとも手っ取り早い方法を示している。

リスト 7-18　Circle.prototype への代入

```
Circle.prototype = {
  diameter: function () {
    return this.radius * 2;
  },

  circumference: function () {
    return this.diameter() * Math.PI;
  },

  area: function () {
    return this.radius * this.radius * Math.PI;
  }
};
```

しかし、これでは今までのテストの一部を通過しない。特に、**リスト 7-19** のアサーションは失敗する。

リスト 7-19　コンストラクタが等しいかどうかのアサーションは失敗する

```
assertEquals(Circle, circle.constructor)
```

Circle.prototype に新しいオブジェクトを代入すると、JavaScript は constructor プロパティを作ってくれない。そのため、constructor に対する [[Get]] は、値が見つかるまでプロトタイプチェーンを上昇していく。私たちのコンストラクタの場合、**リスト 7-20** に示すように、constructor プロパティが Object になっている Object.prototype が返される。

リスト 7-20　constructor プロパティがおかしい

```
"test constructor is Object when prototype is overridden":
function () {
  function Circle() {}
  Circle.prototype = {};
```

145

```
    assertEquals(Object, new Circle().constructor);
}
```

リスト 7-21 では、constructor プロパティに手作業で代入をして問題を解決している。

リスト 7-21　constructor プロパティが作られないという問題の解決方法

```
Circle.prototype = {
  constructor: Circle,

  // ...
};
```

問題が起きるのを最初から防ぎたければ、プロパティごとに Circle.prototype をくり返さないための方法としてクロージャ内で prototype プロパティを拡張する方法も考えられる。

リスト 7-22　constructor が作られないという問題を避ける

```
(function (p) {
  p.diameter = function () {
    return this.radius * 2;
  };

  p.circumference = function () {
    return this.diameter() * Math.PI;
  };

  p.area = function () {
    return this.radius * this.radius * Math.PI;
  };
}(Circle.prototype));
```

prototype プロパティを上書きしていないので、prototype プロパティが列挙可能になることも避けられている。与えられたオブジェクトには DontEnum 属性が設定されているが、prototype プロパティにカスタムオブジェクトを代入し、手作業で constructor プロパティを復元した場合、DontEnum 属性は設定できない。

7.2.4 コンストラクタの問題

コンストラクタには問題点が潜んでいる。コンストラクタと関数に区別がないため、誰かがコンストラクタを関数として使う危険性があるということだ。リスト 7-23 は、new キーワードの書き忘れによって残念な結果になっている例である。

リスト 7-23　コンストラクタの誤用

```
"test calling prototype without 'new' returns undefined":
function () {
  var circle = Circle(6);
```

```
    assertEquals("undefined", typeof circle);
    // まずい。グローバルオブジェクトのプロパティを定義している！
    assertEquals(6, radius);
}
```

このサンプルは、コンストラクタを関数として呼び出してしまったときのエラーとして比較的深刻なものを示している。コンストラクタは return 文を持たないので、JavaScript は新しいオブジェクトを作成せず、関数の this 値を代入してしまっている。そのため、関数はグローバルオブジェクトのものとして実行され、リスト 7-23 の第 2 のアサーションが示すように、グローバルオブジェクトに radius プロパティをセットする this.radius = radius が実行される。

リスト 7-24 では、instanceof 演算子を使って問題を緩和している。

リスト 7-24　コンストラクタの誤用を検出する

```
function Circle(radius) {
  if (!(this instanceof Circle)) {
    return new Circle(radius);
  }

  this.radius = radius;
}
```

コンストラクタを呼び出そうとしたのに new 演算子をつけ忘れてしまうと、this は新しく作成されたオブジェクトではなく、グローバルオブジェクトを参照する。instanceof 演算子を使えばこれを検出でき、同じ引数を指定して明示的にコンストラクタを呼び出し直し、新しいオブジェクトを返すことができる。

ECMA-262 は、ネイティブコンストラクタを関数として使ったときのふるまいを定義している。コンストラクタを関数として呼び出したときの結果は、上記の実装と同じ効果になることが多い。つまり、関数が実際には new 演算子つきで呼び出されたときと同じように新しいオブジェクトが作られるのである。

new なしでコンストラクタを呼び出すのが通常はタイプミスだと考えられる場合、コンストラクタを関数として使うのを認めないようにすべきである。上記のように、コーディングミスを許容するのではなく、エラーを投げたほうが、長い目で見たときには首尾一貫したコードベースを作れるはずだ。

7.3 古典的な継承と同様のふるまい

コンストラクタとプロトタイププロパティを理解すると、古典的な言語でクラス階層を作るのと同じように、オブジェクトの階層構造を作ることができる。ここでは、prototype プロパティが Object.prototype ではなく、Circle.prototype を継承する Sphere を使ってこれを実現してみよう。

まず、[[Prototype]] 内部プロパティが Circle.prototype になっているオブジェクトを Sphere.prototype が参照するようにしなければならない。言い換えれば、このリンクをセットアップするために円オブジェクトが必要である。しかし、これは意外と簡単ではない。円オブジェクトを作るためには Circle コンストラクタを呼び出さなければならないが、このコンストラクタはプロトタイプオブジェクトに望ましくない状態を与える場合があり、入力引数がなければ失敗することさえある。この問題を避けるために、**リスト 7-25** は、

Circle.prototype を借りた中間的なコンストラクタを使っている。

リスト 7-25 深い継承

```
function Sphere(radius) {
  this.radius = radius;
}

Sphere.prototype = (function () {
  function F() {};
  F.prototype = Circle.prototype;

  return new F();
}());

// コンストラクタを忘れないように
// 忘れるとプロトタイプチェーンをたどってCircleになってしまう
Sphere.prototype.constructor = Sphere;
```

これで、**リスト 7-26** のテストが示すように、円を継承した球を作れるようになった。

リスト 7-26 新しい Sphere コンストラクタのテスト

```
"test spheres are circles in 3D": function () {
  var radius = 6;
  var sphere = new Sphere(radius);

  assertTrue(sphere instanceof Sphere);
  assertTrue(sphere instanceof Circle);
  assertTrue(sphere instanceof Object);
  assertEquals(12, sphere.diameter());
}
```

7.3.1 関数の継承

　リスト 7-25 では、プロトタイプを結び、球が Circle.prototype を継承するようにして、Circle コンストラクタの拡張という形の Sphere コンストラクタを作った。この方法は、特にほかの言語の継承と比べるとわかりにくい。残念ながら、JavaScript は継承概念のための抽象を提供していないが、自分で抽象を実装することはできる。**リスト 7-27** は、そのような抽象がどのようになるかを示すテストである。

リスト 7-27 inherit の仕様

```
TestCase("FunctionInheritTest", {
  "test should link prototypes": function () {
    var SubFn = function () {};
```

```
    var SuperFn = function () {};
    SubFn.inherit(SuperFn);

    assertTrue(new SubFn() instanceof SuperFn);
  }
});
```

この機能はすでにリスト7-25で実装しているので、別個の関数に移してくるだけでよい。**リスト7-28**は、そのようにして作った関数である。

リスト7-28　inheritの実装

```
if (!Function.prototype.inherit) {
  (function () {
    function F() {}

    Function.prototype.inherit = function (superFn) {
      F.prototype = superFn.prototype;
      this.prototype = new F();
      this.prototype.constructor = this;
    };
  }());
}
```

この実装は、すべての呼び出しで同じ中間コンストラクタを使っており、個々の呼び出しではプロトタイプを代入しているだけである。この新関数を使えば、円と球のコードも、**リスト7-29**のようにクリーンアップできる。

リスト7-29　inheritを使ってSphereにCircleを継承させる

```
function Sphere (radius) {
  this.radius = radius;
}

Sphere.inherit(Circle);
```

メジャーなJavaScriptライブラリは、どれもextendという名前のもとに、inherit関数の変種を提供している。ここでinheritという名前を使ったのは、この章の後半でほかのextendメソッドに注目するときに紛らわしくならないようにするためである。

7.3.2 [[Prototype]]へのアクセス

今書いたinherit関数を使えば、コンストラクタで簡単にオブジェクト階層を作れる。しかし、CircleとSphereのコンストラクタを比較すると、まだおかしなところが残っていることがわかる。どちらも、radiusプロパティを同じように初期化しているのである。私たちがセットアップした継承は、プロトタイプチェーンを使ったオブジェクトレベルのものであり、古典的なオブジェクト指向言語でクラスとサブクラスが結びついて

149

いるようにはコンストラクタは結びついていないのである。特に、JavaScriptは、継承元のオブジェクトのプロパティを直接参照するための super を持っていない。それどころか、ECMA-262 3rd Ed. は、オブジェクトの [[Prototype]] 内部プロパティへのアクセス方法さえ提供していないのである。

オブジェクトの [[Prototype]] への標準的なアクセス方法はないが、一部の実装は、標準外で [[Prototype]] 内部プロパティのアクセス手段として __proto__ を提供している。ECMAScript 5（ES5）は、Object.getPrototypeOf(object) という新メソッドとしてこの機能を標準化した。これにより、オブジェクトの [[Prototype]] をルックアップできるようになった。__proto__ を持たないブラウザでは、[[Prototype]] を返す constructor プロパティを使える場合があるが、これを使うためには、オブジェクトが実際にコンストラクタで作成されており、constructor プロパティが正しく設定されていなければならない。

7.3.3 superの実装

今まで説明してきたように、JavaScriptは super を持たず、クロスブラウザで確実に動作することが保証されたプロトタイプチェーン内での移動方法もない。それでも、JavaScriptで super の概念をエミュレートすることは可能だ。**リスト7-30** は、Sphere コンストラクタのなかから、新しく作成されたオブジェクトを this として Circle コンストラクタを呼び出すことによって、これを実現している。

リスト7-30　Sphere コンストラクタのなかから Circle コンストラクタにアクセスする

```
function Sphere(radius) {
  Circle.call(this, radius);
}

Sphere.inherit(Circle);
```

テストを実行すると、このコードでも球オブジェクトが考えた通りに動作することが確かめられる。同じテクニックを使えば、ほかのメソッドからも「スーパーメソッド」にアクセスできる。

リスト7-31　プロトタイプチェーン上のメソッドを呼び出す

```
Sphere.prototype.area = function () {
  return 4 * Circle.prototype.area.call(this);
};
```

リスト7-32 は、新メソッドの簡単なテストコードである。

リスト7-32　表面積の計算

```
"test should calculate sphere area": function () {
  var sphere = new Sphere(3);

  assertEquals(113, Math.round(sphere.area()));
}
```

この方法の欠点は、冗長なことである。Circle.prototype.area という呼び出しは非常に長く、Sphere は

Circle と非常に密に結合してしまう。**リスト 7-33** は、この問題を緩和するために、inherit 関数に「スーパー」リンクをセットアップさせている。

リスト 7-33　_super がプロトタイプを参照するという前提でのテスト

```
"test should set up link to super": function () {
  var SubFn = function () {};
  var SuperFn = function () {};
  SubFn.inherit(SuperFn);

  assertEquals(SuperFn.prototype, SubFn.prototype._super);
}
```

先頭にアンダースコアが付けられていることに注意していただきたい。ECMA-262 は、将来使う予約語として super を定義しているので、super をそのまま使うのは避けなければならない。**リスト 7-34** の実装は、まだごく素直なものである。

リスト 7-34　プロトタイプへのリンクの実装

```
if (!Function.prototype.inherit) {
  (function () {
    function F() {}

    Function.prototype.inherit = function (superFn) {
      F.prototype = superFn.prototype;
      this.prototype = new F();
      this.prototype.constructor = this;
      this.prototype._super = superFn.prototype;
    };
  }());
}
```

リスト 7-35 は、この新プロパティを使って Sphere.prototype.area を単純化したものである。

リスト 7-35　プロトタイプチェーン上のメソッドを呼び出す

```
Sphere.prototype.area = function () {
  return 4 * this._super.area.call(this);
};
```

_super メソッド

私は決してお勧めしないやり方だが、JavaScript で古典的な継承をきちんとエミュレートしようと真剣に考えている人は、_super を、プロトタイプへの単純なリンクではなく、本格的なメソッドにしたいと思うだろう。メソッドを呼び出すと、プロトタイプチェーン上の対応するメソッドが魔法のように呼び出されるようにするのである。この考え方をコードで表現すると、**リスト 7-36** のようになる。

リスト 7-36 _super メソッドのテスト

```
"test super should call method of same name on protoype":
function () {
  function Person(name) {
    this.name = name;
  }

  Person.prototype = {
    constructor: Person,

    getName: function () {
      return this.name;
    },

    speak: function () {
      return "Hello";
    }
  };

  function LoudPerson(name) {
    Person.call(this, name);
  }

  LoudPerson.inherit2(Person, {
    getName: function () {
      return this._super().toUpperCase();
    },

    speak: function () {
      return this._super() + "!!!";
    }
  });

  var np = new LoudPerson("Chris");

  assertEquals("CHRIS", np.getName());
  assertEquals("Hello!!!", np.speak());
}
```

このサンプルでは、Function.prototype.inherit2 を使って、LoudPerson オブジェクトのプロトタイプチェーンを確立している。inherit2 は、第 2 引数を受け付けるが、それは LoudPerson.prototype メソッドのうち、_super 呼び出しを必要とするものを定義するオブジェクトである。リスト 7-37 は、このような_super メソッドの実装例である。

リスト 7-37　_super をメソッドとして実装する

```
if (!Function.prototype.inherit2) {
  (function () {
    function F() {}

    Function.prototype.inherit2 = function (superFn, methods) {
      F.prototype = superFn.prototype;
      this.prototype = new F();
      this.prototype.constructor = this;

      var subProto = this.prototype;

      tddjs.each(methods, function (name, method) {
        // 元のメソッドをラップする
        subProto[name] = function () {
          var returnValue;
          var oldSuper = this._super;
          this._super = superFn.prototype[name];

          try {
            returnValue = method.apply(this, arguments);
          } finally {
            this._super = oldSuper;
          }

          return returnValue;
        };
      });
    };
  }());
}
```

　この実装は、this._super() 呼び出しを受け付け、メソッドは特別な意味を持つかのように動作するが、実際には、元のメソッドを呼び出す前に適切なメソッドを this._super として設定する新関数で元のメソッドをラップしている。

　新しい継承関数を使うと、Sphere は**リスト 7-38** のように実装できる。

リスト 7-38　inherit2 で Sphere を実装する

```
function Sphere(radius) {
  Circle.call(this, radius);
}

Sphere.inherit2(Circle, {
  area: function () {
    return 4 * this._super();
```

_super メソッドのパフォーマンス

inherit2 メソッドを使えば、古典的な継承をほとんど忠実にエミュレートするコンストラクタとオブジェクトを作ることができる。しかし、パフォーマンスがあまりよくない。inherit2 は、すべてのメソッドを再定義してクロージャでラップしているため、コンストラクタを拡張するときに inherit よりも遅いだけでなく、this._super() 呼び出しも、this._super.method.call(this) 呼び出しより遅い。

さらに、メソッドが実行されたあと、this._super を復元するために使っている try-catch によってさらにパフォーマンスが下がっている。しかも、メソッドを使った方法では、静的継承しかできない。Circle.prototype に新しいメソッドを追加しても、Sphere.prototype の同名メソッドが自動的に_super 呼び出しをするわけではない。それを実現するためには、_super をセットアップするラッパーを追加するメソッドを追加するための何らかのヘルパー関数を実装しなければならない。いずれにしても、結果はあまりエレガントではなく、パフォーマンスに重大な影響を及ぼす危険性がある。

私としては、読者がこの関数を使わないことを望んでいる。JavaScript は、もっとよいパターンを持っている。_super 実装は、JavaScrpt の柔軟性を窒息させると思う。JavaScript はクラスを持っていないが、クラスを作らなければならないのなら、そのために必要なツールを提供してくれる。

_super のヘルパー関数

簡潔さでは劣るが、リスト 7-39 のように、プロトタイプリンクに依存するヘルパー関数として_super を実装すれば、もっとまともな実装になる。

リスト 7-39　もっと単純な_super 実装

```
function _super(object, methodName) {
  var method = object._super && object._super[methodName];

  if (typeof method != "function") {
    return;
  }

  // 最初の2つの引数（オブジェクトとメソッド）を取り除く
  var args = Array.prototype.slice.call(arguments, 2);

  // 残りの引数をsuperに渡す
  return method.apply(object, args);
}
```

リスト 7-40 は、_super 関数の使い方を示したものである。

リスト7-40 より単純な_superヘルパーの使い方

```
function LoudPerson(name) {
  _super(this, "constructor", name);
}

LoudPerson.inherit(Person);

LoudPerson.prototype.getName = function () {
  return _super(this, "getName").toUpperCase();
};

LoudPerson.prototype.say = function (words) {
  return _super(this, "speak", words) + "!!!";
};

var np = new LoudPerson("Chris");

assertEquals("CHRIS", np.getName());
assertEquals("Hello!!!", np.say("Hello"));
```

この方法は、呼び出そうとしているメソッドを直接コードに書き出すのに比べて高速にはならないだろうが、少なくとも_superをメソッドとして実装したときのパフォーマンスの悪さは克服できている。一般に、高度なオブジェクト指向ソリューションは、_superを使わなくても実装できる。それについてはこの章のこれからの部分でも、第3部「JavaScriptテスト駆動開発の実際」のサンプルプロジェクトでも、確かめていくつもりだ。

7.4 カプセル化と情報の隠蔽

JavaScriptには、public、protected、privateなどのアクセス修飾子がない。そして、プロパティ属性のDontDeleteとReadOnlyは、プログラマの側からはアクセスできない。そのため、私たちが今までに作ってきたオブジェクトは、すべて公開プロパティである。そして、公開だというだけでなく、オブジェクトとプロパティはフリーズできないので、どのようなコンテキストでもミュータブル（変更可能）である。これは、私たちのオブジェクトの中身はオープンで、誰でも書き換えられるということであり、オブジェクトの安全性や完全性は保たれない場合がかなりある。

コンストラクタとそのプロトタイプを使うとき、それらを非公開にするつもりなら、名前の先頭にアンダースコアをつけ、たとえばthis._privatePropertyのようにするのが普通である。このようなことをしても、プロパティを本当に守れるわけではない。しかし、コードのユーザーに、手をつけないでおいてほしいプロパティはどれかを伝えるという意味はある。さらに、アクセスに制限を加えられるスコープを作るクロージャに注目すれば、状況を前進させることができる。

7.4.1 非公開メソッド

クロージャを使えば、非公開（プライベート）メソッドを作ることができる。実際には、非公開関数と言ったほうがよいかもしれない。関数をオブジェクトの一部にしてしまうと、関数は公開関数になってしまう。これらの関数は、同じスコープで定義されたほかの関数からはアクセスできるが、あとになってオブジェクトやそのプロトタイプに追加されたメソッドからはアクセスできない。**リスト 7-41** にサンプルを示す。

リスト 7-41　非公開関数の定義

```javascript
function Circle(radius) {
  this.radius = radius;
}

(function (circleProto) {
  // このスコープで宣言された関数は非公開であり、
  // 同じスコープで宣言された関数でなければアクセスできない
  function ensureValidRadius(radius) {
    return radius >= 0;
  }

  function getRadius() {
    return this.radius;
  }

  function setRadius(radius) {
    if (ensureValidRadius(radius)) {
      this.radius = radius;
    }
  }

  // プロトタイプのプロパティに関数を代入すると、
  // 関数は公開メソッドになる
  circleProto.getRadius = getRadius;
  circleProto.setRadius = setRadius;
}(Circle.prototype));
```

リスト 7-41 では、引数として `Circle.prototype` だけを取り、ただちに実行される無名クロージャを作っている。クロージャ内には 2 個の公開メソッドを追加し、1 個の非公開関数（`ensureValidRadius`）の参照を管理している。

オブジェクトを操作する非公開関数が必要なら、第 1 引数として円オブジェクトを受け付けるように設計するか、`privFunc.call(this, /* args... */)` という形で呼び出して、関数内で `this` として円オブジェクトを参照できるようにすればよい。

非公開関数を保持する外側のスコープとして、既存のコンストラクタを使うこともできるはずだ。その場合、**リスト 7-42** のように、コンストラクタのなかに公開メソッドも定義して、それらのメソッドが非公開関数と

スコープを共有できるようにする必要がある。

リスト7-42　コンストラクタ内部の非公開関数の使い方

```
function Circle(radius) {
  this.radius = radius;

  function ensureValidRadius(radius) {
    return radius >= 0;
  }

  function getRadius() {
    return this.radius;
  }

  function setRadius(radius) {
    if (ensureValidRadius(radius)) {
      this.radius = radius;
    }
  }

  // 公開メソッドを外から見えるように
  this.getRadius = getRadius;
  this.setRadius = setRadius;
}
```

　しかし、この方法は、作ったオブジェクトごとに3個の関数オブジェクトを作ってしまうという重大な欠点を抱えている。クロージャを使った最初の方法なら、3個の関数オブジェクトが作られるのはプロトタイプにプロパティを追加したときだけで、それらの関数オブジェクトはすべての円オブジェクトに共有される。つまり、n個の円オブジェクトを作ったとき、あとのバージョンは元のバージョンと比べて約n倍のメモリを使うことになる。さらに、コンストラクタが関数オブジェクトも作らなければならなくなるので、オブジェクトの作成がかなり遅くなる。ただし、あとのバージョンでは、プロパティがオブジェクトで直接見つかり、プロトタイプチェーンアクセスが不要なので、プロパティの解決は速くなる。

　深い継承構造では、プロトタイプチェーンを介したメソッドのルックアップは、メソッド呼び出しのパフォーマンスに影響を及ぼす可能性がある。しかし、ほとんどの継承構造は浅いので、その場合にはオブジェクトの作成とメモリ消費量を重視すべきである。

　あとのバージョンでは、現在の継承実装も壊れてしまう。Sphereコンストラクタは、Circleコンストラクタを呼び出したときに、新しく作った球オブジェクトに円メソッドをコピーするので、Sphere.prototypeのメソッドはシャドウイングされてしまう。もしあとのバージョンのスタイルを使う場合には、Sphereコンストラクタも書き換えなければならない。

7.4.2 非公開メンバーと特権メソッド

コンストラクタのなかで非公開関数を作れるのと同じように、コンストラクタ内では非公開メンバーを作ることもできる。こうすると、オブジェクトの状態を保護できるわけである。非公開メンバーを役に立つ形で使うためには、非公開メンバーにアクセスできる公開メソッドが必要だ。同じスコープ、すなわちコンストラクタ内で作られたメソッドは、非公開メンバーにアクセスできるので、一般に「特権メソッド」と呼ばれる。リスト 7-43 は、今までのサンプルの延長線上で、radius を Circle の非公開メンバーにしている。

リスト 7-43　非公開メンバーと特権メソッド

```
function Circle(radius) {
  function getSetRadius() {
    if (arguments.length > 0) {
      if (arguments[0] < 0) {
        throw new TypeError("Radius should be >= 0");
      }

      radius = arguments[0];
    }
    return radius;
  }

  function diameter() {
    return radius * 2;
  }

  function circumference() {
    return diameter() * Math.PI;
  }

  // 特権メソッドへのアクセス手段を作る
  this.radius = getSetRadius;
  this.diameter = diameter;
  this.circumference = circumference;

  this.radius(radius);
}
```

新しいオブジェクトは、もう数値の radius プロパティを持っていない。代わりに、ローカル変数に状態を格納している。ネストされている関数はもう this を使わなくて済むため、呼び出しを単純化できる。このコンストラクタによって作られたオブジェクトは、外部コードが公開 API 以外の手段で内部状態を操作できなくなるため、堅牢になる。

7.4.3 関数型継承

Douglas Crockford は、著書『JavaScript: The Good Parts』[5] のなかで、自ら**関数型継承**と呼んでいるものを提唱している。関数型継承は、ほとんどの this キーワードを取り除いたリスト 7-43 から論理的にあと 1 歩進んだところにある。関数型継承では、this が完全に取り除かれ、コンストラクタは不要になる。コンストラクタは、オブジェクトを作って返す普通の関数になるのである。メソッドはネスト関数として定義される。ネスト関数は、オブジェクトの状態を管理している自由変数にアクセスできる。**リスト 7-44** は、その例を示したものである。

リスト 7-44　関数型継承を使った circle の実装

```
function circle(radius) {
  // 関数定義は以前と同様

  return {
    radius: getSetRadius,
    diameter: diameter,
    area: area,
    circumference: circumference
  };
}
```

circle はもうコンストラクタではないので、名前の先頭文字を大文字にしない。この新関数を使うときには、**リスト 7-45** のように、new キーワードを使わない。

リスト 7-45　関数型継承パターンの使い方

```
"test should create circle object with function":
function () {
  var circ = circle(6);
  assertEquals(6, circ.radius());

  circ.radius(12);
  assertEquals(12, circ.radius());
  assertEquals(24, circ.diameter());
}
```

Crockford は、circle によって作られるようなタイプのオブジェクトを**耐久的**と呼んでいる [6]。オブジェクトが耐久的なら、その状態は適切にカプセル化されており、外部コードからの改ざんによって壊れたりはしない。これは、状態をクロージャ内の自由変数で管理し、オブジェクト内からオブジェクトの公開インターフェイスを参照しないことによって実現されている。ポイントは、まず内部非公開関数としてすべての関数を定義し、次にそれらをプロパティに代入していることだ。オブジェクトの機能はかならず内部関数によって参照されるため、外部コードがオブジェクトの公開メソッドの代わりに自分のメソッドを注入して、オブジェクトの動作を壊すことができないのである。

オブジェクトの拡張

このモデルで継承を実現するにはどうすればよいだろうか。公開プロパティを追加した新しいオブジェクトを返すのではなく、まず拡張したいオブジェクトを作り、メソッドを追加してそれを返すのである。この設計はデコレータパターンのようだと思われるかもしれないが、その通りである。いずれにしても、拡張したいオブジェクトは、どのような方法で作ってもよい。コンストラクタ、関数を作るほかのオブジェクト、あるいは関数に渡された引数からでもよい。**リスト 7-46** は、球と円を使ったサンプルである。

リスト 7-46　関数型継承を使った sphere の実装

```
function sphere(radius) {
  var sphereObj = circle(radius);
  var circleArea = sphereObj.area;

  function area() {
    return 4 * circleArea.call(this);
  }

  sphereObj.area = area;

  return sphereObj;
}
```

継承している関数は、もちろん自分の非公開変数と関数を提供できる。しかし、継承元のオブジェクトの非公開変数、関数にはアクセスできない。

関数型スタイルは、疑似古典的コンストラクタの代わりの方法としておもしろいが、限界もある。このスタイルのもっとも自明な 2 つの欠点は、すべてのオブジェクトがそれぞれすべての関数の独自コピーを持つため、メモリの使用量が増えてしまうことと、実質的にプロトタイプチェーンを使わないため、「super」関数やそれに類似したものを呼び出したいときに見劣りすることである。

7.5 オブジェクトの合成とミックスイン

古典的な言語では、ふるまいを共有し、コードを再利用するための主要なメカニズムはクラスの継承である。継承は、強い型付けをする言語で重要な型の定義という目的にも使われる。JavaScript は強い型付けを行わないし、そんな分類はそれほど大切なものではない。私たちはすでに constructor プロパティと instanceof 演算子を学んできたが、本当に気になるのは、与えられたオブジェクトに何ができるのかである。私たちが興味を持っていることのやり方をオブジェクトが知っていれば、私たちは満足できる。そもそもオブジェクトを作ったコンストラクタは何かということには、それほど関心を持てない。

ふるまいの共有とコードの再利用という問題を解決するということでは、動的なオブジェクト型を持つ JavaScript なら、型の継承以外のさまざまな方法を利用できる。この節では、もとになるオブジェクトから新しいオブジェクトを作る方法と、ふるまいを共有するためにミックスインを活用する方法について考えていこう。

7.5.1 Object.createメソッド

「7.3 古典的な継承と同様のふるまい」では、JavaScriptのコンストラクタを深く掘り下げ、これを使って古典的な継承とよく似たモデルを作る方法を示した。残念ながら、この方向を追究しすぎると、ソリューションが複雑になって、パフォーマンス面で問題が出てくる。それは、`super`のラフな実装の試みからも明らかなことだった。この節では、関数型継承を取り上げた前節と同様に、コンストラクタを完全に無視してオブジェクトのことだけを考えていく。

円と球のサンプルに戻ろう。私たちは、コンストラクタと`inherit`関数を使って、`Circle.prototype`からプロパティを継承する`sphere`オブジェクトを作っている。`Object.create`関数は、オブジェクトの引数を取り、それを継承する新しいオブジェクトを返す。コンストラクタは関与しておらず、オブジェクトがほかのオブジェクトを継承するだけである。**リスト7-47**は、テストによって`Object.create`のふるまいを表現したものである。

リスト7-47　オブジェクトからの直接継承

```
TestCase("ObjectCreateTest", {
  "test sphere should inherit from circle":
  function () {
    var circle = {
      radius: 6,

      area: function () {
        return this.radius * this.radius * Math.PI;
      }
    };

    var sphere = Object.create(circle);

    sphere.area = function () {
      return 4 * circle.area.call(this);
    };

    assertEquals(452, Math.round(sphere.area()));
  }
});
```

このコードは、`circle`、`sphere`オブジェクトのふるまいについては以前と同じことを期待している。ただ、これらのオブジェクトの作り方が異なるだけだ。まず、具体的な円オブジェクトからスタートする。次に、`Object.create`を使って新しいオブジェクトを作る。このオブジェクトの[[Prototype]]は元のオブジェクトを参照しているが、私たちはこのオブジェクトを球として扱う。そのあとで、コンストラクタのサンプルに合わせて、球オブジェクトのふるまいを変更する。新しい球オブジェクトが必要なら、**リスト7-48**に示すように、すでに持っているオブジェクトと同じようなオブジェクトをさらに作ればよい。

リスト 7-48　球オブジェクトをさらに作る

```
"test should create more spheres based on existing":
function () {
  var circle = new Circle(6);
  var sphere = Object.create(circle);

  sphere.area = function () {
    return 4 * circle.area.call(this);
  };

  var sphere2 = Object.create(sphere);
  sphere2.radius = 10;

  assertEquals(1257, Math.round(sphere2.area()));
}
```

リスト 7-49 の Object.create 関数は、以前の Function.prototype.inherit メソッドよりも単純だが、それは引数のオブジェクトにプロトタイプがリンクされているオブジェクトを 1 つ作ればよいだけだからである。

リスト 7-49　Object.create の実装

```
if (!Object.create) {
  (function () {
    function F() {}

    Object.create = function (object) {
      F.prototype = object;
      return new F();
    };
  }());
}
```

以前と同じように中間コンストラクタを作り、prototype プロパティにオブジェクト引数を代入する。最後に、中間コンストラクタから新しいオブジェクトを作って返す。新しいオブジェクトはもとのオブジェクトを参照する [[Prototype]] 内部プロパティを持つため、オブジェクト引数を直接継承する。このメソッドを使って私たちの Function.prototype.inherit 関数をアップデートすることもできる。

ES5 は、「指定されたプロトタイプを持つ新しいオブジェクトを作成する」ものとして Object.create 関数を規定している。私たちの実装は、オプションのプロパティ引数を受け付けないため、この規定には準拠していない。このメソッドについては、第 8 章「ECMAScript 第 5 版」で再び取り上げる。

7.5.2 tddjs.extendメソッド

　目の前の機能を組み立てるために、1 つ以上のほかのオブジェクトからふるまいを借りてきたいと思うことがよくある。すでに、この例が 2 つ出てきた。arguments オブジェクトがそうだ。おおよそ配列のようにふるま

うが、本物の配列ではないため、ほしいと思うプロパティがいくつか欠けている。しかし、argumentsオブジェクトは、配列のもっとも重要な機能であるlengthプロパティとプロパティ名としての数値インデックスを持っている。これら2つの機能があれば、Array.prototypeのほとんどのメソッドは、argumentsというのは「あひるのように歩き、あひるのように泳ぎ、あひるのようにクワっと鳴く」からあひる（配列）だと考える。そのため、**リスト7-50**のように、argumentsをthisとしてArray.prototypeを呼び出すと、Array.prototypeのメソッドを借りてくることができる。

リスト7-50　Array.prototypeからの借用

```
"test arguments should borrow from Array.prototype":
function () {
  function addToArray() {
    var args = Array.prototype.slice.call(arguments);
    var arr = args.shift();

    return arr.concat(args);
  }

  var result = addToArray([], 1, 2, 3);

  assertEquals([1, 2, 3], result);
}
```

このサンプルは、slice関数を借りてきて、argumentsオブジェクトのメソッドとして呼び出している。ほかの引数を渡していないので、sliceは配列全体を返してくる。しかし、このトリックによって、argumentsは配列に変換された。返された配列を使えば、配列メソッドを呼び出せる。

第5章「関数」では、別のオブジェクトに関数をコピーすることによる暗黙のバインドのことを説明した。こうすると、2つのオブジェクトが同じ関数オブジェクトを共有するようになるので、メモリを効率よく使えるふるまいの共有方法になる。**リスト7-51**は、その例を示したものである。

リスト7-51　明示的な借用

```
"test arguments should borrow explicitly from Array.prototype":
function () {
  function addToArray() {
    arguments.slice = Array.prototype.slice;
    var args = arguments.slice();
    var arr = args.shift();

    return arr.concat(args);
  }

  var result = addToArray([], 1, 2, 3);

  assertEquals([1, 2, 3], result);
}
```

このテクニックを使えば、何らかのテーマに関連したメソッドのコレクションになっているオブジェクトを作り、このオブジェクトのすべてのプロパティを別のオブジェクトに追加して、ふるまいをオブジェクトに「ブレス」することができる。**リスト 7-52** は、この処理を助けるメソッドのために作ったテストケースの初期段階を示したものである。

リスト 7-52　tddjs.extend のための初期テストケース

```
TestCase("ObjectExtendTest", {
  setUp: function () {
    this.dummy = {
      setName: function (name) {
        return (this.name = name);
      },

      getName: function () {
        return this.name || null;
      }
    };
  },

  "test should copy properties": function () {
    var object = {};
    tddjs.extend(object, this.dummy);

    assertEquals("function", typeof object.getName);
    assertEquals("function", typeof object.setName);
  }
});
```

テストは、まず setUp メソッドでダミーオブジェクトをセットアップする。次に、オブジェクトを拡張したときに、ソースオブジェクトのすべてのプロパティがコピーされていることをアサーションで確認する。このメソッドは、まちがいなく Internet Explorer の DontEnum バグにひっかかるので、**リスト 7-53** は tddjs.each メソッドを使ってプロパティを反復処理する。

リスト 7-53　tddjs.extend の初期実装

```
tddjs.extend = (function () {
  function extend(target, source) {
    tddjs.each(source, function (prop, val) {
      target[prop] = val;
    });
  }

  return extend;
}());
```

次のステップは**リスト 7-54** で、2 つの引数が安全に使えることを確かめる。どちらの引数にも任意のオブジェクトを指定できる。引数が null や undefined ではないことだけを確かめる必要がある。

リスト 7-54　null の拡張

```
"test should return new object when source is null":
function () {
  var object = tddjs.extend(null, this.dummy);

  assertEquals("function", typeof object.getName);
  assertEquals("function", typeof object.setName);
}
```

期待される戻り値に注意しよう。**リスト 7-55** は、実装を示している。

リスト 7-55　target が null になっているのを認める

```
function extend(target, source) {
  target = target || {};

  tddjs.each(source, function (prop, val) {
    target[prop] = val;
  });

  return target;
}
```

ソースが渡されなければ、**リスト 7-56** のようにターゲットをそのまま返せばよい。

リスト 7-56　1 個だけの引数を処理する

```
"test should return target untouched when no source":
function () {
  var object = tddjs.extend({});
  var properties = [];

  for (var prop in object) {
    if (tddjs.isOwnProperty(object, prop)) {
      properties.push(prop);
    }
  }

  assertEquals(0, properties.length);
}
```

ここでおもしろいことが起きる。このテストは、source が undefined でも、ほとんどのブラウザで合格する。それは、ブラウザの寛大な性質によるものだが、for-in ループで null や undefined を反復処理しようとしたら TypeError を投げなければならないとしている ECMAScript 3 に違反している。おもしろいことに、Internet Explorer 6 は、ここで期待している通りに動作するブラウザの 1 つである。ECMAScript 5 は、反復

165

処理の対象のオブジェクトが null や undefined でも、エラーを投げないようにふるまいを変更した。**リスト 7-57** は、必要な修正を示したものである。

リスト 7-57　source がなければ異常終了

```
function extend(target, source) {
  target = target || {};

  if (!source) {
    return target;
  }

  /* ... */
}
```

ターゲットがすでにプロパティを定義している場合、`tddjs.extend` はかならず上書きをすることに注意しよう。このメソッドは、数通りの方向で進化させられる。上書きを許可/禁止する論理値のオプションを追加したり、プロトタイプチェーン上のプロパティのシャドウイングを許可/禁止するオプションを追加したりといったものである。想像力以外に制限はない。

7.5.3 ミックスイン

`tddjs.extend` メソッドでほかのオブジェクトを「ブレス」するために使えるプロパティ群を定義するオブジェクトは、ミックスインと呼ばれることが多い。たとえば、Ruby 標準ライブラリは、Enumerable モジュールのなかで一連の役に立つメソッドを定義しており、each メソッドをサポートする任意のオブジェクトにミックスインできる。ミックスインは、オブジェクト間でふるまいを共有するためのメカニズムとして非常に強力である。Enumerable モジュールは、簡単に Ruby から JavaScript に移植して、たとえば Array.protoype にミックスインできる。こうすると、Array.protoype には配列の新しいふるまいを追加できる（for-in で配列をループしてはならないことを忘れないように）。**リスト 7-58** は、enumerable オブジェクトが少なくとも reject メソッドを含んでいるという前提で動作するサンプルを示している。

リスト 7-58　enumerable オブジェクトを Array.prototype にミックスインする

```
TestCase("EnumerableTest", {
  "test should add enumerable methods to arrays":
  function () {
    tddjs.extend(Array.prototype, enumerable);

    var even = [1, 2, 3, 4].reject(function (i) {
      return i % 2 == 1;
    });

    assertEquals([2, 4], even);
  }
});
```

私たちが Array.prototype.forEach をサポートするブラウザのなかにいるとすると、**リスト7-59** のように reject メソッドを実装することができる。

リスト7-59　Ruby の enumerable の JavaScript 移植版の改訂版

```
var enumerable = {
  /* ... */

  reject: function (callback) {
    var result = [];
    this.forEach(function (item) {
      if (!callback(item)) {
        result.push(item);
      }
    });
    return result;
  }
};
```

7.6 まとめ

　この章では、JavaScript のオブジェクトの作成とふるまいの共有についてのさまざまなアプローチを見てきた。まず、JavaScript のプロパティとプロトタイプチェーンの仕組みをしっかりと理解するところから始めた。次にコンストラクタに移り、コンストラクタと prototype プロパティを使ってクラス継承をエミュレートした。プロトタイプと JavaScript ネイティブの継承メカニズムをよく知らないデベロッパには、古典的な継承に近い形が魅力的に感じられるかもしれないが、複雑なだけで効率の低いソリューションになりがちである。

　次に、コンストラクタから離れて、プロトタイプベースの継承に移り、JavaScript では、オブジェクトを拡張して新しいオブジェクトを作るというオブジェクトだけを操作する継承方法があることを学んだ。単純な Object.create 関数を実装することにより、コンストラクタがもたらす混乱を避け、プロトタイプチェーンがオブジェクトのふるまいの拡張を助けることがより鮮明に理解できた。

　関数型継承は、クロージャを使って状態を格納すれば、本物の非公開メンバー、メソッドを実現できることを示している。

　最後に、以上のパターンを総合して、JavaScript におけるオブジェクトの合成とミックスインについて学んだ。ミックスインは JavaScript と相性がよく、オブジェクト間でふるまいを共有するためのすばらしい方法になることが多い。

　では、どのテクニックを使ったらよいのだろうか。答は人によってまちまちだろう。正しい方法は状況によって決まるので1つには絞れない。この章で見てきたように、古典的なクラス階層をまねる方法と関数型の方法との間にはトレードオフがあり、それは、オブジェクトの作成、メソッド呼び出し、メモリ消費、セキュリティのなかでアプリケーションにとって重要なものがどれかによって影響を受ける。この本では、現実の問題を解決するために、この章で示したテクニックの一部をどのように使ったらよいかを示していく。

第8章
ECMAScript第5版

　2009年12月、ECMA Internationalは、ECMA-262 5th Edition（ECMAScript 5あるいはES5とも呼ばれている）を策定、公表した。ECMAScript 5は、ECMAScript 3の後継仕様で、過去10年のブラウザベンダーによるイノベーションを標準化し、新機能を追加しており、かなりの部分で下位互換性を維持している。

　ECMAScript 4は結局作られなかったが、ECMAScript言語が10年もの間、標準アップデートなしの状態を保たなければならなかった理由の一部はここにある。ECMAScript 4の標準案は、アップデートとしては革命的すぎると考えられており、既存のブラウザとうまく共存できない機能が複数あった。今までにES4で提案されたアップデートをかなりのところまで実装したのは、AdobeのActionScript（Flashで使われているもの）とMicrosoftのJScript.Netだけである。

　この章では、ES5でもっともおもしろい変更をざっと見ていくとともに、新しい仕様によって可能になるプログラミングパターンをいくつか紹介する。特におもしろいのは、オブジェクトとプロパティへの新しい追加で、私たちが注意を向けるのは主としてこの分野になる。なお、この章では、ECMAScript 5のすべての変更、追加を取り上げるわけではないので注意していただきたい。

8.1 JavaScriptの近未来

　下位互換性は、ES5の重要な懸案だった。JavaScriptは遍在している。1990年代中頃以降にリリースされたすべてのWebブラウザが何らかの形でJavaScriptをサポートしている。携帯電話などのモバイルデバイスにも搭載されている。Mozilla FirefoxやGoogle Cromeなどのブラウザの拡張機能の開発に使われ、LinuxのGnome 3デスクトップ環境のGnome Shellでも中心的な役割を担っている。JavaScriptランタイムは、野生動物のようなものである。Web上にスクリプトをデプロイするとき、どのような種類のランタイムがコードを実行するかを予想できない。これに加えて、すでにWebにデプロイされたJavaScriptが膨大な数に上ることを考えると、ES5にとって下位互換性が重要な懸案になった理由は簡単に想像できるだろう。この目標は、「Webを壊さない」ためというよりも、Webを前進させるためである。

　ES5は、ブラウザベンダー各社が採用したイノベーションや新しいJavaScriptライブラリに見られる一般的なユースケースなど、事実上の標準として広く認められているものを標準化するために精力的に働いた。属性のゲッター、セッターは前者、`String.prototype.trim`と`Function.prototype.bind`は後者の好例である。

　ES5は、前進の方向を指し示す**厳密モード**も導入した。厳密モードは、単純な文字列リテラルで有効にすることができ、ES5準拠の実装は、スクリプトのパース、実行をより厳密にすることができる。厳密モードは、JavaScriptのまずい部分に光を当て、将来のアップデートに向けての出発点を作り出している。

　この節のタイトルをJavaScriptの**近未来**としているのは、もう10年待たなくても、優れたブラウザサポー

トが現実のものになるだろうと考えてよいだけの理由があるからだ。もちろん、これは私の（およびその他の人々の）憶測に過ぎないが、ES5が事実上の標準を本物の標準に組み込むにつれて、それらの機能の一部はすでにかなりの数のブラウザでサポートされるようになっている。また、ここ数年は「ブラウザ戦争」が再び活発化してきており、ベンダー各社は新しい標準に準拠し、パフォーマンスの高いブラウザを作り上げるために、以前よりも激しく競争している。

　MicrosoftとInternet Explorerは、長年にわたってWebデベロッパの仕事を遅らせてきたが、最近は、少なくとも時代に遅れないようにしようとしてしのぎを削るようになったようだ。わずか5年前と比べても、今のブラウザの利用形態は大きく変わっており、競争のルールが公正なものになったため、ヨーロッパのWindowsユーザーたちは自覚的にブラウザを選ぶようになっている。

　基本的に、私はES5の採択をかなり高く評価している。その一部の機能は、Chrome、Firefox、Safariなどのブラウザですでにサポートされており、これらのプレビューリリースはもっと多くの機能をサポートしている。本稿執筆時点では、Internet Explorer 9のプレビューバージョンでさえ、ES5のほとんどをすでに実装している。本書が発売されたら、状況はさらに明るくなるのではないかと期待している。

8.2 オブジェクトモデルのアップデート

　ECMAScript 5で加えられた更新のうち、もっとも期待できるのは、アップデートされたオブジェクトモデルである。第7章「オブジェクトとプロトタイプの継承」で述べたように、JavaScriptオブジェクトは、書き込み可能なプロパティの単純なコレクションである。ES3の段階で、プロパティが上書きできるか、削除できるか、列挙可能な、厳密に内部的なものかどうかをコントロールするための属性は定義されていたが、クライアントオブジェクトからは利用できなかった。そのため、（公開でミュータブルな）プロパティに依存するオブジェクトは、堅牢さを保ちたければ、デベロッパが思っている以上にエラーチェックをしなければならない。

8.2.1 プロパティ属性

　ES5は、ユーザー定義のプロパティデスクリプタが、プロパティの次の属性を上書きすることを認めている。

- `enumerable`—内部名 `[[Enumerable]]`（以前は `[[DontEnum]]`）は、`for-in` ループでプロパティを反復処理できるかどうかを決める。
- `configurable`—内部名 `[[Configurable]]`（以前は `[[DontDelete]]`）は、`delete` 演算子でプロパティを削除できるかどうかを決める。
- `writable`—内部名 `[[Writable]]`（以前は `[[ReadOnly]]`）は、プロパティを上書きできるかどうかを決める。
- `get`—内部名 `[[Get]]` は、プロパティアクセスの戻り値を計算する関数である。
- `set`—内部名 `[[Set]]` は、プロパティに代入を行うために、代入すべき値を引数として呼び出される関数である。

　ES5では、プロパティを2通りの方法で設定できる。**リスト8-1**の古い方法では、単純にプロパティに値を代入するが、新しい方法は**リスト8-2**のようにする。

8.2 オブジェクトモデルのアップデート

リスト8-1　単純な名前/値を代入する

```
var circle = {};
circle.radius = 4;
```

リスト8-2　強化されたES5プロパティ

```
TestCase("ES5ObjectTest", {
  "test defineProperty": function () {
    var circle = {};

    Object.defineProperty(circle, "radius", {
      value: 4,
      writable: false,
      configurable: false
    });

    assertEquals(4, circle.radius);
  }
});
```

Object.definePropertyメソッドは、オブジェクトの新しいプロパティを定義するだけでなく、プロパティデスクリプタの更新もする。プロパティデスクリプタの更新は、プロパティのconfigurable属性がtrueに設定されているときに限り実行できる。リスト8-3は、既存のデスクリプタを使って一部の属性だけを更新する方法を示している。

リスト8-3　プロパティデスクリプタの変更

```
"test changing a property descriptor": function () {
  var circle = { radius: 3 };
  var descriptor =
    Object.getOwnPropertyDescriptor(circle, "radius");
  descriptor.configurable = false;
  Object.defineProperty(circle, "radius", descriptor);
  delete circle.radius;

  // configurableでないradiusは削除できない
  assertEquals(3, circle.radius);
}
```

ES5は、プロパティ属性を操作できるようにしたほか、オブジェクトの[[Extensible]]内部属性も操作できるようにした。このプロパティは、オブジェクトにプロパティを追加できるかどうかを決めるもので、Object.preventExtensions(obj)を呼び出せば、オブジェクトはさらなる拡張を禁止できる。拡張禁止を取り消すことはできない。

オブジェクトの拡張を禁止し、プロパティ属性のwritableとconfigurableをfalseにすると、イミュータ

171

ブルなオブジェクトが作れる。ES3 オブジェクトは、基本的にプロパティのミュータブルなコレクションだったので、多数のエラーチェックを行い、コードが複雑になっていたが、イミュータブルなオブジェクトの導入によってその問題は解決される。Object.seal メソッドを使えば、オブジェクト全体をシーリング（封印）できる。つまり、オブジェクト自身のプロパティはすべて configurable 属性が false になり、そのあとでオブジェクトの [[Extensible]] プロパティは false になる。Object.getOwnPropertyDescriptor と Object.defineProperty をサポートするブラウザでは、seal メソッドは**リスト 8-4** のような形で実装できるだろう。

リスト 8-4　Object.seal の実装例

```
if (!Object.seal && Object.getOwnPropertyNames &&
    Object.getOwnPropertyDescriptor &&
    Object.defineProperty && Object.preventExtensions) {
  Object.seal = function (object) {
    var properties = Object.getOwnPropertyNames(object);
    var desc, prop;

    for (var i = 0, l = properties.length; i < l; i++) {
      prop = properties[i];
      desc = Object.getOwnPropertyDescriptor(object, prop);

      if (desc.configurable) {
        desc.configurable = false;
        Object.defineProperty(object, prop, desc);
      }
    }

    Object.preventExtensions(object);

    return object;
  };
}
```

オブジェクトがシーリングされているかどうかは、Object.isSealed で調べられる。このサンプルでは、Object.getOwnPropertyNames が使われていることにも注意しよう。Object.getOwnPropertyNames は、enumerable 属性が false になっているものも含め、オブジェクト自身のすべてのプロパティを返す。これと似た Object.keys は、今日の Prototype.js 内のメソッドと同じように、オブジェクトのすべての列挙可能プロパティの名前を返す。

オブジェクト全体を手軽にイミュータブルにしたい場合には、関連メソッドながらもっと制限の厳しい Object.freeze 関数を使えばよい。freeze は seal と同じように動作するが、さらにすべてのプロパティの writable 属性を false にする。こうすると、オブジェクトは一切変更できなくなる。

8.2.2 プロトタイプ継承

　ECMAScript 5 は、JavaScript のプロトタイプ継承を以前よりもわかりやすくするとともに、コンストラクタのぎこちない使い方を止められるようにする。ES3 では、circle オブジェクトを継承する sphere オブジェクトを作るネイティブの方法は、**リスト 8-5** のように、プロキシからコンストラクタを呼び出すというものだけだった。

リスト 8-5　ES3 でほかのオブジェクトを継承するオブジェクトを作るための方法

```
"test es3 inheritance via constructors": function () {
  var circle = { /* ... */ };

  function CircleProxy() {}
  CircleProxy.prototype = circle;

  var sphere = new CircleProxy();

  assert(circle.isPrototypeOf(sphere));
}
```

　さらに、ES3 では、プロトタイププロパティを直接取得する方法はない。Mozilla は、**リスト 8-6** のようにこの両方を解決するために独自拡張として __proto__ プロパティを追加した。

リスト 8-6　プロトタイプを取得設定するためのベンダー拡張

```
"test inheritance via proprietary __proto__": function () {
  var circle = { /* ... */ };
  var sphere = {};
  sphere.__proto__ = circle;

  assert(circle.isPrototypeOf(sphere));
}
```

　ES5 は、__proto__ プロパティを標準化する代わりに、プロトタイプを手軽に操作できる 2 つのメソッドを追加した。**リスト 8-7** は、プロトタイプの取得設定のために将来使うコードである。

リスト 8-7　ES5 でほかのオブジェクトを継承するオブジェクトを作るための方法

```
"test inheritance, es5 style": function () {
  var circle = { /* ... */ };
  var sphere = Object.create(circle);

  assert(circle.isPrototypeOf(sphere));
  assertEquals(circle, Object.getPrototypeOf(sphere));
}
```

　「7.5.1 Object.create メソッド」では Object.create メソッドを作ったが、それと同じ Object.create メソッ

ドが使われていることに気付いたかもしれない。ES5 の Object.create は、もう 1 つよい機能を持っている。リスト 8-8 のように、新しく作成したオブジェクトにプロパティを追加することもできるのである。

リスト 8-8　プロパティとともにオブジェクトを作る

```
"test Object.create with properties": function () {
  var circle = { /* ... */ };

  var sphere = Object.create(circle, {
    radius: {
      value: 3,
      writable: false,
      configurable: false,
      enumerable: true
    }
  });

  assertEquals(3, sphere.radius);
}
```

読者の推測通り、Object.create は Object.defineProperties を使ってプロパティを設定する（このメソッドはさらに Object.defineProperty を使う）。Object.create の実装は、おそらくリスト 8-9 のようになるだろう。

リスト 8-9　Object.create の実装例

```
if (!Object.create && Object.defineProperties) {
  Object.create = function (object, properties) {
    function F () {}
    F.prototype = object;
    var obj = new F();

    if (typeof properties != "undefined") {
      Object.defineProperties(obj, properties);
    }

    return obj;
  };
}
```

Object.defineProperties と Object.defineProperty は ES3 環境で完全にシミュレートすることはできないので、このコードは使えないが、Object.create がどのような仕組みで動いているかはわかる。また、ES5 はプロトタイプとして null を指定することも認めていることに注意しよう。ES3 では、すべてのブラウザを通じてこれをエミュレートすることはできない。

　Object.create を使うとおもしろい副作用がある。ネイティブの Object.create は、新オブジェクトを作成するためにプロキシコンストラクタ関数を使わないので、instanceof 演算子は意味のある情報を返さなくなる

のである。新しく作成されたオブジェクトは、Object のインスタンスだとされてしまう。奇妙な感じがするかもしれないが、オブジェクトがオブジェクトを継承する世界では、instanceof は役に立たないのである。オブジェクトの関係を知るためには、Object.isPrototypeOf が役に立つ。そして、JavaScript のようなダックタイピングの言語では、オブジェクトの継承関係よりもオブジェクトの機能のほうがずっと重要な意味を持つのである。

8.2.3 ゲッターとセッター

前節でも触れたように、Object.defineProperty は、プロパティ属性にアクセスできない ES3 実装では信頼できる形でエミュレートできない。それでも、Firefox、Safari、Chrome、Opera は、いずれもゲッターとセッターを実装している。これらを使えば、ES3 の defineProperty のパズルを一部解決できる。しかし、Internet Explorer ではバージョン 9[1]になるまでゲッター、セッターを使えないので、当分の間、汎用 Web ではコード内でゲッター、セッターを使うことはできない。

ゲッターとセッターがあれば、クライアントコードを書き換えずにプロパティを取得、設定するためのロジックを追加できる。**リスト 8-10** は、circle がゲッターとセッターを使って仮想 diameter プロパティを追加する例を示している。

リスト8-10　ゲッターとセッターの使い方

```
"test property accessors": function () {
  Object.defineProperty(circle, "diameter", {
    get: function () {
      return this.radius * 2;
    },

    set: function (diameter) {
      if (isNaN(diameter)) {
        throw new TypeError("Diameter should be a number");
      }

      this.radius = diameter / 2;
    }
  });

  circle.radius = 4;

  assertEquals(8, circle.diameter);

  circle.diameter = 3;

  assertEquals(3, circle.diameter);
  assertEquals(1.5, circle.radius);
```

---

[1] Internet Explorer 8 は Object.defineProperty を実装しているが、何らかの理由でクライアントオブジェクトでは使えない。

```
    assertException(function () {
      circle.diameter = {};
    });
}
```

8.2.4 プロパティ属性の使い方

　新しいプロパティ属性を活用すれば、JavaScriptで今までよりもずっと高度なプログラムを作れるようになる。すでに説明したように、ES5では本物のイミュータブルオブジェクトを作れるようになった。さらに、ロジックが埋め込まれたプロパティアクセサを書くことによって、DOMが動く仕組みをエミュレートすることもできる。

　先ほど、Object.create（Object.definePropertyを使って実装したもの）は、オブジェクトのコンストラクタを不要にするとともに、instanceof演算子も無意味にしてしまうと説明した。特に、リスト8-7のサンプルでは、instanceof演算子がObjectとしか返さないオブジェクトを作った。しかし、Object.createを使ったからといって、意味のあるinstanceof演算子がなくなるというわけではない。**リスト8-11**は、コンストラクタ内でObject.createを使ってES3とES5のプロトタイプ継承を融合する例になっている。

リスト8-11　Object.createを使ったコンストラクタ

```
function Circle(radius) {
  var _radius;

  var circle = Object.create(Circle.prototype, {
    radius: {
      configurable: false,
      enumerable: true,

      set: function (r) {

        if (typeof r != "number" || r <= 0) {
          throw new TypeError("radius should be > 0");
        }

        _radius = r;
      },

      get: function () {
        return _radius;
      }
    }
  });

  circle.radius = radius;
```

```
    return circle;
  }

  Circle.prototype = Object.create(Circle.prototype, {
    diameter: {
      get: function () {
        return this.radius * 2;
      },

      configurable: false,
      enumerable: true
    },

    circumference: { /* ... */ },
    area: { /* ... */ }
  });
```

このコンストラクタは、ほかのコンストラクタと同じように使える上に、Object.create も意味のある値を返してくる。**リスト 8-12** は、このコンストラクタの使い方を示したテストケースである。

リスト 8-12　ハイブリッド Circle の使い方

```
  TestCase("CircleTest", {
    "test Object.create backed constructor": function () {
      var circle = new Circle(3);

      assert(circle instanceof Circle);
      assertEquals(6, circle.diameter);

      circle.radius = 6;
      assertEquals(12, circle.diameter);

      delete circle.radius;
      assertEquals(6, circle.radius);
    }
  });
```

オブジェクトとコンストラクタをこのように定義できるのは、コンストラクタの動作のためである。コンストラクタがプリミティブ値ではなくオブジェクトを返す場合、その新しいオブジェクトは this として作られるわけではない。その場合、new キーワードは構文的にはまったくの装飾になる。**リスト 8-13** のサンプルが示すように、単純に関数を呼び出すだけでも、同じ効果が得られる。

リスト 8-13　new なしで Circle を使う

```
  "test omitting new when creating circle": function () {
    var circle = Circle(3);
```

```
    assert(circle instanceof Circle);
    assertEquals(6, circle.diameter);
}
```

prototypeプロパティは、newキーワードが予測できる動きをするようにコンストラクタが使っている習慣である。自分で独自オブジェクトを作り、プロトタイプチェーンも自分でセットアップするなら、本当はprotptypeプロパティはいらない。**リスト8-14**は、コンストラクタ、new、instanceofが不要なサンプルである。

リスト8-14　Object.createと関数を使う

```
"test using a custom create method": function () {
  var circle = Object.create({}, {
    diameter: {
      get: function () {
        return this.radius * 2;
      }
    },

    circumference: { /* ... */ },
    area: { /* ... */ },

    create: {
      value: function (radius) {
        var circ = Object.create(this, {
          radius: { value: radius }
        });

        return circ;
      }
    }
  });

  var myCircle = circle.create(3);

  assertEquals(6, myCircle.diameter);
  assert(circle.isPrototypeOf(myCircle));

  // circleは関数ではない
  assertException(function () {
    assertFalse(myCircle instanceof circle);
  });
}
```

このサンプルは、新オブジェクトを作るcreateメソッドを外部に公開する1個のオブジェクトを作る。そのため、newもprototypeもいらないが、プロトタイプ継承は、期待通りに動作する。このスタイルにはおも

しろい副作用がある。`myCircle.create(radius)` を呼び出せば、`myCircle` を継承する円を作ることができるのである。

これは、JavaScript でコンストラクタを使わずに継承を実装するさまざまな方法のうちの 1 つに過ぎない。あなたがこの実装をどう思うかはわからないが、このサンプルは、JavaScript、特に ES5 では、コンストラクタと `new` キーワードが不要なことをはっきりと示していると思う。ES5 は、オブジェクトとプロトタイプの継承を処理するためのツールとして、以前よりも優れたものを提供しているのである。

8.2.5 予約済みキーワードとプロパティ識別子

ES5 では、オブジェクトプロパティ識別子として予約済みキーワードを使える。JSON のネイティブサポートが追加されたことを考えると、JSON で使えるプロパティ名が制限されずに済むわけだから、これはとても重要だ。**リスト 8-15** が示すように、ES3 では、たとえば DOM を実装するときに、予約済みキーワードが問題を起こしていた。

リスト 8-15　予約済みキーワードとプロパティ識別子

```
// ES3
element.className; // HTML 属性は "class"
element.htmlFor;   // HTML 属性は "for"

// ES5 では以下も有効
element.class;
element.for;
```

だからといって ES5 で DOM API が変わるということではない。しかし、新しい API には、DOM API の不統一が悪影響を及ぼすことはない。

8.3 厳密モード

ECMAScript 5 は、ユニット（スクリプトまたは関数）を厳密モード構文で書けるようになった。この構文は、ES3 のあまり優れていない機能を禁止し、まずくなる恐れのあるパターンに厳しく、エラーを投げる条件を増やし、最終的に混乱を避けることを意図したもので、デベロッパに仕事のしやすい環境を提供する。

ES5 は、ES3、あるいは少なくとも ES3 の各種実装に対して下位互換性を維持することになっているので、厳密モードはオプションだが、将来のアップデートで削除が予定されている機能を使いにくくするうまい方法である。

8.3.1 厳密モードを有効にする

リスト 8-16 は、1 個の文字列リテラルディレクティブで厳密モードを有効にする方法を示したものだ。

リスト 8-16　グローバルに厳密モードを有効にする

```
"use strict";

// 以下のコードはES5厳密モードで書かれているものと見なされる
```

　この単純な指定方法は、少々ばかみたいに見えるかもしれないが、既存コードのセマンティクスと衝突する危険はきわめて低く、完全に下位互換である。ES3 では、何の動作とも結びつかない文字列リテラルにすぎない。最初からすべての ES3 コードを厳密モードに移植するのは不可能な場合もあるだろう。そこで、ES5 は、ローカルに厳密モードを有効にする手段も用意してある。このディレクティブを関数内に配置すると、厳密モードはその関数のなかだけで有効になる。**リスト 8-17** は、同じスクリプトのなかに厳密コードのコードとそうでないコードを並べる例を示している。

リスト 8-17　ローカルな厳密モード

```
function haphazardMethod(obj) {
  // この関数は厳密モードだとは見なされない

  with (obj) {
    // 厳密モードでは禁止されているコード
  }
}

function es5FriendlyMethod() {
  "use strict";

  // このローカルスコープは厳密モードで評価される
}
```

　厳密モードは、`eval` で評価されるコードでも有効にできる。厳密モードのコードから `eval` を直接呼び出すか、`eval` で評価されるコードの先頭に厳密モードディレクティブを挿入すればよい。`Function` コンストラクタに渡されるコード文字列にも同じルールが適用される。

8.3.2 厳密モードでの違い

　厳密モードでは、言語の文法が次のように変わる。

暗黙のグローバルの禁止

　暗黙のグローバルは、JavaScript でもっとも役に立たない機能で、まちがいなくもっとも評価の低い機能だろう。ES3 では、宣言されていない変数に代入をしてもエラーが起きず、警告さえ表示されない。その部分で新しいグローバルオブジェクトのプロパティが作られ、非常にわかりにくいバグの原因を作ってしまう。厳密モードでは、宣言されていない変数を使おうとすると、`ReferenceError` が起きる。**リスト 8-18** は、その例である。

リスト 8-18　暗黙のグローバル

```
function sum(numbers) {
  "use strict";
  var sum = 0;

  for (i = 0; i < numbers.length; i++) {
    sum += numbers[i];
  }

  return sum;
}

// ES3: グローバルオブジェクトのプロパティiが作られる
// ES5厳密モード: ReferenceError
```

関数

厳密モードは、関数の処理でもデベロッパを助けてくれる。たとえば、2つの仮引数が同じ識別子を使っていると、厳密モードではエラーが投げられる。ES3 では、複数の仮引数に対して同じ識別子を使った場合には、最後の仮引数だけが関数内で参照できる（arguments を使う場合を除く。この場合はすべての仮引数を参照できる）。**リスト 8-19** は、新しい動作と ES3 の動作を比較したものである。

リスト 8-19　複数の仮引数に対して同じ識別子を使った場合

```
"test repeated identifiers in parameters": function () {
  // ES5厳密モードでは構文エラー
  function es3VsEs5(a, a, a) {
    "use strict";
    return a;
  }

  // ES3ではtrue
  assertEquals(6, es3VsEs5(2, 3, 6));
}
```

厳密モードで arguments の caller または callee プロパティにアクセスしようとすると、厳密モードでは TypeError になる。

ES3（および ES5 の非厳密モード）では、arguments オブジェクトは仮引数と動的な関係を共有する。仮引数を変更すると、arguments オブジェクトの対応するインデックスの値も変更される。arguments オブジェクトの値を変更すると、対応する仮引数も変更される。**リスト 8-20** が示すように、厳密モードではこのような関係はなくなり、arguments はイミュータブルになる。

リスト 8-20　arguments と仮引数の関係

```
function switchArgs(a, b) {
  "use strict";
  var c = b;
  b = a;
  a = c;

  return [].slice.call(arguments);
}

TestCase("ArgumentsParametersTest", {
  "test should switch arguments": function () {
    // ES5厳密モードで合格
    assertEquals([3, 2], switchArgs(2, 3));

    // ES3で合格
    // assertEquals([2, 3], switchArgs(2, 3));
  }
});
```

厳密モードでは、this が強制的にオブジェクトに型変換されることはない。ES3 と ES5 非厳密モードでは、this がまだオブジェクトでなければ、強制的にオブジェクトに型変換される。たとえば、関数オブジェクトの call、apply メソッドを使うときに、null や undefined を渡しても、厳密モードでは呼び出された関数の this はグローバルオブジェクトに変換されない。また、this としてプリミティブ値を使っても、それがラッパーオブジェクトに型変換されることはない。

オブジェクト、プロパティ、変数

eval と arguments は、ES5 厳密モードでは識別子として使えない。この制限は、仮引数、変数、try-catch 文の例外オブジェクト、オブジェクトプロパティに影響を与える。

ES3 実装では、同じプロパティ識別子を繰り返してオブジェクトリテラルを定義すると、同じ識別子のプロパティがすでに設定していた値が新しい値によって上書きされる。厳密モードでは、オブジェクトリテラルで同じ識別子を繰り返すと、構文エラーが起きる。

すでに触れたように、厳密モードでは、暗黙のグローバルは禁止される。暗黙のグローバルがエラーを起こすというだけでなく、writable 属性が false のオブジェクトのプロパティに書き込みをしたり、[[Extensible]] 内部プロパティが false のオブジェクトの存在しないプロパティに書き込みをしたりしたときにも、TypeError が投げられる。

厳密モードでは、delete 演算子が音もなく失敗することはなくなる。ES3 や ES5 非厳密モードでは、configurable 属性が false のプロパティで delete 演算子を実行すると、プロパティは削除されず、式は削除が失敗したことを示す false を返していた。厳密モードでは、そのような削除は、TypeError を起こす。

その他の制限

厳密モードには`with`文はない。`with`文を使うと、単純に構文エラーが起きる。この変更をあまり評価しないデベロッパもいるが、`with`は使い方を間違えやすく、コードが予測不能でたどれないものになることが多い。

0377などの8進数リテラル（10進の255）は、厳密モードでは認められない。これは、`parseInt("09")`にも当てはまる。

8.4 さまざまな追加と改良

Objectへの追加の大半はすでに取り上げたが、ECMAScript 5には、オブジェクトの強化以上の意味がある。

8.4.1 JSONのネイティブサポート

ES5は、JSONオブジェクトという形でJSONのネイティブサポートを導入した。JSONオブジェクトは、JSONをダンプする`JSON.stringify`とロードする`JSON.parse`の2つのメソッドをサポートしている。Douglas Crockfordのjson2.jsは、まだ新しいJSONインターフェイスを実装していないブラウザのために互換インターフェイスを提供する。つまり、このライブラリをロードすれば、この機能を今日からでも使えるということである。実際、json2.jsは、以前から広く使われており、すでにネイティブJSONオブジェクトをサポートするブラウザはいくつかある。

ES5とjson2.jsは、ともに`Date.prototype.toJSON`も追加した。これは、ISO 8601 Extended Formatを単純化したものを使う`Date.prototype.toISOString`によって日付オブジェクトをJSONにシリアライズする。形式は、`YYYY-MM-DDTHH:mm:ss.sssZ`というものである。

8.4.2 Function.prototype.bind

第6章「関数とクロージャの応用」で説明したように、`bind`メソッドはES5でネイティブになった。これはパフォーマンス向上、メンテナンスが必要なライブラリコードの削減につながっているはずである。それまで提供されていた実装は、細部を除き、ES5が提供しているものとほぼ同じになっているはずだ。ネイティブ`bind`関数は、それ自体としては`prototype`プロパティを持たないネイティブオブジェクトを返す。元の関数をラップする単純な関数を作るのではなく、バインドされた関数との関係を管理する特殊なタイプの内部オブジェクトが作られているのである。たとえば、`instanceof`演算子は、新しく作られた関数に対しても、バインドされた関数に対するのと同じように動作する。

8.4.3 配列の新機能

ES5の配列には、新しい機能が多数追加された。ほとんどの機能は、MozillaのJavaScript 1.6に由来するものである。JavaScript 1.6は、リリースからかなり時間がたっており、たとえば、SafariのJavaScriptCoreが同じ内容のものを実装できているくらいである。ES5は、[[Class]]内部プロパティをチェックして、オブジェクトが配列かどうかを返す`Array.isArray`も追加した。[[Class]]内部プロパティは、ES3も含めて、

Object.prototype.toStringで参照できるので、これを使えば**リスト8-21**のように標準準拠実装を作ることができる。

リスト8-21　Array.isArrayの実装

```
if (!Array.isArray) {
  Array.isArray = (function () {
    function isArray(object) {
    return Object.prototype.toString.call(object) ==
           "[object Array]";
    }

    return isArray;
  }());
}
```

`Array.prototype`は、静的な`isArray`メソッドに加えて、`indexOf`、`lastIndexOf`、`every`、`some`、`forEach`、`map`、`filter`、`reduce`、`reduceRight`という新メソッドを追加している。

8.5 まとめ

　この章では、JavaScriptの近未来における（そうなればよいが）変化について簡単に見てきた。ECMAScript 5は、実際の実装に見られるイノベーションに仕様を追いつかせようというもので、非常に優れた新機能もいくつか導入されている。未来の標準（ECMAScript Harmony）の準備のために、ES5は厳密モードを導入した。これはJavaScriptの古くからの機能でトラブルの原因になるものをオプションで禁止できるようにするものである。

　オブジェクトとプロパティの拡張により、JavaScriptプログラムの作り方に新しいおもしろい方法が加わった。新しい`Object`メソッドによってプロトタイプ継承は簡単明快になったので、プロトタイプ継承のためにクラス風のコンストラクタという形をいちいち作らずに済むようになった。また、ユーザー定義オブジェクトを含め、ついにデベロッパに対してプロパティ属性の読み書きを開放したため、従来よりもきちんとした構造を持ち堅牢なプログラムが書けるようになり、オブジェクトのカプセル化が進み、イミュータブルなオブジェクトを作れるようになった。

　この章のようにごく限定された形でも、ES5の概要を知っていれば、ES5が広く採用されたときにES5に簡単に移植できるようなコードを書きやすくなる。第3部「JavaScriptテスト駆動開発の実際」のTDDサンプルでは、ここで学んだことが出発点になるだろう。しかし、それらのサンプルを見る前に、第2部「プログラマのためのJavaScript」の最後の2章では、控えめなJavaScriptと機能検出について学んでおかなければならない。

第9章
控えめなJavaScript

第2章「テスト駆動開発プロセス」では、「クリーンで動作するコード」を作る上でテスト駆動開発がどのような役割を果たすかを学んだ。しかし、目立ってクリーンなコードでも問題の原因になることがあり、「動作する」Webプログラムと一言で言っても度合はさまざまである。控えめな (Unobtrusive) JavaScriptとは、ユーザーにとっての価値を増やし、ユーザーの邪魔をせず、サポートによって段階的にページを拡張していくようなJavaScriptの使い方を表す用語である。控えめなJavaScriptは、本当にクリーンなコード、きちんと動作するか動作していないことがはっきりわかるコード、どの環境でもどのユーザーのためにも動作するコードを目指すための指導概念である。

ここでは、控えめなJavaScriptの原則をはっきりさせるために、逆に非常に出しゃばりなタブつきパネルの実装から検討していく。そして、控えめなJavaScriptについて新たに得られた知識をもとに、単体テストに支えられたよりよい実装を作っていく。

9.1 控えめなJavaScriptの目標

控えめなJavaScriptの究極の目標は、できる限り広い範囲のユーザーのために役に立ち、アクセスできるWebサイトを作ることだ。もっとも重要な原則は、問題の分割と、思い込みの禁止である。セマンティックマークアップは、文書の構造に関わるものであり、文書の構造だけを対象とする。セマンティックHTMLは、アクセシビリティ向上の可能性を広げるだけでなく、CSSとJavaScriptとのフックを増やす。視覚的なスタイルやレイアウトはCSSの領域である。表示に関わる属性や要素は使わないようにすべきだ。動作は、JavaScriptの領域であり、外部スクリプトを介して関わるようにすべきだ。インラインスクリプトや組み込みのイベントハンドラは、ほとんどの場合、問題外である。

このテクニックには、無数の利点がある。

- **アクセシビリティ**：セマンティックドキュメントは、デスクトップブラウザ以外のユーザーにも大きな意味を持ち得る。適切なタグで内容を記述できれば、画面リーダー、サーチエンジンクローラ、その他のユーザーエージェントがコンテンツを活用するチャンスが増える。
- **柔軟性**：外部ソースに変更を加えなくても文書構造に簡単に変更を加えられるようになる。JavaScriptとCSSでも、同じような柔軟性が実現できる。スクリプトは、文書自体に変更を加えなくても、リファクタリング、チューニング、改造できる。スクリプトの個々の部品は、新しい文書構造でも簡単に再利用できるようになる。
- **堅牢性**：しっかりとした基礎の上に組み立てるので、ふるまいを段階的に追加していくことができる。機

能検出を適用していけば、つまり、動作すると考えられる機能だけを追加していけば、スクリプトが飛んでユーザーエクスペリエンスをぶち壊す危険性は縮小できる。スクリプティングに対するこのような防衛的なアプローチは、段階的拡張と呼ばれる。
- パフォーマンス：外部スクリプトを使うと、複数のWebページにまたがってスクリプトキャッシュを効かせやすくなる。
- 拡張性：マークアップからスクリプトを完全に分離すれば、新ブラウザでより高度な機能が使えるようになったときに、より簡単に段階的拡張を施せるようになる。

9.2 控えめなJavaScriptのルール

控えめなJavaScriptの主導者としてもっとも有名なのは、おそらくChris Heilmannだろう。彼はこのテーマについて精力的に講演、執筆活動を進めている。その彼は、2007年に「控えめなJavaScriptの7つのルール」を書いている。

- 思い込みをするな。
- フック（接点）と関係を見つけよ。
- 反復処理を専用ルーチンに委ねよ。
- ブラウザとユーザーを理解せよ。
- イベントを理解せよ。
- 他者とうまく折り合いをつけよ。
- 次のデベロッパのために仕事をせよ。

第10章「機能検出」では、「思い込みをするな」に対するスクリプト側の解答を示す。第6章「関数とクロージャの応用」では、「他者とうまく折り合いをつけよ」を助けるテクニックを説明した。第2章「テスト駆動開発プロセス」で説明したテスト駆動開発の方法と第3部「JavaScriptテスト駆動開発の実際」で示すサンプルは、クリーンなコードを書く上で役に立つだろう。それは、主として「次のデベロッパのために仕事をせよ」のために役立つはずだ。

「イベントを理解せよ」は、コードの結合度を下げるために、イベントハンドラを使うことを勧めている。Heilmannは、疎結合の軽いスクリプトを書くための優れたテクニックとしてイベントデリゲーションを推奨している。イベントデリゲーションは、ほとんどのユーザーイベントが、ターゲット要素だけでなくDOM階層で上位にあるコンテナ要素でも発生するということを利用している。たとえば、タブつきパネルの場合、パネルのすべてのタブにクリックイベントを結び付ける必要はない。親要素に1個のイベントハンドラを結び付け、イベントが発生するたびにどのタブでイベントが起きたのかを判定し、そのタブをアクティブにすればよい。このようにしてイベントを実装すれば、たとえば新しいタブを追加しても新しいイベントハンドロジックが不要になり、APIの柔軟性が高くなる。ハンドラの数を減らせばメモリの消費量も減り、反応のよいインターフェイスを作りやすくなる。

「フックと関係を見つけよ」と「反復処理を専用ルーチンに委ねよ」は、どちらも問題の分割に関わることであ

る。豊かなセマンティック HTML で文書を記述すると、文書内に自然なフックが無数に作られる。ここでも、タブつきパネルについて考えてみよう。スクリプトで必要なサポートを提供していれば、特定のマークアップパターンが見つかったときにタブつきパネルに変換することができる。CSS は、「有効な」タブと「無効な」タブのそれぞれに別個のスタイルを管理できる。

9.2.1 出しゃばりなタブつきパネル

リスト 9-1 は、今説明したようなクリーンな分割ができておらず、恐ろしく出しゃばりだが、残念ながら非常によく見られるタブつきパネルのコードの例である。

リスト 9-1　出しゃばりなタブつきパネルの実装

```
<div id="cont-1">
  <span class="tabs-nav tabs-selected"
        style="float: left; margin-right: 5px;">
    <span onclick="tabs = $('#cont-1 > .tabs-nav');
      tabs.removeClass('tabs-selected');
      $(this).parent().addClass('tabs-selected');
      var className = $(this).attr('class');
      var fragment_id = /fragment-\d/.exec(className);
      $('.tabs-container').addClass('tabs-hide');
      $('#'+fragment_id).removeClass('tabs-hide');"
        class="fragment-1 nav">
      Latest news
    </span>
  </span>
  <span class="tabs-nav"
        style="float: left; margin-right: 5px;">
    <span onclick="tabs = $('#cont-1 > .tabs-nav');
      tabs.removeClass('tabs-selected');
      $(this).parent().addClass('tabs-selected');
      var className = $(this).attr('class');
      var fragment_id = /fragment-\d/.exec(className);
      $('.tabs-container').addClass('tabs-hide');
      $('#'+fragment_id).removeClass('tabs-hide');"
        class="fragment-2 nav">
      Sports
    </span>
  </span>
</div>
<div class="tabs-container" id="fragment-1">
  <div class="tabbertab">
    <span style="margin: 0px 5px 0px 0px; float: left;">
      <strong>Latest news</strong>
    </span>
    <div>
```

```
        Latest news contents [...]
      </div>
    </div>
  </div>
  <div class="tabs-container tabs-hide" id="fragment-2">
    <div class="tabbertab">
      <span style="margin: 0px 5px 0px 0px; float: left;">
        <strong>Sports</strong>
      </span>
      <div>
        Sports contents [...]
      </div>
    </div>
  </div>
  <div class="tabs-container tabs-hide" id="fragment-3">
    <div class="tabbertab">
      <span style="margin: 0px 5px 0px 0px; float: left;">
        <strong>Economy</strong>
      </span>
      <div>
        Economy contents [...]
      </div>
    </div>
  </div>
```

要するに、対応するテキストパネルの表示をトグルするインラインイベントハンドラを持つリンクのリストに過ぎない。このソリューションには、さまざまな問題がある。

- デフォルトで選択されている以外のすべてのパネルが、JavaScriptを使えない、あるいはJavaScriptサポートの十分でない（つまり、一部の画面リーダー、古いブラウザ、新旧のモバイルデバイス）ユーザーにはアクセス不能になってしまう。
- 段階的な拡張ができない。動作するかしないかになってしまう。
- マークアップが重く、無意味で、アクセシビリティが低く、対応するCSSが複雑になってしまっている。
- スクリプトの再利用が実質的に不可能である。
- スクリプトのテストが実質的に不可能である。
- span要素が内部アンカーのようなスタイル、スクリプトになっているが、この機能はa要素を使えばただで手に入る。
- スクリプトの書き方がまずいために、意図せずにtabsというグローバル変数を導入してしまっている。
- スクリプトがマークアップコンテキストを活用しておらず、クリックのたびにパネルとタブにアクセスするためにコストの高いセレクタを使っている。

9.2.2 タブつきパネルのクリーンなマークアップ

「フックと関係を見つけよ」に従うなら、セマンティックで有効なマークアップを書き、IDとクラスを控えめに追加して、スクリプトによって動作を追加できるだけのフックを作るべきだ。リスト9-1のタブつきパネルを分析すると、その機能は単純にまとめられる。「タブ」がクリックされたら、1つ以上のテキストセクションにナビゲートするようにする。そして、テキストセクションの見出しをリンクテキストとしてリンクする。そのような要件を満たすマークアップは、**リスト9-2**のような単純なものでよいはずだ。HTML5を使えば、さらに明快なものになる。

リスト9-2　タブつきパネルの基礎：セマンティックマークアップ

```
<div class="tabbed-panel">
  <ol id="news-tabs" class="nav">
    <li><a href="#news">Latest news</a></li>
    <li><a href="#sports">Sports</a></li>
    <li><a href="#economy">Economy</a></li>
  </ol>
  <div class="section">
    <h2><a name="news">Latest news</a></h2>
    <p>Latest news contents [...]</p>
  </div>
  <div class="section">
    <h2><a name="sports">Sports</a></h2>
    <p>Sports contents [...]</p>
  </div>   テキスト
  <div class="section">
    <h2><a name="economy">Economy</a></h2>
    <p>Economy contents [...]</p>
  </div>
</div>
```

コンテナ要素には`tabbed-panel`というクラス名が付けられていることに注意していただきたい。知らなければならないことはそれだけである。この構造の上に作られたスクリプトは、順序つきリストを含むクラス名`tabs`のすべての要素とクラス名`section`のサブ要素を探せばよい。この構造が見つかったら、必要な機能が動作すると考えられる限りで、スクリプトはこの構造の部分をタブつきパネルウィジェットに変換してよい。

基本バージョンでは、ナビゲーションマークアップを省略し、スクリプトから追加することもできるだろう。しかし、非スクリプトバージョンでは、「〜にジャンプ」メニューとしてアンカーを使えば簡単であり、スクリプトで大量のマークアップを作らなくても済む。

このようなマークアップであれば、スタイリングも楽である。`div.tabbed-panel`のデフォルトスタイルは、縦方向に積み上げられた一連のテキストボックスという形でパネルを表示する環境を対象とした基本ソリューションを提供する。この構造をタブとパネルに変換するスクリプトは、コンテナ要素にクラス名を追加して別個のビューを作れば、スクリプト駆動でタブとパネルを表示できる。こうすれば、スクリプトは単純に機能を有効にするだけで、CSSは表示を完全にコントロールできる。

9.2.3 TDDと段階的な拡張

段階的な拡張というスタイルによるユーザーインターフェイスのコーディングは、テスト駆動開発との相性がよい。構造、レイアウト、ふるまいをクリーンに分割すれば、スクリプトとマークアップの間のインターフェイスを最小限に抑えることができるので、DOMを必要とすることなく、大半のロジックの単体テストをすることができる。TDDを使うようになると、テストに導かれる形でコードを書けば書くほど、問題のクリーンな分割に集中するようなよい循環が生まれる。

9.3 思い込みをするな

控えめなJavaScriptの原則のなかでももっとも重要なのが、「思い込みをするな」だろう。クリーンなJavaScriptのさまざまな要素を一言で言えばこうなる。この節では、もっともよくしてしまいがちな思い込みを洗い出し、その思い込みによって堅牢なスクリプトが書きにくくなってしまう理由を考えていく。

9.3.1 自分一人だと思い込んではならない

スクリプトが単独で実行されると思い込んではならない。これは、ライブラリを書くプログラマだけでなく、アプリケーションデベロッパにも当てはまることだ。今のほとんどのWebサイトは、少なくとも1つの外部ソースのコードを使っている。

スクリプトが単独で実行されると思い込んでしまうと、自分ではコントロールできないスクリプトとの併用が難しくなる。ここ数年、私が仕事で関わったサイトは、すべて少なくとも1つの外部分析スクリプトを使っており、それらの大半は、最後の手段としてdocument.writeを使っている。document.writeは、DOMが完全にロードされたあとで使うと、文書全体を消し去ってしまうというたちの悪い副作用を持っている。そのため、問題のあるコードを呼び出すコンテンツを非同期にロードすると、サイトの分析スクリプトがコンテンツを完全に壊してしまう。サイトがエラーを起こす理由を知って、メンテナンスプログラマたちが泣いているところを私は何度も見たが、あまり見たくない光景である。

避け方

グローバル環境への追加が少なければ少ないほど、グローバル環境への依存度は下がる。グローバル環境での存在感を極力小さくすれば、他のスクリプトと摩擦を起こす危険性も減っていく。グローバル環境への影響を小さくするためのテクニックは、第6章「関数とクロージャの応用」で示した。グローバルオブジェクトの数を少なくするというだけでなく、window.onloadへの代入や、先ほども触れたdocument.writeの利用といった形でのグローバル状態への操作にも注意する必要がある。

9.3.2 マークアップが正しいと思い込んではならない

問題を分割するときには、できるだけ多くのマークアップを文書内に残すようにすべきである。実際には、これは、スクリプトによるソリューションの基礎としてできる限り「フォールバック」ソリューションを使う

というのと同じことだ。しかし、スクリプトがマークアップを完全には管理できなくなるということでもあるので、注意が必要である。もとのマークアップは、さまざまな形で歪まされる可能性がある。ほかのスクリプト、文書の作者、無効なマークアップなどによって、パースしてもまったく別の文書構造になってしまうことがあるのだ。

避け方

　機能を使う前に、スクリプトを使ってその機能のために必要なマークアップがあるかどうかをチェックしよう。ウィジェットを初期化するときに必要とされる文書構造が完全に揃っているかどうかをチェックするのは特に重要である。ウィジェットの初期化を開始したものの、文書構造に予想外の変化が起きていたために途中で異常終了することになると、壊れたページをユーザーの目にさらすことになる。チェックによってそのようなことは避けなければならない。

9.3.3　すべてのユーザーが同じだと思い込んではならない

　多数のユーザーに使ってもらうようになるということは、さまざまなニーズに応えているということだ。WCAG（Webコンテンツアクセシビリティガイドライン）は、たとえばマウスだけというように1つの入力メカニズムだけに機能を結び付けてしまわないように指導している。たとえば、mouseoverイベントをきっかけに機能を実行すると、実質的にマウスを使えない、あるいはうまく操作できないユーザーからその機能を奪うことになる。さらに、mouseoverイベントは、急成長を遂げているタッチデバイスでは無意味である。

避け方

　WCAGは、予備の入力方法を使うことを推奨している。つまり、マウス固有イベントに対してはキーボードによる代替入力方法を用意するということだ。これは優れたアドバイスだが、すべてのmouseoverイベントハンドラにfocusイベントハンドラを追加すれば、キーボードアクセスの追加以上の結果が得られる（一部の要素では不可能）。つまるところ、本当の意味でキーボードでもアクセスできるWebサイトを作るための方法は、テストのくり返し以外にはない。テストは、実際のユーザーにしてもらい、マウス、キーボード、さらにはタッチデバイスでも実施したいところである。

9.3.4　サポートをあてにしてはならない

　使えない機能を使ってはならない。機能を使う前に、機能が実際にあることをテストしなければならない。これは、機能検出、機能検査とも呼ばれ、第10章「機能検出」で詳しく説明する。

9.4　どのようなときにルールを守らなければならないのか

　この章で示している原則の大半は、しっかりとしたプロの仕事の一般的な特徴と言えるものだが、条件によっては守ることが非常に難しいルールも一部含まれている。たとえば、GmailのようにJavaScriptを駆使しているアプリケーションは、段階的な拡張という形で開発するのは難しいだろう。Gmailは、メインインターフェイ

スから完全に切り離されたスクリプトレス環境を提供することによってこの問題を解決した。この方法は、メインアプリケーションを使えないクライアントでも、より簡単にニーズをサポートできる単純バージョンにアクセスできるようにしたわけで、アクセシビリティを高めたと言うことができる。さらに、画面が小さく、ブラウザの機能が限られているモバイルユーザーには、メインアプリケーションよりも軽量ながら、スクリプトを駆使したアプリケーションを提供している。しかし、代替バージョンを提供するからといって、人々がさまざまな入力方式を使うことを無視していたり、スクリプトと文書構造を密結合させたりした質の悪いコードを書いてもよいというわけではない。

多くのデベロッパは、控えめな JavaScript は理想が高すぎ、プロジェクトが予算と締め切りという制約を抱えている「現実の世界」では不可能だと考えている。確かにそうだと言える場合もあるが、たいていの場合は計画を立てて正しい角度から問題に当たることができているかどうかの問題だ。品質の高いものを作るには、デベロッパがいつもテスト用に便利に使っているブラウザで動くように見えるものを作るのと比べて、少し余分な仕事が必要になる。TDD と同様に、控えめな JavaScript を心がけると、最初のうちは少し作業ペースが遅くなるだろうが、メンテナンスが大幅に楽になり、エラーが減り、アクセス性の高いソリューションが作られるため、時間とともに大きな収穫が得られるだろう。これらの利点は、バグフィックスにかかる時間が短縮され、ユーザーからの苦情処理にかかる時間も短縮され、アクセシビリティ関連法が今よりも包括的になっても深刻な問題が少なくなるということでもある。

アメリカのオンライン小売店の target.com は、2005 年初め以来、アクセシビリティに関する苦情への対応を拒否したため、2006 年になってアクセシビリティの欠如を理由として告訴された。2 年後、同社は 600 万ドルの和解金を支払うことに合意した。開発コストが少し上がっても、法廷闘争に巻き込まれるよりはずっとよいのではないだろうか。

Web サイトは、ユーザーインターフェイスから見ると、かならずしも Web アプリケーションとは限らないことに注意しよう。音楽販売、住所録管理、代金支払い、ニュースの閲覧などは、スクリプトを使わない単純化された方法では提供できない機能がなくても可能である。それに対し、スプレッドシート、リアルタイムチャット、企業向けコラボツールなどは、スクリプトを使わずに使える製品を作るのは難しいだろう。

9.5 控えめなタブつきパネルのサンプル

この章の今までの部分では、控えめな JavaScript とはどういう特徴を持つものなのかについて、また出しゃばりな JavaScript がどのようなものかについて学んできた。この節では、テスト駆動で控えめなタブつきパネルを開発するための手順をかけ足で見ていきたい。

サンプルの説明を簡潔なものに抑えるため、このソリューションを作るために必要なテスト駆動開発の各ステップの詳細にはいちいち立ち入らない。第 3 部「JavaScript テスト駆動開発の実際」では、このプロセスの細部に入り、いくつかの小さいながらも完成した TDD プロジェクトを作っていく。この節では、控えめなタブつきパネルを実装するために使う概念に重点を置いて見ていこう。

9.5.1 テストのセットアップ

タブつきパネルをサポートするためには、一度に 1 テストケースずつ、`tabController` インターフェイスを作っていく。各テストケースにとって重要なのは、このインターフェイスのあるメソッドである。このメソッ

ドは、タブの状態を管理し、アクティブなタブが変更されるたびに呼び出されるコールバックを提供する。

各テストが最小限のマークアップを作るセットアップコードを共有し、そのコードへの参照を維持できるようにするために、ただちに呼び出される無名クロージャでテストケースをラップする。無名クロージャ内では、名前空間内のオブジェクトにアクセスするためのショートカットと setUp 関数にアクセスできる。セットアップコードは、**リスト 9-3** のようになる。

リスト 9-3　共有される setUp 関数を使ったテストのセットアップ

```
(function () {
  var tabController = tddjs.ui.tabController;

  // すべてのテストエースがこのsetUpを共有できる
  function setUp() {
    /*:DOC += <ol id="tabs">
          <li><a href="#news">News</a></li>
          <li><a href="#sports">Sports</a></li>
          <li><a href="#economy">Economy</a></li>
        </ol>*/

    this.tabs = document.getElementById("tabs");
  }

  // テストケースのコードはここへ
}());
```

このセットアップコードのほか、**リスト 9-4** の 2 つのヘルパー関数を使う。ヘルパー関数は、単純に要素の class 属性へのクラス名の追加、削除を行う。

リスト 9-4　クラス名の追加、削除

```
(function () {
  var dom = tddjs.namespace("dom");

  function addClassName(element, cName) {
    var regexp = new RegExp("(^|\\s)" + cName + "(\\s|$)");

    if (element && !regexp.test(element.className)) {
      cName = element.className + " " + cName;
      element.className = cName.replace(/^\s+|\s+$/g, "");
    }
  }

  function removeClassName(element, cName) {
    var r = new RegExp("(^|\\s)" + cName + "(\\s|$)");

    if (element) {
      cName = element.className.replace(r, " ");
```

```
        element.className = cName.replace(/^\s+|\s+$/g, "");
      }
    }

    dom.addClassName = addClassName;
    dom.removeClassName = removeClassName;
  }());
```

　これら2つのメソッドは、第6章「関数とクロージャの応用」の tddjs オブジェクトと namespace メソッドを必要とする。このサンプルのコードを作るには、第3章「現役で使われているツール」で説明したように、JsTestDriver プロジェクトをセットアップし、lib/ddd.js に tddjs オブジェクト、その namespace メソッド、上記ヘルパーを格納しなければならない。また、第7章「オブジェクトとプロトタイプの継承」の Object.create を lib/object.js に保存する。

9.5.2　tabControllerオブジェクト

　リスト9-5は最初のテストケースで、tabController オブジェクトの create メソッドを対象としている。タブコントローラとしてコンテナ要素を受け付け、そのマークアップ要件をチェックし、コンテナが要素でなければ（使おうとしているプロパティをチェックすれば判定できる）例外を投げる。要素が十分なものだと思われるようなら、tabController オブジェクトを作成し、クラス名を要素に追加して、CSS がタブをタブとして表示できるようにする。個々のテストが1つのふるまいだけをテストしていることに注意していただきたい。こうすることにより、フィードバックループが短くなり、ある時点で集中して考えなければならない範囲を狭めることができる。

　create メソッドは、要素にイベントハンドラも追加するが、このサンプルでは、ちょっとずるをしている。イベントハンドラについては、第10章「機能検出」で説明し、イベントハンドラのテストについては第15章「TDD と DOM 操作：チャットクライアント」のサンプルプロジェクトで説明する。

リスト9-5　create メソッドを対象とするテストケース

```
TestCase("TabControllerCreateTest", {
  setUp: setUp,

  "test should fail without element": function () {
    assertException(function () {
      tabController.create();
    }, "TypeError");
  },

  "test should fail without element class": function () {
    assertException(function () {
      tabController.create({});
    }, "TypeError");
  },
```

```
  "should return object": function () {
    var controller = tabController.create(this.tabs);

    assertObject(controller);
  },

  "test should add js-tabs class name to element":
  function () {
    var tabs = tabController.create(this.tabs);

    assertClassName("js-tab-controller", this.tabs);
  },

  //イベントハンドラのテスト。後述
});
```

リスト9-6の実装はごく素直なものである。tabController オブジェクトは、グローバルネームスペースに入り込まず、既存の tddjs 名前空間内に実装される。

このメソッドは、安全ではないかもしれない前提条件を設けている。DOM 0 イベントリスナー（onclick プロパティ）である。このスクリプトが暗黙のうちに思い込んでいることは、ol 要素の onclick リスナーをハイジャックするほかのスクリプトはないということだ。これは十分妥当な期待に見えるかもしれないが、DOM 2 イベントリスナーを使ったほうがずっと安全である。以前触れたように、DOM 2 イベントリスナーの使い方については、イベントリスナーのテスト方法ともども、第15章「TDD と DOM 操作：チャットクライアント」まで先延ばしにする。

ここで、リスト要素全部のために1つのイベントハンドラを登録し、そのイベントハンドラにイベントオブジェクトを渡すようにして、イベントデリゲーションを使っていることに注意していただきたい。

リスト9-6 create の実装

```
(function () {
  var dom = tddjs.dom;
  function create(element) {
    if (!element || typeof element.className != "string") {
      throw new TypeError("element is not an element");
    }

    dom.addClassName(element, "js-tab-controller");
    var tabs = Object.create(this);

    element.onclick = function (event) {
      tabs.handleTabClick(event || window.event || {});
    };

    element = null;
```

```
    return tabs;
  }

  function handleTabClick(event) {}

  tddjs.namespace("ui").tabController = {
    create: create,
    handleTabClick: handleTabClick
  };
}());
```

イベントは、タブコントローラの`handleTabClick`メソッドによって処理される。ブラウザの癖の影響を受けないイベント処理については第10章「機能検出」で取り上げるので、ここではこのテストケースについての説明は省略する。`tabController`テストケースは、イベント処理の実装方法の変化ではなく、タブのふるまいに集中するようにすべきである。このようなテストは、ブラウザの違いを吸収することを目的としたイベントインターフェイス専用テストケースに入れる。多くの場合、このような役割はサードパーティのJavaScriptライブラリに任せるところだが、ライブラリに含まれる機能のなかに不要なものが含まれている場合には、独自ツールセットを作ってはいけないということはない。**リスト 9-7** は、そのようにして作ったメソッドである。

リスト 9-7　handleTabClickの実装

```
function handleTabClick(event) {
  var target = event.target || event.srcElement;

  while (target && target.nodeType != 1) {
    target = target.parentNode;
  }

  this.activateTab(target);
}
```

ハンドラは、イベントを発生させた要素を受け付ける。ほとんどのブラウザではイベントオブジェクトの`target`プロパティ、Internet Explorerでは`srcElement`である。ときどきテキストノードで直接イベントを生成することのあるブラウザに対応するために、それよりも上位の要素ノードを操作するようにしている。最後に、イベントを発生させた要素を`activateTab`メソッドに渡す。

9.5.3 activateTabメソッド

`activateTab`メソッドは、唯一の引数として要素を受け取り、タグ名が適切なら、クラス名を追加してタブをアクティブにする。このメソッドは、それまでアクティブだったタブをアクティブでなくする処理もする。

タグ名をチェックする理由は、イベントデリゲーションである。コンテナ要素のなかの要素ならどれでもクリックイベントを生成するが、`tabTagName`プロパティを使えば、どの要素が「タブ」なのかを見分けられる。セレクタエンジンを使い、任意のCSSセレクタに要素がタブかどうかを判断させれば、この機能はもっと細かくコントロールできる。インスタンスによってカスタム動作を提供できるようにオーバーライド可能な

isTab(element) メソッドを公開するという方法もある。

タブの状態を変更したときに限り、activateTab メソッドは現在と直前のタブを引数として onTabChange イベントを生成する。**リスト 9-8** は、テストケース全体を示したものである。

リスト 9-8　activateTab メソッドを対象とするテストケース

```
TestCase("TabbedControllerActivateTabTest", {
  setUp: function () {
    setUp.call(this);
    this.controller = tabController.create(this.tabs);
    this.links = this.tabs.getElementsByTagName("a");
    this.lis = this.tabs.getElementsByTagName("li");
  },

  "test should not fail without anchor": function () {
    var controller = this.controller;

    assertNoException(function () {
      controller.activateTab();
    });
  },

  "test should mark anchor as active": function () {
    this.controller.activateTab(this.links[0]);

    assertClassName("active-tab", this.links[0]);
  },

  "test should deactivate previous tab": function () {
    this.controller.activateTab(this.links[0]);
    this.controller.activateTab(this.links[1]);

    assertNoMatch(/(^|\s)active-tab(\s|$)/, this.links[0]);
    assertClassName("active-tab", this.links[1]);
  },

  "test should not activate unsupported element types":
  function () {
    this.controller.activateTab(this.links[0]);
    this.controller.activateTab(this.lis[0]);

    assertNoMatch(/(^|\s)active-tab(\s|$)/, this.lis[0]);
    assertClassName("active-tab", this.links[0]);
  },

  "test should fire onTabChange": function () {
    var actualPrevious, actualCurrent;
```

```
    this.controller.activateTab(this.links[0]);
    this.controller.onTabChange = function (curr, prev) {
      actualPrevious = prev;
      actualCurrent = curr;
    };

    this.controller.activateTab(this.links[1]);

    assertSame(actualPrevious, this.links[0]);
    assertSame(actualCurrent, this.links[1]);
  }
});
```

リスト9-9に示す実装は、ごく素直なものである。テストが示すように、activateTabメソッドは、実際に要素を受け取っているか、タグ名がtabTagNameプロパティと一致するかをまずチェックする。次に、クラス名の追加、削除を行い、最後にonTabChangeメソッドを呼び出す。

リスト9-9 activateTabメソッド

```
function activateTab(element) {
  if (!element || !element.tagName ||
      element.tagName.toLowerCase() != this.tabTagName) {
    return;
  }

  var className = "active-tab";
  dom.removeClassName(this.prevTab, className);
  dom.addClassName(element, className);
  var previous = this.prevTab;
  this.prevTab = element;

  this.onTabChange(element, previous);
}

tddjs.namespace("ui").tabController = {
  /* ... */
  activateTab: activateTab,
  onTabChange: function (anchor, previous) {},
  tabTagName: "a"
};
```

9.5.4 タブコントローラの使い方

タブコントローラオブジェクトを使えば、控えめな形でタブつきパネルを作り直すことができる。改良されたパネルは、リスト9-2のマークアップを基礎としている。**リスト9-10** のスクリプトは、各セクションへのリンクを含んでいる ol 要素からタブコントローラを作る。こうすると、タブをクリックしたときに、タブが active-tab のクラス名をトグルする。次に、タブコントローラの onTabChange コールバックにフックし、アンカーと情報セクションのセマンティックな意味を使って、それまでのパネルを無効に、新しく選択されたパネルを有効にして、パネルのアクティブ状態をトグルさせる。最後に、最初のタブアンカーがフェッチされてアクティブ化される。

リスト 9-10　タブコントローラの使い方

```
(function () {
  if (typeof document == "undefined" ||
      !document.getElementById) {
    return;
  }

  var dom = tddjs.dom;
  var ol = document.getElementById("news-tabs");

  /* ... */

  try {
    var controller = tddjs.ui.tabController.create(ol);
    dom.addClassName(ol.parentNode, "js-tabs");

    controller.onTabChange = function (curr, prev) {
      dom.removeClassName(getPanel(prev), "active-panel");
      dom.addClassName(getPanel(curr), "active-panel");
    };

    controller.activateTab(ol.getElementsByTagName("a")[0]);
  } catch (e) {}
}());
```

上のサンプルで使われている getPanel 関数は、セマンティックマークアップを使ってアンカーがトグルすべきパネルを見つけている。getPanel は、アンカーの href 属性の値から、#文字の後ろの部分を取り出してきて、その名前に対応する要素をルックアップし、最初に見つけたものを返す。そして、div 要素が見つかるまで親要素をたどっていく。**リスト 9-11** は、getPanel 関数を示している。

リスト9-11　トグルするパネルを探す

```
(function () {
  /* ... */
  function getPanel(element) {
    if (!element || typeof element.href != "string") {
      return null;
    }

    var target = element.href.replace(/.*#/, "");
    var panel = document.getElementsByName(target)[0];

    while (panel && panel.tagName.toLowerCase() != "div") {
      panel = panel.parentNode;
    }

    return panel;
  }
  /* ... */
}());
```

　getPanelが防衛的に実引数をチェックしており、受け取ったものが要素でなければ処理を中止することに注意していただきたい。そのため、onTabChange メソッドは、curr、prev アンカーをチェックせずに getPanel を呼び出すことができる。初めて呼び出すときには prev が undefined になっているが、問題は起きない。
　タブつきパネルがパネルとして表示されるようにするためには、**リスト 9-12** に示すごく簡単な CSS を使う。

リスト 9-12　単純なタブつきパネル用 CSS

```
.js-tabs .section {
    clear: left;
    display: none;
}

.js-tabs .active-panel {
    display: block;
}

.js-tabs .nav {
    border-bottom: 1px solid #bbb;
    margin: 0 0 6px;
    overflow: visible;
    padding: 0;
}

.js-tabs .nav li {
    display: inline;
    list-style: none;
```

```
}

.js-tabs .nav a {
    background: #eee;
    border: 1px solid #bbb;
    line-height: 1.6;
    padding: 3px 8px;
}

.js-tabs a.active-tab {
    background: #fff;
    border-bottom-color: #fff;
    color: #000;
    text-decoration: none;
}
```

　スタイルルールには、すべて".js-tabs"というプレフィックスがつけられている。これは、リスト9-10のスクリプトが成功したときに限りスタイルルールが適用されることを意味する。つまり、タブつきパネルをサポートするブラウザでは、タブつきパネルが表示され、そうでなければ、インラインブックマークと縦に並べたパネルという表示になる。

　控えめなタブのこの実装は少しうるさいなと思われるかもしれないが、この実装は完璧なものではない。しかし、出発点としては優れている。たとえば、今したようにパネル処理をインラインでコーディングするのではなく、すべてを処理する tabbedPanel オブジェクトを作る方法もある。その create メソッドは、引数として外側の div 要素を受け付けて tabController オブジェクトをセットアップするとともに、getPanel 関数のようなものをメソッドとして提供することができる。また、現在のソリューションをさまざまな面で改良できる。たとえば、タブがルート要素の外のパネルをアクティブにしていないことをチェックすることなどが考えられるだろう。

　tabController を別個に実装すれば、よく似ているけれども少し異なる条件で、tabController を簡単に利用できるようになる。たとえば、リンクが外部 URL を参照しているタブつきパネルウィジェットである。この場合、onTabChange コールバックは、XMLHttpRequest を使って外部ページをフェッチするために使える。このタブつきパネルは、設計上、私たちが今作ったパネルのような単純なリンクリストにフォールバックする。

　オリジナルの控えめサンプルは JQuery ライブラリを使っていたので、ここでもそうすることはもちろん可能である。適切な場面で JQuery を使えば、かなりのコードを削減できる。しかし、スクリプトが短くなっても、ライブラリコードが少なくとも 23KB も増えてしまう。今作った控えめなタブコントローラは、2KB 以下であり、外部ライブラリへの依存もなく、より多くのブラウザで動作する。

　最後に、JQuery を使ったコンパクトなソリューションもお見せしておこう。**リスト 9-13** は、約 20 行のコード（ラップが駆使されている）で実装されたタブつきパネルを示している。このソリューションは、パネルを有効にする前にマークアップをチェックしていないこと、また、同じようなほかの問題にうまく再利用できないことに注意していただきたい。

リスト 9-13　JQuery を使ったコンパクトなタブつきパネル

```
jQuery.fn.tabs = function () {
  jQuery(this).
    addClass("js-tabs").
    find("> ol:first a").
    live("click", function () {
      var a = jQuery(this);
      a.parents("ol").find("a").removeClass("active-tab");
      a.addClass("active-tab");

      jQuery("[name="+this.href.replace(/^.*#/, "") + "]").
        parents("div").
        addClass("active-panel").
        siblings("div.section").
        removeClass("active-panel");
    });

  return this;
};
```

9.6 まとめ

　この章では、控えめな JavaScript の原則を説明し、この原則が段階的な拡張を使った Web サイトの実装をどのように助けるかを示してきた。タブつきパネルの特に出しゃばりな実装を見たおかげで、クライアントのコーディングで思い込み、無意識の想定が多いとどのような問題が起きるのかがよくわかった。

　控えめな JavaScript とは、JavaScript としてクリーンなコードのことである。たとえば、Web では、不安定で予測不能なものと考えなければならない周囲とのやり取りでも、クリーンであり続ける。

　控えめなコードを実装すれば、アクセシビリティが上がり、エラー率が下がり、メンテナンス性が上がることを示すために、Internet Explorer 5.0 のような古いブラウザでも動作し、外部ライブラリを使わず、サポートしていない環境では自分で穏便に無効になる控えめなタブつきパネルを作り上げるテスト駆動開発の様子を覗いてみた。

　第 10 章「機能検出」では、思い込みを入れないという考え方をさらに先に進めて、控えめな JavaScript の重要な構成要素である機能検出を深く掘り下げ、この章で作ったテストの一部を 1 つの形式にまで高めていくことにする。

第10章
機能検出

　汎用的なWebを目指して開発している意欲的なJavaScriptデベロッパは、スクリプトが実行される環境についての知識がほとんどないという特殊な難題に立ち向かわなければならない。Web解析を使えば、ビジターについての情報を集められる。また、クロスブラウザ開発関連の判断のためには、Yahoo!のGraded Browser Supportのような参考資料もある。しかし、これらが与えてくれる数値を完全に信頼することはできないし、これらが将来に渡ってスクリプトの安全を守ってくれるわけでもない。

　クロスブラウザJavaScriptを書くのは難しいが、ブラウザの種類はさらに増えている。古くからのブラウザは新しいバージョンをリリースし、ときどきまったく新しいブラウザが登場する（最近でもっとも目立ったものはGoogle Chromeである）。そして、新しいプラットフォームが、どんどん問題を難しくしている。汎用Webは地雷原であり、私たちの仕事は地雷を避けることだ。インターネットに潜む未知の環境でスクリプトが苦もなく動作すると保証することができないことは間違いない。しかし、まずい思い込みによってビジターのエクスペリエンスをぶち壊したりしないように、私たちは最善の努力を払わなければならない。

　この章では、堅牢なクロスブラウザスクリプトを書くための最強のアプローチである機能検出と呼ばれるテクニックを掘り下げていく。ブラウザの検出がなぜ、どのようにして失敗するか、その代わりに機能検出を使うためにはどうすればよいか、環境の能力についての知識に基づいてスクリプトを適応させていくために、機能検出をどのように使ったらよいかを学んでいく。

10.1 ブラウザの推測

　広く使われているブラウザが複数あるようになって以来、デベロッパたちはどのブラウザが使われているかを見分け、未サポートのブラウザを拒否するか、ブラウザ間の違いに対処する別々のコードパスを用意しようとしてきた。ブラウザの推測には、主としてユーザーエージェントによる推測とオブジェクトの検出の2通りのものがある。

10.1.1 ユーザーエージェントによる推測

　ユーザーエージェントによる推測は、ブラウザ検出の初歩的な方法である。スクリプトの作者たちは、`navigator.userAgent`を介してHTTPのUser-Agentヘッダーの内容を参照し、IEならIE固有コード、NetscapeならNetscape固有コードに分岐するか、もっと簡単に（またこのほうが多かったが）未サポートブラウザからのアクセスを拒否していた。ブラウザベンダーは、自社製品が差別されては困るので、アクセスが認められることがわかっている文字列を組み込むように、ブラウザが送るUser-Agentヘッダーの内容を書き換えていた。

その証拠は今でも残っている。Internet Explorer は、今でもユーザーエージェント文字列に「Mozilla」という単語を含んでいるし、Opera が自分のことを Internet Explorer だと言わなくなったのはつい最近のことだ。

今日のほとんどのブラウザは、組み込みのウソをつくだけでは足りないとでも言わんばかりに、自分のことをどのブラウザだと名乗るべきかをユーザーが手作業で指定できるようにしている。ユーザーエージェント文字列は、もっとも信用できないブラウザの識別方法だと言ってよいだろう。

伝統的に、イベント処理は、ブラウザの違いを越えて統一的にサポートするのが難しい分野だ。第 9 章「控えめな JavaScript」で使った単純なイベントプロパティは、今日使われているほぼすべてのブラウザがサポートしているが、レベル 2 DOM 仕様のより高度な EventListener インターフェイスはそうではない。レベル 2 DOM 仕様は、すべての Node に対してこのインターフェイスの実装を求めている。EventListener は、ほかのメソッドとともに addEventListener メソッドを定義している。このメソッドを使えば、ある要素で発生するイベントのために無数のイベントリスナーを追加できる。これを使えば、イベントプロパティが誤って上書きされるかもしれないということを心配しなくて済む。

今日使われているほとんどのブラウザは addEventListener メソッドをサポートしているが、困ったことに Internet Explorer（ver.8 を含む）は例外である。しかし、IE は、attachEvent という類似メソッドを提供しており、addEventListener の一般的なユースケースをエミュレートできる。この問題は、**リスト 10-1** のようにユーザーエージェントによる推測を使えば、粗雑なやり方ではあるが回避できる。

リスト 10-1　ブラウザの推測を使ってイベントリスニングの違いを吸収する

```
function addEventHandler(element, type, listener) {
  // 悪い例、実際に使わないように
  if (/MSIE/.test(navigator.userAgent)) {
    element.attachEvent("on" + type, function () {
      // listenerの引数としてイベントを渡し、thisの値を修正する
      // IEはグローバルオブジェクトをthisとしてlistenerを呼び出す
      return listener.call(element, window.event);
    });
  } else {
    element.addEventListener(type, listener, false);
  }
}
```

このコードには多くの誤りが含まれているが、今日でも、実際に使われている多くのコードの代表例になっている。ユーザーエージェントによる推測には、2 つの問題点がある。Internet Explorer のように見えるブラウザは、attachEvent をサポートしていると思い込んでいることと、将来の Internet Explorer が標準 API をサポートすることはないと決めつけていることだ。つまり、このコードは一部のブラウザでエラーを起こし、Microsoft が標準準拠ブラウザをリリースしたときには確実にアップデートが必要になる。このサンプルは、この章全体を通じて改良していく。

10.1.2 オブジェクトの検出

嘘つきなブラウザが増えて、ユーザーエージェントによる推測が難しくなってくると、ブラウザを検出しようとするスクリプトも賢くなった。ユーザーエージェント文字列を覗き込まなくても、特定のオブジェクトが

存在するかどうかをチェックすると、どのブラウザかが判定できることが多いことにデベロッパたちが気付いたのである。たとえば、**リスト10-2**のスクリプトは、前のサンプルの改訂版だが、ユーザーエージェント文字列に頼らず、Internet Explorerにしか存在しないことがわかっているあるオブジェクトを使ってブラウザのタイプを推測している。

リスト10-2　オブジェクトの検出を使ったブラウザの推測

```
function addEventHandler(element, type, listener) {
  // 悪い例、実際に使わないように
  if (window.ActiveXObject) {
    element.attachEvent("on" + type, function () {
      return listener.call(element, window.event);
    });
  } else {
    element.addEventListener(type, listener, false);
  }
}
```

このサンプルは、ユーザーエージェントによる推測のときと同じ問題を多数共有している。オブジェクトの検出は非常に役に立つテクニックだが、ブラウザが何かを知るためには役に立たない。

あまりなさそうな話だが、Internet Explorer以外のブラウザがグローバルな`ActiveXObject`プロパティを提供しないという保証はない。たとえば、古いバージョンのOperaは、まずいブラウザ検出ロジックを使っているスクリプトにブロックされないようにするために、プロプライエタリな`document.all`オブジェクトなど、Internet Explorerの機能を模倣していた。

ブラウザ推測テクニックは、スクリプトの実行環境についてあらかじめ持っている知識を頼りにしている。ブラウザ推測は、どのような形式であっても、スケーラビリティがなく、メンテナンスしづらく、クロスブラウザスクリプティングの戦略としては不十分である。

10.1.3　ブラウザ推測の現状

残念ながら、ブラウザを推測するコードはまだ現実に使われている。多くのポピュラーなライブラリが、クロスブラウザ問題を解決するために、今でもまだブラウザ推測を使っており、ユーザーエージェントによる推測を使っているものさえある。使っているJavaScriptライブラリで`userAgent`や`browser`を検索すると、スクリプトがブラウザを推測し、その結果に基づいて条件判定をしている部分がきっと見つかるはずだ。

ブラウザの推測は、特定のブラウザのために特定の例外処理をすることだけを目的として使った場合でも、新しいバージョンのブラウザがリリースされると、簡単に条件が変わってしまい、問題を引き起こす。また、推測によって特定のブラウザをかならず見つけられたとしても、推測によって対処しようとした問題点を持たないほかのブラウザを間違って問題のあるブラウザと見なしてしまうことがある。

ブラウザを推測するコードがあると、新しいブラウザがリリースされるたびにそのコードをアップデートしなければならなくなるので、ブラウザ推測に依存しているライブラリを使っていると、メンテナンスが難しくなる。さらにまずいことに、そうやってアップデートを行うと、下位互換性が保証されず、自分のコードまで書き直さなければならなくなることがある。JavaScriptライブラリを使えば、多くの難しい問題を簡単に解決

できるかもしれないが、このようなコストがかかる場合があるので、慎重な検討が必要だ。

10.2 よい目的でのオブジェクトの検出

　オブジェクトの検出は、ブラウザの種類の判定には使えないが、非常にすばらしいテクニックではある。推測されたブラウザに基づいて分岐するのではなく、個々の機能の有無に基づいて分岐するのはずっとまともなアプローチだ。ブラウザは、ある機能を使う前にその機能が本当に使えるかどうかを確かめることができる。そして、その機能にバグのある実装が含まれていることがわかっている場合には、管理されたセットアップのもとでその機能が信頼できるものかどうかをテストすればよい。機能検出の本質はこのようなものである。

10.2.1 存在するかどうかのテスト

　イベント処理の例についてもう一度考えてみよう。リスト 10-3 は、先ほどと同じようにオブジェクトの検出を使っているが、特定のブラウザだけに存在することがわかっているオブジェクトの有無をテストするのではなく、実際に使おうとしているオブジェクトの有無をテストしている。

リスト 10-3　機能検出を使ってイベントの処理方法を変える

```
function addEventHandler(element, type, listener) {
  if (element.addEventListener) {
    element.addEventListener(type, listener, false);
  } else if (element.attachEvent && listener.call) {
    element.attachEvent("on" + type, function () {
      return listener.call(element, window.event);
    });
  } else {
    // イベントプロパティにグレードダウンするか処理を中止するか
  }
}
```

　このコードのほうが、厳しい現実のなかで今までのコードよりも長生きする可能性は高いし、新しいブラウザがリリースされたときにアップレートが必要になる可能性は低い。Internet Explorer 9 は addEventListener を実装する予定になっているが、たとえこのブラウザが下位互換性の確保のために attachEvent も残したとしても、この addEventHandler は正しい処理を実行する。ブラウザタイプではなく、機能に注目することにより、スクリプトは人為的な操作の影響を受けることなく、addEventListener が使えれば addEventListener を使う。今までのブラウザ推測コードは、どれも人為的な操作が加わったときにはアップデートが必要になっていたことに注意しよう。

10.2.2 型チェック

　リスト 10-3 は、オブジェクトを使う前に使えるかどうかをチェックしているが、機能テストは正確だとは言い切れない。addEventListener プロパティが存在するからといって、それが期待通りに動作するという保証

はない。**リスト10-4**が示すように、このプロパティが呼び出せるものかどうかをチェックすれば、テストはより正確になる。

リスト10-4　機能の型チェック

```
function addEventHandler(element, type, listener) {
  if (typeof element.addEventListener == "function") {
    element.addEventListener(type, listener, false);
  } else if (typeof element.attachEvent == "function" &&
             typeof listener.call == "function") {
    element.attachEvent("on" + type, function () {
      return listener.call(element, window.event);
    });
  } else {
    // イベントプロパティにグレードダウンするか処理を中止するか
  }
}
```

このサンプルはより限定的な機能テストを行っており、偽陽性が生まれる可能性はさらに低くなっているはずだ。しかし、これはある種のブラウザではまったく機能しない。その理由を理解するためには、ネイティブオブジェクトとホストオブジェクトの概念を身につけなければならない。

10.2.3 ネイティブオブジェクトとホストオブジェクト

　ネイティブオブジェクトとは、ECMAScript仕様でセマンティクスを説明できるオブジェクトのことである。このような定義から当然理解できることだが、ネイティブオブジェクトのふるまいは一般に予測可能で、リスト10-4の型チェックのような限定的な機能テストを実施すれば、価値のある情報が得られる。しかし、バグの多い環境では、たとえば問題のオブジェクトが呼び出し可能で期待通りに動作するのに、ブラウザの`typeof`の実装がおかしくてその通りの情報が返されてこない場合があるだろう。機能テストの合格基準を引き上げていくと、偽陽性の発生は減るが、同時に環境に対する要求が厳しくなって、偽陰性が起きる可能性が高くなっていく。

　ネイティブオブジェクトに対し、環境が提供しているものの、ECMAScript仕様では記述されていないオブジェクトを**ホストオブジェクト**と呼ぶ。たとえば、ブラウザのDOM実装は、ホストオブジェクトだけで構成されている。ホストオブジェクトは、ECMAScriptで非常に緩やかに定義されているだけなので、機能テストでは問題を起こしやすい。ホストオブジェクトのふるまいの記述には、「実装定義」という言葉がひんぱんに現れる。

　ホストオブジェクトは、まず何よりも、`typeof`に対する独自の結果を定義できるというぜいたくを享受している。実際、ECMAScript仕様書の第3版は、`typeof`の結果について何の制限も設けておらず、もしそうしたければ、`typeof`に対して`undefined`を返してもよいことになっている。実際、Internet Explorerでは`attachEvent`は間違いなく呼び出し可能だが、`typeof`で呼び出し可能かどうかをたずねると、**リスト10-5**が示すように、ブラウザはきちんとそのことを答えてくれない。

リスト 10-5　Internet Explorer での typeof とホストオブジェクト

```
// ver.8を含むInternet Explorerでtrueになる
assertEquals("object", typeof document.attachEvent);
```

これくらいなら我慢できるというなら、ActiveX などのホストオブジェクトは、さらに扱いにくい。

リスト 10-6　フレンドリではないホストオブジェクトのふるまい

```
TestCase("HostObjectTest", {
  "test IE host object behavior": function () {
    var xhr = new ActiveXObject("Microsoft.XMLHTTP");

    assertException(function () {
      if (xhr.open) {
        // 期待：プロパティはある
        // 実際：例外が投げられる
      }
    });

    assertEquals("unknown", typeof xhr.open);

    var element = document.createElement("div");
    assertEquals("unknown", typeof element.offsetParent);

    assertException(function () {
      element.offsetParent;
    });
  }
});
```

Peter Michaux は、論文「Feature Detection: State of the Art Browser Scripting」[1]のなかで、機能検出とホストメソッド処理を助けるために、**リスト 10-7** のような isHostMethod メソッドを提示している。

リスト 10-7　ホストオブジェクトが呼び出し可能かどうかをチェックする

```
tddjs.isHostMethod = (function () {
  function isHostMethod(object, property) {
    var type = typeof object[property];

    return type == "function" ||
           (type == "object" && !!object[property]) ||
           type == "unknown";
  }

  return isHostMethod;
```

---

[1] http://peter.michaux.ca/articles/feature-detection-state-of-the-art-browser-scripting

}());

このメソッドは、次の知見に基づいて呼び出せるホストオブジェクトを見分けている。

- ActiveX プロパティを typeof に渡すと、かならず"unknown"が返される。
- Internet Explorer の ActiveX 以外の呼び出し可能ホストオブジェクトを typeof に渡すと、"object"が返される。
- その他のブラウザで呼び出し可能オブジェクトを typeof に渡すと、ホストメソッドでも"function"が返されることが多い。

このヘルパーを使うと、クロスブラウザイベントハンドラは、リスト 10-8 のように改良できる。

リスト 10-8　addEventHandler の機能検出コードの改良

```
function addEventHandler(element, type, listener) {
  if (tddjs.isHostMethod(element, "addEventListener")) {
    element.addEventListener(type, listener, false);
  } else if (tddjs.isHostMethod(element, "attachEvent") &&
             listener.call) {
    element.attachEvent("on" + type, function () {
      return listener.call(element, window.event);
    });
  } else {
    // イベントプロパティにグレードダウンするか処理を中止するか
  }
}
```

10.2.4　サンプル実行テスト

オブジェクトが存在し、型も正しいことをテストしても、それが正しく使えるという保証にはならない場合がある。ブラウザが提供する実装にバグがある場合、使う前にその機能が存在することをテストしても、罠にまっすぐ飛び込んでいってしまうことになる。それを避けるためには、現在の環境が機能をサポートしているかどうかを判定する前に、コントロールされた形で実際に機能を使うという機能テストを書くとよい。

第 1 章「自動テスト」で作った strftime は、String.prototype.replace メソッドが第 2 引数として関数を受け付けることが動作の重要な前提条件になっていたが、古いブラウザはかならずしもその機能をサポートしていない。リスト 10-9 は、コントロールされた形で replace を使ってみて、そのテストに合格したときに限りメソッドを定義するという strftime の実装である。

リスト 10-9　守りの堅い strftime の定義

```
(function () {
  if (Date.prototype.strftime ||
      !String.prototype.replace) {
```

```
      return;
    }

    var str = "%a %b";
    var regexp = /%([a-zA-Z])/g;
    var replaced = str.replace(regexp, function (m, c) {
      return "[" + m + " " + c + "]";
    });

    if (replaced != "[%a a] [%b b]") {
      return;
    }

    Date.prototype.strftime = function () {
      /* ... */
    };

    Date.formats = { /* ... */ };
}());
```

こうすれば、Date.prototype.strftime メソッドは、正しくサポートできるブラウザのみで提供されるようになる。**リスト 10-10** に示すように、機能テストは実際にその機能を使う前に実行しなければならない。

リスト 10-10 strftime の使い方

```
if (typeof Date.prototype.strftime == "function") {
  // Date.prototype.strftimeを信頼してよい
}

// ... または
if (typeof someDate.strftime == "function") {
  /* ... */
}
```

strftime はユーザー定義メソッドなので、型チェックをしても安全である。

古いブラウザに対する互換性が大切な場合、replace メソッドが関数引数を受け付けることに依存しなくても、match とループを使えば strftime メソッドを実装することができる。しかし、ここでのポイントは、できる限り多くのブラウザをサポートすることではない。Internet Explorer 5.0 のサポートが、高い優先順位を持つことはないだろう。大切なのは、機能検出を行うと、その機能が成功するかどうかがわかることだ。この知識は、スクリプトのエラーや Web ページの表示ミスを避けるために活用できる。

機能テストは古いブラウザのトラブルを避けられるだけではなく、同じような問題を抱えた新しいブラウザを守るためにも役立つことに注意したい。これは、JavaScript サポートつきのモバイルデバイスがどんどん増えていることを考えると、特に注目すべきことである。リソースの限られている小さなデバイスでは、ECMAScript、DOM、その他の仕様の一部の機能が省略されていることは十分あり得る。私は近いうちに String.prototype.replace が退行するとは思っていないが、もし退行する場合には、サンプル実行テクニックが重要な意味を持つだろう。

第7章「オブジェクトとプロトタイプの継承」で`Object.create`メソッドを定義したときにも、機能テストのサンプルをすでに見ている。一部のブラウザはすでに`Object.create`をサポートしているが、ECMAScript 5サポートが普及してくると、今よりも多くのブラウザがサポートするようになるだろう。

10.2.5 いつテストすべきか

今までの節では、さまざまな種類のテストを見てきた。`addEventHandler`メソッドは実行時に機能テストを行っていたが、`Date.prototype.strftime`はロード時にテストをしていた。一般に、`addEventHandler`が行っているような実行時テストは、操作する実際のオブジェクトをテストするため、もっとも信頼性が高い。しかし、実行時テストはパフォーマンスを下げる場合がある。そしてもっと重要なことだが、この時点ではすでに遅すぎる場合がある。

機能検出の目的は、スクリプトが修復不能なところまでWebサイトを壊してしまうのを避けることだ。控えめなJavaScriptの原則に従っている場合には、すでにHTMLとCSSが使用に堪えるエクスペリエンスを提供している。環境が拡張機能の実行に適していないように思われる場合に実行を中止する場合、事前に機能テストを実行しておけば十分な情報が得られる。しかし、事前にすべての機能を確実に検出することができない場合がある。部分的に拡張を実行したものの、その環境では拡張を最後まで実行することができないことがわかった場合には、変更を取り消すための処理を実行しなければならない。このような処理は、事態を込み入ったものにしてしまうので、可能なら避けたいところだ。取消処理は、単独で実行すると破壊的な影響を及ぼすような処理をあとまわしにすることによって避けられることがある。たとえば、第9章「控えめなJavaScript」のタブつきパネルの場合、タブつきパネルを確実に表示できることがわかるまで、パネルに依存するデザインの完全ロードを引き起こすパネルへのクラス名の追加を先延ばしにすればよい。

10.3 DOMイベントの機能テスト

イベントは、クライアントサイドでのほとんどのWebページ拡張にとって密接不可分な構成要素である。今日一般的に使われているイベントの大半は、以前から使われているものであり、単純なケースの大半では、テストを追加するからといって大変なことはない。しかし、たとえばHTML5仕様が普及し始めるなどして、新しいイベントが導入されると、特定のイベントを安全に使えるかどうかがはっきりしない場面が非常にたびたび起きるようになるだろう。作ろうとしている拡張機能を使うためにそのイベントが必要不可欠なものであれば、疑いを知らないビジターにぐちゃぐちゃなWebページを見せてしまう前に、テストをしたほうがよいだろう。また、Internet Explorerの`mouseenter`、`mouseleave`のように便利だがプロプライエタリなイベントを使いたい場合もテストが必要である。

プロプライエタリなイベントを利用するとか、存在しないとかバグがあって動作しないイベントを避けるといった目的では、まだブラウザの推測が広く使われている。一部のイベントは、プログラム内で生成すればテストできるが、すべてのイベントがそのようにして生成できるわけではない。また、プログラムによるエラー生成は、煩わしくエラーを起こしがちなことが多い。

perfectionkills.comのJuriy Zaytsevが、イベントの機能テストを楽にする`isEventSupported`ユーティリティをリリースしている。このユーティリティは使いやすいだけではなく、次の2つの非常に単純な事実を基礎としているところが優れている。

- 今のほとんどのブラウザは、要素オブジェクトのサポートイベントに対応するプロパティを公開している。つまり、ほとんどのブラウザで、"onclick" in document.documentElement は true になるが、"onjump" in document.documentElement は true にならない。
- Firefox は、要素のサポートイベントと同名のプロパティを公開していないが、要素にサポートイベントと同名の属性がセットされていれば、同じ名前のメソッドが公開される。

これ自体は単純な考え方だが、難しいのは判定方法だ。一部のブラウザでは、この方法を機能させるためには、テスト用の要素が必要である。div 要素で onchange イベントをテストしても、ブラウザが onchange をサポートしているかどうかはかならずしもわからない。以上の知識を駆使して**リスト 10-11** の Juriy の実装を熟読してみよう。

リスト 10-11　イベントの機能検出

```
tddjs.isEventSupported = (function () {
  var TAGNAMES = {
    select: "input",
    change: "input",
    submit: "form",
    reset: "form",
    error: "img",
    load: "img",
    abort: "img"
  };

  function isEventSupported(eventName) {
    var tagName = TAGNAMES[eventName];
    var el = document.createElement(tagName || "div");
    eventName = "on" + eventName;
    var isSupported = (eventName in el);

    if (!isSupported) {
      el.setAttribute(eventName, "return;");
      isSupported = typeof el[eventName] == "function";
    }

    el = null;

    return isSupported;
  }

  return isEventSupported;
}());
```

このメソッドは、与えられたイベントをテストするのに適した要素を調べるために、オブジェクトをルックアップテーブルとして使っている。特別な要素が不要なら、div 要素を使う。それから、上記の 2 つの条件を

テストし、結果を返す。isEventSupported を使ったサンプルは、「10.5 クロスブラウザイベントハンドラ」で示す。

上のメソッドは多くの条件のもとで動作するが、残念ながら完全無欠なわけではない。この章の執筆中、査読者の1人である Andrea Giammarchi に知らせてもらったことによると、Chrome の新バージョンは、ブラウザを実行しているデバイスがタッチイベントを生成できない場合でも、タッチイベントをサポートすると言ってくる。そのため、タッチイベントのテストが必要な場合は、本当にタッチイベントがあるかどうかを確かめる別のテストが必要である。

10.4 CSSプロパティの機能テスト

JavaScript が実行されているなら、CSS も機能しているだろうか。このような前提で動いているシステムは多く、実際、たいていの場合はそれで間違っていないだろうが、この2つはまったく無関係な機能であり、このような思い込みは危険だ。

一般に、スクリプトは CSS や Web ページの視覚的な側面に過度に首を突っ込むべきではない。通常は、マークアップがスクリプトと CSS の最良のインターフェイスである。クラス名の追加、削除、要素の追加、削除、移動、その他の DOM への変更を通じて新しい CSS セレクタを作動させ、拡張によって代替デザインを使うのである。しかし、スクリプトからプレゼンテーション関連のことを調整しなければならない場合もある。たとえば、CSS では表現できない形でサイズや位置を変更するときなどだ。

基本的な CSS プロパティがサポートされているかどうかを判定するのは簡単だ。サポートされている CSS プロパティごとに、要素の style オブジェクトは文字列プロパティを提供しており、その値はキャメルケースの名前になっている。**リスト 10-12** は、現在の環境が CSS3 の box-shadow プロパティをサポートするかどうかをチェックしている。

リスト 10-12　box-shadow がサポートされているかどうかの判定

```
tddjs.isCSSPropertySupported = (function () {
  var element = document.createElement("div");

  function isCSSPropertySupported(property) {
    return typeof element.style[property] == "string";
  }

  return isCSSPropertySupported;
}());

// box-shadowをサポートするブラウザならtrueになる
assert(tddjs.isCSSPropertySupported("boxShadow"));
```

box-shadow プロパティはまだ仕様案のなかの存在なので、これをサポートするほとんどのベンダーは、-moz-、-webkit- などのベンダー固有プレフィックスをつけた形でサポートしている。オリジナルの isEventSupported を書いた Juriy Zaytsev は、スタイルプロパティを受け付け、現在の環境がサポートしているプロパティを返す isEventSupported メソッドも公開している。**リスト 10-13** は、その動作を示したものである。

リスト 10-13　サポートされているスタイルプロパティを取得する

```
// "MozBoxShadow" in Firefox
// "WebkitBoxShadow" in Safari
// undefined in Internet Explorer
getStyleProperty("boxShadow");
```

このメソッドは役に立つ場合もあるが、テストはそれほど強くない。スタイルプロパティは、要素の style オブジェクトの文字列プロパティとして格納されているが、ブラウザのなかにはプロパティの実装に問題のあるものがある。Ryan Morr は、getComputedStyle をサポートするブラウザでは getComputedStyle、Internet Explorer では runtimeStyle を使って、ブラウザがさまざまなプロパティとして特定の値を受け付けるかどうかをチェックする isStyleSupported メソッドを書いている。このメソッドは、http://ryanmorr.com/archives/detecting-browser-css-style-support で入手できる。

10.5 クロスブラウザイベントハンドラ

　この章を通じて説明してきたように、クロスブラウザでイベント処理をサポートするのはなかなか難しい。機能検出を使ってスクリプトを堅牢にする方法をもっと完全な形で示すサンプルとして、tddjs 名前空間にクロスブラウザの addEventHandler 関数を追加しよう。tddjs 名前空間は、第 3 部「JavaScript テスト駆動開発の実際」で使うつもりだ。addEventHandler は、現在の環境がサポートできそうなときに限り作成される。
　このメソッドを機能させるためには、addEventListener か attachEvent が必要だ。イベントプロパティへのグレードダウンでは、イベントプロパティの上にレジストリを構築して、addEventHandler がある要素の 1 つのイベントに対して複数のハンドラを受け付けられるようにしない限り、不十分だ。そういうものを作ることは不可能ではないが、ブラウザのそのようなソリューションのターゲットがどのようなものになるのかを考えると、それだけの労力をかけ、負荷を加えるだけの意味はないだろう。最終的なメソッドは、リスト 10-14 のようになる。

リスト 10-14　機能検出に基づくクロスブラウザイベント処理

```
(function () {
  var dom = tddjs.namespace("dom");
  var _addEventHandler;

  if (!Function.prototype.call) {
    return;
  }

  function normalizeEvent(event) {
    event.preventDefault = function () {
      event.returnValue = false;
    };

    event.target = event.srcElement;
```

10.5 クロスブラウザイベントハンドラ

```
    // さらに正規化が必要

    return event;
  }

  if (tddjs.isHostMethod(document, "addEventListener")) {
    _addEventHandler = function (element, event, listener) {
      element.addEventListener(event, listener, false);
    };
  } else if (tddjs.isHostMethod(document, "attachEvent")) {
    _addEventHandler = function (element, event, listener) {
      element.attachEvent("on" + event, function () {
        var event = normalizeEvent(window.event);
        listener.call(element, event);

        return event.returnValue;
      });
    };
  } else {
    return;
  }

  dom.addEventHandler = _addEventHandler;
}());
```

この実装は完全ではない。たとえば、イベントオブジェクトの正規化は不十分である。しかし、このサンプルでは、細部よりも全体としてのコンセプトのほうが重要なので、正規化は読者のための練習問題としておく。イベントオブジェクトはホストオブジェクトなので、プロパティを追加するのは気持ちが悪い。イベントオブジェクト呼び出しをマッピングする通常のオブジェクトを返すとよいだろう。

tddjs.dom.addEventHandler は、イベントハンドラを登録するためのプロキシとして機能し、カスタムイベントをサポートするためのドアを開く。そのようなカスタムイベントの例を1つ挙げれば、先ほども触れた Internet Explorer だけがサポートしている mouseenter イベントがある。mouseenter イベントは、マウスが要素の境界内に入ったときに一度だけ生成される。mouseenter は、mouseover よりも役に立つことが多い。イベントのバブリングのために、mouseover はユーザーのマウスがターゲット要素に入ったときだけでなく、ターゲット要素の子孫要素のどれかに入るたびに生成されるが、mouseenter ならそのようなことはない。

カスタムイベントを使えるようにするには、_addEventHandler 関数をラップし、dom.customEvents 名前空間のカスタムイベントを最初に探させるようにする。環境がすでに mouseenter をサポートしておらず、mouseenter のサポートのために必要な mouseover、mouseout をサポートしているときに限り、この名前空間には mouseenter 実装が追加される（ネイティブイベントをそれよりも劣った独自バージョンで上書きするのは避けたい）。リスト 10-15 は、以上の実装例である。

リスト10-15　addEventHandler 内のカスタムイベントハンドラ

```
(function () {
  /* ... */

  function mouseenter(el, listener) {
    var current = null;

    _addEventHandler(el, "mouseover", function (event) {
      if (current !== el) {
        current = el;
        listener.call(el, event);
      }
    });

    _addEventHandler(el, "mouseout", function (e) {
      var target = e.relatedTarget || e.toElement;

      try {
        if (target && !target.nodeName) {
          target = target.parentNode;
        }
      } catch (exp) {
        return;
      }
      if (el !== target && !dom.contains(el, target)) {
        current = null;
      }
    });
  }

  var custom = dom.customEvents = {};

  if (!tddjs.isEventSupported("mouseenter") &&
      tddjs.isEventSupported("mouseover") &&
      tddjs.isEventSupported("mouseout")) {
    custom.mouseenter = mouseenter;
  }

  dom.supportsEvent = function (event) {
    return tddjs.isEventSupported(event) || !!custom[event];
  };

  function addEventHandler(element, event, listener) {
    if (dom.customEvents && dom.customEvents[event]) {
      return dom.customEvents[event](element, listener);
    }
```

```
        return _addEventHandler(element, event, listener);
    }

    dom.addEventHandler = addEventHandler;
}());
```

　`mouseenter`実装は、マウスが現在ターゲットエレメントの上をホバリングしているかどうかを管理しており、`mouseover`が生成され、かつマウスがそれまでホバリングしていないときに限り、`mouseenter`を生成する。メソッドは`dom.contains(parent, child)`を使っているが、これは要素がほかの要素を含み込んでいるときに真を返す。`try-catch`は、`relatedTarget`としてXUL要素を返してくるFirefoxのバグを回避するためである。たとえば、スクロールバーの上をマウスがホバリングしているときにこれが起きるが、XUL要素はあらゆるプロパティアクセスに対して例外を投げる。また、`relatedTarget`はテキストノードの場合があり、その`parentNode`をフェッチすると、元に戻ってしまう。

　機能検出を実際に使うには、このメソッドを1つの例と考えて、ブラウザの癖をもっと調べ、おかしなふるまいを検出して訂正し、ブラウザ間の違いを吸収することを強くお勧めする。

10.6　機能検出の使い方

　機能検出は、クロスブラウザスクリプトを書くための強力なツールである。機能検出を使えば、古いもの、新しいもの、将来のものを含め、非常に広い範囲のブラウザを対象として多くの機能を実装できる。しかし、機能検出を使うからといって、サポートされていない機能についていちいちフォールバックソリューションを用意しなければならないというわけではない。古いブラウザをサポートしないということも、1つの考え方の表明になり得る。しかし、サポートしないブラウザを推測で判断しないでそうすることができなければならない。

10.6.1　階層的な機能検出

　たとえばInternet Explorer 6のような問題の多い古いブラウザをサポートしようとすると、利益よりもコストがかかるからというので、積極的にサポートを外すという動きはときどき見られる。だからといって、「サポートされていない」ブラウザが存在しないようなふりをしなければならないわけではない。控え目なJavaScriptと機能検出を使えば、開発対象とされていないブラウザにも、基本機能だけに絞られているものの意味のあるフォールバックソリューションを提供できる。そのような場合、非サポートブラウザにフォールバック版を提供するためには機能検出を使う。

　`strftime`のサンプルに戻ると、`String.prototype.replace`が関数引数を受け付けられないようなブラウザには拡張機能をサポートしたくない場合、機能テストが失敗したブラウザでは、単純にメソッドの定義を中止している。このメソッドを使うインターフェイスも同じことをすることができる。つまり、`strftime`メソッドが使えなければ、このメソッドに依存するさらに上のレベルの拡張機能も、中止にするのである。アプリケーションのあらゆる階層にこのような機能検出が組み込まれていれば、機能の不十分なブラウザで一部または全部の拡張機能を無効にする処理は、それほど複雑にはならない。この方法の長所は、新旧を問わず、また存在を知らないものさえ含めて、必要な機能をサポートしないすべてのブラウザに対応できることだ。

10.6.2 検出できない機能

　一部の機能は、検出が非常に難しい。たとえば、Internet Explorer 6 が `select` リストなどの置換された要素をどのように表示するかである。そのようなリストの上にほかの要素を表示すると、リストは上に重ねられた要素を通して表示される。この癖は、オーバーレイの背後に `iframe` を重ねれば解決できる。この場合、この問題が検出できなくても、`iframe` を重ねるという解決方法はほかのブラウザでも問題を起こさないことがわかっているので、どのブラウザでもこの方法を使えばよい。このように、問題の解決方法がどのブラウザにも悪影響を及ぼさないなら、問題を検出するよりも、すべてのブラウザに解決策を適用するほうが簡単だ。ただし、当然のようにそうする前に、パフォーマンスに与える影響を考えるようにすべきだろう。

　問題の影響を受けないような設計を心がけるのも、クロスブラウザ環境での問題を避ける効果的な方法である。たとえば、IE の `getElementById` の実装は、与えられた ID と `name` プロパティが一致する要素をいそいそと返してくる。この問題は簡単に検出、回避できるが、たとえば ID をプレフィックスとして使うようにして、ページ上の HTML 要素が `name` プロパティと一致する ID を使わないようにすれば、そのほうが簡単である。

10.7 まとめ

　この章では、もっとも信頼性が高く、将来にわたって有効な機能検出というテクニックを深く掘り下げていった。さまざまな形でブラウザを推測する方法には、いくつもの問題点があり、信頼できない。このテクニックは、信頼性が低く動作が安定しないというだけでなく、特定のブラウザについて、とてもメンテナンスしきれないような知識を必要とするので避けなければならない。

　ブラウザの推測に代わる方法として、機能検出、すなわちコードの自動テストを掘り下げていった。ネイティブ/ホストオブジェクトとそのメソッドのテスト、サポートされているイベントや CSS プロパティのテスト、さらにはサポートされている CSS 値のテストを見てきた。

　機能検出は技であり、簡単にマスターできるものではない。機能検出を完全にマスターするには、知識や経験だけでなく、判断力が必要だ。答が 1 つに絞られることはあまりないので、感覚を研ぎ澄まし、スクリプトの強化のためにより効果的な方法を常に探さなければならない。機能検出は、スクリプトのサポート対象を最大限に広げるために適したテクニックだが、それを目的にしなくてもよい。汎用 Web を実現するスクリプトを書こうと考える最大の理由は、ぐちゃぐちゃな Web ページを見せたくないということである。機能検出を使えば、成功しそうにないスクリプトの実行を中止するという形でこの目標に近付くことができる。

　JavaScript 言語をめぐる私たちの厳選ツアーは、この章で終わりだ。第 3 部「JavaScript テスト駆動開発の実際」では、テスト駆動開発を使って 5 つの小さなプロジェクトを作っていく。5 つを組み合わせると、JavaScript だけで実装された小さなチャットアプリケーションになる。

第3部

JavaScript
テスト駆動開発の実際

第11章
Observerパターン

　Observerパターン（Publish/Subscribe、あるいはpub/subとも呼ばれる）は、オブジェクトの状態を観察し、変化したときに通知を受けられるようにするデザインパターンである。このパターンは、疎結合を維持しながら、強力な拡張ポイントを提供する。

　この章では、テスト駆動で最初のライブラリを作る。JavaScriptオブジェクト間の通信を処理する低水準ライブラリに焦点を絞ることにより、ブラウザ間の不一致がもっとも激しいDOMの世界から距離を置くことができる。この章を最後まで読むと、次のことのやり方がわかる。

- テストを使ったAPIの設計。
- リファクタリング（テストと本番コードの両方）による設計の持続的な改良。
- 一度に小さな1ステップずつの機能追加。
- 単体テストの助けを借りたブラウザ間の小さな不一致の解決。
- 古典的な言語のイディオムからJavaScriptの動的な機能を活用したイディオムへの進化。

　Observerパターンには、**観察対象**（Observable、Subject）と**観察者**（Observer）の2つの役割がある。観察者は、観察対象の状態が変化したときに通知を受け取るオブジェクトまたは関数である。観察対象は、対応する観察者をいつ更新するか、観察者にどのようなデータを与えるかを決める。Javaのような古典的な言語では、通知は`observable.notifyObservers()`呼び出しを通じて行われる。この関数は、1個のオプション引数を取る（任意のオブジェクトが使える。観察対象自身を使うことが多い）。`notifyObservers`メソッドは、個々の観察者の`update`メソッドを呼び出し、観察者たちがそれに対して何らかのアクションを取れるようにする。

11.1 JavaScriptにおけるObserverパターン

　JavaScriptは伝統的にブラウザ内で、ダイナミックユーザーインターフェイスを強化するために使われる。ブラウザ内では、DOMイベントハンドラがユーザーの操作を非同期に処理している。実は、私たちがすでに知っているDOMイベントシステムは、現実に使われているObserverパターンの大きな例である。指定したDOM要素（観察対象）のイベントハンドラとして何らかの関数（観察者）を登録している。そのDOM要素で何かおもしろいことが起きたときには、つまり誰かがクリックしたりドラッグしたりしたときには、イベントハンドラが呼び出され、ユーザーの操作に反応してマジックを起こすことができる。

　イベントは、JavaScriptプログラミングのほかの多くの場所にも現れる。入力フィールドにライブサーチを追加するオブジェクトについて考えてみよう。ライブサーチは、`XMLHttpRequest`オブジェクトを使って、ユー

ザーが入力するたびにサーバーサイドサーチをくり返し実行し、サーチフレーズが長くなるとヒットのリストを短くしていくタイプのサーチである。オブジェクトは、サーチを実行するタイミングを知るために、キーボード入力によって生成される DOM イベントにハンドラを登録しなければならない。また、HTTP 要求を発行できるタイミングを知るために、XMLHttpRequest オブジェクトの onreadystatechange イベントにもハンドラを登録しなければならない。

サーバーが何らかのサーチ結果を送り返してくると、ライブサーチオブジェクトは、アニメーションによって結果ビューを更新する。さらなるカスタマイズを可能にするために、オブジェクトはクライアントにカスタムコールバックを提供することもある。これらのコールバックは、オブジェクトにハードコードできるが、観察者を処理する汎用ソリューションを利用する形になっていればなおよい。

11.1.1 Observableライブラリ

第 2 章「テスト駆動開発プロセス」で説明したように、テスト駆動開発プロセスを使えば、必要に応じて非常に小さなステップで前進することができる。この最初の現実的なサンプルでは、もっとも小さな歩幅でスタートすることにしよう。私たちのコードと開発プロセスに自信が持てるようになったら、状況が許す場合は（つまり、実装するコードが十分少なければ）歩幅を少しずつ大きく広げていく。小さなイテレーションをひんぱんにくり返してコードを書いていけば、1 つひとつ部品を積み上げるようにして API を設計することにも、ミスを減らすことにも近づいていける。数行のコードを追加するたびにテストを実行していれば、ミスが起きたときには、すぐに誤りを突き止め、修正することができるだろう。

このライブラリは、観察者の役割と観察対象の役割を定義する必要がある。しかし、先ほど触れた Java のソリューションとは対照的に、JavaScript の観察者は、特定のインターフェイスに適合したオブジェクトである必要はない。JavaScript では関数は一人前のオブジェクトなので、関数を直接登録することもできる。そこで、私たちがしなければならないことは、Observable を定義することだ。

11.1.2 環境のセットアップ

この章では、JsTestDriver とそのデフォルトアサーションフレームワークを使っていく。開発環境に JsTestDriver をまだセットアップしたことのない読者は、第 3 章「現役で使われているツール」を参照していただきたい。

リスト 11-1 は、プロジェクトの初期状態でのレイアウトを示したものである。

リスト 11-1　Observable プロジェクトのディレクトリレイアウト

```
chris@laptop:~/projects/observable $ tree
.
|-- jsTestDriver.conf
|-- lib
|   '-- tdd.js
|-- src
|   '-- observable.js
'-- test
    '-- observable_test.js
```

lib/tdd.js には、第 6 章「関数とクロージャの応用」で開発した tddjs オブジェクトと namespace メソッドが含まれている。これらは、tddjs 名前空間内に observable インターフェイスを開発するために使われる。

設定ファイルは、ただの JsTestDriver 設定ファイルで、**リスト 11-2** に示すように、サーバーのポート 4224 で動作し、すべてのスクリプトファイルをインクルードすることを指定している。

リスト 11-2　jsTestDriver.conf ファイル

```
server: http://localhost:4224
load:
 - lib/*.js
 - src/*.js
 - test/*.js
```

11.2 観察者の追加

オブジェクトに観察者を追加（登録）する手段を実装するところからプロジェクトを始めよう。手順は、最初のテストを書き、それが不合格になることを確認し、もっともダーティな方法でテストを合格させ、最後にもっとまともなコードになるようにリファクタリングをかけていくということになる。

11.2.1 最初のテスト

Observable ライブラリ開発の初期段階では、きちんと作業を進めるために、Java での作業手順に従って話を進めていく。そのため、最初のテストは、Observable コンストラクタで観察対象オブジェクトを作り、Observable の addObserver メソッドを呼び出して観察者を追加する。この処理が機能することを確かめるために、私たちは鈍感を装い、Observable が配列内に観察者を格納しており、その観察者が配列内の唯一の要素だということをチェックする。テストは**リスト 11-3** のようになる。このファイルを test/observable_test.js に保存する。

リスト 11-3　addObserver が内部配列に観察者を追加することを確かめる

```
TestCase("ObservableAddObserverTest", {
  "test should store function": function () {
    var observable = new tddjs.util.Observable();
    var observer = function () {};

    observable.addObserver(observer);

    assertEquals(observer, observable.observers[0]);
  }
});
```

テストを実行して不合格になることを確かめる

一見したところ、最初のテストの実行結果は**リスト 11-4** のようなものであり、とんでもなく悲惨な状態に見える。

リスト 11-4　テストを実行する

```
chris@laptop:~/projects/observable$ jstestdriver --tests all
E
Total 1 tests (Passed: 0; Fails: 0; Errors: 1) (0.00 ms)
  Firefox 3.6.3 Linux: Run 1 tests \
  (Passed: 0; Fails: 0; Errors 1) (0.00 ms)
    Observable.addObserver.test \
    should store function error (1.00 ms): \
    tddjs.util is undefined
       ()@http://localhost:4224/.../observable_test.js:5
```

テストを合格させる

恐れることはない。不合格は実際にはよい知らせである。不合格は、どこに作業を集中させればよいかを教えてくれる。最初の重大問題は、`tddjs.util` が存在しないことである。**リスト 11-5** は、`tddjs.namespace` メソッドを使ってこのオブジェクトを追加する。リストを `src/observable.js` に保存しよう。

リスト 11-5　util 名前空間を作る

```
tddjs.namespace("util");
```

再びテストを実行すると、**リスト 11-6** のような新しいエラーが生成される。

リスト 11-6　テストはまだ不合格になる

```
chris@laptop:~/projects/observable$ jstestdriver --tests all
E
Total 1 tests (Passed: 0; Fails: 0; Errors: 1) (1.00 ms)
  Firefox 3.6.3 Linux: Run 1 tests \
  (Passed: 0; Fails: 0; Errors 1) (1.00 ms)
    Observable.addObserver.test \
    should store function error (1.00 ms): \
    tddjs.util.Observable is not a constructor
       ()@http://localhost:4224/.../observable_test.js:5
```

リスト 11-7 は、空の `Observable` コンストラクタを追加してこの新しい問題を解決している。

リスト 11-7　コンストラクタを追加する

```
(function () {
  function Observable() {
```

```
        }
        tddjs.util.Observable = Observable;
}());
```

第5章「関数」で説明した名前つき関数式の問題を回避するために、コンストラクタは、ただちに呼び出されるクロージャ内の関数宣言を使って定義されている。テストを再び実行すると、**リスト11-8**のように、次の問題が直接姿を現す。

リスト11-8　addObserver メソッドがない

```
chris@laptop:~/projects/observable$ jstestdriver --tests all
E
Total 1 tests (Passed: 0; Fails: 0; Errors: 1) (0.00 ms)
  Firefox 3.6.3 Linux: Run 1 tests \
  (Passed: 0; Fails: 0; Errors 1) (0.00 ms)
    Observable.addObserver.test \
    should store function error (0.00 ms): \
    observable.addObserver is not a function
       ()@http://localhost:4224/.../observable_test.js:8
```

リスト11-9は、必要なメソッドを追加している。

リスト11-9　addObserver メソッドを追加する

```
function addObserver() {
}

Observable.prototype.addObserver = addObserver;
```

メソッドを作ると、テストは、**リスト11-10**に示すようにobservers配列がないためにエラーを起こす。

リスト11-10　observers 配列が存在しない

```
chris@laptop:~/projects/observable$ jstestdriver --tests all
E
Total 1 tests (Passed: 0; Fails: 0; Errors: 1) (1.00 ms)
  Firefox 3.6.3 Linux: Run 1 tests \
  (Passed: 0; Fails: 0; Errors 1) (1.00 ms)
    Observable.addObserver.test \
    should store function error (1.00 ms): \
    observable.observers is undefined
       ()@http://localhost:4224/.../observable_test.js:10
```

奇妙に見えるかもしれないが、**リスト11-11**は、addObserverメソッド内にobservers配列を定義している。テストが不合格になるときには、どんなに汚く感じられても、そのテストを合格させるもっとも簡単なことをせよということがTDDの教えである。テストが合格したら、書いたコードを見直すチャンスがやってくる。

リスト 11-11　配列をハードコードする

```
function addObserver(observer) {
  this.observers = [observer];
}
```

おめでとう。**リスト 11-12** が示すように、テストは合格するようになる。

リスト 11-12　テストが合格する

```
chris@laptop:~/projects/observable$ jstestdriver --tests all
.
Total 1 tests \
(Passed: 1; Fails: 0; Errors: 0) (0.00 ms)
  Firefox 3.6.3 Linux: Run 1 tests \
  (Passed: 1; Fails: 0; Errors 0) (0.00 ms)
```

11.2.2 リファクタリング

このソリューションの開発中、私たちはもっとも素早くテストを合格させられるルートをたどってきた。バーが緑になったので、ソリューションを見直し、必要に感じられるリファクタリングを施そう。この最後のステップにおけるルールは、バーを緑に保つことだけだ。そのため、リファクタリングでも、ごく小さな歩幅で仕事を進め、間違って何かを壊さないようにしなければならない。

現在の実装は、対処が必要な問題を2つ抱えている。テストは、Observable の実装について非常に細かいところまで勝手な思い込みをしている。そして、addObserver はテストに実装がハードコードされている。

まず、ハードコードから処理していこう。**リスト 11-13** は、ハードコードされたソリューションの問題点を暴くために、1つではなく2つの観察者を追加している。

リスト 11-13　ハードコードされたソリューションの問題点を暴く

```
"test should store function": function () {
  var observable = new tddjs.util.Observable();
  var observers = [function () {}, function () {}];

  observable.addObserver(observers[0]);
  observable.addObserver(observers[1]);

  assertEquals(observers, observable.observers);
}
```

予想通り、テストは不合格になる。テストは、観察者として追加された関数が、配列に要素を追加したときと同じように、積み上がっていくものと想定している。この想定に合わせるために、**リスト 11-14** に示すように、配列のインスタンス生成コードをコンストラクタに移し、addObserver では配列の push メソッドを使う。

リスト11-14　配列を正しく追加する

```
function Observable() {
  this.observers = [];
}

function addObserver(observer) {
  this.observers.push(observer);
}
```

実装をこのように書き換えると、テストは再び合格するようになり、ハードコードされたソリューションの問題を解決できたことが証明される。しかし、公開プロパティにアクセスしたり、Observableの実装について勝手な思い込みをしているところはまだ問題だ。観察対象オブジェクトは、観察者がいくつあってもそれらから観察できなければならないが、観察対象オブジェクトが観察者をどこにどのように格納するかは、外部コードが知るべきことではない。特定の観察者が登録されたときに、観察対象オブジェクトの内部を探ったりせずに観察対象オブジェクトをチェックできるとよい。ここでは、くさいにおいがするということをメモして先に進む。あとで戻って、テストを改善することにしよう。

11.3 観察者をチェックする

ObservableにhasObserverという新しいメソッドを使い、それを使ってaddObserverを実装したときの混乱を取り除こう。

11.3.1 テスト

新しいメソッドの開発は、新しいテストの作成から始まる。**リスト11-15**は、hasObserverメソッドの望ましいふるまいを規定している。

リスト11-15　既存の観察者があるときにはhasObserverがtrueを返すことを確かめる

```
TestCase("ObservableHasObserverTest", {
  "test should return true when has observer": function () {
    var observable = new tddjs.util.Observable();
    var observer = function () {};

    observable.addObserver(observer);

    assertTrue(observable.hasObserver(observer));
  }
});
```

このテストは、hasObserverメソッドが存在しないため不合格になるはずであり、実際に不合格になる。

テストを合格させる

リスト11-16は、現在のテストを合格させられるはずのソリューションでもっとも単純なものである。

リスト11-16　hasObserverからの応答をハードコードする

```
function hasObserver(observer) {
  return true;
}

Observable.prototype.hasObserver = hasObserver;
```

長期的に見れば、こんなことをしても問題が解決できないことはわかっているが、このコードでもテストを緑に保つことができる。見直してリファクタリングしようとしても、改善できることがはっきりしている場所がないため、手の下しようがない。テストは要件であり、現在のところ、hasObserverがtrueを返しさえすれば、それでよい。リスト11-17は、観察者が存在しないときにはhasObserverがfalseを返すものと想定する新しいテストである。これを書くと、hasObserverの本物のソリューションを書かざるを得なくなる。

リスト11-17　観察者がいないときにhasObserverがfalseを返すことを確かめる

```
"test should return false when no observers": function () {
  var observable = new tddjs.util.Observable();

  assertFalse(observable.hasObserver(function () {}));
}
```

このテストは、hasObserverがtrueを返しているため、みじめに不合格になる。ここで本物の実装を作らなければならなくなるわけだ。観察者が登録されているかどうかは、リスト11-18が示すように、addObserverに最初に渡されたthis.observers配列がオブジェクトを含んでいるかどうかをチェックすればよいだけのことである。

リスト11-18　観察者がいるかどうかを実際にチェックする

```
function hasObserver(observer) {
  return this.observers.indexOf(observer) >= 0;
}
```

Array.prototype.indexOfメソッドは、配列に要素が含まれていなければ負数を返すので、戻り値が0以上かどうかをチェックすれば、観察者がいるかどうかがわかる。

ブラウザ間の非互換性を解決する

テストを実行すると、リスト11-19に示すように、驚くような結果になるかもしれない。

リスト11-19　Internet Explorer 6ではおかしな結果になる

```
chris@laptop:~/projects/observable$ jstestdriver --tests all
```

```
.EE
Total 3 tests (Passed: 1; Fails: 0; Errors: 2) (11.00 ms)
  Microsoft Internet Explorer 6.0 Windows: Run 3 tests \
  (Passed: 1; Fails: 0; Errors 2) (11.00 ms)
    Observable.hasObserver.test \
      should return true when has observer error (11.00 ms): \
      Object doesn't support this property or method
    Observable.hasObserver.test \
      should return false when no observers error (0.00 ms): \
      Object doesn't support this property or method
```

Internet Explorer ver.6、7 で実行すると、「Object doesn't support this property or method.（オブジェクトはこのプロパティまたはメソッドをサポートしない）」というもっともジェネリックなエラーメッセージを残して不合格になる。このメッセージは、次のようなさまざまな条件のもとで生成される。

- null オブジェクトのメソッドを呼び出している。
- 存在しないメソッドを呼び出している。
- 存在しないプロパティにアクセスしている。

幸い、短い歩幅で TDD をしているので、このエラーは、最近追加した observers 配列からの indexOf 呼び出しと関係があることがすぐにわかる。そして、IE 6、7 は、JavaScript 1.6 メソッドの Array.prototype.indexOf をサポートしていないのだ（このメソッドは、2009 年 12 月の ECMAScript 5 で標準化されたばかりなので、IE 6、7 を非難することはできない）。つまり、初めてブラウザの互換性問題に直面することになったのである。ここで私たちに与えられた選択肢は次の 3 つである。

- hasObserver のなかで Array.prototype.indexOf を使うことを止め、サポートブラウザではネイティブ機能の重複実装になるようなことをする。
- サポートしていないブラウザだけのために Array.prototype.indexOf を実装する。同じ機能を持つヘルパー関数を実装してもよい。
- 未サポートのメソッドかそれに似たメソッドを提供するサードパーティライブラリを使う。

与えられた問題を解決するためにこれらのアプローチのうちどれがもっとも適しているかは、状況次第である。これらの選択肢には、それぞれ長所と短所がある。Observable を自己完結的なままにしておくために、indexOf 呼び出しではなく、ループを使って hasObserver を実装すれば、問題を実質的に回避できる。ついでながら、この方法は、この時点で「動作しそうな方法でもっとも単純なもの」という感じがする。あとで同じような状況に遭遇するようなら、決定を考え直したほうがよい。**リスト 11-20** は、アップデートした hasObserver メソッドである。

リスト 11-20　手作業で配列をループで処理する

```
function hasObserver(observer) {
  for (var i = 0, l = this.observers.length; i < l; i++) {
    if (this.observers[i] == observer) {
```

```
      return true;
    }
  }

  return false;
}
```

11.3.2 リファクタリング

　バーが緑に戻ったら、今までの前進を振り返る時間である。今までに3つのテストを作ったが、そのうちの2つは、怪しいまでによく似ている。私たちがaddObserverの正しさを確かめるために最初に書いたテストは、hasObserverを確かめるために書いたテストと同じことをしている。2つのテストの間の違いは2つだ。第1のテストは、Observableオブジェクトのなかのobservers配列に直接アクセスしているため、ちょっとくさいにおいがしている。また、最初のテストは、2つの観察者を追加し、両方が追加されることを確かめている。リスト11-21は、これら2つのテストを1つにまとめて、Observableに追加されたすべての観察者が本当に追加されていることを確かめる。

リスト11-21　重複するテストを取り除く

```
"test should store functions": function () {
  var observable = new tddjs.util.Observable();
  var observers = [function () {}, function () {}];

  observable.addObserver(observers[0]);
  observable.addObserver(observers[1]);

  assertTrue(observable.hasObserver(observers[0]));
  assertTrue(observable.hasObserver(observers[1]));
}
```

11.4 観察者に通知する

　観察者を追加し、存在をチェックできるようになったのはすばらしいことだが、おもしろい変化が起きたときに観察者に通知を送れなければ、Observableは役に立たない。
　この節では、ライブラリにまた新たなメソッドを追加する。Javaとの並行性にこだわるなら、新しいメソッドはnotifyObserversという名前になる。このメソッドは、今までのメソッドよりも少し複雑なので、一度にメソッドの1つの側面ずつをテストしながら、ステップバイステップで実装していくことにする。

11.4.1 観察者が確実に呼び出されるようにする

notifyObservers にとってもっとも大切な仕事は、すべての観察者を呼び出すことである。そのためには、事後に観察者が本当に呼び出されたことを確かめる手段が必要だ。関数が呼び出されたことを確かめるために、呼び出される関数のプロパティを設定する。プロパティが設定されているかどうかをチェックすれば、関数が呼び出されたことを確かめられる。**リスト 11-22** のテストは、この考え方に基づいて notifyObservers の最初のテストを行う。

リスト 11-22　notifyObservers がすべての観察者を呼び出していることを確かめる

```
TestCase("ObservableNotifyObserversTest", {
  "test should call all observers": function () {
    var observable = new tddjs.util.Observable();
    var observer1 = function () { observer1.called = true; };
    var observer2 = function () { observer2.called = true; };

    observable.addObserver(observer1);
    observable.addObserver(observer2);
    observable.notifyObservers();

    assertTrue(observer1.called);
    assertTrue(observer2.called);
  }
});
```

テストを合格させるためには、observers 配列をループで処理して、個々の関数を呼び出さなければならない。**リスト 11-23** は、その処理を行う。

リスト 11-23　すべての観察者を呼び出す

```
function notifyObservers() {
  for (var i = 0, l = this.observers.length; i < l; i++) {
    this.observers[i]();
  }
}

Observable.prototype.notifyObservers = notifyObservers;
```

11.4.2 引数を渡す

現在のところ、観察者は確かに呼び出されているが、何もデータを与えられていない。観察者は何かが起きたことはわかるが、何が起きたのかはわからない。Java の実装は、引数を取らないか 1 個の引数を取る update メソッドを観察者に定義するが、JavaScript ならもっと柔軟なソリューションを作れる。notifyObservers が

任意の個数の引数を取れるようにして、それらの引数を各観察者に渡すのである。**リスト11-24**は、要件をテストの形で表現したものである。

リスト11-24　notifyObserversに渡された引数が観察者に渡されることを確かめる

```
"test should pass through arguments": function () {
  var observable = new tddjs.util.Observable();
  var actual;

  observable.addObserver(function () {
    actual = arguments;
  });

  observable.notifyObservers("String", 1, 32);

  assertEquals(["String", 1, 32], actual);
}
```

テストは、受け取った引数をテスト内のローカル変数に代入して、渡した引数と受け取った引数を比較する。テストを実行すると、不合格になることがわかるが、今はまだ notifyObservers のなかで引数に触れていないので、それは当然のことである。

テストを合格させるためには、**リスト11-25**に示すように、観察者を呼び出すときに apply を使えばよい。

リスト11-25　apply を使って notifyObservers に渡された引数を渡す

```
function notifyObservers() {
  for (var i = 0, l = this.observers.length; i < l; i++) {
    this.observers[i].apply(this, arguments);
  }
}
```

この単純な修正によって、バーはまた緑に戻る。apply の第1引数として this を指定していることに注意していただきたい。これは、観察者が観察対象を this として呼び出されることを意味している。

11.5 エラー処理

現時点で Observable は動作し、そのふるまいを確かめるテストもある。しかし、テストがチェックしているのは、想定内の入力に対して Observable が正しくふるまうことだけだ。たとえば誰かが関数ではなくオブジェクトを観察者として登録しようとしたらどうなるだろうか。観察者のなかの1つが暴走したらどうなるのか。これらは、答えるためにテストが必要なタイプの疑問である。想定内の状況のもとで正しい動作を保証することは大切である。オブジェクトがほとんどの時間行っているのはそういうことだ。少なくともそうだろうと私たちは思っている。しかし、クライアントの操作に誤りがあるときの正しい動作も、予測可能で安定したシステムを保証するためには重要だ。

11.5.1 ニセ観察者の追加

　現在の実装は、`addObserver`の引数としてどのようなタイプの値でも何も考えずに受け付けてしまう。これは、比較の対象としてスタートしたJava APIとは大きな違いだ。Java APIでは、観察者として登録できるのは、`Observer`インターフェイスを実装するオブジェクトだけである。私たちの実装は、任意の関数を観察者として使うことができるが、ただの値を処理することはできない。**リスト11-26**のテストは、呼び出せない観察者を追加しようとすると、`Observable`が例外を投げるものと想定している。

リスト11-26　呼び出せない引数を指定すると例外が投げられることを確かめる

```
"test should throw for uncallable observer": function () {
  var observable = new tddjs.util.Observable();

  assertException(function () {
    observable.addObserver({});
  }, "TypeError");
}
```

　観察者を追加するときにすでに例外を投げているので、観察者に通知を送るときに無効なデータの心配をする必要はない。契約によるプログラミングをしている場合なら、`addObserver`の**事前条件**は、入力が呼び出し可能であることだ。事後条件は、観察者が観察対象に追加され、観察対象が`notifyObservers`を呼び出したときに確実に呼び出されることである。

　テストは不合格になるので、力を入れるべきことは、できる限り早く、バーを再び緑に戻すことだ。残念ながら、今回は実装をフェイクすることはできない。すべての`addObserver`呼び出しに対して例外を投げたら、ほかのテストもすべて失敗してしまう。幸い、実装は**リスト11-27**に示すようにごく簡単である。

リスト11-27　呼び出せない観察者を追加したときに例外を投げる

```
function addObserver(observer) {
  if (typeof observer != "function") {
    throw new TypeError("observer is not function");
  }

  this.observers.push(observer);
}
```

　`addObserver`は、リストに追加する前に、観察者が本当に関数かどうかをチェックするようになった。テストを実行すると、すべて緑という成功の快感が味わえる。

11.5.2 クラッシュした観察者

　`Observable`は、`addObserver`によって追加された観察者がすべて呼び出し可能だということを保証するようになった。しかし、観察者が例外を投げると、`notifyObservers`はひどいエラーを起こす可能性が残っている。**リスト11-28**は、関数のなかのどれかが例外を投げても、すべての観察者が呼び出されることを確かめる

テストである。

リスト11-28　クラッシュした観察者があってもnotifyObserversが最後まで処理をすることを確かめる

```
"test should notify all even when some fail": function () {
  var observable = new tddjs.util.Observable();
  var observer1 = function () { throw new Error("Oops"); };
  var observer2 = function () { observer2.called = true; };

  observable.addObserver(observer1);
  observable.addObserver(observer2);
  observable.notifyObservers();

  assertTrue(observer2.called);
}
```

テストを実行すると、現在の実装では、第1の観察者を呼び出したところでエラーを起こし、第2の観察者は呼び出されないことがわかる。notifyObserversは、追加に成功した観察者をいつでもすべて呼び出すという約束を守れないのである。この問題を修正するには、**リスト11-29**に示すように、notifyObserversは最悪の条件に対応できるよう準備しておく必要がある。

リスト11-29　クラッシュした観察者が投げた例外をキャッチする

```
function notifyObservers() {
  for (var i = 0, l = this.observers.length; i < l; i++) {
    try {
      this.observers[i].apply(this, arguments);
    } catch (e) {}
  }
}
```

例外は、目に見えない形で捨てられる。エラーを正しく処理するのは観察者の仕事であり、観察対象は、クラッシュする観察者から自分を守れればよい。

11.5.3　呼び出し順の保証

適切なエラー処理を与えてObservableの堅牢性は改善できた。このモジュールは、まともな入力を与えられればかならず処理を行うことを保証できるようになった。また、観察者が要件を満たさなくても、修復してほかの観察者を呼び出せるようになった。しかし、最後に追加したテストは、Observableのドキュメントされていない機能を前提としたものになっている。つまり、観察者が追加された順序で呼び出されるということだ。現在のところは、observersリストの実装のために配列を使っているため、このソリューションは正しく動作している。しかし、リストの内部での実装方法を変えると、テストがエラーを起こす危険がある。そこで、呼び出し順を前提条件としないようにテストをリファクタリングするか、呼び出し順を前提条件とするテストを単純に追加し、呼び出し順を機能としてドキュメントするかを決めなければならない。呼び出し順は意味のある機能と考えられるので、**リスト11-30**では、Observableが呼び出し順に関するふるまいを保ち続けるよう

なテストを追加している。

リスト11-30　呼び出し順を機能として保証する

```
"test should call observers in the order they were added":
function () {
  var observable = new tddjs.util.Observable();
  var calls = [];
  var observer1 = function () { calls.push(observer1); };
  var observer2 = function () { calls.push(observer2); };
  observable.addObserver(observer1);

  observable.addObserver(observer2);

  observable.notifyObservers();

  assertEquals(observer1, calls[0]);
  assertEquals(observer2, calls[1]);
}
```

実装がすでに observers として配列を使っているので、このテストはただちに成功する。

11.6 任意のオブジェクトの観察

　古典的な継承をサポートする静的言語では、Observable クラスのサブクラスにすれば、任意のオブジェクトが観察対象になる。このような場合の古典的な継承のねらいは、パターンのメカニズムを1か所で定義し、相互に関連のないオブジェクトの間でそのロジックを再利用しようということである。第7章「オブジェクトとプロトタイプの継承」で説明したように、JavaScript オブジェクトの間でコードを再利用するためのオプションは複数あるので、古典的継承モデルのエミュレーションに縛られる必要はない。

　Java の真似は基本インターフェイスの開発には役立ったが、ここでは JavaScript のオブジェクトモデルを活用するために、Observable インターフェイスをリファクタリングして、Java というモデルを断ち切ることにする。newsletter オブジェクトを作成する Newsletter コンストラクタがあるものとして、ニュースレターを観察対象にするための方法は、**リスト 11-31** が示すように複数ある。

リスト11-31　Observable のふるまいを共有するための方法はさまざまである

```
var Observable = tddjs.util.Observable;

// 観察対象オブジェクトでニュースレターオブジェクトを拡張する
tddjs.extend(newsletter, new Observable());

// すべてのニュースレターオブジェクトが観察可能になるように拡張する
tddjs.extend(Newsletter.prototype, new Observable());

// ヘルパー関数を使う
```

```
tddjs.util.makeObservable(newsletter);

// コンストラクタを関数として呼び出す
Observable(newsletter);

// 「静的」メソッドを使う
Observable.make(newsletter);

// オブジェクトに対して「自己修復」を指示する
// （NewsletterかObjectのプロトタイプのコードが必要）
newsletter.makeObservable();

// 古典的な継承風の方法
Newspaper.inherit(Observable);
```

コンストラクタが提供する古典的な方法のエミュレーションから自由になるために、リスト 11-32 のようなサンプルについて考えてみよう。このコードは、`tddjs.util.observable` がコンストラクタではなく、オブジェクトになっていることを前提としている。

リスト 11-32　Observable オブジェクトとふるまいを共有する

```
// 単一のObservableオブジェクトを作成する
var observable = Object.create(tddjs.util.observable);

// 1個のオブジェクトを拡張する
tddjs.extend(newspaper, tddjs.util.observable);

// 観察対象オブジェクトを作るコンストラクタ
function Newspaper() {
  /* ... */
}

Newspaper.prototype = Object.create(tddjs.util.observable);

// 既存のプロトタイプの拡張
tddjs.extend(Newspaper.prototype, tddjs.util.observable);
```

単一のオブジェクトとして Observable を実装すると、柔軟性が大幅に増す。しかし、そこに至るためには、既存のソリューションをリファクタリングして、コンストラクタを取り除かなければならない。

11.6.1 コンストラクタを取り除く

コンストラクタを取り除くためには、まず、コンストラクタが何の仕事もしないように Observable をリファクタリングしなければならない。幸い、コンストラクタは observers 配列を初期化しているだけなので、取り除くのはそれほど大変なことではない。Observable.prototype のすべてのメソッドが observers にアクセス

するので、observersが初期化されていない場合にも対応できるようにする必要がある。これをテストするためには、メソッドごとに1つずつテストを書く必要がある。そのテストは、ほかのことをする前に、対応するメソッドを呼び出すのである。

リスト11-33に示すように、ほかのことをする前にaddObserverとhasObserverを呼び出すテストはすでにある。

リスト11-33　addObserverとhasObserverを対象とするテスト

```
TestCase("ObservableAddObserverTest", {
  "test should store functions": function () {
    var observable = new tddjs.util.Observable();
    var observers = [function () {}, function () {}];

    observable.addObserver(observers[0]);
    observable.addObserver(observers[1]);

    assertTrue(observable.hasObserver(observers[0]));
    assertTrue(observable.hasObserver(observers[1]));
  },
  /* ... */
});

TestCase("ObservableHasObserverTest", {
  "test should return false when no observers": function () {
    var observable = new tddjs.util.Observable();

    assertFalse(observable.hasObserver(function () {}));
  }
});
```

しかし、notifyObserversメソッドは、addObserverが呼び出されたあとにしかテストされていない。リスト11-34は、観察者を追加する前にこのメソッドを呼び出せることをテストする。

リスト11-34　addObserverの前に呼び出してもnotifyObserversは失敗しないことを確かめる

```
"test should not fail if no observers": function () {
  var observable = new tddjs.util.Observable();

  assertNoException(function () {
    observable.notifyObservers();
  });
}
```

このテストが完成したら、リスト11-35のようにコンストラクタの内容を空にできる。

リスト 11-35　コンストラクタを空にする

```
function Observable() {
}
```

テストを実行すると、1つを除きすべてのテストが失敗し、どれもが「this.observers is not defined（this.observersは定義されていません）」という同じメッセージを生成する。私たちは、一度に1つずつのメソッドを処理していく。**リスト 11-36** は、更新後の addObserver メソッドである。

リスト 11-36　observers 配列が存在しなければ addObserver 内で配列を定義する

```
function addObserver(observer) {
  if (!this.observers) {
    this.observers = [];
  }

  /* ... */
}
```

もう一度テストを実行すると、更新した addObserver メソッドによって、2つ以外のテストが緑になることがわかる。緑にならない2つは、hasObserver や notifyObservers などのほかのメソッドを呼び出す前に addObserver を呼び出さない。次に、**リスト 11-37** は、observers 配列がなければ hasObserver から直接 false を返させるようにする。

リスト 11-37　観察者がなければ、hasObserver に false を返させる

```
function hasObserver(observer) {
  if (!this.observers) {
    return false;
  }

  /* ... */
}
```

リスト 11-38 に示すように、notifyObservers にもまったく同じ修正を施すことができる。

リスト 11-38　観察者がなければ、notifyObservers に false を返させる

```
function notifyObservers(observer) {
  if (!this.observers) {
    return;
  }

  /* ... */
}
```

11.6.2 コンストラクタからオブジェクトへ

コンストラクタが何もしなくなったので、コンストラクタは安心して取り除ける。そして、すべてのメソッドを直接 tddjs.util.observable オブジェクトに追加する。tddjs.util.observable は、Object.create や tddjs.extend とともに使って observable オブジェクトを作ることができる。コンストラクタではなくなったので、名前の先頭が大文字ではないことに注意していただきたい。**リスト 11-39** は、更新後の実装である。

リスト 11-39　observable オブジェクト

```
(function () {
  function addObserver(observer) {
    /* ... */
  }

  function hasObserver(observer) {
    /* ... */
  }

  function notifyObservers() {
    /* ... */
  }

  tddjs.namespace("util").observable = {
    addObserver: addObserver,
    hasObserver: hasObserver,
    notifyObservers: notifyObservers
  };
}());
```

確かに、コンストラクタを取り除くと今までのすべてのテストがエラーを起こすようになるが、修正は簡単だ。**リスト 11-40** に示すように、new 文を Object.create 呼び出しに置き換えればよい。

リスト 11-40　テスト内で observable オブジェクトを使う

```
TestCase("ObservableAddObserverTest", {
  setUp: function () {
    this.observable = Object.create(tddjs.util.observable);
  },

  /* ... */
});

TestCase("ObservableHasObserverTest", {
  setUp: function () {
    this.observable = Object.create(tddjs.util.observable);
  },
```

```javascript
  /* ... */
});

TestCase("ObservableNotifyObserversTest", {
  setUp: function () {
    this.observable = Object.create(tddjs.util.observable);
  },

  /* ... */
});
```

Object.create 呼び出しのくり返しを避けるために、各テストケースにはテスト用 observable をセットアップする setUp メソッドが追加されている。これにともない、テストメソッドは、observable を this.observable に置き換えなければならない。

どのブラウザでもテストをスムースに実行するために、第 7 章「オブジェクトとプロトタイプの継承」の Object.create 実装を lib/object.js に保存する必要がある。

11.6.3 メソッドの名称変更

変更の仕事をしている間に、addObserver と notifyObservers の名前を変えて、インターフェイスを少しうるさくないものにしよう。これらの名前は、明確さを失わずに短縮できる。メソッドの名称変更は文字列の置換に過ぎないので、長々とは説明しない。更新後のインターフェイスは、**リスト 11-41** のようになる。テストケースの修正も忘れずにしておいていただきたい。

リスト 11-41　一新された observable インターフェイス

```javascript
(function () {
  function observe(observer) {
    /* ... */
  }

  /* ... */

  function notify() {
    /* ... */
  }

  tddjs.namespace("util").observable = {
    observe: observe,
    hasObserver: hasObserver,
    notify: notify
  };
}());
```

11.7 複数のイベントの観察

現在の observable は、1個の観察者リストしか管理できないという点で限界がある。複数のイベントを観察するためには、観察者は受け取ったデータからの推測に基づき、どのイベントが起きたのかを判断しなければならない。そこで、observable をリファクタリングして、イベント名ごとに観察者グループを作れるようにする。イベント名は、observable が自分の基準で使う任意の文字列である。

11.7.1 observeでのイベントサポート

observe メソッドは、イベントをサポートするために、関数引数に加えて文字列引数も受け付けられるようにしなければならない。新しい observe は、第1引数としてイベントを受け付ける。すでに observe を呼び出すテストは複数あるので、テストケースの更新から始める。**リスト11-42** に示すように、すべての observe 呼び出しに第1引数として文字列を追加していく。

リスト11-42　observe呼び出しの更新

```
TestCase("ObservableAddObserverTest", {
  /* ... */

  "test should store functions": function () {
    /* ... */
    this.observable.observe("event", observers[0]);
    this.observable.observe("event", observers[1]);
    /* ... */
  },

  /* ... *
});

TestCase("ObservableNotifyObserversTest", {
  /* ... */

  "test should call all observers": function () {
    /* ... */
    this.observable.observe("event", observer1);
    this.observable.observe("event", observer2);
    /* ... */
  },

  "test should pass through arguments": function () {
    /* ... */
    this.observable.observe("event", function () {
      actual = arguments;
    });
```

```
    /* ... */
  },

  "test should notify all even when some fail": function () {
    /* ... */
    this.observable.observe("event", observer1);
    this.observable.observe("event", observer2);
    /* ... */
  },

  "test should call observers in the order they were added":
    function () {
    /* ... */
    this.observable.observe("event", observer1);
    this.observable.observe("event", observer2);
    /* ... */
  },

  /* ... */
});
```

こうすると、当然ながらすべてのテストがエラーを起こす。observe が観察者だと思っている引数が関数ではなくなっているので、observe は例外を投げるのである。バーを緑に戻すには、**リスト 11-43** に示すように、observe に仮引数を追加すればよい。

リスト 11-43　observe に仮引数 event を追加する

```
function observe(event, observer) {
  /* ... */
}
```

実際のイベントを指定したテストを作れるようにするために、`hasObserver` と `notify` についても同じことをくり返す。これら 2 つの関数の更新（およびテスト）は、読者のための練習問題としておく。作業が終わったあとも、1 つのテストが失敗し続けることに気付くだろう。この問題は、最後のテストでいっしょに処理する。

11.7.2 notifyでのイベントのサポート

観察者に通知するイベントを指定できるように notify を書き換えたとき、どうしても赤から変わらないテストが 1 つあった。そのテストとは、notify に渡された引数と観察者が受け取った引数を比較するテストである。問題が起きるのは、notify は受け取った引数をただ横流ししているが、観察者はもともと受け付けるつもりでいた引数に加えてイベント名を受け取っているからである。

テストを合格させるために、**リスト 11-44** では、`Array.prototype.slice` を使って第 1 引数以外の引数を渡すようにしている。

リスト11-44　第1引数以外の引数を観察者に渡す

```
function notify(event) {
  /* ... */

  var args = Array.prototype.slice.call(arguments, 1);

  for (var i = 0, l = this.observers.length; i < l; i++) {
    try {
      this.observers[i].apply(this, args);
    } catch (e) {}
  }
}
```

　これでテストは合格するようになり、observable は、まだ実際にサポートしてはいないものの、イベントをサポートするためのインターフェイスを手に入れる。
　リスト11-45 のテストは、イベントがどのように機能するかを規定する。このテストは、2つの異なるイベントに2つの観察者を登録する。そして、片方のイベントに対する notify だけを呼び出すので、そのイベントに登録された観察者だけが呼び出されるはずである。

リスト11-45　登録された観察者だけが呼び出されることを確かめる

```
"test should notify relevant observers only": function () {
  var calls = [];

  this.observable.observe("event", function () {
    calls.push("event");
  });

  this.observable.observe("other", function () {
    calls.push("other");
  });

  this.observable.notify("other");

  assertEquals(["other"], calls);
}
```

　observable がすべての観察者に通知を送ってしまうので、テストは当然不合格になる。この問題を簡単に修正できる方法はないので、腕まくりをして observable 配列をオブジェクトに置き換えなければならない。
　新しいオブジェクトは、キーがイベント名になっているプロパティに観察者配列を格納する。すべてのメソッドでオブジェクトと配列を条件に基づいて初期化しなくても、イベントに正しく対応している配列を受け取る内部ヘルパー関数を追加すれば、必要に応じて配列とオブジェクトの両方を作る。リスト11-46 は、更新後の実装である。

リスト11-46　配列ではなくオブジェクトに観察者を格納する

```javascript
(function () {
  function _observers(observable, event) {
    if (!observable.observers) {
      observable.observers = {};
    }

    if (!observable.observers[event]) {
      observable.observers[event] = [];
    }

    return observable.observers[event];
  }

  function observe(event, observer) {
    if (typeof observer != "function") {
      throw new TypeError("observer is not function");
    }

    _observers(this, event).push(observer);
  }

  function hasObserver(event, observer) {
    var observers = _observers(this, event);

    for (var i = 0, l = observers.length; i < l; i++) {
      if (observers[i] == observer) {
        return true;
      }
    }

    return false;
  }

  function notify(event) {
    var observers = _observers(this, event);
    var args = Array.prototype.slice.call(arguments, 1);

    for (var i = 0, l = observers.length; i < l; i++) {
      try {
        observers[i].apply(this, args);
      } catch (e) {}
    }
  }

  tddjs.namespace("util").observable = {
```

```
    observe: observe,
    hasObserver: hasObserver,
    notify: notify
  };
}());
```

実装全体をまとめて書き換えるのは少し冒険だが、インターフェイスが小さいので思い切ってやってみたところ、テストの結果では成功している。

このように大きな変更を一度に行ってしまうのはどうかと思うようなら、歩幅を短くして何度も変更すればよい。短い歩幅で何歩も進むような方法でこのような構造的なリファクタリングを進めるコツは、古い機能と新しい機能を併存させて、新しい機能が完成したら古いほうを取り除くようにすることである。

この変更を小さな歩幅を重ねて進めていくには、まず、ほかの名前を使ってオブジェクトバックエンドを作り、これと古い配列の両方に観察者を追加する。そして、新しいオブジェクトを使うように notify を更新すると、最後に追加したテストに合格する。ここからさらにテストを追加していく。たとえば、hasObserver のテストや、配列からオブジェクトに段階的に切り替えていくためのテストである。すべてのメソッドがオブジェクトを使うようになったら、配列を削除して、オブジェクトの名前を変える。リファクタリングによって重複を取り除いた結果、私たちが追加した内部ヘルパー関数の形に落ち着くこともあるだろう。

練習として、テストケースを改良することをお勧めする。境界条件や弱点を見つけ、テストでそれをドキュメントし、問題点を見つけたら、実装を書き換えていくのである。

11.8 まとめ

この章では、小さなステップを重ねていくことによって、デザインパターンを実装し、プロジェクトですぐに使えるライブラリを開発した。設計上の判断を下すために、要件をはっきりさせるために、またクロスブラウザ関連のバグを含む面倒なバグを解決するために、テストがどのように役立つかを見てきた。

ライブラリの開発中、テストを書き、テストによって本番コード開発の方向性を見定めていくという実践も行った。また、リファクタリングの筋肉もしっかりと鍛えた。**おそらく動作するもっとも単純なことから**スタートして、リファクタリングがテスト駆動開発で果たしている重要な役割を理解できた。本番コードとテストの両方が洗練され、エレガントになっていくのは、リファクタリングを通じてである。

次章では、テスト駆動開発を使って XMLHttpRequest オブジェクトの上に高水準インターフェイスを実装する。その過程で、Ajax のメカニズムを掘り下げながら、ブラウザ間の不一致についてより密接に見ていくことにする。

第12章
ブラウザ間の違いの吸収：Ajax

　Ajax（asynchronous JavaScript and XML）は、`XMLHttpRequest` オブジェクトを中心として豊かなインターネットアプリケーションを作るためのクライアントテクノロジを表すために作られたマーケティング用語である。Ajax は、通常は何らかの JavaScript ライブラリを経由する形で、Web 開発に多用されている。

　この章では、テスト駆動開発を使って独自の高水準 API を実装することにより、`XMLHttpRequest` のより深い知識を身につけよう。こういう作業をすれば、「Ajax 呼び出し」の内部動作にも軽い感じで触れることができる。また、テスト駆動開発を使って、ブラウザ間の不一致を吸収する方法を学ぶこともできる。そして、何よりも重要なことだが、スタブの概念の初歩をじっくりと学ぶことができる。

　この章で作る API は、`XMLHttpRequest` をとことん抽象化したものとは言えないが、非同期要求に対処するための最小限の内容を備えたものになっている。ちょうど必要なものを実装するということは、テスト駆動開発の指導原理の1つだが、テストで道を掃き清めていけば、必要なところまで進み、将来の拡張のためのしっかりとした基礎を築くことができる。

12.1 Requestインターフェイスのテスト駆動開発

　作業を始める前に、ブラウザの不一致を吸収するためにテスト駆動開発をどのように使っていくか、プランを立てておく必要がある。TDD は、ある程度まで不一致を見つけるのに役立つが、バグのなかには性質上非常にわかりにくいものがあり、単体テストでそれらすべてを見つけるのはまず難しいだろう。

12.1.1 ブラウザ間の不一致を見つける

　単体テストで行き当たりばったりにブラウザのあらゆる種類のバグを見つけるのは難しいので、抽象化して無害化しなければならないバグを明るみに出すためにはある程度探りを入れていく必要がある。しかし、単体テストは、テスト自体のなかから問題のあるふるまいを引き起こして、本番コードがそのような状況に対処できるようにするための手助けができる。ついでながら、バグを「つかまえる」ために単体テストを使うときも、同じ方法を使う。

12.1.2 開発戦略

　私たちは、ブラウザから `XMLHttpRequest` オブジェクトを取り出してくることができるというアサーションからスタートして、Ajax インターフェイスをボトムアップで組み立てていく。その出発点からずっと、

`XMLHttpRequest` の個別の機能のみにスポットライトを当てていく。単体テスト自体からはサーバーサイド要求を発行したりはしないが、それは、そのようなことをすると、テストが実行しにくくなり（要求に応答するものが必要になる）、個別のふるまいをテストしにくくなるからである。単体テストは、より高いレベルの API を開発するための駆動力である。テストは、ブラウザベンダーが `XMLHttpRequest` オブジェクトの実装に組み込んだロジックではなく、私たちがネイティブトランスポートの上に築いているロジックの開発、テストを助けるのである。

自分のロジックをテストできるのはすばらしいことだが、実際の `XMLHttpRequest` オブジェクトの上で実装が本当に動くのかどうかをテストする必要もある。これについては、API が使えるようになってから、統合テストを書く。このテストは、私たちのインターフェイスを使ってサーバーに要求を発行するという点で重要である。ブラウザ内の HTML ファイルからスクリプトを実行することによって、スクリプトが成功か穏便なエラーのどちらかで終わるかどうかを確かめることができる。

12.1.3 目標

テスト内では実際に `XMLHttpRequest` を使わずに `XMLHttpRequest` ラッパーを書くのだと言われると、最初は奇妙に感じるかもしれないが、それならテスト駆動開発の目標をもう一度思い出していただきたい。TDD はテストを設計ツールとして使っており、テストの主目的は開発を導くことだということである。まわりから切り離された処理単位に注目するためには、実際に可能な限り、外部からの依存を取り除かなければならない。このような目的から、この章では、スタブを多用していく。私たちの主眼はテスト駆動開発を学ぶことにあることを忘れてはならない。つまり、私たちはテストで要件を表現することと思考プロセスに精神を集中させる必要がある。そして、実装、API、テストを改善するために絶えずリファクタリングを行っていく。

スタブは、テスト中のシステムを本当に周囲から切り離すことを可能にする強力なテクニックである。今まで、スタブ（およびモック）については詳しく説明してこなかったので、この章ではテスト駆動でこのテーマを紹介することになる。動的な性質を持つ JavaScript では、スタブはそれほど苦労せずに手作業で実現できる。しかし、この章の最後にたどり着く頃には、JavaScript の動的な世界でも、自動化しておくと役に立つパターンが以前よりもよく見えるようになっているだろう。第 16 章「モックとスタブ」では、スタブとモックの背景についてもっとしっかりと取り上げる予定だが、この部分を読まなくても、この章やそれまでの章のサンプルにはついていけるはずだ。

12.2 Requestインターフェイスの実装

第 11 章「Observer パターン」のときと同じように、JsTestDriver を使ってこのプロジェクトのテストを実行する。JsTestDriver の基本知識とインストールガイドについては、第 3 章「現役で使われているツール」を参照していただきたい。

12.2.1 プロジェクトのレイアウト

プロジェクトのレイアウトは**リスト 12-1** に示す通りである。**リスト 12-2** は、JsTestDriver 設定ファイルの内容を示している。

リスト 12-1　ajax プロジェクトのディレクトリレイアウト

```
chris@laptop:~/projects/ajax $ tree
.
|-- jsTestDriver.conf
|-- lib
|   '-- tdd.js
|-- src
|   '-- ajax.js
|   '-- request.js
'-- test
    '-- ajax_test.js
    '-- request_test.js
```

リスト 12-2　jsTestDriver.conf ファイル

```
server: http://localhost:4224
load:
  - lib/*.js
  - src/*.js
  - test/*.js
```

tdd.js ファイルには、第 2 部「プログラマのための JavaScript」で作ったユーティリティが含まれていなければならない。プロジェクトの初期状態は、本書の Web サイト[1]からダウンロードできる。

12.2.2 インターフェイススタイルの選択

　最初に決めなければならないのは、Reqeust インターフェイスをどのように実装するかである。情報に基づいて考えられるように、XMLHttpRequest の基本動作について簡単に復習しておこう。次にまとめたのは、最小限しなければならないことである（順序通りにすることが必要）。

1. XMLHttpRequest オブジェクトを作る。
2. HTTP 動詞、URL、要求が非同期かどうかを示すブール値（true なら非同期）を引数として open メソッドを呼び出す。
3. オブジェクトの onreadystatechange ハンドラを設定する。
4. 必要ならデータを渡して send メソッドを呼び出す。

　高水準インターフェイスのユーザーは、こういった細部について考えなくても済むようでなければならない。要求を送るために本当に必要なものは、URL と HTTP 動詞だけだ。ほとんどの場合、応答ハンドラを登録できるようにしてあると役に立つだろう。応答ハンドラには、成功した要求を処理するものと、失敗した要求を処理するものの 2 種類がある。

　非同期要求では、要求の状態が更新されるたびに、onreadystatechange ハンドラが非同期的に呼び出され

---

[1] http://tddjs.com

る。言い換えれば、要求の処理が最終的に終わるのはここである。そのため、ハンドラはコールバックなどの要求オプションにアクセスするための何らかの手段を必要とする。

12.3 XMLHttpRequestオブジェクトを作る

Reqeust APIに飛び込む前に、クロスブラウザでXMLHttpRequestオブジェクトを取得するための方法が必要だ。Ajax関連でブラウザ間の不一致が特に目立つのは、まさにこのオブジェクトの作成方法である。

12.3.1 最初のテスト

最初に書くテストは、XMLHttpRequestオブジェクトが存在することを確かめるテストである。「12.2.2 インターフェイススタイルの選択」で触れたように、私たちが頼りにするプロパティは、open、sendメソッドである。onreadystatechangeハンドラは、要求の処理が終わったタイミングを知るために、readyStateプロパティを必要とする。最後に、要求ヘッダーを設定するために、setRequestHeaderメソッドを必要とする。

リスト12-3は、テスト全体を示したものである。この内容をtest/ajax_test.jsファイルに格納しなければならない。

リスト12-3　XMLHttpRequestが存在することを確かめる

```
TestCase("AjaxCreateTest", {
  "test should return XMLHttpRequest object": function () {
    var xhr = tddjs.ajax.create();

    assertNumber(xhr.readyState);
    assert(tddjs.isHostMethod(xhr, "open"));
    assert(tddjs.isHostMethod(xhr, "send"));
    assert(tddjs.isHostMethod(xhr, "setRequestHeader"));
  }
});
```

tddjs.ajax名前空間がないので、このテストは予想通りに不合格になる。リスト12-4は、src/ajax.jsを取り込む名前空間宣言である。このコードを実行するためには、第6章「関数とクロージャの応用」のtddjs.namespaceメソッドがlib/tdd.jsに含まれていなければならない。

リスト12-4　ajax名前空間を作る

```
tddjs.namespace("ajax");
```

名前空間を作っても、createメソッドがないためにテストは不合格になる。createを実装するためには、背景についてのちょっとした知識が必要だ。

12.3.2 XMLHttpRequestについての基礎知識

XMLHttpRequest は、1999 年に Microsoft が ActiveX オブジェクトとして作り出したものだ。競合各社はすぐに追随し、今ではほぼすべてのブラウザにこのオブジェクトがある。さらに、XMLHttpRequest は W3C 標準になろうとしており、本稿執筆時点では、最終草案になっている。**リスト 12-5** は、事実上の標準となっている作成方法と Internet Explorer の ActiveXObject を使った作成方法を示したものである。

リスト 12-5　XMLHttpRequest オブジェクトを作る

```
// 標準案/ほとんどのブラウザで動作
var request = new XMLHttpRequest();

// Internet Explorer 5、5.5、6（IE 7でも可）
try {
  var request = new ActiveXObject("Microsoft.XMLHTTP");
} catch (e) {
  alert("ActiveX is disabled");
}
```

Microsoft が疑似ネイティブな XMLHttpRequest オブジェクトを提供するようになったのは、Internet Explorer 7 が最初だが、IE 7 は ActiveX オブジェクトも提供していた。しかし、ActiveX と IE 7 のネイティブオブジェクトは、ともにユーザー、システム管理者によって無効にされている場合があるので、要求を作るときには注意が必要だ。さらに、IE 7 の「ネイティブ」バージョンは、ローカルファイル要求を発行できないので、ActiveX オブジェクトが使えるときには、ActiveX オブジェクトを使うことにする。

リスト 12-5 で使われている ActiveX オブジェクトの識別子、「Microsoft.XMLHTTP」は、ActiveX ProgId と呼ばれているものである。XMLHttpRequest オブジェクトには、Msxml のバージョンに対応して数種類の ProgId がある。

- Microsoft.XMLHTTP
- Msxml2.XMLHTTP
- Msxml2.XMLHTTP.3.0
- Msxml2.XMLHTTP.4.0
- Msxml2.XMLHTTP.5.0
- Msxml2.XMLHTTP.6.0

要約すると、`Microsoft.XMLHTTP` は、古いバージョンの Windows に搭載されていた IE 5.x を対象としている。バージョン 4、5 はブラウザ用としては考えられておらず、最初の 3 つの ProgId は、ほとんどの環境で同じオブジェクト、`Msxml2.XMLHTTP.3.0` を参照している。最後に、一部のクライアントは、`Msxml2.XMLHTTP.3.0` と並行して `Msxml2.XMLHTTP.6.0` もインストールしていることがある（IE 6 添付）。つまり、Internet Explorer で最新のオブジェクトを使いたければ、`Msxml2.XMLHTTP.6.0` か `Microsoft.XMLHTTP` を取得すれば十分だということである。`Msxml2.XMLHTTP.3.0`（これも IE 6 に含まれている）は、下位互換性を維持するために `Microsoft.XMLHTTP` という別名を残しているので、話を単純にするために、`Microsoft.XMLHTTP` を使っていくことにしよう。

12.3.3 tddjs.ajax.createを実装する

利用できるさまざまなオブジェクトについての知識が得られたので、**リスト12-6**のようにajax.createを実装することができる。

リスト12-6 XMLHttpRequestオブジェクトを作る

```
tddjs.namespace("ajax").create = function () {
  var options = [
    function () {
      return new ActiveXObject("Microsoft.XMLHTTP");
    },

    function () {
      return new XMLHttpRequest();
    }
  ];

  for (var i = 0, l = options.length; i < l; i++) {
    try {
      return options[i]();
    } catch (e) {}
  }

  return null;
};
```

テストを実行すると、この実装で十分だということが確かめられる。これで最初のテストは緑になった。次のテストに急いで移る前に、リファクタリングで改善できる重複、その他の問題点を探しておこう。コードのなかに自明な重複は含まれていないが、実行時の重複がある。オブジェクトが作成されるたびに、適切なオブジェクトを探すtry/catchが実行されているのである。これはムダだ。オブジェクトを定義する前に、どのオブジェクトが使えるかを調べれば、メソッドを改善できる。こうすると、呼び出し時のオーバーヘッドがなくなり、機能検出が組み込まれるという2つのメリットがある。作成できるオブジェクトがなければ、tddjs.ajax.createもないので、クライアントコードは、tddjs.ajax.createの有無をチェックするだけで、ブラウザがXMLHttpRequestをサポートしているかどうかをテストできる。**リスト12-7**は、改良されたメソッドである。

リスト12-7 あらかじめサポートされているかどうかをチェックする

```
(function () {
  var xhr;
  var ajax = tddjs.namespace("ajax");

  var options = [/* ... */]; // 以前と同じ
```

```
    for (var i = 0, l = options.length; i < l; i++) {
      try {
        xhr = options[i]();
        ajax.create = options[i];
        break;
      } catch (e) {}
    }
}());
```

この実装なら、try/catch はロード時に実行されるだけである。ajax.create は、作成に成功していれば、正しい関数を直接呼び出す。バーは緑のままなので、次の要件に集中できる。

12.3.4 より強力な機能検出

私たちが書いたばかりのテストは、JsTestDriver の基本セットアップとともに実行する限りで動作する（JsTestDriver は、XMLHttpRequest オブジェクトか同等のものを必要とする）。しかし、リスト 12-3 で行ったチェックは、実際には返されたオブジェクトの機能をチェックする機能テストである。私たちは、オブジェクトを一度だけチェックするメカニズムを持っているので、このチェックはできる限り強力なものにしておくとよい。このような理由から、**リスト 12-8** は、最初の実行時に同じテストを実行し、使えるオブジェクトが返されていることにもっと自信を持てるようにしている。このコードは、第 10 章「機能検出」で書き、lib/tdd.js に含まれている tddjs.isHostMethod メソッドを必要とする。

リスト 12-8　より強い機能検出の追加

```
/* ... */

try {
  xhr = options[i]();

  if (typeof xhr.readyState == "number" &&
      tddjs.isHostMethod(xhr, "open") &&
      tddjs.isHostMethod(xhr, "send") &&
      tddjs.isHostMethod(xhr, "setRequestHeader")) {
    ajax.create = options[i];
    break;
  }
} catch (e) {}
```

12.4 要求の発行

では、URL と HTTP 動詞を使ってサーバーに要求を発行できるインターフェイスを作り、可能なら成功時、失敗時のコールバックを指定できるようにするという究極の目標をコードにして Request API を作ろう。ま

ず、**リスト12-9** のように GET 要求から始める。この内容は、`test/request_test.js` に格納する。

リスト12-9　tddjs.ajax.get が定義されていることを確かめる

```
TestCase("GetRequestTest", {
  "test should define get method": function () {
    assertFunction(tddjs.ajax.get);
  }
});
```

get メソッドがあるかどうかをチェックするところからスタートする。予想されるように、メソッドがないため、このテストは不合格になる。**リスト12-10** は、メソッドを定義している。これを `src/request.js` に保存する。

リスト12-10　tddjs.ajax.get を定義する

```
tddjs.namespace("ajax").get = function () {};
```

12.4.1　URLを要件とする

get メソッドは URL を受け付けられなければならない。と言うより、get は URL を要件とする必要がある。**リスト12-11** は、それをテストしている。

リスト12-11　URL が必須とされていることをテストする

```
"test should throw error without url": function () {
  assertException(function () {
    tddjs.ajax.get();
  }, "TypeError");
}
```

私たちのコードは、まだ例外を投げていないので、このメソッドはそのために不合格になるはずである。試してみると予想通りに不合格になるので、**リスト12-12** に進む。

リスト12-12　URL が文字列でなければ例外を投げる

```
tddjs.namespace("ajax").get = function (url) {
  if (typeof url != "string") {
    throw new TypeError("URL should be string");
  }
};
```

これでテストは合格する。では、取り除かなければならない重複はあるだろうか。名前空間をいちいち指定するのがそろそろちょっと面倒な感じのコードとして目立ち始めている。テストを無名クロージャでラップし、変数に ajax 名前空間を代入すれば、ローカルスコープに ajax 名前空間を「インポート」できる。こうすれば、**リスト12-13** に示すように、参照するたびに 4 キーストロークずつ楽になる。

リスト 12-13　テストに ajax 名前空間を「インポート」する

```
(function () {
  var ajax = tddjs.ajax;

  TestCase("GetRequestTest", {
    "test should define get method": function () {
      assertFunction(ajax.get);
    },

    "test should throw error without url": function () {
      assertException(function () {
        ajax.get();
      }, "TypeError");
    }
  });
}());
```

同じことをソースファイルにも適用できる。**リスト 12-14** に示すように、無名クロージャによって得られるスコープを名前つき関数にも使える。関数宣言なら、第 5 章「関数」で説明した Internet Explorer が抱える名前つき関数式の問題を避けることができる。

リスト 12-14　ソースに ajax 名前空間を「インポート」する

```
(function () {
  var ajax = tddjs.namespace("ajax");

  function get(url) {
    if (typeof url != "string") {
      throw new TypeError("URL should be string");
    }
  }

  ajax.get = get;
}());
```

12.4.2　XMLHttpRequestオブジェクトのスタブを使う

get メソッドが何かをしようと思ったら、XMLHttpRequest オブジェクトを作る必要がある。単純に get メソッドに ajax.create を使ってオブジェクトを作らせればよい。こうすると、要求 API と作成 API の間にちょっとした密結合が生まれることに注意していただきたい。おそらく、トランスポートオブジェクトを注入したほうがよいのだろうと思われるが、今の段階では話を単純にしておくことだ。あとで大きな構図がより鮮明に見えてきたら、いつでもリファクタリングできる。

オブジェクトが作成されたら、と言うよりもメソッドが呼び出されたら、なんとかして本来の実装をフェイ

クしなければならない。スタブとモックは、テストで本物のオブジェクトをまねるオブジェクトを作る2つの方法である。フェイク、ダミーとともに、これらは集合的に**テストダブル**と呼ばれることが多い。

手作業によるスタブ化

テストダブルは、本来の実装が使いにくいときや、依存ファイルからインターフェイスを切り離したいときに使われる。XMLHttpRequest の場合は、両方の理由から本物を使うことを避けたいと思っている。**リスト 12-15** は、本物のオブジェクトを作る代わりに、ajax.create をスタブに置き換え、ajax.get を呼び出し、ajax.create が呼び出されていることをアサートしている。

リスト 12-15　create メソッドを手作業でスタブに置き換える

```
"test should obtain an XMLHttpRequest object": function () {
  var originalCreate = ajax.create;

  ajax.create = function () {
    ajax.create.called = true;
  };

  ajax.get("/url");

  assert(ajax.create.called);

  ajax.create = originalCreate;
}
```

テストは、もとのメソッドの参照を保存し、呼び出されたらテストがアサートできるフラグを設定するスタブ関数で上書きし、最後にもとのメソッドを復元する。この方法には2つの問題点がある。何よりもまず、テストが不合格になると、もとのメソッドが復元されなくなってしまう。アサートは、失敗すると AssertError 例外を投げるため、テストが成功しない限り、最後の行は実行されない。この問題は、もとのメソッドの参照の保存、復元をそれぞれ setUp、tearDown メソッドに移動すれば解決できる。**リスト 12-16** は、更新後のテストケースを示したものである。

リスト 12-16　ajax.create を安全にスタブに置き換え、復元する

```
TestCase("GetRequestTest", {
  setUp: function () {
    this.ajaxCreate = ajax.create;
  },

  tearDown: function () {
    ajax.create = this.ajaxCreate;
  },

  /* ... */
```

```
  "test should obtain an XMLHttpRequest object":
  function () {
    ajax.create = function () {
      ajax.create.called = true;
    };

    ajax.get("/url");

    assert(ajax.create.called);
  }
});
```

次の問題を解決する前に、問題のメソッドを実装しなければならない。**リスト 12-17** に示すように、ajax.get のなかにコードを 1 行追加するだけでよい。

リスト 12-17　オブジェクトを作る

```
function get(url) {
  /* ... */
  var transport = tddjs.ajax.create();
}
```

この 1 行を追加すると、テストは再び緑に戻る。

自動的なスタブ化

最初のコードが抱える第 2 の問題は、かなり冗長なことである。呼び出されたらフラグをセットする関数を作るヘルパーメソッドを抽出し、このフラグにアクセスできるようにすれば、この問題はかなりましになる。**リスト 12-18** は、そのようなメソッドの例を示したものである。このコードは、lib/stub.js に保存する。

リスト 12-18　スタブ関数作成ヘルパーを抽出する

```
function stubFn() {
  var fn = function () {
    fn.called = true;
  };

  fn.called = false;

  return fn;
}
```

リスト 12-19 は、更新後のテストを示したものである。

リスト 12-19　スタブヘルパーを使ってコードを書き直す

```
"test should obtain an XMLHttpRequest object": function () {
  ajax.create = stubFn();
```

```
    ajax.get("/url");

    assert(ajax.create.called);
}
```

これで ajax.get が XMLHttpRequest を手に入れるのははっきりするので、XMLHttpRequest を正しく使わなければならない。ajax.get がまずすべきことは、XMLHttpRequest の open メソッドを呼び出すことである。となると、スタブ作成ヘルパーは、オブジェクトを返せなければならない。**リスト 12-20** は、更新後のスタブ作成ヘルパーと open が正しい引数で呼び出されることを確かめる新しいテストを示したものである。

リスト 12-20　open メソッドが正しく使われていることをテストする

```
function stubFn(returnValue) {
  var fn = function () {
    fn.called = true;
    return returnValue;
  };

  fn.called = false;

  return fn;
}

TestCase("GetRequestTest", {
  /* ... */

  "test should call open with method, url, async flag":
  function () {
    var actual;

    ajax.create = stubFn({
      open: function () {
        actual = arguments;
      }
    });

    var url = "/url";
    ajax.get(url);

    assertEquals(["GET", url, true], actual);
  }
});
```

しかし、現在の実装は open メソッドを呼び出しておらず、actual は未定義になっているので、このテストは不合格になるはずだ。そして実際にテストは不合格になるので、**リスト 12-21** のような実装を書く。

12.4 要求の発行

リスト 12-21　open を呼び出す

```
function get(url) {
  /* ... */
  transport.open("GET", url, true);
}
```

こうすると、おもしろいことがいくつか起きるようになる。まず、HTTP 動詞と非同期フラグをともにハードコードしている。一度に1ステップということを忘れないようにしよう。これらはあとで設定できるように変えられる。テストを実行すると、新しいテストは合格するが、もとのテストは不合格になることがわかる。もとのテストが不合格になるのは、そのなかに含まれていたスタブがオブジェクトを返さず、本番コードが undefined.open を呼び出そうとするからである。これは明らかに動作しない。

第2のテストは、stubFn 関数を使ってスタブを作っているが、引数のチェックのために open のスタブメソッドを手作業で作っている。この問題を解決するには、stubFn を改良して、テスト間でニセの XMLHttpRequest オブジェクトを共有しなければならない。

スタブを改良する

手作業で書いたスタブの open メソッドを取り除くために、**リスト 12-22** は受け付けた引数を記録し、テスト内のチェックコードからアクセスできるようにしている。

リスト 12-22　スタブ作成ヘルパーを改良する

```
function stubFn(returnValue) {
  var fn = function () {
    fn.called = true;
    fn.args = arguments;
    return returnValue;
  };

  fn.called = false;

  return fn;
}
```

このように改良した stubFn を使うと、第2のテストは**リスト 12-23** のようにかなりクリーンになる。

リスト 12-23　改良されたスタブ作成ヘルパーを使う

```
"test should call open with method, url, async flag":
function () {
  var openStub = stubFn();
  ajax.create = stubFn({ open: openStub });
  var url = "/url";
  ajax.get(url);

  assertEquals(["GET", url, true], openStub.args);
```

}
```

このコードでは、`ajax.create`として、1個のプロパティを持つオブジェクトを返すスタブを生成するようになった。そして、テストをチェックするために、`open`が正しい引数で呼び出されたかどうかをアサートしている。

第2の問題は、`transport.open`呼び出しを追加したために、`ajax.create`のスタブメソッドからオブジェクトを返さない第1のテストが不合格になってしまうことだった。この問題を解決するために、ニセのXMLHttpRequestオブジェクトを外に出し、`ajax.create`のスタブはそれを返すようにして、テスト間でニセのXMLHttpRequestオブジェクトを共有できるようにする。オブジェクトは、テストケースの`setUp`でうまい具合に作れる。**リスト12-24**の`fakeXMLHttpRequest`オブジェクトの定義からスタートし、`lib/fake_xhr.js`ファイルに保存する。

**リスト12-24　fakeXMLHttpRequestを独立させる**

```
var fakeXMLHttpRequest = {
  open: stubFn()
};
```

ニセオブジェクトは`stubFn`に依存しており、`stubFn`は`lib/stub.js`で定義されているので、`jsTestDriver.conf`を書き換え、ヘルパーがニセオブジェクトよりも先にロードされているようにしなければならない。**リスト12-25**は、更新後の設定ファイルである。

リスト12-25　jsTestDriver.confを書き換えてファイルが正しい順序でロードされるようにする

```
server: http://localhost:4224

load:
  - lib/stub.js
  - lib/*.js
  - src/*.js
  - test/*.js
```

次にテストケースを書き換え、`ajax.create`スタブの作成コードを`setUp`に移す。`fakeXMLHttpRequest`オブジェクトの作成には、第7章「オブジェクトとプロトタイプの継承」の`Object.create`を使うので、この関数を`lib/object.js`に入れる必要がある。**リスト12-26**は、更新後のテストケースである。

リスト12-26　ajax.createとXMLHttpRequestの自動スタブ作成

```
TestCase("GetRequestTest", {
  setUp: function () {
    this.ajaxCreate = ajax.create;
    this.xhr = Object.create(fakeXMLHttpRequest);
    ajax.create = stubFn(this.xhr);
  },

  /* ... */
```
```

```
    "test should obtain an XMLHttpRequest object":
    function () {
      ajax.get("/url");

      assert(ajax.create.called);
    },

    "test should call open with method, url, async flag":
    function () {
      var url = "/url";
      ajax.get(url);

      assertEquals(["GET", url, true], this.xhr.open.args);
    }
  });
```

大幅に改善された。テストを再実行すると、すべて合格することを確かめられる。さらに、fakeXMLHttpRequest オブジェクトにスタブを追加すると、ajax.get のテストが大幅に単純になる。

機能検出と ajax.create

ajax.get は、ブラウザが XMLHttpRequest オブジェクトをサポートしない場合には使えない ajax.create メソッドに依存している。トランスポートを取得できない ajax.get を提供しないようにするには、このメソッドも条件によって結果が変わるようにしなければならない。**リスト 12-27** は、必要なテストを示したものである。

リスト 12-27　ajax.create が定義されていない場合には中途で終了する

```
(function () {
  var ajax = tddjs.namespace("ajax");

  if (!ajax.create) {
    return;
  }

  function get(url) {
    /* ... */
  }

  ajax.get = get;
}());
```

このテストが合格するようになると、ajax.get メソッドを使うクライアントは、ajax.get を使う前に ajax.create が存在しているかどうかをチェックする同様のテストを追加できる。このように機能検出を階層化すると、特定の環境でどの機能が使えるかをきめ細かく管理できるようになる。

12.4.3 状態変更の処理の準備

次に、XMLHttpRequest オブジェクトは、**リスト 12-28** が示すように、onreadystatechange ハンドラに関数を代入していなければならない。

リスト 12-28 　レディ状態ハンドラに関数が代入されていることをチェックする

```
"test should add onreadystatechange handler": function () {
  ajax.get("/url");

  assertFunction(this.xhr.onreadystatechange);
}
```

onreadystatechange はまだ定義されていないので、予想通りにテストは不合格になる。今の段階では、**リスト 12-29** が示すように、空の関数を代入しておけばよい。

リスト 12-29 　空の onreadystatechange ハンドラを設定する

```
function get(url) {
  /* ... */
  transport.onreadystatechange = function () {};
}
```

要求を送るためには、send メソッドを呼び出さなければならない。そのため、fakeXMLHttpRequest にはスタブの send メソッドを追加し、それが呼び出されたことをアサートしなければならないということである。**リスト 12-30** は、更新後のオブジェクトを示している。

リスト 12-30 　スタブの send メソッドを追加する

```
var fakeXMLHttpRequest = {
  open: stubFn(),
  send: stubFn()
};
```

リスト 12-31 は、send メソッドが ajax.get から呼び出されることを確かめる。

リスト 12-31 　get は send を呼び出すはず

```
TestCase("GetRequestTest", {
  /* ... */

  "test should call send": function () {
    ajax.get("/url");

    assert(xhr.send.called);
  }
});
```

リスト 12-32 が示すように、ここでも実装は 1 行である。

リスト 12-32　send を呼び出す

```
function get(url) {
  /* ... */
  transport.send();
}
```

これで、すべてのバーが再び緑になる。stubXMLHttpRequest がすでに作った以上の成果を上げていることに注意しよう。XMLHttpRequest の新しいメソッドを呼び出すときでも、それらがどれも同じソースから XMLHttpRequest を手に入れていることがわかっているので、スタブを使ったほかのテストを更新する必要はない。

12.4.4 状態変更の処理

きわめて小さな形だが、ajax.get が動くようになった。完成ではないが、サーバーに GET 要求を送ることはできる。次に、API のユーザーが要求の成否を表すイベントを処理できるようにするために、onreadystatechange ハンドラに力を集中させよう。

onreadystatechange は、要求の処理が進むのに合わせて呼び出される。一般に、ハンドラは次の 4 状態（W3C XMLHttpRequest 仕様案より。実装によって名前が異なる場合があるので注意していただきたい）になるたびに一度ずつ呼び出される。

1. **OPENED**：open が呼び出され、setRequestHeader と send を呼び出せる状態になっている。
2. **HEADERS RECEIVED**：send が呼び出され、ヘッダーとステータスが返されている。
3. **LOADING**：ダウンロード中。responseText にはデータの一部が格納されている。
4. **DONE**：処理が完了した。

応答が大きい場合、onreadystatechange は、チャンクが届くたびに LOADING 状態で数回呼び出される。

成功かどうかのテスト

最初の目標を達成するには、要求が完了したタイミングだけに注目すればよい。要求の処理が終了すると、要求の HTTP ステータスをチェックし、成功しているかどうかを判断する。成功のいつもの条件をテストするところから始めよう。レディ状態が 4 でステータスが 200 ならよい。リスト 12-33 は、これについてのテストである。

リスト 12-33　レディ状態ハンドラをテストして要求が成功したかどうかをチェックする

```
TestCase("ReadyStateHandlerTest", {
  setUp: function () {
    this.ajaxCreate = ajax.create;
    this.xhr = Object.create(fakeXMLHttpRequest);
    ajax.create = stubFn(this.xhr);
  },
```

```
    tearDown: function () {
      ajax.create = this.ajaxCreate;
    },

    "test should call success handler for status 200":
    function () {
      this.xhr.readyState = 4;
      this.xhr.status = 200;
      var success = stubFn();

      ajax.get("/url", { success: success });
      this.xhr.onreadystatechange();

      assert(success.called);
    }
  });
```

onreadystatechangeハンドラを対象とするテストはこれからかなり多く必要なので、新しいテストケースを作った。こうすると、テスト名からこの特定の関数に対するテストだということがわかるので、すべてのテストの前に「onreadystatechange handler should」（onreadystatechange ハンドラが〜することを確かめる）と入れなくても済む。また、問題が起きて焦点を絞ったテストをしたいときに、これらのテストだけを実行することができる。

このテストに合格するためには、かなりのことをしなければならない。まず、ajax.get は、オプションオブジェクトを受け付けなければならない。現在サポートされているオプションは成功時のコールバックだけである。次に、前節で追加した onreadystatechange 関数に本体を追加しなければならない。実装は、**リスト 12-34** のようになる。

リスト 12-34　成功コールバックを受け付け、呼び出す

```
(function () {
  var ajax = tddjs.namespace("ajax");

  function requestComplete(transport, options) {
    if (transport.status == 200) {
      options.success(transport);
    }
  }

  function get(url, options) {
    if (typeof url != "string") {
      throw new TypeError("URL should be string");
    }

    var transport = ajax.create();
    transport.open("GET", url, true);
```

```
    transport.onreadystatechange = function () {
      if (transport.readyState == 4) {
        requestComplete(transport, options);
      }
    };

    transport.send();
  }

  ajax.get = get;
}());
```

ajax.getメソッドが台所のシンク以外のあらゆるものを処理することを避けるために、完了した要求の処理は、別個の関数に分けてある。そこで、ヘルパー関数をローカルに保つために、実装全体を無名クロージャで囲まなければならなくなった。そして、クロージャ内のスコープに tddjs.ajax 名前空間を「インポート」する。かなりの作業である。1つ書き換えるたびにテストは実行してある。大切なのは、この実装のもとですべてのテストが動くことだ。

onreadystatechange 全体ではなく、requestComplete を外に出したのはなぜだろうか。ハンドラから options オブジェクトにアクセスできるようにするためには、オブジェクトにハンドラをバインドするか、onreadystatechange に代入される無名関数のなかから関数を呼び出さなければならない。どちらの場合でも、ネイティブな bind 実装なしではブラウザ内で一度ではなく二度の関数呼び出しをしなければならなくなっていただろう。大きな応答を返す要求では、ハンドラは何度も呼び出される（readyState 3 で）ので、関数呼び出しが二度になると、不要なオーバーヘッドが加わってしまう。

では、readystatechange ハンドラが呼び出されたのに、成功コールバックを提供していなければ、どうなるだろうか。**リスト 12-35** は、それを探ろうとしている。

リスト 12-35　要求が成功してもコールバックがないときに対応する

```
"test should not throw error without success handler":
    function () {
  this.xhr.readyState = 4;
  this.xhr.status = 200;

  ajax.get("/url");

  assertNoException(function () {
    this.xhr.onreadystatechange();
  }.bind(this));
}
```

assertNoException に対するコールバックのなかで this.xhr にアクセスしなければならないので、コールバックをバインドしている。クロスブラウザで確実にバインドを行うために、第 6 章「関数とクロージャの応用」の Function.prototype.bind の実装を lib/function.js に保存しておく必要がある。

このテストは、予想通りに不合格になる。ajax.get は、options オブジェクトも成功コールバックもノー

チェックで通してしまっているのである。このテストに合格するためには、**リスト 12-36** のようにコードを防衛的にしなければならない。

リスト 12-36　options 引数をチェックする

```
function requestComplete(transport, options) {
  if (transport.status == 200) {
    if (typeof options.success == "function") {
      options.success(transport);
    }
  }
}

function get(url, options) {
  /* ... */
  options = options || {};
  var transport = ajax.create();
  /* ... */
};
```

このようにセーフティネットを張ると、テストは合格する。成功ハンドラは、`options` 引数が存在することをチェックする必要はない。ハンドラは内部関数なので、どのように呼び出されるかについては完全にコントロールできる。そして、`ajax.get` で条件代入をしているので、`options` が `null` や `undefined` にならないことは保証されている。

12.5 Ajax APIの使い方

まだ荒っぽい感じだが、`tddjs.ajax.get` は機能すると考えてよい程度になった。私たちは、何もないところから小さなイテレーションをくり返し、ステップバイステップで `tddjs.ajax.get` を作ってきた。そして基本的な道筋も見てきた。ここでは、少し寄り道をして、実際の世界でも本当に動作することを確かめよう。

12.5.1 統合テスト

API を使うためには、テストをホスティングする HTML ページが必要である。テストページは、ほかの HTML ページのために簡単な要求を送り、結果を DOM に追加する。テストページは**リスト 12-37** に示す通りで、**リスト 12-38** のテストスクリプト、`successful_get_test.js` を必要とする。

リスト 12-37　テスト用の HTML 文書

```
<!DOCTYPE html PUBLIC "-//W3C//DTD HTML 4.01//EN"
         "http://www.w3.org/TR/html4/strict.dtd">
  <html lang="en">
  <head>
    <meta http-equiv="content-type"
```

```html
            content="text/html; charset=utf-8">
    <title>Ajax Test</title>
  </head>
  <body onload="startSuccessfulGetTest()">
    <h1>Ajax Test</h1>
    <div id="output"></div>
    <script type="text/javascript"
            src="../lib/tdd.js"></script>
    <script type="text/javascript"
            src="../src/ajax.js"></script>
    <script type="text/javascript"
            src="../src/request.js"></script>
    <script type="text/javascript"
            src="successful_get_test.js"></script>
  </body>
</html>
```

リスト12-38　統合テストスクリプト

```
function startSuccessfulGetTest() {
  var output = document.getElementById("output");

  if (!output) {
    return;
  }

  function log(text) {
    if (output && typeof output.innerHTML != "undefined") {
      output.innerHTML += text;
    } else {
      document.write(text);
    }
  }

  try {
    if (tddjs.ajax && tddjs.get) {
      var id = new Date().getTime();

      tddjs.ajax.get("fragment.html?id=" + id, {
        success: function (xhr) {
          log(xhr.responseText);
        }
      });
    } else {
      log("Browser does not support tddjs.ajax.get");
    }
```

```
        } catch (e) {
            log("An exception occured: " + e.message);
        }
    }
```

テストスクリプトの log 関数からもわかるように、このテストは古いブラウザでも実行するつもりでいる。要求されている HTML の断片は、**リスト 12-39** の通りである。

リスト 12-39　非同期にロードされる HTML の断片

```
<h1>Remote page</h1>
<p>
    Hello, I am an HTML fragment and I was fetched
    using <code>XMLHttpRequest</code>
</p>
```

12.5.2　テストの結果

　テストを実行してみることは、多くの場合は楽しい経験なのだが、コードについて学ばされることもある。おそらくもっとも驚くべきことは、このテストが ver.3.0.x までの Firefox では不合格になることだろう。Mozilla Developer Center のドキュメントによれば、send は**オプション**の body 引数を取ることになっているが、実際には、ver.3.0.x までの Firefox は、引数なしで send が呼び出されると例外を投げるのである。

　現実の世界での問題点が見つかったとき、TDD の実践者が取るべき反応は、テストでそれを捕捉することである。私たちのコードがこの例外を処理することを確かめてバグを捕捉してもよいのだが、それでは ver.3.0.x 以前の Firefox で要求を発行できるようにはならない。それよりも、send が引数つきで呼び出されることをアサートしたほうが効果的だ。GET 要求に要求本体が含まれていない場合には、単純に null を渡せばよい。このテストは GetRequestTest テストケースに含まれ、**リスト 12-40** のようになる。

リスト 12-40　send が引数つきで呼び出されることをアサートする

```
"test should pass null as argument to send": function () {
    ajax.get("/url");

    assertNull(this.xhr.send.args[0]);
}
```

テストは不合格になるので、**リスト 12-41** のように、send に直接 null を渡すように ajax.get を書き換える。

リスト 12-41　send に null を渡す

```
function get(url, options) {
    /* ... */
    transport.send(null);
}
```

これでテストは緑に戻り、統合テストは Firefox でもスムーズに実行されるようになる。実際、Firebird (0.7) と呼ばれていた最初期のものも含め、Firefox のすべてのバージョンでコードは実行できるようになる。他のブラウザでもうまく動作する。たとえば、Internet Explorer 5 以上でも、テストは成功する。このコードは、新旧の非常にさまざまなブラウザでテストしてある。すべてのブラウザが、テストに合格するか、「Browser does not support tddjs.ajax.get.」（このブラウザは tddjs.ajax.get をサポートしません）というメッセージを出力してテストを穏便に不合格にする。

12.5.3 この先の微妙なトラブル

このコードには、今の問題ほど自明ではないが、もう1つ問題がある。XMLHttpRequest オブジェクトとその onreadystatechange プロパティに代入された関数とが循環参照を引き起こし、Internet Explorer ではメモリリークを起こすのである。実際にどうなるかを調べるには、先ほどと同様で 1000 回の要求を送る別のテストページを作り、Windows のタスクマネージャで Internet Explorer のメモリ使用量を監視すればよい。使用量はあっという間に上がるだろう。しかも、ページを離れても、メモリ使用量は下がらないのだ。これは深刻な問題だが、簡単に修正できる問題でもある。要求の処理が終わったら、onreadystatechange ハンドラを取り除くか、要求オブジェクトを null にして（このようにしてハンドラのスコープから取り除いて）、循環参照を破ればよい。

私たちは、テストケースを使ってこの問題が処理されていることを確かめる。トランスポートを null にするほうが単純だが、これはローカル値なのでテストできない。そこで、onreadystatechange ハンドラを取り除くことにする。

onreadystatechange ハンドラを取り除く方法はいくつかある。すぐに頭に浮かぶのは、null にするか delete 演算子を使うかだ。Internet Explorer を登場させよう。IE では delete 演算子は使えない。プロパティの削除が成功しなかったことを示す false が返されてしまう。プロパティに null（あるいはその他の関数以外の値）をセットすると、例外が投げられる。正しい答は、スコープ内に要求オブジェクトを含んでいない関数を onreadystatechange に代入することだ。「クリーン」なスコープチェーンを持っていることで知られる tddjs.noop 関数を作ればよい。**リスト 12-42** が示すように、テストでも、実装外の関数は手軽に使える。

リスト 12-42　循環参照が切れていることをアサートする

```
"test should reset onreadystatechange when complete":
function () {
  this.xhr.readyState = 4;
  ajax.get("/url");

  this.xhr.onreadystatechange();

  assertSame(tddjs.noop, this.xhr.onreadystatechange);
}
```

予想通りに、このテストは不合格になる。実装の修正は、**リスト 12-43** に示すように簡単だ。

リスト 12-43　循環参照を破る

```
tddjs.noop = function () {};

(function () {
  /* ... */
  function get(url, options) {
    /* ... */

    transport.onreadystatechange = function () {
      if (transport.readyState == 4) {
        requestComplete(transport, options);
        transport.onreadystatechange = tddjs.noop;
      }
    };

    transport.send(null);
  };

  /* ... */
}());
```

この2行を追加すれば、テストは再び合格する。Internet Explorerで大量要求テストを再実行すると、メモリリークが起きなくなったことが確かめられる。

12.5.4 ローカル要求

現在の実装が抱える最後の問題点は、ローカル要求を発行できないことである。ローカル要求を発行してもエラーは起きないが、「何も起きない」。これはなぜかというと、ローカルファイルシステムにはHTTPステータスコードという概念がないからである。そのため、readyStateが4のときのステータスコードが0になってしまうのである。現在の実装はステータスコード200だけを受け入れているが、これではいずれにしても不十分だ。リスト12-44のように、スクリプトがローカルに実行されているかどうか、そしてステータスコードがセットされていないかどうかをチェックして、ローカル要求をサポートする。

リスト 12-44　ローカル要求でも成功ハンドラが呼び出されるようにする

```
"test should call success handler for local requests":
function () {
  this.xhr.readyState = 4;
  this.xhr.status = 0;
  var success = stubFn();
  tddjs.isLocal = stubFn(true);

  ajax.get("file.html", { success: success });
  this.xhr.onreadystatechange();
```

```
        assert(success.called);
      }
```

このテストは、tddjs.isLocal というヘルパーメソッドでスクリプトがローカルに実行されているかどうかをチェックすることを前提としている。tddjs.isLocal としてはスタブを使っているので、setUp で参照を保存し、tearDown で復元できるようになっている。

テストを合格させるためには、要求がローカルファイルに対するもので、ステータスコードがセットされていない場合には、成功コールバックを呼び出すようにしなければならない。**リスト 12-45** は、更新後のレディ状態変更ハンドラである。

リスト 12-45　ローカル要求を成功させられるようにする

```
function requestComplete(transport, options) {
  var status = transport.status;

  if (status == 200 || (tddjs.isLocal() && !status)) {
    if (typeof options.success == "function") {
      options.success(transport);
    }
  }
}
```

これでテストに合格するようになる。ブラウザでも使えるようにするには、**リスト 12-46** のように、スクリプトがローカルに実行されているかどうかを判定するヘルパーメソッドを実装しなければならない。

リスト 12-46　現在の URL をチェックして、要求がローカルかどうかを判断する

```
tddjs.isLocal = (function () {
  function isLocal() {
    return !!(window.location &&
              window.location.protocol.indexOf("file:") === 0);
  }

  return isLocal;
}());
```

このヘルパーメソッドを追加して統合テストをローカルに再実行すると、HTML の断片をロードするようになっていることがわかる。

12.5.5　ステータスのテスト

1ステップ（テストと数行の本番コード）分の作業が終わったので、コードを見直して重複を探す時間である。先ほど追加したスタブヘルパーのもとでも、readyState と status の異なる組合せをチェックするテストは、非常によく似ている。しかも、私たちはまだほかの 2xx ステータスコードも、すべてのエラーコードもテストしていないのである。

重複を取り除くために、`fakeXMLHttpRequest` オブジェクトにレディ状態の変更をフェイクするメソッドを追加する。**リスト 12-47** は、レディ状態を変更して `onreadystatechange` ハンドラを呼び出すメソッドを追加している。

リスト 12-47　フェイク要求にメソッドを追加する

```
var fakeXMLHttpRequest = {
  open: stubFn(),
  send: stubFn(),

  readyStateChange: function (readyState) {
    this.readyState = readyState;
    this.onreadystatechange();
  }
};
```

このメソッドを使えば、引数としてステータスコードとレディ状態を受け付け、`success` と `failure` というプロパティを持つオブジェクトを返すヘルパーメソッドを抽出できる。2つのプロパティは、対応するコールバックが呼び出されたかどうかを示す。私たちはまだ失敗コールバックのテストを書いていないので、ちょっとした飛躍をすることになるが、前進するためにここではかけ足をする。**リスト 12-48** は、新しいヘルパー関数である。

リスト 12-48　テスト用の要求ヘルパー関数

```
function forceStatusAndReadyState(xhr, status, rs) {
  var success = stubFn();
  var failure = stubFn();

  ajax.get("/url", {
    success: success,
    failure: failure
  });

  xhr.status = status;
  xhr.readyStateChange(rs);

  return {
    success: success.called,
    failure: failure.called
  };
}
```

このヘルパーは、いくつかのテストを抽象化するものなので、かなり長ったらしい名前をつけて、テストの意味がはっきりするようにしている。テストが抽象的でわけがわからないものになっているか、まだ意味が明確かについては、あなたが判定を下していただきたい。**リスト 12-49** は、このヘルパーを使ったテストコードである。

12.5 Ajax API の使い方

リスト 12-49　テスト内で要求ヘルパーを使う

```
"test should call success handler for status 200":
function () {
  var request = forceStatusAndReadyState(this.xhr, 200, 4);

  assert(request.success);
},

/* ... */

"test should call success handler for local requests":
function () {
  tddjs.isLocal = stubFn(true);

  var request = forceStatusAndReadyState(this.xhr, 0, 4);

  assert(request.success);
}
```

　このように大きい変更を加えるとき、私はヘルパーにわざとバグを入れて期待通りに動作しているかどうかを確かめることがよくある。たとえば、ヘルパー内の成功ヘルパーを設定する行をコメントアウトしたら、テストが不合格になるかどうかをチェックする。また、true を返すスタブを tddjs.isLocal に代入する行をコメントアウトすると、第 2 のテストは不合格になるはずである。レディ状態やステータスコードを操作するのも、テストが期待通りにふるまうかどうかを試すためによい方法である。

ステータスコードのさらなるテスト

　新しいヘルパーを使うと、新しいステータスコードのテストはごく簡単な仕事になるので、この部分は練習問題としておこう。その他のステータスコードをテストし、200 台以外のステータスコード（ただし、ローカルファイルの 0 と 304 の「変更なし」を除く）に対しては失敗コールバックが呼び出されるようにすることはテスト駆動開発のよい練習になるが、それを説明しても、今までの議論に加えられるものはほとんどない。読者は、練習問題としてぜひこのステップをやりとげるようにしていただきたい。そして、自分のコードができたときには、本書の Web サイト[2]からサンプルコードをダウンロードすれば、私のコードと比較することができる。
　リスト 12-50 は、完成したハンドラを示している。

リスト 12-50　成功コールバックと失敗コールバックの呼び分け

```
function isSuccess(transport) {
  var status = transport.status;

  return (status >= 200 && status < 300) ||
         status == 304 ||
         (tddjs.isLocal() && !status);
```

---

[2] http://tddjs.com

```
   }
   function requestComplete(transport, options) {
     if (isSuccess(transport)) {
       if (typeof options.success == "function") {
         options.success(transport);
       }
     } else {
       if (typeof options.failure == "function") {
         options.failure(transport);
       }
     }
   }
```

12.6 POST要求を発行する

　GET要求がかなり使える状態になったところでPOST要求に移ろう。とは言え、GETの実装には、要求ヘッダーの設定やトランスポートのabortメソッドなど、まだ足りない部分が多数含まれていることに注意しよう。しかし、心配する必要はない。テスト駆動開発は、APIを少しずつ組み立てていくことである。そして、ある時点で要件リストのなかからどれを選んで作るかは自由に決められることになっている。POST要求を実装すれば、おもしろいリファクタリングができそうだということが、この時点でこの仕事をする理由だ。

12.6.1 ポストのためのスペースを作る

　現在の実装は、新しいHTTP動詞を簡単にサポートできるようには作られていない。オプションとしてメソッドを渡すことができるかもしれないが、しかしどこに渡したらよいのだろうか。ajax.getメソッドか。しかし、それではあまり意味がない。3つのポイントで既存の実装をリファクタリングする必要がある。まず、ジェネリックなajax.requestメソッドを抽出する。次に、HTTP動詞を設定可能にする。最後に、重複を取り除くために、ajax.getメソッドを解体し、GET要求を強制するような形でajax.requestに処理を委ねる。

ajax.requestを抽出する

　新しいメソッドの抽出には、魔法などいらない。ただ、**リスト12-51**が示すように、ajax.getをコピーアンドペーストして、名前を変えればよい。

リスト12-51　ajax.getをコピーアンドペーストしてajax.requestを作る

```
function request(url, options) {
  // もとのajax.get関数の本体のコピー
}

ajax.request = request;
```

メソッドを設定可能にする

次は、ajax.request メソッドでオプションを設定可能にする。これは新しい機能なので、リスト 12-52 のようなテストが必要である。

リスト 12-52　要求メソッドは設定可能でなければならない

```
function setUp() {
  this.tddjsIsLocal = tddjs.isLocal;
  this.ajaxCreate = ajax.create;
  this.xhr = Object.create(fakeXMLHttpRequest);
  ajax.create = stubFn(this.xhr);
}

function tearDown() {
  tddjs.isLocal = this.tddjsIsLocal;
  ajax.create = this.ajaxCreate;
}

TestCase("GetRequestTest", {
  setUp: setUp,
  tearDown: tearDown,
  /* ... */
});

TestCase("ReadyStateHandlerTest", {
  setUp: setUp,
  tearDown: tearDown,
  /* ... */
});

TestCase("RequestTest", {
  setUp: setUp,
  tearDown: tearDown,

  "test should use specified request method": function () {
    ajax.request("/uri", { method: "POST" });

    assertEquals("POST", this.xhr.open.args[0]);
  }
});
```

ajax.request メソッドのために新しいテストケースを追加している。これにより、3つのテストケースが同

じsetUp、tearDownメソッドを使うことになるので、これらを無名クロージャ内の関数として抽出し、テストケース全体で共有する。

　テストは、requestメソッドが要求メソッドとしてPOSTを使っていることをアサートしている。この要求メソッドの選択は、たまたまのものではない。TDDでは、何らかの形で不合格になることが予想されるテストを追加していかなければならない。テストが何らかの進歩を示すのである。POSTを使うと、本物のソリューションを作らなければならなくなる。POSTをハードコードするともう1つのテストが不合格になってしまうのだ。これも単体テストスイートの品質の目安になる。本番コードの基本的なふるまいを変えると、1個（または数個）のテストが壊れるようにするのである。こうすると、テストは別個のものであり、すでにテストしたふるまいを再びテストしているわけではないことがわかる。

　ソリューションに進もう。リスト12-53は、ajax.requestが要求メソッドを設定可能にする仕組みを示している。

リスト12-53　要求メソッドを設定できるようにする

```
function request(url, options) {
  /* ... */
  transport.open(options.method || "GET", url, true);
  /* ... */
}
```

　これですべてだ。テストは合格する。

ajax.getを更新する

　では、実際のリファクタリングを進めよう。ajax.requestは、ajax.getと同じ仕事をする。違いはajax.requestのほうがちょっと柔軟性が高いことだけだ。そこで、ajax.getは、使われている要求メソッドがGETだということを確かめるだけで、実際の仕事はajax.requestに任せればよい。リスト12-54は、見違えるようにすっきりした新しいajax.getである。

リスト12-54　ajax.getを簡単にする

```
function get(url, options) {
  options = tddjs.extend({}, options);
  options.method = "GET";
  ajax.request(url, options);
}
```

　methodオプションを上書きしようとしているので、第7章「オブジェクトとプロトタイプの継承」で作ったtddjs.extendメソッドを使って、変更を加える前のoptionsオブジェクトのコピーを作っている。テストを実行すると、この部分が期待通りに動くことが確かめられる。そしてなんと、POST要求の基礎もできあがっている。

　インターフェイスを変更したので、テストにもメンテナンスをかけなければならない。ほとんどのテストは、ajax.getを対象としつつ、実際にはajax.requestの内部をテストしている。第1章「自動テスト」の段階ですでに述べたように、テスト内でのこのような間接処理は、一般に望ましくない。単体テストは、本番コードと

同様にメンテナンスを必要としており、それが問題にならないようにするためのポイントは、メンテナンスが必要になったときにすぐに対処することだ。つまり、私たちはすぐにテストケースを更新しなければならない。

　幸い、この時点では、修正は簡単である。「should define get method」（get メソッドを定義しなければならない）以外は、GetRequestTest から RequestTest に移せる。加えなければならない変更は、get 呼び出しを直接 request 呼び出しに書き換えることだけだ。レディ状態変更ハンドラのテストは、すでに ReadyStateHandlerTest という独自のテストケースを持っている。ここでも、get 呼び出しを request 呼び出しに置き換えるだけでよい。置換は、forceStatusAndReadyState ヘルパーのなかでも行う。

　テストを移動し、メソッド呼び出しを書き換え、テストを再実行するためにかかる時間は 30 秒ほどであり、大したことではない。もっと複雑な状況では、このような変更がもっとややこしくなる場合がある。そのような場合、テストヘルパーを増やし、テストとテスト対象のインターフェイスの密結合を避けるとよいと考える人々がいる。しかし、私はこのような方法だとドキュメントとしてのテストの価値が失われると思うので、テストヘルパーはあまり使わない。

ajax.post を新設する

　ajax.request ができていれば、POST 要求の実装は簡単なはずだ。今回は、ちょっと勇気を振り絞って、POST 要求の存在を確かめる簡単なテストは省略し、**リスト 12-55** のように、POST がどのようにふるまうかについて規定した簡単なテストから始める。

リスト 12-55　ajax.post は ajax.request に処理を委ねるはず

```
TestCase("PostRequestTest", {
  setUp: function () {
    this.ajaxRequest = ajax.request;
  },

  tearDown: function () {
    ajax.request = this.ajaxRequest;
  },

  "test should call request with POST method": function () {
    ajax.request = stubFn();

    ajax.post("/url");

    assertEquals("POST", ajax.request.args[1].method);
  }
});
```

実装は、**リスト 12-56** に示すように簡単である。

リスト 12-56　ajax.post は method として POST を指定して ajax.request に処理を委ねる

```
function post(url, options) {
  options = tddjs.extend({}, options);
```

```
    options.method = "POST";
    ajax.request(url, options);
}

ajax.post = post;
```

テストを実行すると、この実装が新しく追加された要件を解決していることが確かめられる。次に、いつもと同じように、先に進む前に重複を探そう。get メソッドと post メソッドは明らかに非常によく似ている。そこで、ヘルパーメソッドを抽出してもよいのだが、関数呼び出しを 1 つ増やしても、2 つのメソッドの 2 行を節約できるだけであり、ここでは間接化のレベルを増やすだけの意味は感じられない。しかし、読者は違う感じ方をするかもしれない。

12.6.2 データを送信する

POST 要求に何らかの意味を持たせるためには、POST 要求を使ってデータを送る必要がある。ブラウザがフォームをポストするのと同じようにサーバーにデータを送るには、2 つのことをしなければならない。encodeURI か encodeURIComponent を使ってデータをエンコードし（どちらを使うかは、データをどのように受信するかによって決まる）、Content-Type ヘッダーを設定するのである。まず、データの準備からしよう。

エンコードされたデータを期待するテストを作るテストケースを作る前に、1 歩下がって私たちが何をしているのかを考えてみよう。文字列のエンコードは、サーバー要求に限られた仕事ではない。ほかの条件のもとでも役に立つだろう。だとすれば、文字列のエンコードは独自インターフェイスに分離すべきだ。ここでは、そのようなインターフェイスを作るために必要なステップを完全に示しはしないが、**リスト 12-57** はそのインターフェイスの非常に単純な実装を示している。

リスト 12-57　単純な url エンコーダ

```
(function () {
  if (typeof encodeURIComponent == "undefined") {
    return;
  }

  function urlParams(object) {
    if (!object) {
      return "";
    }

    if (typeof object == "string") {
      return encodeURI(object);
    }

    var pieces = [];

    tddjs.each(object, function (prop, val) {
      pieces.push(encodeURIComponent(prop) + "=" +
```

```
                    encodeURIComponent(val));
        });

        return pieces.join("&");
    }

    tddjs.namespace("util").urlParams = urlParams;
}());
```

当然ながら、このメソッドは、配列やその他の種類のデータをエンコードできるように拡張できる。encodeURIComponent 関数は、あることが保証されている関数ではないので、機能検出を使ってないときに限り定義している。

ajax.request でデータをエンコードする

POST 要求では、データをエンコードして、send メソッドに引数としてエンコードされたデータを渡さなければならない。まず、**リスト 12-58** のように、データがエンコードされていることを確かめるテストを書こう。

リスト 12-58 ポスト

```
function setUp() {
  this.tddjsUrlParams = tddjs.util.urlParams;
  /* ... */
}

function tearDown() {
  tddjs.util.urlParams = this.tddjsUrlParams;
  /* ... */
}

TestCase("RequestTest", {
  /* ... */

  "test should encode data": function () {
    tddjs.util.urlParams = stubFn();
    var object = { field1: "13", field2: "Lots of data!" };

    ajax.request("/url", { data: object, method: "POST" });

    assertSame(object, tddjs.util.urlParams.args[0]);
  }
});
```

このテストを合格させるのは、**リスト 12-59** が示すように、それほど難しいことではない。

リスト 12-59 データがあればエンコードする

```
function request(url, options) {
```

```
/* ... */
options = tddjs.extend({}, options);
options.data = tddjs.util.urlParams(options.data);
/* ... */
}
```

urlParamsは、存在しない引数に対応できるように設計されているので、dataが存在するかどうかをチェックする必要はない。エンコードインターフェイスはajaxインターフェイスから切り離されているため、おそらく機能テストを追加すべきだということに注意していただきたい。テスト中だけローカルにメソッドを取り除き、メソッドが例外を投げないことをアサートするテストを書けば、そのような機能テストを強制できる。それについては、練習問題としておく。

エンコードされたデータの送信

次にデータを送信する。POST要求では、**リスト12-60**が規定するように、データはsendで送るようにしたい。

リスト12-60　POST要求のためにデータが送信されることを確かめる

```
"test should send data with send() for POST": function () {
  var object = { field1: "$13", field2: "Lots of data!" };
  var expected = tddjs.util.urlParams(object);

  ajax.request("/url", { data: object, method: "POST" });

  assertEquals(expected, this.xhr.send.args[0]);
}
```

sendメソッドにnullを与えているため、このテストは不合格になる。また、tddjs.util.urlParamsが正しい値を提供するはずだということを前提としていることにも注意しよう。tddjs.util.urlParamsは、正しい値を提供することを確かめられる自分用のテストを持っていなければならない。このような前提条件を設けるのがいやなら、テストをごちゃごちゃにしないように、tddjs.util.urlParamsをスタブにしてもよい。このような依存関係があるとかならずスタブまたはモックを使うというデベロッパもいる。実際、理論的には、そうしなければ単体テストがゆがめられて統合テストめいたものになってしまう。さまざまなレベルのスタブ、モックの長所と短所については、第16章「モックとスタブ」で詳しく説明する。今のところは、テスト内でtddjs.util.urlParamsをそのまま使うことにする。

テストに合格させるためには、**リスト12-61**のように、ajax.requestにデータ処理を追加する必要がある。

リスト12-61　データ処理の最初の試み

```
function request(url, options) {
  /* ... */
  options = tddjs.extend({}, options);
  options.data = tddjs.util.urlParams(options.data);
  var data = null;
```

```
    if (options.method == "POST") {
      data = options.data;
    }

    /* ... */

    transport.send(data);
  };
```

これは最適なコードではないが、以前に作った send に null が渡されることを確かめるテストに不合格にならずに、このテストに合格できる。ajax.request をクリーンアップするには、たとえば**リスト 12-62** のように、データ処理部分を別の関数にするというリファクタリングをすればよい。

リスト 12-62　データ処理関数を外に出す

```
function setData(options) {
  if (options.method == "POST") {
    options.data = tddjs.util.urlParams(options.data);
  } else {
    options.data = null;
  }
}

function request(url, options) {
  /* ... */
  options = tddjs.extend({}, options);
  setData(options);

  /* ... */

  transport.send(options.data);
};
```

この関数は、GET 要求に対して少々押しつけがましくデータを null にしているので、次節ではこれに対処しよう。

GET 要求によるデータの送信

要求ヘッダーの設定に移る前に、GET 要求でもデータを送れるようにしておかなければならない。GET 要求では、データは send メソッドに渡されるのではなく、URL にエンコードされる。**リスト 12-63** は、この動作を規定するテストである。

リスト 12-63　GET 要求がデータを送れることをテストする

```
"test should send data on URL for GET": function () {
  var url = "/url";
  var object = { field1: "$13", field2: "Lots of data!" };
```

```
    var expected = url + "?" + tddjs.util.urlParams(object);

    ajax.request(url, { data: object, method: "GET" });

    assertEquals(expected, this.xhr.open.args[1]);
}
```

このテストを追加したら、データ処理を書き換えなければならない。GET、POSTのどちらでも、データをエンコードする必要がある。しかし、GET要求の場合、データはURLに組み込まれ、sendメソッドには依然としてnullを渡すことを忘れてはならない。

ここまで来ると、要件はたくさんありすぎて、全部頭のなかに入れようと思うと混乱するほどになっている。テストはゆっくりとすばらしい資産になってきている。すでに満足させられるようになった要件については考える必要がないので、過度に増えた要件に押しつぶされずにコードを書いていける。実装は、**リスト12-64**のようになる。

リスト12-64 GET要求にデータを追加する

```
function setData(options) {
  if (options.data) {
    options.data = tddjs.util.urlParams(options.data);

    if (options.method == "GET") {
      options.url += "?" + options.data;
      options.data = null;
    }
  } else {
    options.data = null;
  }
}

function request(url, options) {
  /* ... */
  options = tddjs.extend({}, options);
  options.url = url;
  setData(options);
  /* ... */

  transport.open(options.method || "GET", options.url, true);
  /* ... */
  transport.send(options.data);
};
```

データ処理には、データを組み込んでURLを書き換える処理が含まれる場合があるので、URLをoptionsオブジェクトに追加し、以前と同じようにoptionsオブジェクトをsetDataに渡している。当然ながら、上のコードは、URLにすでにクエリー文字列が含まれている場合には、失敗してしまう。練習問題として、クエリー文字列が含まれているURLを対象とするテストを書き、必要に応じてsetDataを書き換えてみることを

お勧めする。

12.6.3 要求ヘッダーを設定する

データを渡すためにしなければならない最後の処理は、要求ヘッダーの設定である。ヘッダーは、setRequestHeader(name, value) メソッドで設定できる。この時点でのヘッダー処理の追加はごく簡単なので、練習問題として残しておく。テストするためには、ヘッダーを記録できるように fakeXMLHttpRequest に修正を加え、テストからヘッダーを参照できるようにしなければならない。**リスト 12-65** は、この目的のために使えるオブジェクトのアップデート版である。

リスト 12-65　フェイクの setRequestHeader メソッドを追加する

```
var fakeXMLHttpRequest = {
  open: stubFn(),
  send: stubFn(),

  setRequestHeader: function (header, value) {
    if (!this.headers) {
      this.headers = {};
    }

    this.headers[header] = value;
  },

  readyStateChange: function (readyState) {
    this.readyState = readyState;
    this.onreadystatechange();
  }
};
```

12.7 Request APIを見直す

要求ヘッダーの設定については説明しなかったが、ヘッダー処理実装後（といっても、これはソリューションの例に過ぎない）の ajax.request を見てみよう。**リスト 12-66** は、完全な実装を示している。

リスト 12-66　tddjs.ajax.request の「最終」バージョン

```
tddjs.noop = function () {};

(function () {
  var ajax = tddjs.namespace("ajax");

  if (!ajax.create) {
```

```javascript
    return;
  }

  function isSuccess(transport) {
    var status = transport.status;

    return (status >= 200 && status < 300) ||
      status == 304 ||
      (tddjs.isLocal() && !status);
  }

  function requestComplete(options) {
    var transport = options.transport;

    if (isSuccess(transport)) {
      if (typeof options.success == "function") {
        options.success(transport);
      }
    } else {
      if (typeof options.failure == "function") {
        options.failure(transport);
      }
    }
  }

  function setData(options) {
    if (options.data) {
      options.data = tddjs.util.urlParams(options.data);

      if (options.method == "GET") {
        var hasParams = options.url.indexOf("?") >= 0;
        options.url += hasParams ? "&" : "?";
        options.url += options.data;
        options.data = null;
      }
    } else {
      options.data = null;
    }
  }

  function defaultHeader(transport, headers, header, val) {
    if (!headers[header]) {
      transport.setRequestHeader(header, val);
    }
  }
```

```javascript
function setHeaders(options) {
  var headers = options.headers || {};
  var transport = options.transport;

  tddjs.each(headers, function (header, value) {
    transport.setRequestHeader(header, value);
  });

  if (options.method == "POST" && options.data) {
    defaultHeader(transport, headers,
                  "Content-Type",
                  "application/x-www-form-urlencoded");
    defaultHeader(transport, headers,
                  "Content-Length", options.data.length);
  }

  defaultHeader(transport, headers,
                "X-Requested-With", "XMLHttpRequest");
}

// 公開メソッド

function request(url, options) {
  if (typeof url != "string") {
    throw new TypeError("URL should be string");
  }

  options = tddjs.extend({}, options);
  options.url = url;
  setData(options);
  var transport = tddjs.ajax.create();
  options.transport = transport;
  transport.open(options.method || "GET", options.url, true);
  setHeaders(options);

  transport.onreadystatechange = function () {
    if (transport.readyState == 4) {
      requestComplete(options);
      transport.onreadystatechange = tddjs.noop;
    }
  };

  transport.send(options.data);
}

ajax.request = request;
```

```
    function get(url, options) {
      options = tddjs.extend({}, options);
      options.method = "GET";
      ajax.request(url, options);
    }

    ajax.get = get;

    function post(url, options) {
      options = tddjs.extend({}, options);
      options.method = "POST";
      ajax.request(url, options);
    }

    ajax.post = post;
}());
```

ajax 名前空間は、完成からはまだほど遠いが、非同期通信のほとんどの用途に対応できるだけの機能を揃えるようになった。ここまでの実装を見直してみると、リファクタリングによって基準線のインターフェイスとして要求オブジェクトを抽出するとよさそうである。リスト 12-66 のコードを一通り眺めると、options オブジェクトを受け付けるヘルパーがいくつか見つかる。このオブジェクトは、実際には要求の状態を表現するものであり、この時点では request という名前であってもよいところだと思う。その通りに改造するためにロジックを動かしていると、ヘルパーは要求オブジェクトのヘルパーメソッドになるはずだ。この考えをさらに進めていくと、ajax.get と ajax.post の実装は、リスト 12-12、**リスト 12-67** に示すようなものになるだろう。

リスト 12-67　要求 API の発展方向の 1 つ

```
(function () {
  /* ... */

  function setRequestOptions(request, options) {
    options = tddjs.extend({}, options);
    request.success = options.success;
    request.failure = options.failure;
    request.headers(options.headers || {});
    request.data(options.data);
  }

  function get(url, options) {
    var request = ajax.request.create(ajax.create());
    setRequestOptions(request, options);
    request.method("GET");

    request.send(url);
  };
```

```
    ajax.get = get;

    function post(url, options) {
      var request = ajax.request.create(ajax.create());
      setRequestOptions(request, options);
      request.method("POST");

      request.send(url);
    };

    ajax.post = post;
}());
```

このコードでは、`request.create`は、唯一の引数としてトランスポートを取る。つまり、`request.create`にトランスポートを取得させるのではなく、コードが最大の依存対象であるトランスポートを与えるようにしているのである。さらに、このメソッドは、設定すれば要求として送れる要求オブジェクトを返すようになった。こうすると、基本APIはラップしている`XMLHttpRequest`オブジェクトに近づいてくるが、それでもデフォルトヘッダーの設定、データの前処理、ブラウザ間の不一致への対処といったロジックを含んだものになる。そのようなオブジェクトは、`JSONRequest`オブジェクトなど、もっと特化した要求に拡張することも簡単にできるだろう。そのようなオブジェクトは、たとえばパースしたJSONをコールバックに渡すなどの方法で、応答も前処理できるはずだ。

この章で作ってきたテストケース（またはテストスイートと言ってもよい）を見ると、TDDが残すテストがどういうものかわかってくるだろう。コードカバレッジはほとんど100％に近い（コードのすべての行がテストによって実行される）が、テストのなかにはいくつかの穴が残っている。メソッドが誤った引数を受け取ったり、その他の境界条件が必要になったりしたときには、テストを増やさなければならない。しかし、それでもこの章で書いてきたテストはAPI全体をドキュメントしており、かなりの問題に対処しているので、より強力なテストスイートを作るためのすばらしい出発点になるはずだ。

12.8 まとめ

この章では、`XMLHttpRequest`オブジェクトをラップするより高いレベルのAPIを開発するためのエンジンとしてテストを活用してきた。このAPIは、オブジェクトの作成方法の違い、メモリリーク、バグのある`send`メソッドなどのクロスブラウザの問題点に対処している。バグが見つかるたびに、APIがその問題を適切に処理できるように、テストを書いてきた。

この章では、スタブも多用してきた。スタブ関数、オブジェクトが手作業で簡単に作れることを示したが、すぐにそのようなことをするとコードの重複が増えすぎることに気付いた。そこで、私たちはスタブを助ける簡単な関数を書いた。この考え方については、第16章「モックとスタブ」で再び取り上げる。そして、この章で解決していない複数回呼び出されるスタブ関数の問題点も解決する。

`tddjs.ajax.request`と関連コードを書く過程で、私たちは本番コードとテストの両方を積極的にリファクタリングしてきた。クリーンなコードを書き、重複を取り除くということでは、リファクタリングはもっとも価値のあるツールだろう。私たちは、ひんぱんに実装をリファクタリングすることによって、その時点でもっ

とも偉大な設計を作り出そうとして作業を止めてしまうことを避けている。コードはあとになれば、つまり問題点をよりよく理解できたら、いつでも改良することができる。思考の糧として、私たちは API をさらに改良するためのリファクタリングのアイデアを挙げて、この章の議論を終えた。

　この章で書いてきたコーディング問題の回答は、まだ全然不完全ながら、使える「ajax」API になっている。次章では、サーバーをポーリングし、データをストリーミングするためのインターフェイスを作るために、この API を使っていく。

第13章
AjaxとCometによるデータのストリーミング

第12章「ブラウザ間の違いの吸収：Ajax」では、`XMLHttpRequest`オブジェクトによって、Webブラウザがインタラクティブアプリケーションの役割を果たせるようになることを示した。具体的には、POST要求によってバックエンドサーバーのデータを更新することも、GET要求によって再ロードせずにページを部分的に更新することもできるようになるということである。

この章では、サーバーからクライアントにライブデータをストリーミング配信できるようにするテクノロジーを取り上げる。この考え方は、1995年に登場したNetscapeのServer Pushによって初めて実現されたもので、今日では、Comet、Reverse Ajax、Ajax Pushなどの名前のもとにさまざまな形で実装されている。この章では、定期的なポーリングと、いわゆるロングポーリングの2つの実装を詳しく見ていく。

この章では、前章で開発した`tddjs.ajax.request`インターフェイスに機能を追加し、新しいインターフェイスを1つ追加し、最後に第11章「Observerパターン」で開発した`tddjs.util.observable`と統合して、JavaScriptオブジェクトでサーバーサイドイベントを観察できるようにするストリーミングデータクライアントを作る。

この課題には、2つの目標がある。クライアントとサーバーのやり取りのモデルについての知識を深めることと、もちろんテスト駆動開発を学ぶことである。TDDに関しては、非同期インターフェイスとタイマーのテストを深く掘り下げていくことが特に重要である。また、スタブについての議論を続けるほか、複数のインターフェイスを開発するときの作業フローと選択肢についても簡単に見ていく。

13.1 データのポーリング

サーバーに対して一度限りの要求を送るだけでも、非常にダイナミックでおもしろいアプリケーションが実現するが、リアルで生きているアプリケーションを作る可能性は閉ざされてしまう。FacebookやGTalkのブラウザ内チャットなどは、絶え間ないデータストリームがなければ意味をなさないアプリケーションの例である。株価チッカー、オークション、TwitterのWebインターフェイスなども、データストリームが実現すれば大幅に便利になる。

サーバーからクライアントへの不断のデータストリームを維持するためのもっとも単純な方法は、決められた間隔でサーバーをポーリングすることである。ポーリングは、数ミリ秒ごとに新しい要求を発行するという単純なテクニックである。要求を発行する間隔が短ければ短いほど、アプリケーションのライブ感は増す。ポーリングの長所、短所についてはあとで論じるつもりだが、ポーラーのテスト駆動開発にさっそく取りかかって、コード駆動で議論を進めていくことにしよう。

13.1.1 プロジェクトのレイアウト

いつもと同じように、テストの実行には JsTestDriver を使う。**リスト 13-1** は、最初のプロジェクトレイアウトを示したもので、本書の Web サイト[1]からダウンロードできる。

リスト 13-1　ポーラープロジェクトのディレクトリレイアウト

```
chris@laptop:~/projects/poller $ tree
.
|-- jsTestDriver.conf
|-- lib
|   '-- ajax.js
|   '-- fake_xhr.js
|   '-- function.js
|   '-- object.js
|   '-- stub.js
|   '-- tdd.js
|   '-- url_params.js
|-- src
|   '-- poller.js
|   '-- request.js
    '-- test
    '-- poller_test.js
    '-- request_test.js
```

このプロジェクトは、さまざまな意味で前章のプロジェクトの続編と言うことができる。ほとんどのファイルは、前章でも見たものである。request.js ファイルとそのテストケースは、前章から持ち越してきたものであり、この章で機能を追加する。第 12 章「ブラウザ間の違いの吸収：Ajax」で取り上げた最後のリファクタリング（tdd.ajax.request が要求を表すオブジェクトを返すというもの）は実装されていない。実装するのもよいことなのだろうが、2 つのインターフェイスをあまり密に結合しないようにするつもりなので、このリファクタリングはあとのタイミングでも実施できるはずだ。前章で開発したコードから離れなければ、意外な思いをすることが避けられ、新しい機能に思考を集中させられる。

このプロジェクトでは、設定ファイルの jsTestDriver.conf には、少しひねりをいれなければならない。lib ディレクトリに、ajax.js ファイルが含まれるようになったが、このファイルは tdd.js で定義されている tddjs オブジェクトに依存する。しかし、そのままでは ajax.js は依存ファイルよりも先にロードされてしまう。そこで、**リスト 13-2** に示すように、まず tdd.js を直接指定し、そのあとで残りのライブラリファイルをロードする。

リスト 13-2　テストファイルが正しい順序でロードされるようにする

```
server: http://localhost:4224

load:
```

---

[1] http://tddjs.com

```
- lib/tdd.js
- lib/stub.js
- lib/*.js
- src/*.js
- test/*.js
```

13.1.2 ポーラー：tddjs.ajax.poller

第12章「ブラウザ間の違いの吸収：Ajax」では、一度限りのGET、POST要求のために`tddjs.ajax.get`や`tddjs.ajax.post`を呼び出すというもっとも単純なユースケースに重点を置いて要求インターフェイスを作ってきた。この章では、逆にステートフルオブジェクトを作ることに精力を集中させる。ちょうど、`tddjs.ajax.request`をリファクタリングすると作れるだろうと思ったオブジェクトのようなものである。そのため、この章では少し異なる仕事の進め方を示すことになるだろう。また、テスト駆動開発は設計と仕様の問題なので、結果も少し異なってくる。オブジェクトが使えるようになったら、`get`、`post`メソッドに対応するために、オブジェクトの上に1行のインターフェイスを追加する。

オブジェクトを定義する

インターフェイスに対して期待する最初のことは、**リスト13-3**に示すように、存在することである。

リスト13-3　tddjs.ajax.poller がオブジェクトだということを確かめる

```
(function () {
  var ajax = tddjs.ajax;

  TestCase("PollerTest", {
    "test should be object": function () {
      assertObject(ajax.poller);
    }
  });
}());
```

このテストは、細部にいくつか先回りしているところがある。名前空間全体を短くしたいことがわかっており、そのためにはグローバル名前空間にショートカットがリークするのを避けるために無名クロージャを使わなければならない。実装は、**リスト13-4**に示すように、ただオブジェクトを定義するだけのことだ。

リスト13-4　tddjs.ajax.poller を定義する

```
(function () {
  var ajax = tddjs.namespace("ajax");

  ajax.poller = {};
}());
```

テストと同様の初期セットアップ（無名クロージャ、名前空間のローカルな別名）がここでも行われている。

ポーリングを開始する

ポーラーの仕事の大半は、すでに要求オブジェクトがサポートしているので、残っているのは周期的に要求を送れるようにすることだけだ。ポーラーが必要とする新オプションは、ミリ秒単位の間隔だけである。

オブジェクトは、ポーリングを開始できるようにするために、startメソッドを提供しなければならない。要求を送るためには、ポーリングするURLが必要なので、**リスト13-5**のテストは、urlプロパティがセットされていなければメソッドに例外を投げさせるように規定している。

リスト13-5　URLが指定されていなければstartが例外を投げることを確かめる

```
"test start should throw exception for missing URL":
function () {
  var poller = Object.create(ajax.poller);

  assertException(function () {
    poller.start();
  }, "TypeError");
}
```

いつもと同じように、実装する前にテストを実行する。最初の実行では、Object.createメソッドがないというエラーが出るだろう。この問題を解決するには、第7章「オブジェクトとプロトタイプの継承」のObject.createをtdd.jsにコピーすればよい。次に起きることはおもしろい。テストに合格してしまうのだ。TypeErrorが投げられているはずだが、私たちはオブジェクトを定義する以外何もしていない。何が起きているかは、テストを編集してassertException呼び出しを取り除き、テスト内で直接poller.start()を呼び出せばわかる。JsTestDriverが例外を拾い出して、何が起きているかを教えてくれるだろう。

予想通りかもしれないが、まだ実装していないstartメソッドが、独自にTypeErrorを生成している。これは、このテストがあまりよくないということを示している。状況を改善するために、startメソッドが存在していなければならないということを規定する**リスト13-6**のようなテストを追加する。

リスト13-6　ポーラーがstartメソッドを定義していることを確かめる

```
"test should define a start method":
function () {
  assertFunction(ajax.poller.start);
}
```

このテストを実行すると、startは関数でなければならないのにundefinedだというエラーが生成される。前のテストは依然として合格する。新しく追加したテストは、**リスト13-7**のようにstartメソッドを追加するだけで合格するようになる。

リスト13-7　startメソッドを追加する

```
(function () {
  var ajax = tddjs.namespace("ajax");
```

```
    function start() {
    }

    ajax.poller = {
      start: start
    };
  }());
```

テストをもう一度実行すると、存在テストは合格するが、例外を期待する最初のテストは不合格になる。これでよい。そして、次のステップとして、リスト13-8のように、URLがなければ例外を投げるようにする。

リスト13-8　URLがなければ例外を投げる

```
function start() {
  if (!this.url) {
    throw new TypeError("Must specify URL to poll");
  }
}
```

テストを実行すると、成功することが確かめられる。

スタブ戦略を決める

URLが設定されると、startメソッドは最初の要求を送るだろう。ここで、私たちは選択をしなければならない。テストで実際の要求をサーバーに送ることは避けたいということは今でも変わらないので、前章と同じようにスタブを使い続ける。しかし、この場面では、どこをスタブにするかについて選択をしなければならない。ajax.createをスタブにしてニセの要求オブジェクトを返させるか、それよりも上のajax.requestメソッドをスタブにするかである。2つの方法には、それぞれ長所と短所がある。

デベロッパのなかには、インターフェイスが依存する部分をできる限り多くスタブ、モック化することを好む人々がいる（彼らに対してモッキスト：モック主義者という言葉が使われることさえある）。ふるまい駆動開発では、このアプローチが一般的である。モッキストのやり方に従えば、ajax.requestを初めとしてかなりの数の依存ファイルをスタブ（またはモック。ただし、モックについては、第16章「モックとスタブ」で取り上げる）にすることになるだろう。モッキスト方式の利点は、開発戦略を自由に決められることである。たとえば、ポーラーが依存するすべてのファイルをスタブにすれば、まずポーラーを開発し、それが完成したらスタブ化した呼び出しを要求インターフェイスのテストの出発点として活用することができる。この戦略は、私たちが今行っているボトムアップ戦略と対照的にトップダウン方式と呼ばれる。この方法なら、チームが同時並行で依存インターフェイスを開発していくことができる。

逆に、スタブとモックをできる限り少なくするアプローチもある。テストの一部としてセットアップ、実行するのが本当に不便、低速、複雑な依存ファイルだけをフェイクにするのである。JavaScriptのように動的に型付けされる言語では、スタブとモックには代償がある。テストダブルのインターフェイスを実用的な形で強制できないので（たとえばimplementsキーワードなどを使って）、本番環境のオブジェクトと互換性のないフェイクをテストで使ってしまう可能性がある。そのようなフェイクでテストを成功させても、統合テストで本物の実装とともに使ったときには間違いなく動作しない。最悪の場合、本番稼働して初めて問題に気付くこともある。

ajax.requestを開発しているときには、スタブに置き換える場所について選択の余地はなかったが(ajax.requestは、ajax.createメソッドを介してXMLHttpRequestオブジェクトに依存していただけだった)、今はajax.requestとajax.createのどちらをスタブにすべきかを選ぶことができる。この章では、「より低いレベル」をスタブ化するという今までとは少し異なるアプローチを試そう。こうすると、私たちのテストは第1章「自動テスト」で触れたミニ統合テストになり、その長所、短所を持つことになる。しかし、私たちはajax.requestのためにまずまずのテストスイートを開発したところであり、第12章「ブラウザ間の違いの吸収：Ajax」で取り上げた条件のもとでは、このテストスイートを信頼してよいだろう。

ポーラーの開発中、私たちはできる限りフェイクを少なくするつもりだが、実際のサーバー要求を分離しなければならないことに変わりはない。そこで、第12章「ブラウザ間の違いの吸収：Ajax」のfakeXMLHttpRequestオブジェクトを使い続けることにする。

最初の要求

startメソッドがポーリングをスタートさせることを規定するために、XMLHttpRequestオブジェクトにURLが与えられたことを何らかの方法でアサートしなければならない。そこで、**リスト13-9**のように、XMLHttpRequestのopenメソッドが期待されるURLを指定して呼び出されたことをアサートしている。

リスト13-9　ポーラーが要求を発行していることを確かめる

```
setUp: function () {
  this.ajaxCreate = ajax.create;
  this.xhr = Object.create(fakeXMLHttpRequest);
  ajax.create = stubFn(this.xhr);
},

tearDown: function () {
  ajax.create = this.ajaxCreate;
},

/* ... */

"test start should make XHR request with URL": function () {
  var poller = Object.create(ajax.poller);
  poller.url = "/url";

  poller.start();

  assert(this.xhr.open.called);
  assertEquals(poller.url, this.xhr.open.args[1]);
}
```

ここでも、Object.createを使って新しいフェイクオブジェクトを作り、テストケースのプロパティにそれを代入し、ajax.createをスタブ化してそれを返している。startメソッドの実装は、**リスト13-10**のように単純なものになるはずだ。

リスト 13-10　要求を発行する

```
function start() {
  if (!this.url) {
    throw new TypeError("Must provide URL property");
  }

  ajax.request(this.url);
}
```

テストが `ajax.request` を使うことを指定していないことに注意しよう。そのため、`ajax.create` が提供してくるトランスポートを使っている限り、どのような方法で要求を発行してもかまわなかったところである。たとえば、前章の最後の部分で触れた要求インターフェイスのリファクタリングは、ポーラーテストに手を触れずに進められる。

テストを実行すると、すべて合格することが確かめられる。しかし、テストは本来あるべき姿と比べて簡潔だとは言えない。トランスポートの `open` メソッドが呼び出されたことがわかっていても、かならずしも要求が送られたとは限らない。**リスト 13-11** のように、`send` メソッドも呼び出されたことをチェックするアサーションを追加したほうがよい。

リスト 13-11　要求は送られているはず

```
"test start should make XHR request with URL": function () {
  var poller = Object.create(ajax.poller);
  poller.url = "/url";

  poller.start();

  var expectedArgs = ["GET", poller.url, true];
  var actualArgs = [].slice.call(this.xhr.open.args);
  assert(this.xhr.open.called);
  assertEquals(expectedArgs, actualArgs);
  assert(this.xhr.send.called);
}
```

complete コールバック

要求を定期的に発行するにはどうしたらよいだろうか。`setInterval` を介して要求を発行すれば簡単だが、この方法にはかなり重大な問題がある。前の要求が完了したかどうかを知らずに新しい要求を発行すると、同時に複数の接続が併存することになるが、これはよくない。前の要求の処理が完了したら、遅延要求を発行するという方法のほうがよい。そのため、成功コールバックと失敗コールバックをラップしなければならない。

ここでは、同じ成功、失敗コールバック（ユーザーが処理を委ねるコールバックを何のために定義したかを保存する）を追加するのではなく、`tddjs.ajax.request` に小さな関数を加える。それは、要求の処理が完了したときに処理の成否にかかわらず呼び出される `complete` コールバックである。**リスト 13-12** は、`requestWithReadyStateAndStatus` に加えなければならない変更と 3 つの新しいテストを示している。3 つの

テストは、complete コールバックが成功、失敗、ローカル要求のために呼び出されていることを確かめる。

リスト 13-12　complete コールバックを規定する

```
function forceStatusAndReadyState(xhr, status, rs) {
  var success = stubFn();
  var failure = stubFn();
  var complete = stubFn();

  ajax.get("/url", {
    success: success,
    failure: failure,
    complete: complete
  });

  xhr.complete(status, rs);

  return {
    success: success.called,
    failure: failure.called,
    complete: complete.called
  };
}

TestCase("ReadyStateHandlerTest", {
  /* ... */

  "test should call complete handler for status 200":
  function () {
    var request = forceStatusAndReadyState(this.xhr, 200, 4);

    assert(request.complete);
  },

  "test should call complete handler for status 400":
  function () {
    var request = forceStatusAndReadyState(this.xhr, 400, 4);

    assert(request.complete);
  },

  "test should call complete handler for status 0":
  function () {
    var request = forceStatusAndReadyState(this.xhr, 0, 4);

    assert(request.complete);
  }
```

```
});
```

complete コールバックはどこからも呼び出されていないので、3つのテストは予想通りにすべて不合格になる。リスト 13-13 が示すように、呼び出しは簡単に追加できる。

リスト 13-13　complete コールバックを呼び出す

```
function requestComplete(options) {
  var transport = options.transport;

  if (isSuccess(transport)) {
    if (typeof options.success == "function") {
      options.success(transport);
    }
  } else {
    if (typeof options.failure == "function") {
      options.failure(transport);
    }
  }

  if (typeof options.complete == "function") {
    options.complete(transport);
  }
}
```

要求の処理が完了したとき、ポーラーは次の要求をスケジューリングしなければならない。あらかじめスケジューリングには、タイマーを使う。この場合のように一度の実行のためには、setTimeout を使う。新しい要求は、スケジューリングを行った同じコールバックを最終的に呼び出すので、また次の要求がスケジューリングされ、setInterval を使わなくても継続的にポーリングが続く。しかし、この機能を実装する前に、タイマーのテスト方法を理解する必要がある。

13.1.3 タイマーをテストする

JsTestDriver は、非同期テストに対応していないので、タイマー利用のテストについては何かほかの方法を探さなければならない。タイマー操作には、基本的に 2 通りの方法がある。明らかなアプローチは、ajax.request や ajax.create のときと同じように（あるいは似た方法で）スタブにすることである。テスト内でタイマー関数をスタブにするには、リスト 13-14 に示すように、window オブジェクトの setTimeout プロパティをスタブ化すればよい。

リスト 13-14　setTimeout をスタブ化する

```
(function () {
  TestCase("ExampleTestCase", {
    setUp: function () {
      this.setTimeout = window.setTimeout;
```

```
    },

    tearDown: function () {
      window.setTimeout = this.setTimeout;
    },

    "test timer example": function () {
      window.setTimeout = stubFn();
      // Setup test

      assert(window.setTimeout.called);
    }
  });
}());
```

　JsUnitは、最新のテストソリューションではないが（第3章「現役で使われているツール」参照）、すばらしい宝物がいくつかついてくる。そのなかの1つに、タイマーのテストを助ける jsUnitMockTimeout.js がある。ただし、ファイル名に「mock」とあるが、このファイルが定義しているヘルパーメソッドは、私たちがスタブと読んできたものに近いので注意していただきたい。

　jsUnitMockTimeout は、Clock オブジェクトを提供しており、ネイティブの setTimeout、setInterval、clearTimeout、clearInterval メソッドをオーバーライドする。Clock.tick(ms) を呼び出すと、ms ミリ秒後までに実行されるようにスケジューリングされたすべての関数が呼び出される。実質的にテストを早めに実行でき、特定の関数がスケジューリングされたときに呼び出されたかどうかを確かめることができる。

　JsUnit の Clock 実装の長所は、実際の実装よりも想定されたふるまいをしているかどうかにテストの関心を引き付けられるところである。何らかの仕事をして、少し時間を過ごして、何らかの関数が呼び出されたことをアサートするという流れである。通常のスタブアプローチでは、タイマーをスタブに置き換えし、何らかの仕事をしてからスタブが想定通りに使われたことをアサートするという流れになるが、両者をよく比較対照してみよう。スタブを使えばテストが短くなるが、クロックを使えばテストから得られる情報が増える。ここではクロックを使ってポーラーをテストし、違いを学ぶことにしよう。

　jsUnitMockTimeout.js は、本書の Web サイト[2]からダウンロードできる。ダウンロードしたファイルをプロジェクトの lib ディレクトリにコピーしよう。

新しい要求をスケジューリングする

　ポーラーが新しい要求をスケジューリングするところをテストするためにしなければならないことは、次の通りである。

- URL を指定してポーラーを作る
- ポーラーを起動する
- 最初の要求が完了するところをシミュレートする
- send メソッドを再びスタブに置き換える

---

[2] http://tddjs.com

- 指定したミリ秒だけ時間を先に進める
- sendメソッドが二度目に呼び出されたことをアサートする（時間を先に進めているときに呼び出しは発生しているはず）。

要求の処理を完了させるために、`fakeXMLHttpRequest`にさらにヘルパーメソッドを追加する。このメソッドは、HTTPステータスコードを200にしてレディ状態4で`onreadystatechange`ハンドラを呼び出す。**リスト13-15**は、この新しいメソッドを示したものである。

リスト13-15　要求の処理を完了させるヘルパーメソッドを追加する

```
var fakeXMLHttpRequest = {
  /* ... */

  complete: function () {
    this.status = 200;
    this.readyStateChange(4);
  }
};
```

リスト13-16は、このメソッドを使い、上記の要件に従うテストを示したものである。

リスト13-16　要求の処理が完了したときに新しい要求がスケジューリングされることを確かめる

```
"test should schedule new request when complete":
function () {
  var poller = Object.create(ajax.poller);
  poller.url = "/url";

  poller.start();
  this.xhr.complete();
  this.xhr.send = stubFn();
  Clock.tick(1000);

  assert(this.xhr.send.called);
}
```

第2のスタブについては少し説明しておいたほうがよいだろう。ポーラーが使っている`ajax.request`メソッドは、要求ごとに新しい`XMLHttpRequest`オブジェクトを作る。では、フェイクインスタンスの`send`メソッドを再定義するだけで十分だと考えられるのはなぜだろうか。ポイントは`ajax.create`スタブである。`ajax.create`スタブは要求ごとに一度ずつ呼び出されるが、いつも1つのテストのなかの同じインスタンスを返す。このコードがうまく動くのはそのためである。上記のテストの最後のアサートが成功するためには、ポーラーは最初の要求の処理が終わったら非同期に新しい要求を発行しなければならない。

これを実装するためには、**リスト13-17**のように、`complete`コールバックのなかで新しい要求をスケジューリングする必要がある。

リスト 13-17　新しい要求をスケジューリングする

```
function start() {
  if (!this.url) {
    throw new TypeError("Must specify URL to poll");
  }

  var poller = this;

  ajax.request(this.url, {
    complete: function () {
      setTimeout(function () {
        poller.start();
      }, 1000);
    }
  });
}
```

テストを実行すると、このコードが機能することが確かめられる。このテストが、1000 ミリ秒未満のインターバルであれば成功するような書き方になっていることに注意しよう。ディレイを 1000 ミリ秒ちょうどにして、それ未満の値にならないようにしたい場合には、クロックを 999 ミリ秒進めて、コールバックが呼び出されていないことをアサートする別のテストを書けばよい。

先に進む前に、今までに書いてきたコードを見直して、重複箇所やその他のリファクタリングが必要な箇所を探さなければならない。すべてのテストがポーラーオブジェクトを必要とし、ポーラーの作成のために複数行が必要なことがわかっているので、**リスト 13-18** のようにオブジェクトのセットアップコードを setUp メソッドに移すことにしよう。

リスト 13-18　ポーラーセットアップコードを移す

```
setUp: function () {
  /* ... */
  this.poller = Object.create(ajax.poller);
  this.poller.url = "/url";
}
```

適切な場所に共通セットアップコードを移動すれば、同じ仕事量でより単純なテストを書くことができる。すると、テストが読みやすくなり、テストの意図もわかりやすくなるので、エラーを起こしにくくなる。ただし、やりすぎは禁物だ。

リスト 13-19 は、1000 ミリ秒ちょうどまで待つテストである。

リスト 13-19　ディレイを 1000 ミリ秒ちょうどにする

```
"test should not make new request until 1000ms passed":
function () {
  this.poller.start();
  this.xhr.complete();
```

```
    this.xhr.send = stubFn();
    Clock.tick(999);

    assertFalse(this.xhr.send.called);
  }
```

すでに `setTimeout` を正しく実装しているので、このテストはすぐに合格する。

設定できるインターバル

次は、ポーリングのインターバルを設定できるようにする。**リスト 13-20** は、ポーラーインターフェイスがインターバル情報をどのように受け付けるべきかを示している。

リスト 13-20　要求のインターバルが設定できることを確かめる

```
TestCase("PollerTest", {
  /* ... */

  tearDown: function () {
    ajax.create = this.ajaxCreate;
    Clock.reset();
  },

  /* ... */

  "test should configure request interval":
  function () {
    this.poller.interval = 350;
    this.poller.start();
    this.xhr.complete();
    this.xhr.send = stubFn();

    Clock.tick(349);
    assertFalse(this.xhr.send.called);

    Clock.tick(1);
    assert(this.xhr.send.called);
  }
});
```

このテストは、今までの2つのテストとは異なることをいくつか行う。まず第1に、tearDown メソッドに `Clock.reset` 呼び出しを追加し、テストが相互干渉しないようにしている。第2に、このテストはまず349ミリ秒までやり過ごし、新しい要求が発行されていないことをアサートしてから、最後の1ミリ秒を進め、要求が発行されたことをアサートしている。

通常、私たちは個々のテストが1つのふるまいだけを対象とするように注意している。このテストのように、アサートしてからコードを動かし、さらに別のアサートをするようなことをほとんどしていないのはそのため

だ。通常ならそうすべきだが、このテストの場合、2つのアサートはともに、最初の要求の処理が完了してからちょうど350ミリ秒後に（349ミリ秒後でも351ミリ秒後でもなく）新しい要求が発行されるという1つのふるまいをテストしている。

テストが規定しているふるまいは、**リスト13-21**のように、数値が指定されている場合は`poller.interval`を設定し、そうでなければデフォルトの1000ミリ秒を使えば実装できる。

リスト13-21　インターバルを設定できるようにする

```
function start() {
  /* ... */
  var interval = 1000;

  if (typeof this.interval == "number") {
    interval = this.interval;
  }

  ajax.request(this.url, {
    complete: function () {
      setTimeout(function () {
        poller.start();
      }, interval);
    }
  });
}
```

もう一度テストを実行すると、成功の緑のバーが確かめられるはずだ。

13.1.4 ヘッダーとコールバックを設定可能にする

オブジェクトのユーザーが要求ヘッダーを設定し、コールバックを追加できるようにしなければ、ポーラーは完成とは言えないだろう。まず、ヘッダーから片付けよう。**リスト13-22**のテストは、`fakeXMLHttpRequest`に渡されたヘッダーを検査する。

リスト13-22　ヘッダーは要求に渡されるはず

```
"test should pass headers to request": function () {
  this.poller.headers = {
    "Header-One": "1",
    "Header-Two": "2"
  };

  this.poller.start();

  var actual = this.xhr.headers;
  var expected = this.poller.headers;
  assertEquals(expected["Header-One"],
```

```
                    actual["Header-One"]);
    assertEquals(expected["Header-Two"],
                    actual["Header-Two"]);
}
```

このテストは、2つのニセのヘッダーを設定し、それらがトランスポートに設定されていること（そして、それゆえ要求とともにヘッダーが送られると考えてよいこと）を単純にアサートする。

実装を書く前のテストの実行を省略したくなることがあるかもしれない。どうせ不合格になることはわかっているからだ。このテストを書いているとき、私はタイプミスを犯し、var expected = this.xhr.headers と書いてしまった。これはありがちなミスである。ここですぐにテストを実行したところ、テストに合格してしまうので、何かがおかしいことにすぐに気付いた。コードをもう一度読んでみたところ、タイプミスに気付いた。実装を書く前にテストを実行していなければ、このエラーを見つけることはできなかっただろう。その後、ヘッダーの設定をどのように実装したとしても、例外を起こしたり構文エラーが出ない限り、テストは合格し、すべてがうまくいっているという錯覚を起こしていただろう。

リスト 13-23 の実装は、ごくありきたりなものである。

リスト 13-23　ヘッダーを渡す

```
function start() {
  /* ... */
  ajax.request(this.url, {
    complete: function () {
      setTimeout(function () {
        poller.start();
      }, interval);
    },

    headers: poller.headers
  });
}
```

次は、すべてのコールバックもいっしょに渡されるようにしたい。まず成功コールバックからである。コールバックが渡されたかどうかをテストするには、先ほど fakeXMLHttpRequest オブジェクトに追加した complete メソッドが使える。complete は要求の処理成功をシミュレートしており、成功コールバックを呼び出すはずである。リスト 13-24 は、テストを示している。

リスト 13-24　成功コールバックが呼び出されるはず

```
"test should pass success callback": function () {
  this.poller.success = stubFn();

  this.poller.start();
  this.xhr.complete();

  assert(this.poller.success.called);
}
```

このテストが規定している内容は、**リスト 13-25** に示すように、ヘッダーを渡したときと同じような 1 行を追加するだけで実装できる。

リスト 13-25　成功コールバックを渡す

```
ajax.request(this.url, {
  /* ... */

  headers: poller.headers,
  success: poller.success
});
```

失敗コールバックを同じようにチェックするためには、`fakeXMLHttpRequest` オブジェクトを拡張しなければならない。具体的には、すでに実装されている要求成功だけでなく、要求失敗もシミュレートできるようにする必要がある。**リスト 13-26** に示すように、`complete` がオプションの HTTP ステータスコード引数を受け付けられるようにすればよい。

リスト 13-26　任意のステータスで要求の処理を完了できるようにする

```
complete: function (status) {
  this.status = status || 200;
  this.readyStateChange(4);
}
```

200 をデフォルトステータスとして残しておくと、今までのテストをアップデートしたり壊したりせずに、機能を拡張できる。次に、失敗コールバックが渡されることを必要とする同様のテストと、失敗コールバックを渡す実装を書く。テストは**リスト 13-27**、実装は**リスト 13-28** である。

リスト 13-27　失敗コールバックが呼び出されるはず

```
"test should pass failure callback": function () {
  this.poller.failure = stubFn();

  this.poller.start();
  this.xhr.complete(400);

  assert(this.poller.failure.called);
}
```

リスト 13-28　失敗コールバックを渡す

```
ajax.request(this.url, {
  /* ... */

  headers: poller.headers,
  success: poller.success,
```

```
    failure: poller.failure
});
```

最後に、complete コールバックがクライアントからも使えることをチェックしておかなければならない。要求の処理が完了したときに complete が呼び出されることのテストは、今までの2つのテストと同じなので、練習問題としておく。しかし、実装は**リスト 13-29** のように、今までのものとは少し異なる。

リスト 13-29 complete コールバックがあれば呼び出す

```
ajax.request(this.url, {
  complete: function () {
    setTimeout(function () {
      poller.start();
    }, interval);

    if (typeof poller.complete == "function") {
      poller.complete();
    }
  },

  /* ... */
});
```

13.1.5　1行コード

この時点で、ポーラーインターフェイスは、使える状態になっている。もっとも非常に基本的なものであり、本番システムで安全に使うために必要な機能が揃っているわけではない。足りない機能で目立つものは、要求のタイムアウトと stop メソッドがないことだが、その一因は ajax.request の実装にタイムアウトと abort がないことにある。今までに学んで来た知識を使えば、テストに導かれる形でこれらを作ることはできるだろうし、ぜひ作っていただきたい。これらのメソッドがあれば、ポーラーはネットワーク障害などの問題を適切に処理できるように改良できるだろう。

この章の冒頭で約束したように、ここでは ajax.request、ajax.get、ajax.post を受け入れるための1行インターフェイスを追加する。このインターフェイスは、今作ったばかりの ajax.poller オブジェクトを使う。つまり、そのふるまいはほとんどポーラーのスタブ実装で規定できるということだ。

最初のテストは、**リスト 13-30** が示すように、ajax.poller を継承するオブジェクトが Object.create で作成され、作成時に start メソッドが呼び出されることをテストする。

リスト 13-30 start メソッドが呼び出されるはず

```
TestCase("PollTest", {
  setUp: function () {
    this.request = ajax.request;
    this.create = Object.create;
    ajax.request = stubFn();
```

```
    },

    tearDown: function () {
      ajax.request = this.request;
      Object.create = this.create;
    },

    "test should call start on poller object": function () {
      var poller = { start: stubFn() };
      Object.create = stubFn(poller);

      ajax.poll("/url");

      assert(poller.start.called);
    }
  });
```

このテストケースは、いくつかのメソッドをスタブに置き換え、最後に復元するという通常のセットアップ処理を行う。あなたはもう、この無駄なコードの重複にうんざりしているだろう。しかし、前章で触れたように、第 16 章「モックとスタブ」でもっとよいスタブツールを導入するので、それまではこのコードで辛抱していただきたい。

セットアップから離れて最初のテストを見ると、ここでは新しいオブジェクトが作成され、その start メソッドが呼び出されたことを確かめている。これに対応する実装は、**リスト 13-31** である。

リスト 13-31　ポーラーを作って起動する

```
function poll(url, options) {
  var poller = Object.create(ajax.poller);
  poller.start();
}

ajax.poll = poll;
```

次に、**リスト 13-32** は、ポーラーの url プロパティが設定されていることを確かめる。このテストのためには、ポーラーオブジェクトの参照が必要なので、参照を返すメソッドが必要だということになる。

リスト 13-32　url プロパティが設定されていることを確かめる

```
"test should set url property on poller object":
function () {
  var poller = ajax.poll("/url");

  assertSame("/url", poller.url);
}
```

このテストに対応する実装には、**リスト 13-33** のように、2 行のコードを追加しなければならない。

リスト 13-33　URL を設定する

```
function poll(url, options) {
  var poller = Object.create(ajax.poller);
  poller.url = url;
  poller.start();

  return poller;
}
```

　残されたテストは、単純にポーラーのヘッダー、コールバック、インターバルが適切に設定されていることをチェックする。このテストは、土台のポーラーインターフェイスのテストで作ったものと非常に似ているので、読者の練習問題としておく。
　リスト 13-34 は、ajax.poll の最終バージョンである。

リスト 13-34　ajax.poll の最終バージョン

```
function poll(url, options) {
  var poller = Object.create(ajax.poller);
  poller.url = url;
  options = options || {};
  poller.headers = options.headers;
  poller.success = options.success;
  poller.failure = options.failure;
  poller.complete = options.complete;
  poller.interval = options.interval;
  poller.start();

  return poller;
}

ajax.poll = poll;
```

13.2 Comet

　ポーリングは、サーバーからクライアントへの持続的なデータストリームを実現することによって、間違いなくアプリケーションを「ライブ」な方向に進めるものだ。しかし、この単純なモデルには2つの大きな欠点がある。

- ポーリングする回数が少なすぎると、レイテンシが高くなる。
- ひんぱんにポーリングしすぎるとサーバーの負荷が高くなりすぎるが、データを返す要求がほとんどない場合は、そこまでする必要はない場合がある。

インスタントメッセージングのように、レイテンシを低く保たなければならないシステムでは、コンスタントなデータフローを維持できるようにポーリングしようとすると、サーバーをひんぱんにたたくことになり、コンスタントな要求がスケール問題を引き起こす。伝統的なポーリング戦略に問題があるのなら、代わりのオプションを考える必要がある。

任意のタイミングでサーバーのほうからクライアントにデータを与える（プッシュする）ことができる Web アプリケーションがあり、さまざまな実装方法があるが、それらをまとめて Comet、Ajax Push、Reverse Ajax などと呼んでいる。私たちが作ったばかりの単純なポーリングメカニズムは、それも Comet の実装だと定義できるなら、もっとも簡単にこれを実現する方法だと言えるかもしれない。しかし、今説明したように、ポーリングにはレイテンシが高くなるかスケーラビリティが低くなるという問題点がある。

ライブデータストリームを実装する方法は無数にある。そして、すぐあとでそのなかの 1 つを詳しく見ていくつもりだ。しかし、コードに飛び込む前に、さまざまなオプションの一部について簡潔に説明しておきたい。

13.2.1 Forever Frames

`XMLHttpRequest` オブジェクトさえ必要としない「Forever Frames」というテクニックがある。サーバーにリソースを要求するために隠し `iframe` を使う。この要求は終わることがなく、サーバーは、新しいイベントが発生するたびに、ページに `script` タグをプッシュする。HTML 文書はインクリメンタルにロード、パースされるので、新しい `script` ブロックは、ページ全体がまだロードされていなくても、ブラウザがそれを受け取ったときに実行される。通常、`script` タグはデータを受け取るグローバルに定義された関数への呼び出しで終わり、コードはおそらく JSON-P（JSON with padding）で実装されている。

`iframe` によるこのソリューションにはいくつかの問題があるが、最大のものは、エラー処理がないことである。コードは接続をコントロールしているわけではないので、何かが問題を起こしたときにできることはほとんどない。ブラウザのロードインジケータについても、回避できるとは言え問題がある。フレームのロードが決して終わらないため、一部のブラウザは、ページがまだロード中という表示をユーザーに示す（正しいと言えば正しい）。これは通常あまり望ましくない。データストリームは、ユーザーが意識する必要の無いバックグラウンド処理であるべきだ。

Forever Frames は、本物のストリーミングを実現し、1 本の接続しか使わないという長所を持っている。

13.2.2 XMLHttpReqeustのストリーミング

Forever Frames とよく似ているが、`XMLHttpRequest` オブジェクトを使う方法がある。接続を開いたままにし、新しいデータが発生するとそれをフラッシュすれば、サーバーはクライアントにマルチパート応答をプッシュできる。こうすると、同じ接続のもとで複数回に分けてデータチャンクを受信できる。しかし、この方法で必要なマルチパート応答は、すべてのブラウザでサポートされているわけではないので、この方法をクロスブラウザで実装するのは簡単なことではない。

13.2.3 HTML5

HTML5 は、サーバーとクライアントの通信を改善する新しい方法をいくつか提供している。1 つは、`eventsource` という新しい要素を使う方法で、この要素は比較的簡単にサーバーサイドイベントをリスン

することができる。

HTML5では、WebSocket APIも重要である。これが広くサポートされるようになれば、データのフェッチと更新のために別々の接続を使っているソリューションは、リソースの使いすぎということになるだろう。Webソケットは全二重通信チャネルを提供し、開いたままの状態を必要なだけ保つことができるので、クライアントとサーバーの間に適切なエラー処理つきで本物のデータストリーミングを実行することができる。

13.3 XMLHttpRequestのロングポーリング

私たちのComet実装は、XMLHttpRequestのロングポーリングを使う。ロングポーリングとは、私たちが実装した基本的なポーリングとそれほど大きな差のない改良型のポーリングメカニズムである。ロングポーリングのもとでは、クライアントが要求を送り、サーバーは新しいデータが生成されるまで接続をオープンに保つ。データが生成されると、サーバーはデータをクライアントに返し、接続を閉じる。すると、クライアントはただちに新しい接続を開き、さらなるデータを待つ。このモデルは、データが発生したらできる限り早くクライアントがデータを取得しなければならないものの、データの発生はそれほどひんぱんではないという形の通信環境を大幅に改善する。データの発生がひんぱんなら、ロングポーリングは、通常のポーリングと同じように動作する。そのため、クライアントのポーリングがひんぱんになりすぎて、スケール問題が発生するという同じ欠点がある。

ロングポーリングのクライアントサイドの実装は簡単である。通常のポーリングかロングポーリングかは、サーバーのふるまいによって決まる。少なくとも伝統的なマルチスレッドサーバーでは、実装は難しくなる。そのため、Apacheなどでは、ロングポーリングはうまく機能しない。すべてのクライアントがほぼ常時の接続を維持するため、1接続1スレッドモデルは、ロングポーリングではスケーラビリティがない。こういった状況は、イベントサーバーアーキテクチャのほうがずっとうまく処理でき、オーバーヘッドも低い。サーバーサイドについては、第14章「Node.jsによるサーバーサイドJavaScript」で詳しく見ていく。

13.3.1 ロングポーリングサポートの実装

それでは、今までに学んだことを使って、要求の間に長いタイムアウトを入れずにポーラーにロングポーリングサポートを追加しよう。ロングポーリングの目的は、レイテンシを低くすることなので、少なくとも現在の状態のようなタイムアウトは取り除く。しかし、イベントがひんぱんに起きすぎると、クライアントがひんぱんに要求を発行しすぎることになるので、極端なときに要求を削減する手段が必要である。

Dateのスタブ化

この機能をテストするためには、Dateコンストラクタをフェイクしなければならない。パフォーマンス計測を行うときと同じように、new Date()を使って経過時間を管理する。テストでこれをフェイクするためには、簡単なヘルパーを使う。このヘルパーは1個の日付オブジェクトを受け付け、Dateコンストラクタをオーバーライドする。次にコンストラクタが使われたときには、フェイクオブジェクトが返され、ネイティブコンストラクタが復元される。ヘルパーはリスト13-35のようなもので、lib/stub.jsに格納されている。

第13章 AjaxとCometによるデータのストリーミング

リスト13-35 決められた出力を生成するためにDateコンストラクタをスタブに置き換える

```javascript
(function (global) {
  var NativeDate = global.Date;

  global.stubDateConstructor = function (fakeDate) {
    global.Date = function () {
      global.Date = NativeDate;
      return fakeDate;
    };
  };
}(this));
```

このヘルパーには、テストなしでプロジェクトに追加するわけにはいかないくらいのロジックが詰まっている。ヘルパーのテストは、練習問題とする。

スタブDateを使ってテストする

時刻をフェイクするための手段が手に入ったので、最後の要求が発行されてから最小限のインターバルが経過したら、新しい要求がただちに送られることを求めるテストを作れる。**リスト13-36**がそのテストである。

リスト13-36 実行に時間のかかる要求が完了したらただちに再接続されることを確かめる

```javascript
TestCase("PollerTest", {
  setUp: function () {
    /* ... */
    this.ajaxRequest = ajax.request;
    /* ... */
  },

  tearDown: function () {
    ajax.request = this.ajaxRequest;
    /* ... */
  },

  /* ... */

  "test should re-request immediately after long request":
  function () {
    this.poller.interval = 500;
    this.poller.start();
    var ahead = new Date().getTime() + 600;
    stubDateConstructor(new Date(ahead));
    ajax.request = stubFn();

    this.xhr.complete();
```

13.3 XMLHttpRequest のロングポーリング

```
      assert(ajax.request.called);
    }
  });
```

このテストは、ポーラーのインターバルを 500 ミリ秒に設定し、600 ミリ秒かかる要求をシミュレートする。new Date で 600 ミリ秒後を表すオブジェクトを作り、this.xhr.complete() でニセ要求の処理を完了する。この時点で、前の要求が開始してからのインターバルの最短は経過しているので、新しい要求がただちに生成されなければならない。テストはそのままでは不合格になるので、**リスト 13-37** のようにして合格させる。

リスト 13-37 指定されたインターバルを次の要求開始までの最短インターバルとして使う

```
function start() {
  /* ... */
  var requestStart = new Date().getTime();

  ajax.request(this.url, {
    complete: function () {
      var elapsed = new Date().getTime() - requestStart;
      var remaining = interval - elapsed;

      setTimeout(function () {
        poller.start();
      }, Math.max(0, remaining));
      /* ... */
    },

    /* ... */
  });
}
```

テストを実行すると、驚いたことに、まだ不合格になる。鍵を握っているのは、setTimeout 呼び出しだ。要求したインターバルが 0 でも、次の要求は決して同期的な実行をしない setTimeout を介して実行されることに注意しよう。

この方法の利点の 1 つは、呼び出しスタックが深くなるのを避けられることである。非同期呼び出しを使って次の要求をスケジューリングすると、現在の呼び出しはただちに制御を返してくるので、再帰的に新しい呼び出しを発行することを避けられる。しかし、この巧妙な部分がトラブルの原因にもなる。このテストは新しい要求がただちにスケジューリングされることを想定しているが、そうはならない。キューイングされ、実行できる状態になっているタイマーを作動させるためには、テスト内でクロックに「触れ」なければならない。**リスト 13-38** は、更新後のテストを示している。

リスト 13-38 準備のできているタイマーを作動させるために、クロックに触れる

```
"test should re-request immediately after long request":
function () {
  this.poller.interval = 500;
  this.poller.start();
```

```
            var ahead = new Date().getTime() + 600;
            stubDateConstructor(new Date(ahead));
            ajax.request = stubFn();

            this.xhr.complete();
            Clock.tick(0);

            assert(ajax.request.called);
        }
```

　これで動くようになる。ポーラーは、サーバーに次の要求を送るまでの最短インターバルをオプションで指定できるようにしたロングポーリングをサポートするようになった。さらに、要求の処理にどれだけ時間がかかったかにかかわらず、前の要求の処理が完了してから次の要求を発行できるまでの時間を設定する別のオプションをサポートするように拡張することもできるだろう。こうするとレイテンシが上がるが、負荷の高いシステムには効果があるはずだ。

キャッシュ問題を避ける

　ポーラーの現在の実装で問題になる可能性があるのはキャッシュである。ポーリングは、サーバーから新しいデータをストリーミングしなければならないときに使われるが、ブラウザが応答をキャッシングしていると問題が起きるだろう。キャッシングは、サーバーが応答ヘッダーを介して制御することができるが、サーバーの実装には手を付けられない場合がある。ポーラーをできる限り汎用的にしておきたいので、ここではURLにランダムな値を追加して、キャッシングが働かないようにする。

　テストは、**リスト13-39**のように、トランスポートのopenメソッドにタイムスタンプ（キャッシュバスター）つきのURLを渡すことを要求する。

リスト13-39　ポーラーはURLにキャッシュバスターを追加しているはず。

```
        "test should add cache buster to URL": function () {
            var date = new Date();
            var ts = date.getTime();
            stubDateConstructor(date);
            this.poller.url = "/url";

            this.poller.start();

            assertEquals("/url?" + ts, this.xhr.open.args[1]);
        }
```

　このテストに合格するために、**リスト13-40**は、要求を発行するときに、URLに記録済みのタイムスタンプを追加する。

リスト13-40　キャッシュバスターを追加する

```
        function start() {
            /* ... */
```

```
    var requestStart = new Date().getTime();

    /* ... */

    ajax.request(this.url + "?" + requestStart, {
      /* ... */
    });
  }
```

こうすると、キャッシュバスターテストには合格するが、変更されていない URL を使うことを求めているリスト 13-11 のテストには合格できなくなる。この URL は専用テストでテストされているので、最初のテストの URL 比較は取り除いてよい。

前章で触れたように、任意の URL にクエリー文字列を追加すると、URL がすでにクエリー文字列を含んでいるときに動作しなくなる。そのような URL をテストして更新方法を変える作業は、練習問題として残しておく。

13.3.2 機能テスト

request インターフェイスのときと同じように、ポーラーでも機能検出を使って、使えないことがわかっているインターフェイスを定義しないようにする。

リスト 13-41　ポーラーの機能テスト

```
(function () {
  if (typeof tddjs == "undefined") {
    return;
  }

  var ajax = tddjs.namespace("ajax");

  if (!ajax.request || !Object.create) {
    return;
  }

  /* ... */
}());
```

13.4 Cometクライアント

ロングポーリングは、レイテンシが良好でほぼ変わらない接続を提供できるが、限界もある。もっとも重大な問題は、ほとんどのブラウザでは、特定のホストとの間で開設できる HTTP 接続の数が制限されていることだ。古いブラウザは、デフォルトで同時接続の上限が 2 になっている（ユーザーが変更できるが）。新しいブ

ラウザでは、デフォルトが 8 になっている。いずれにしても、接続数の制限があることが重要だ。ロングポーリングを使うページを作り、ユーザーがそのページを 2 つのタブで開いているとき、ユーザーが第 3 のタブを開こうとすると、無限に待たされることになる。ポーラーが使える 2 つの接続を使っているため、HTML、イメージ、CSS のいずれもダウンロードできない。しかも、XMLHttpRequest は、クロスドメイン要求には使えない。そして、あなたのシステム自体が何らかの問題を抱えているかもしれない。

つまり、ロングポーリングは意識的に使わなければならない。また、1 つのページで複数のロングポーリング接続を管理するのは避けなければならない。複数のソースからのデータを確実に処理するには、サーバーからのすべてのメッセージを同じ接続にまとめ、データ処理の委譲を意識したクライアントを使わなければならない。

この節では、サーバーに対するプロキシとして機能するクライアントを作る。このクライアントは、指定された URL からデータをポーリングし、JavaScript オブジェクトがそれぞれのトピックを観察できるようにする。サーバーからデータが届くたびに、クライアントはメッセージをトピックごとに分類し、関連する観察者に通知を送る。こうすれば、接続を 1 本に制限しつつ、さまざまなトピックのメッセージを受信できる。

このクライアントは、第 11 章「Observer パターン」の observable（観察対象）オブジェクトを使って観察者を処理するとともに、今作ったばかりの ajax.poll インターフェイスを使ってサーバー接続を処理する。つまり、このクライアントは、サーバーサイドイベント操作を単純化するためのごく薄いグルーである。

13.4.1 メッセージ形式

このサンプルでサーバーとクライアントの間でやり取りされるメッセージの形式は、非常に単純にしてある。クライアントサイドオブジェクトは、observable オブジェクトと同様に、単一のトピックを観察できるようにして、新しいデータが届くたびに引数として 1 個のオブジェクトを指定した形で呼び出されるようにしたい。この問題は、サーバーから JSON データを送ればもっとも簡単に解くことができる。個々の応答は、プロパティ名がトピック、値がトピックに関連したデータの配列になっているオブジェクトを送り返す。**リスト 13-42** は、サーバーからの応答のサンプルである。

リスト 13-42　サーバーから送られてくる典型的な JSON 形式の応答

```
{
  "chatMessage": [{
    "id": "38912",
    "from": "chris",
    "to": "",
    "body": "Some text ...",
    "sent_at": "2010-02-21T21:23:43.687Z"
  }, {
    "id": "38913",
    "from": "lebowski",
    "to": "",
    "body": "More text ...",
    "sent_at": "2010-02-21T21:23:47.970Z"
  }],

  "stock": { /* ... */ },
```

```
    /* ... */
}
```

たとえば新しい株価を知りたいと思っている観察者は、`client.observe("stock", fn);` というコードによってそのことを表現する。ほかの観察者は、たとえばチャットメッセージを受け取りたいと思っている。同じページで株価とリアルタイムチャットの両方を提供するようなサイトがどんなものかはイメージできないが、このWeb 2.0の時代には、そんなサイトはきっと存在するだろう。ポイントは、すべてのストリーミングニーズのために単一の接続を使っているため、サーバーからはさまざまな種類のデータが送られてくるということである。

クライアントは、2つのことを行って一貫性の取れたインターフェイスを提供する。まず、クライアントは、観察者がフィード全体ではなく、単一のトピックだけを観察できるようにする。第2に、クライアントは、指定されたトピックのメッセージが届くたびに一度ずつ観察者を呼び出す。そこで、上のサンプルの場合、「chatMessage」トピックの観察者は1つのチャットメッセージにつき1回ずつ、合計2回呼び出される。

クライアントのインターフェイスは、形も実際のふるまいも、第11章「Observer パターン」で開発した `observable` オブジェクトとよく似ている。こうすれば、このクライアントを使うコードは、データがサーバーからフェッチされ、サーバーに送られることを意識しなくて済む。さらに、2つの同じインターフェイスを作ったため、このクライアントを使うコードのテストでは、テストでのサーバー接続を避けるためにスタブの `XMLHttpRequest` を使わなくても、通常の `observable` を使うことができる。

13.4.2 ajax.cometClientを作る

いつもと同じように、ごく単純なところから始めよう。問題のオブジェクトが存在することのアサートである。名前としては、`ajax.cometClient` が妥当だろう。リスト13-43は、この `ajax.cometClient` が存在するかどうかをテストしている。このテストは、`test/comet_client_test.js` という新しいファイルに格納してある。

リスト13-43　ajax.cometClient は存在するはず

```
(function () {
  var ajax = tddjs.ajax;

  TestCase("CometClientTest", {
    "test should be object": function () {
      assertObject(ajax.cometClient);
    }
  });
}());
```

実装は、リスト13-44のように、いつもと同様のファイルの初期セットアップを作るだけのことである。

リスト13-44　comet_client.js ファイルをセットアップする

```
(function () {
  var ajax = tddjs.namespace("ajax");

  ajax.cometClient = {};
```

```
}());
```

13.4.3 データをディスパッチする

観察者が追加されたら、クライアントからデータがディスパッチされるときに、観察者が呼び出されなければならない。observe メソッドの内部を規定するようなテストを書くこともできるが、そうすると、期待される動作をきちんと記述するのではなく、不必要に特定の実装にしばられたテストになってしまう。さらに、私たちは observable オブジェクトを使って観察者を処理するが、クライアントの observe メソッドのために observable のテストケース全体をレプリケートするようなことは避けたい。

そこで、dispatch の実装から始める。dispatch は、あとで observe のふるまいを確かめるときに役に立つ。ディスパッチとは、サーバーから受け取ったデータを分解して、観察者に送る処理のことである。

ajax.cometClient.dispatch を追加する

データのディスパッチの最初のテストは、リスト 13-45 のように、単純にメソッドが存在することを確かめる。

リスト 13-45　dispatch が存在することを確かめる

```
"test should have dispatch method": function () {
  var client = Object.create(ajax.cometClient);

  assertFunction(client.dispatch);
}
```

このテストは不合格になるので、リスト 13-46 を追加する。

リスト 13-46　dispatch メソッドを追加する

```
function dispatch() {
}

ajax.cometClient = {
  dispatch: dispatch
};
```

データを委譲する

次に、dispatch にオブジェクトを与え、dispatch が観察者にデータをプッシュするのを確かめる。しかし、私たちはまだ observe を書いていない。そのため、2 つのメソッドが正しく動作しなければ合格しないテストを書いたら、どちらかが失敗したときに困ってしまう。本来、単体テストが不合格になれば、どこに問題があるかがはっきりとわかるものだが、まだ存在しない 2 つのメソッドで互いのふるまいをチェックしても何もわからない。それよりも、これら 2 つのメソッドを実装するために observable を使うということを活用する。リ

スト 13-47 は、dispatch が、observers という observable オブジェクトの notify メソッドを呼び出すことを確かめている。

リスト 13-47　dispatch が notify を呼び出していることを確かめる

```
"test dispatch should notify observers": function () {
  var client = Object.create(ajax.cometClient);
  client.observers = { notify: stubFn() };

  client.dispatch({ someEvent: [{ id: 1234 }] });

  var args = client.observers.notify.args;

  assert(client.observers.notify.called);
  assertEquals("someEvent", args[0]);
  assertEquals({ id: 1234 }, args[1]);
}
```

このテストで使われている単純なデータオブジェクトは、この章の冒頭で規定したフォーマットに従っている。このテストに合格するためには、データオブジェクトのプロパティをループで処理し、さらに各トピックのイベントをループで処理して、観察者に 1 つずつ渡していかなければならない。**リスト 13-48** はこの仕事をしている。

リスト 13-48　データをディスパッチする

```
function dispatch(data) {
  var observers = this.observers;

  tddjs.each(data, function (topic, events) {
    for (var i = 0, l = events.length; i < l; i++) {
      observers.notify(topic, events[i]);
    }
  });
}
```

これでテストには合格するようになるが、このメソッドは、明らかにかなりの前提条件を抱え込んだものになっているので、さまざまな状況で簡単にエラーを起こす。小さなテストでそれらの状況に細かく対処していきながら、実装を強化していく。

エラー処理を改善する

リスト 13-49 は、observers がなくても dispatch がエラーを起こさないことを確かめている。

リスト 13-49　observers がなければどうなるか

```
TestCase("CometClientDispatchTest", {
  setUp: function () {
```

```
      this.client = Object.create(ajax.cometClient);
    },

    /* ... */

    "test should not throw if no observers": function () {
      this.client.observers = null;

      assertNoException(function () {
        this.client.dispatch({ someEvent: [{}] });
      }.bind(this));
    },

    "test should not throw if notify undefined": function () {
      this.client.observers = {};

      assertNoException(function () {
        this.client.dispatch({ someEvent: [{}] });
      }.bind(this));
    }
  });
```

ここからは、ディスパッチ関連のすべてのテストを独自のテストケースにまとめていく。テストケースは、2つのテストを追加している。observersオブジェクトが存在しないという条件にdispatchが対処できることをチェックするものと、observersオブジェクトが書き換えられていないことをチェックするものだ。後者は、observersが公開オブジェクトで、外部コードに書き換えられる可能性があるというだけの理由でここに追加されたものである。

リスト13-50 observersに注意を払う

```
function dispatch(data) {
  var observers = this.observers;

  if (!observers || typeof observers.notify != "function") {
    return;
  }

  /* ... */
}
```

次は、メソッドが受け取るデータ構造に対する思い込みを少し和らげる。リスト13-51は、dispatchに誤ったデータを与えても、エラーが起きないことを確かめる（今のところ成功する）2つのテストを追加している。

リスト13-51 dispatchに誤ったデータを渡す

```
TestCase("CometClientDispatchTest", {
  setUp: function () {
```

```
      this.client = Object.create(ajax.cometClient);
      this.client.observers = { notify: stubFn() };
    },

    /* ... */

    "test should not throw if data is not provided":
    function () {
      assertNoException(function () {
        this.client.dispatch();
      }.bind(this));
    },

    "test should not throw if event is null": function () {
      assertNoException(function () {
        this.client.dispatch({ myEvent: null });
      }.bind(this));
    }
  });
```

テストを実行すると、驚いたことに、あとのほうのテストだけが不合格になる。反復処理のために使った`tddjs.each`は、反復処理に適さない入力も処理できるように作られているので、`dispatch`はすでに引数として`null`が渡されたり、引数がまったく渡されなかったりすることに対処できている。最後のテストに合格するには、**リスト13-52**のように、`events`オブジェクトの反復処理に少し注意を払っている。

リスト13-52　イベントデータの反復処理に注意を注ぐ

```
function dispatch(data) {
  /* ... */

  tddjs.each(data, function (topic, events) {
    var length = events && events.length;

    for (var i = 0; i < length; i++) {
      observers.notify(topic, events[i]);
    }
  });
}
```

ディスパッチテストケースを完成させるためには、`notify`が`data`内のすべてのトピックに対して呼び出されていることや、トピックの観察者全部にすべてのイベントが渡されていることを確かめるテストを追加しなければならないが、それは練習問題としておく。

13.4.4 観察者の追加

動作する`dispatch`が手に入ったら、`observe`メソッドをテストするために必要なものがあるということだ。リスト 13-53 は、データが手に入ったときに、`observers`が呼び出されることを確かめる。

リスト 13-53　`observers`をテストする

```
TestCase("CometClientObserveTest", {
  setUp: function () {
    this.client = Object.create(ajax.cometClient);
  },

  "test should remember observers": function () {
    var observers = [stubFn(), stubFn()];
    this.client.observe("myEvent", observers[0]);
    this.client.observe("myEvent", observers[1]);
    var data = { myEvent: [{}] };

    this.client.dispatch(data);

    assert(observers[0].called);
    assertSame(data.myEvent[0], observers[0].args[0]);
    assert(observers[1].called);
    assertSame(data.myEvent[0], observers[1].args[0]);
  }
});
```

`observe`は、まだ空っぽのメソッドなので、このテストは不合格になる。リスト 13-54 が、隙間を埋める。このコードを動作させるためには、第 11 章「Observer パターン」の`observable`実装を`lib/observable.js`に保存しておかなければならない。

リスト 13-54　観察者を記録する

```
(function () {
  var ajax = tddjs.ajax;
  var util = tddjs.util;

  /* ... */

  function observe(topic, observer) {
    if (!this.observers) {
      this.observers = Object.create(util.observable);
    }

    this.observers.observe(topic, observer);
  }
```

```
    ajax.cometClient = {
      dispatch: dispatch,
      observe: observe
    };
  });
```

これでテストはすべて合格するようになる。observe メソッドは、dispatch のなかで notify に対してしたように、this.observers.observe の型チェックをするとおそらくよい。また、topic か events が期待通りのものでなかったときに何が起きるかをアサートするテストがないことに気付かれたかもしれない。これは読者のための練習問題としておく。

トピックと観察者は、ともに observable.observe によってチェックされているが、それに依存すると、クライアントを依存ファイルと密に結合させることになる。また、例外が長い道のりをたどってライブラリに届くようなことを認めるのは、一般によいコーディングプラクティスではないと考えられている。そのようなことをすると、私たちのコードを使っているデベロッパがスタックトレースをデバッグしづらくなってしまう。

13.4.5 サーバーとの接続

今までしてきたのは、observable を決められたデータフォーマットでラップすることだった。ここで、いよいよサーバーと接続して、応答データを dispatch メソッドに渡す処理を作っていく。最初にしなければならないのは、**リスト 13-55** が規定するように、接続を手に入れることだ。

リスト 13-55　connect が接続を手に入れてくることを確かめる

```
TestCase("CometClientConnectTest", {
  setUp: function () {
    this.client = Object.create(ajax.cometClient);
    this.ajaxPoll = ajax.poll;
  },

  tearDown: function () {
    ajax.poll = this.ajaxPoll;
  },

  "test connect should start polling": function () {
    this.client.url = "/my/url";
    ajax.poll = stubFn({});

    this.client.connect();

    assert(ajax.poll.called);
    assertEquals("/my/url", ajax.poll.args[0]);
  }
});
```

このテストでは、もう observable.observe を使っていないが、それは ajax.poll のセマンティクスのほう

が期待されるふるまいをよく描いているからだ。fakeXMLHttpRequest によってメソッドがポーリングを開始したことをアサートしても、基本的に ajax.poll のテストケースのコピーを作ることになるだろう。

connect はメソッドではないので、テストは不合格になる。**リスト 13-56** のように、connect メソッド自体とそのなかの ajax.poll 呼び出しを一度に追加しよう。

リスト 13-56 ajax.poll を呼び出して接続する

```
(function () {
  /* ... */

  function connect() {
    ajax.poll(this.url);
  }

  ajax.cometClient = {
    connect: connect,
    dispatch: dispatch,
    observe: observe
  }
});
```

クライアントがすでに接続されているのに connect を呼び出したらどうなるだろうか。ポーリングの接続が増えてしまいそうだ。**リスト 13-57** は、接続を 1 本しか開設しないことをアサートしている。

リスト 13-57 ajax.poll が一度しか呼び出されていないことを確かめる

```
"test should not connect if connected": function () {
  this.client.url = "/my/url";
  ajax.poll = stubFn({});
  this.client.connect();
  ajax.poll = stubFn({});

  this.client.connect();

  assertFalse(ajax.poll.called);
}
```

このテストに合格するには、**リスト 13-58** のように、ポーラーへの参照を管理し、このような参照が存在しないときに限って接続するようにしなければならない。

リスト 13-58 一度しか接続しない

```
function connect() {
  if (!this.poller) {
    this.poller = ajax.poll(this.url);
  }
}
```

13.4 Comet クライアント

リスト 13-59 は、url プロパティを指定しなかったときの動作をテストする。

リスト 13-59　URL が指定されていなければ例外が起きることを確かめる

```
"test connect should throw error if no url exists":
function () {
  var client = Object.create(ajax.cometClient);
  ajax.poll = stubFn({});

  assertException(function () {
    client.connect();
  }, "TypeError");
}
```

このテストに合格するには、**リスト 13-60** のように 3 行のコードを追加すればよい。

リスト 13-60　URL が指定されてなければ例外を投げる

```
function connect() {
  if (!this.url) {
    throw new TypeError("client url is null");
  }

  if (!this.poller) {
    this.poller = ajax.poll(this.url);
  }
}
```

最後に埋めておかなければならない隙間は成功ハンドラで、返されてきた値を引数として `dispatch` を呼び出さなければならない。サーバーから返されてくるデータは JSON データの文字列だが、これをオブジェクトとして `dispatch` に渡す必要がある。この部分のテストのために、`fakeXMLHttpRequest` オブジェクトを再び使って、要求処理を完了し、何らかの JSON データを返すというシミュレーションを行う。**リスト 13-61** は、オプションの応答テキスト引数を受け入れるように書き換えた `fakeXMLHttpRequest.complete` である。

リスト 13-61　complete で応答データを受け付ける

```
var fakeXMLHttpRequest = {
  /* ... */

  complete: function (status, responseText) {
    this.status = status || 200;
    this.responseText = responseText;
    this.readyStateChange(4);
  }
}
```

リスト 13-62 は、更新された `complete` メソッドを使ったテストである。

リスト 13-62　クライアントがデータをディスパッチすることを確かめる

```
TestCase("CometClientConnectTest", {
  setUp: function () {
    /* ... */
    this.ajaxCreate = ajax.create;
    this.xhr = Object.create(fakeXMLHttpRequest);
    ajax.create = stubFn(this.xhr);
  },

  tearDown: function () {
    /* ... */
    ajax.create = this.ajaxCreate;
  },

  /* ... */

  "test should dispatch data from request": function () {
    var data = { topic: [{ id: "1234" }],
                 otherTopic: [{ name: "Me" }] };
    this.client.url = "/my/url";
    this.client.dispatch = stubFn();

    this.client.connect();

    this.xhr.complete(200, JSON.stringify(data));
    assert(this.client.dispatch.called);
    assertEquals(data, this.client.dispatch.args[0]);
  }
});
```

　dispatchが呼び出されていないのでテストは不合格になる。この問題を解決するには、要求の成功コールバックからresponseTextをJSONとしてパースし、その結果を引数としてdispatchを呼び出さなければならない。この内容をごく素朴に実装したのがリスト13-63である。

リスト 13-63　pollerの素朴な成功コールバック

```
function connect() {
  if (!this.url) {
    throw new TypeError("Provide client URL");
  }

  if (!this.poller) {
    this.poller = ajax.poll(this.url, {
      success: function (xhr) {
        this.dispatch(JSON.parse(xhr.responseText));
      }.bind(this)
```

```
    });
  }
}
```

このようにしても、少なくともいくつかのブラウザではテストは不合格になり続けるだろう。第8章「ECMAScript 第5版」でも説明したように、ECMAScript 5は、JSON オブジェクトを規定しているが、まだそれほど広く実装されているわけではない。特に、Internet Explorer 6 などの古いブラウザはサポートしていない。しかし、テストはまだ合格する。というのも、JsTestDriver は、すでに Douglas Crockford の JSON パーサーを内部的に使っており、依存ファイルを名前空間内に閉じ込めておらず、環境が私たちのために依存ファイルをロードしてくれるため、私たちのテストはたまたま動いてしまうのである。JsTestDriver のこの問題はいずれ解決されるだろうが、それまでは、このことを頭の片隅に置いておかなければならない。正しい解決方法は、もちろん、たとえば json.org の `json2.js` を `/lib` に追加することである。

さて、上の実装はごく素朴なものだと言った。サーバーから成功の応答が返ってきたからといって、有効な JSON が返されているとは限らない。**リスト 13-64** のテストを実行すると、何が起きるだろうか。

リスト 13-64　フォーマットに問題のあるデータがディスパッチされないことを確かめる

```
"test should not dispatch badly formed data": function () {
  this.client.url = "/my/url";
  this.client.dispatch = stubFn();

  this.client.connect();

  this.xhr.complete(200, "OK");

  assertFalse(this.client.dispatch.called);
}
```

さらに、サーバーが JSON データを返すことを期待するなら、要求とともに正しい Accept ヘッダーを送ってそのことを知らせたほうがよいだろう。

問題の分離

現在の実装には、少しくさいところがある。正しいとは言い切れない部分があるいうことだ。JSON のパースは、Comet クライアントに属する処理ではない。JSON のパースという仕事は、サーバーサイドイベントの処理をクライアントサイドの観察者に委ね、クライアントサイドのイベントをサーバーに伝えることである。すでに数回口にしたことだが、`ajax.request` は、拡張できるオブジェクトを提供するようにリファクタリングすべきである。そうすれば、`ajax.request` を拡張して、JSON 要求専用のカスタム要求オブジェクトを作ることができる。そのような API を使えば、connect メソッドは、**リスト 13-65** に示すようなものになるだろう。この方がずっとすっきりしている。

リスト 13-65　JSON 専用要求を使う

```
function connect() {
  if (!this.url) {
```

```
      throw new TypeError("Provide client URL");
    }

    if (!this.poller) {
      this.poller = ajax.json.poll(this.url, {
        success: function (jsonData) {
          this.dispatch(jsonData);
        }.bind(this)
      });
    }
  }
```

このようなポーラーは、現在の ajax.request と ajax.poll の実装でも提供できるだろうが、JSON のパースは、ajax.poll や ajax.cometClient に属するものではない。

13.4.6 要求の追跡と受け取ったデータ

ポーリングをするときには、個々の要求からどのようなデータを取得するのかを知っていなければならない。ロングポーリングでは、クライアントがサーバーをポーリングする。サーバーは新しいデータが生成されるまで接続を維持し、データを渡して、接続を閉じる。クライアントがただちに新しい要求を発行したとしても、要求と要求の間でデータを失うリスクがある。通常のポーリングでは、これがもっと大きな問題になる。サーバーは特定の要求に対してどのデータを送り返すべきかをどのようにして知ればよいのだろうか。

すべてのデータがクライアントに確実に送られるようにするためには、要求を管理するためのトークンが必要である。理想を言えば、サーバーはクライアントを管理しなくても済むようにすべきである。Twitter の「ツイート」のような単一のデータソースをポーリングするなら、クライアントが最後に受け取ったツイートの一意な ID がトークン候補になるだろう。クライアントは要求とともに ID を送り、サーバーにはそれよりも新しいツイートを応答するように要求する。

Comet クライアントの場合、あらゆる種類のデータストリームを処理しなければならないので、サーバーが何らかの形で普遍的に一意な ID を使っているのでもない限り、ID トークンに依存するわけにはいかない。別の方法として、前の要求の処理が終わったのがいつかを知らせるタイムスタンプをクライアントが渡すようにすることが考えられる。つまり、クライアントは、最後の要求を処理してから作られたすべてのデータを返してくれとサーバーに言うのである。この方法には大きな欠点がある。クライアントとサーバーがミリ秒単位で同期が取れていることを前提としているのである。そのようなアプローチは非常にもろく、標準時が同じ地域にあるクライアント、サーバー間でも信頼性は感じられないだろう。

サーバーに応答とともにトークンを返させるという方法も考えられる。どのようなトークンにするかはサーバーが決めてよい。クライアントがしなければならないことは、次の要求でそのトークンをいっしょに送ることだけである。このモデルは、ID、タイムスタンプ方式やその他の方式とも併用できる。クライアントは、トークンが何を表しているのかを知る必要さえない。

要求にトークンを組み込む方法としては、カスタム要求ヘッダーや URL パラメーターが考えられる。私たちの Comet クライアントでは、X-Access-Token という要求ヘッダーとともにトークンを送ることにする。サーバーは、トークンが表すデータよりも新しいことが保証されているデータを返してくる。

リスト 13-66 は、カスタムヘッダーが送られることを確かめている。

リスト 13-66　カスタムヘッダーが設定されていることを確かめる

```
"test should provide custom header": function () {
  this.client.connect();

  assertNotUndefined(this.xhr.headers["X-Access-Token"]);
}
```

テストは予想通りに不合格になるので、**リスト 13-67** のような実装を書く。

リスト 13-67　カスタムヘッダーを追加する

```
function connect() {
  /* ... */

  if (!this.poller) {
    this.poller = ajax.poll(this.url, {
      /* ... */

      headers: {
        "Content-Type": "application/json",
        "X-Access-Token": ""
      }
    });
  }
}
```

最初の要求では、トークンは空白になる。最初の要求でもトークンをセットすればもっと洗練された実装を作れるだろう。たとえば、クッキーやローカルデータベースからトークンを読み出し、どこで打ち切るかをユーザーが選択できるようにするのである。

毎回の要求で空白のトークンを送っても、要求の管理には役に立たない。次のテストは、**リスト 13-68** のように、サーバーから返されたトークンが次の要求で送られていることを確かめる。

リスト 13-68　受け取ったトークンが次の要求で渡されていることを確かめる

```
tearDown: function () {
  /* ... */
  Clock.reset();
},

/* ... */

"test should pass token on following request":
function () {
  this.client.connect();
  var data = { token: 1267482145219 };
```

```
      this.xhr.complete(200, JSON.stringify(data));
      Clock.tick(1000);

      var headers = this.xhr.headers;
      assertEquals(data.token, headers["X-Access-Token"]);
    }
```

このテストは、要求が成功してトークンだけを含むJSON応答が返されてくるところをシミュレートする。要求の処理が終了すると、1000ミリ秒先にクロックをセットして新しい要求を発行する。この要求では、ヘッダーで受け取ったトークンを送ることになっている。テストは予想通り不合格になる。トークンはまだ空文字列のままである。

ポーリングのインターバルをクライアントから設定できるようにしていなかったので、このテストではポーリングインターバルを明示的に設定できない。そのため、ちょうど1000ミリ秒後にクロックが作動する理由がわからず、Clock.tick(1000)というコードがまるで魔法の呪文のようになっている。クライアントからポーラーのインターバルを設定する方法は用意すべきであり、その用意ができたときには、このテストはアップデートする必要がある。

このテストに合格するためには、ヘッダーオブジェクトを参照できるようにして、要求を送るたびに書き換えられるようにしなければならない。**リスト13-69**は、そのような実装である。

リスト13-69 要求の処理終了時に要求ヘッダーを書き換える

```
function connect() {
  /* ... */

  var headers = {
    "Content-Type": "application/json",
    "X-Access-Token": ""
  };

  if (!this.poller) {
    this.poller = ajax.poll(this.url, {
      success: function (xhr) {
        try {
          var data = JSON.parse(xhr.responseText);
          headers["X-Access-Token"] = data.token;
          this.dispatch(data);
        } catch (e) {}
      }.bind(this),

      headers: headers
    });
  }
}
```

実装をこのように書き換えれば、テストには合格するが、まだ仕事が終わったわけではない。何らかの理由

で、サーバーが要求に対する応答でトークンを送り損ねる場合があることを考えると、すでに書かれているトークンを何も考えずに空白にしてしまうわけにはいかない。せっかく管理できていた進行状況が把握できなくなってしまう。また、`dispatch` メソッドにはトークンを送る必要がない。要求トークンに関してほかにテストしなければならない条件はあるだろうか。そういったことを考え、テストを書き、実装をアップデートしなければならない。

13.4.7 データの公開

Comet クライアントは、`notify` メソッドも持たなければならない。練習問題として、TDD を使い、次の要件を満たす `notify` メソッドを実装してみよう。

- シグネチャは、`client.notify(topic, data)` でなければならない。
- メソッドは、`client.url` に POST しなければならない。
- データは、`topic`、`data` プロパティを持つオブジェクトとして送らなければならない。

要求とともに送る Content-Type はどのようなものにすべきか。Content-Type の選択は、要求本体に影響を与えるか。

13.4.8 機能テスト

`cometClient` オブジェクトが直接依存するのは、`observable` とポーラーだけなので、依存ファイルがないときに `cometClient` を穏便に不合格にする機能テストは、**リスト 13-70** に示すように、ごく単純である。

リスト 13-70　Comet クライアントの機能テスト

```
(function () {
  if (typeof tddjs == "undefined") {
    return;
  }

  var ajax = tddjs.namespace("ajax");
  var util = tddjs.namespace("util");

  if (!ajax.poll || !util.observable) {
    return;
  }

  /* ... */
}());
```

13.5 まとめ

　この章では、第 12 章「ブラウザ間の違いの吸収：Ajax」で開発した ajax メソッドを基礎として、ポーリングとロングポーリングのクライアントサイドを実装し、さらには第 11 章「Observer パターン」で開発した observable オブジェクトを活用した単純な Comet クライアントを作った。いつもと同じように、重点を置いたのはテストであり、問題を深く掘り下げる過程でテストをどのように活用して学んでいくかである。そして、Comet、Reverse Ajax 等々とまとめて呼ばれているテクノロジーの概要も知ることができた。

　前章では、スタブの考え方を導入し、スタブを活用してきた。この章でポーラーを開発したときには、直接の依存コードをスタブ化せず、少し異なるアプローチを取った。そのため、テストがミニ統合テストになるというコストを支払いつつ、テストの実装への依存度を引き下げることができた。

　この章では、タイマーと Date コンストラクタのテスト、スタブ化の方法についても学んだ。Clock オブジェクトを使って時間をフェイクし、Date コンストラクタと Clock を同期させてテスト内の時間をより効果的にフェイクできると役に立つことを学んだ。

　クライアントサイドライブラリの開発は、さしあたりこの章で区切りをつける。次章では、テスト駆動開発により、node.js フレームワークを使ったロングポーリングアプリケーションのサーバーサイドを実装する。

第14章
Node.jsによる
サーバーサイドJavaScript

　Netscapeがサーバーに JavaScript を送り込んだのは、1996 年のことだった。それ以来、さまざまな人々が同じことをしようとしてきたが、それらのプロジェクトはどれ 1 つとしてデベロッパコミュニティに大きな影響を与えることができなかった。状況が変わったのは、2009 年に Ryan Dahl が Node.js ランタイムをリリースしてからだ。同じ時期に、JavaScript の標準ライブラリ仕様の試みである CommonJS も急速に注目を集めるようになり、それに複数のサーバーサイド JavaScript ライブラリの作者、ユーザーも関わっていった。

　この章では、テスト駆動開発により、Node を使った小さなサーバーサイドアプリケーションを開発する。この課題を通じて、Node とそのルールを学び、ブラウザよりも予測可能性の高い環境で JavaScript 開発を実践し、今までの TDD とイベントプログラミングの経験を駆使して、ブラウザ内で動作するチャットアプリケーションのバックエンドを作る。このアプリケーションは、次章で完成させる。

14.1 Node.jsランタイム

　Node.js－－V8 JavaScript のためのイベントによる入出力－－は、Google の V8 エンジン、すなわち Google Chrome を動かしているのと同じエンジンの上に実装されたイベント駆動のサーバーサイド JavaScript ランタイムである。Node はイベントループを使っており、ほとんど完全に非同期のノンブロッキング API から構成されており、Comet や WebSockets を使って作られたストリーミングアプリケーションとの相性はよい。
　第 13 章「Ajax と Comet によるデータのストリーミング」で述べたように、1 本の接続に 1 つのスレッドを割り当てる Apache HTTP などの Web サーバーは、並行実行に難があり、そのためスケーラビリティに支障が出る。並行実行される接続の寿命が長い場合には、この問題はさらに大きくなる。
　Node は、要求を受け付けると、データベース、ファイルシステム、ネットワークサービスからのデータの取得などのイベントのリスンを開始し、スリープに入る。データの準備ができると、イベントが Node に通知を送り、接続を終了する。以上が Node のイベントループによってシームレスに処理される。
　JavaScript デベロッパには、Node のイベント駆動の世界は、自分の家のように感じられるだろう。結局のところ、ブラウザもイベント駆動であり、ほとんどの JavaScript コードはイベントによって起動される。私たちがこの本を通じて開発してきたコードをちょっと見てみよう。第 10 章「機能検出」では、クロスブラウザで DOM 要素にイベントハンドラを割り当てるコードを書いた。第 11 章「Observer パターン」では、任意の JavaScript オブジェクトのイベントを観察するライブラリを書いた。第 12 章「ブラウザ間の違いの吸収：Ajax」と第 13 章「Ajax と Comet によるデータのストリーミング」では、コールバックを使って非同期にサーバーからデータをフェッチするコードを書いた。

14.1.1 環境のセットアップ

　Nodeのセットアップは、Windows上でなければごく簡単である。残念ながら、本稿執筆時点では、NodeはWindowsでは実行できない。Cygwinのもとで動かすことはできるが、私が思うに、Windowsユーザーにとってもっとも簡単な方法は、無料仮想化ソフトウェアのVirtualBox[1]をダウンロード、インストールして、そのなかでたとえばUbuntu Linux[2]などを実行することだろう。Nodeをインストールするには、http://nodejs.orgからソースをダウンロードして、指示に従えばよい。

ディレクトリ構造

　このプロジェクトのディレクトリ構造は、リスト14-1に示す通りである。

リスト14-1　初期ディレクトリ構造

```
chris@laptop:~/projects/chapp$ tree
.
|-- deps
|-- lib
|   '-- chapp
'-- test
    '-- chapp
```

　私はプロジェクトにchat appという意味で「chapp」という名前をつけた。depsディレクトリは、サードパーティの依存ファイルのためのディレクトリである。その他の2つのディレクトリは自明だろう。

テストフレームワーク

　Nodeは、CommonJS準拠のアサートモジュールを持っているが、Nodeの対象がかなり低水準なので、提供されているアサーションの数も少ない。テストランナー、テストケースもなく、高水準のテストユーティリティもない。提供されているのはむきだしのアサーションだけであり、フレームワークの作者がそこから独自のアサーションを作っていくことを想定している。

　この章では、Nodeunitという小規模のテストフレームワークの1バージョンを使うことにする。Nodeunitは、もともとJQueryの単体テストフレームワークであるQUnitをモデルとして設計されている。私は、これに少し飾りを追加して、JsTestDriverに近付くようにした。だから、この章のテストは、見て理解できるはずだ。

　この章で使うNodeunitのバージョンは、本書のWebサイト[3]からダウンロードできるので、deps/nodeunitに保存していただきたい。リスト14-2は、テストの実行を助ける小さなスクリプトを示したものである。これを./run_testsという名前で保存し、chmod +x run_testsで実行可能にしておいていただきたい。

リスト14-2　テストを実行するためのスクリプト

```
#!/usr/local/bin/node
```

1　http://www.virtualbox.org/
2　http://www.ubuntu.com/
3　http://tddjs.com

```
require.paths.push(__dirname);
require.paths.push(__dirname + "/deps");
require.paths.push(__dirname + "/lib");

require("nodeunit").testrunner.run(["test/chapp"]);
```

14.1.2 出発点

これから書くコードはたくさんあるが、まずは小さなHTTPサーバーとそれを起動する便利なスクリプトから作っていこう。そこからはトップダウンで進み、途中でサーバーを実際に動かしてみることにする。

サーバー

NodeでHTTPサーバーを作るには、httpモジュールとそのcreateServerメソッドが必要である。このメソッドは、要求**リスナー**としてアタッチされる関数を受け付ける。しばらくすると、CommonJSモジュール、Nodeのイベントモジュールが適切に導入される。**リスト14-3**は、サーバーのコードを示したもので、このコードはlib/chapp/server.jsに保存する。

リスト14-3　Node.jsによるHTTPサーバー

```
var http = require("http");
var url = require("url");
var crController = require("chapp/chat_room_controller");

module.exports = http.createServer(function (req, res) {
  if (url.parse(req.url).pathname == "/comet") {
    var controller = crController.create(req, res);
    controller[req.method.toLowerCase()]();
  }
});
```

サーバーは、私たちがこれからまず書いていくモジュール、chatRoomControllerを必要とする。このモジュールは要求/応答ロジックを処理する。現在のところ、サーバーは/cometというURLへの要求だけに応答する。

起動スクリプト

サーバーを起動するには、run_testsスクリプトと同じように、ロードパスをセットアップし、サーバーファイルをrequireし、サーバーを起動するスクリプトが必要だ。**リスト14-4**は、そのような起動スクリプトで、./run_serverに格納する。そして、chmod +x run_serverで実行可能にしておく。

リスト 14-4　起動スクリプト

```
#!/usr/local/bin/node

require.paths.push(__dirname);
require.paths.push(__dirname + "/deps");
require.paths.push(__dirname + "/lib");

require("chapp/server").listen(process.argv[2] || 8000);
```

`listen` 呼び出しがサーバーを起動する。`process.argv` には、すべてのコマンドライン引数、つまりインタープリタ、実行されるファイル、スクリプト実行時に与えられるその他の引数がすべて含まれている。スクリプトは、`./run_server 8080` で実行される。ポート番号を省略してサーバーを起動すると、デフォルトで 8000 番ポートを使う。

14.2 コントローラ

`/comet` という URL へのあらゆる要求に対して、サーバーは要求、応答オブジェクトを引数としてコントローラの create メソッドを呼び出す。次に、使った HTTP メソッドに対応するコントローラメソッドを呼び出す。この章では、get、post メソッドしか実装しない。

14.2.1 CommonJSモジュール

Node は、再利用可能な JavaScript コンポーネントの構造化された管理方法である CommonJS モジュールを実装している。ブラウザにロードされるスクリプトファイルとは異なり、CommonJS モジュール内の暗黙のスコープはグローバルスコープではない。そのため、識別子のリークを防ぐためにあらゆるものを無名クロージャでラップするようなことはしなくて済む。モジュールに関数やオブジェクトを追加するには、特別な exports オブジェクトにプロパティを追加する。あるいは、モジュール全体を 1 個のオブジェクトとして指定し、`module.exports = myModule` のように代入する

モジュールは `require("my_module")` でロードする。この関数は、`require.paths` 配列で指定されたパスを使う。配列の内容は、リスト 14-2 でしたように、必要に応じて変更できる。また、モジュール名の先頭に "./" というプレフィックスをつければ、ロードパスにないモジュールもロードできる。プレフィックスをつけると、Node はカレントモジュールファイルの相対パスからモジュールを探す。

14.2.2 モジュールを定義する：最初のテスト

CommonJS モジュールの基礎がわかったところで、最初のテストとしてリスト 14-5 のようなものが書ける。このテストはコントローラオブジェクトが存在し、コントローラが create メソッドを持つことをアサートする。

リスト 14-5　コントローラが存在することを確かめる

```
var testCase = require("nodeunit").testCase;
```

```
  var chatRoomController = require("chapp/chat_room_controller");

  testCase(exports, "chatRoomController", {
    "should be object": function (test) {
      test.isNotNull(chatRoomController);
      test.isFunction(chatRoomController.create);
      test.done();
    }
  });
```

テストを test/chapp/chat_room_controller_test.js に保存し、./run_tests で実行しよう。すると、Node が「Can't find module chapp/chat_room_controller. (chapp/chat_room_controller モジュールを見つけられない)」と言って例外を生成し、不合格に終わる。**リスト 14-6** の内容を lib/chapp/chat_room_controller.js に保存すれば、この問題は解決できる。

リスト 14-6　コントローラモジュールを作る

```
  var chatRoomController = {
    create: function () {}
  };

  module.exports = chatRoomController;
```

もう一度テストを実行すると、**リスト 14-7** のような形でもう少しやる気の出る出力が表示される。

リスト 14-7　最初のテスト成功

```
  chris@laptop:~/projects/chapp$ ./run_tests
  test/chapp/chat_room_controller_test.js
  chatRoomController should be object

  OK: 2 assertions (2ms)
```

テストケースが test オブジェクトを受け取り、その done メソッドを呼び出しているところに注意しよう。nodeunit は、非同期にテストを実行するため、テストが終了したタイミングを明示的に知らせる必要があるのだ。第1部「テスト駆動開発」で、単体テストを非同期に実行する必要はまずないと述べたが、Node では状況が少し異なり、非同期テストを禁じると、**すべての**システムコールをスタブまたはモックにしなければならなくなり、それではやりにくい。仮に同期的にテストしようとすると、テストが難しくなるだけでなく、インターフェイスを強制するものがないので、エラーを起こしやすい。

14.2.3 コントローラを作る

リスト 14-8 は、コントローラを作成し、コントローラが、create メソッドに渡した引数に対応して、request、response プロパティを持っていることをアサートしている。

リスト 14-8　新しいコントローラが作成されていることを確かめる

```
testCase(exports, "chatRoomController.create", {
  "should return object with request and response":
  function (test) {
    var req = {};
    var res = {};
    var controller = chatRoomController.create(req, res);

    test.inherits(controller, chatRoomController);
    test.strictEqual(controller.request, req);
    test.strictEqual(controller.response, res);
    test.done();
  }
});
```

　Node のアサーションは、JsTestDriver で慣れていたものとは引数の順序が逆になっていることに注意しよう。こちらでは、引数の順序がいつもの expected、actual ではなく、actual、expected になっている。間違えるとエラーメッセージに悩まされることになるので、細部ではあるが、重要なポイントだ。

　V8 は ECMAScritp 5 の一部を実装しているので、**リスト 14-9** が示すように、Object.create を使えばこのテストには合格する。

リスト 14-9　コントローラを作る

```
var chatRoomController = {
  create: function (request, response) {
    return Object.create(this, {
      request: { value: request },
      response: { value: response }
    });
  }
};
```

　これでテストに合格する。このようにして request、response を定義すると、enumerable、configurable、writable 属性にデフォルト値がセットされる（いずれも false）。しかし、読者は私が言っていることを信用する必要はない。test.isWritable、test.isConfigurable、test.isEnumerable またはその逆の test.isNot* を使ってテストをすれば確かめられる。

14.2.4 POST要求のメッセージの処理

　post アクションは、第 13 章「Ajax と Comet によるデータのストリーミング」の cometClient が送ってくる形式の JSON を受け付け、メッセージを作る。この JSON フォーマットをよく覚えていないという読者のために、**リスト 14-10** にメッセージを作るサンプル要求を示してある。

リスト 14-10　メッセージを作成するための JSON 要求

```
{ "topic": "message",
  "data": {
    "user": "cjno",
    "message": "Listening to the new 1349 album"
  }
}
```

外側の"topic"プロパティは、どのようなタイプのイベントを作るかを説明する。この場合は、新しいメッセージである。それに対し、外側の"data"プロパティは、実際のデータを保持している。クライアントは、このように同じサーバーリソースに異なるタイプのクライアントサイドイベントをポストできるように作ってあるわけだ。たとえば、誰かがチャットに参加してきたとき、クライアントは、**リスト 14-11** のような JSON を送ってくる。

リスト 14-11　チャットルームに参加するための JSON 要求

```
{ "topic": "userEnter",
  "data": {
    "user": "cjno"
  }
}
```

複数のチャットルームをサポートするようにバックエンドを拡張する場合、メッセージにはユーザーがどの部屋に入ったかについての情報も含まれるようになるはずだ。

要求本体の読み出し

post 処理でまずしなければならないのは、要求本体を取り出すことである。ここには URL エンコードの JSON 文字列が含まれている。要求が届くと、request オブジェクトは、要求本体のチャンクを引数として"data"イベントを生成する。すべてのチャンクが届くと、request オブジェクトは"end"イベントを生成する。第 11 章「Observer パターン」の observable に当たる Node イベントの駆動力は、events.EventEmitter インターフェイスである。

テストでは、request オブジェクトとしてスタブを使うが、request のスタブは私たちがテストしたい"data"、"end"イベントを生成するために、EventEmitter でなければならない。そうすれば、テストからチャンクをいくつか生成して、JSON.parse に結合された文字列が渡されていることをアサートできる。要求本体全体が JSON.parse に渡されていることを確かめるためには、第 12 章「ブラウザ間の違いの吸収：Ajax」のスタブ関数を使って JSON.parse をスタブ化すればよい。**リスト 14-12** を deps/stub.js に保存しよう。

リスト 14-12　Node と stubFn を併用する

```
module.exports = function (returnValue) {
  function stub() {
    stub.called = true;
    stub.args = arguments;
```

```
    stub.thisArg = this;
    return returnValue;
  }

  stub.called = false;

  return stub;
};
```

リスト 14-13 は、テストである。かなりの量のセットアップコードを含んでいるが、これはすぐあとで別の場所に移動する。

リスト 14-13　要求本体が JSON としてパースされることを確かめる

```
var EventEmitter = require("events").EventEmitter;
var stub = require("stub");

/* ... */

testCase(exports, "chatRoomController.post", {
  setUp: function () {
    this.jsonParse = JSON.parse;
  },

  tearDown: function () {
    JSON.parse = this.jsonParse;
  },

  "should parse request body as JSON": function (test) {
    var req = new EventEmitter();
    var controller = chatRoomController.create(req, {});
    var data = { data: { user: "cjno", message: "hi" } };
    var stringData = JSON.stringify(data);
    var str = encodeURI(stringData);

    JSON.parse = stub(data);
    controller.post();
    req.emit("data", str.substring(0, str.length / 2));
    req.emit("data", str.substring(str.length / 2));
    req.emit("end");

    test.equals(JSON.parse.args[0], stringData);
    test.done();
  }
});
```

setUp と tearDown は、テストがスタブ化した JSON.parse の復元のための処理を行っている。次に、フェイ

クの request、response オブジェクトを引数として controller オブジェクトを作り、POST のテストデータ
を作る。前の2つの章で開発してきた tddjs.ajax ツールは、現在のところ URL エンコードされたデータしか
サポートしていないので、テストデータをそれに合わせてエンコードしなければならない。

テストは、次に URL エンコードされた JSON 文字列を2つのチャンクに分けて生成し、"end" イベントを生
成して、最後に JSON.parse メソッドが呼び出されたことを確かめる。**リスト 14-14** は、テストに合格するコー
ドの一例である。

リスト 14-14 要求本体を読み、JSON としてパースする

```
var chatRoomController = {
  /* ... */

  post: function () {
    var body = "";

    this.request.addListener("data", function (chunk) {
      body += chunk;
    });

    this.request.addListener("end", function () {
      JSON.parse(decodeURI(body));
    });
  }
};
```

テストに合格したら、重複を取り除く時間だ。書き換えやすく、適していると思う形に変形しやすい柔軟な
コードベースを作るためには、重複を積極的に取り除くことがきわめて重要である。テストはコードベースの
一部であり、テスト自体もコンスタントにリファクタリングと改良を必要とする。create と post の両方のテ
ストケースがスタブの要求、応答オブジェクトを使ってコントローラインスタンスを作っているが、get のテ
ストケースも同じことをすることは間違いない。この部分を抽出すれば、共有セットアップメソッドとして使
える関数が作れる。**リスト 14-15** は、最低限のコードである。

リスト 14-15 セットアップを共有する

```
function controllerSetUp() {
  var req = this.req = new EventEmitter();
  var res = this.res = {};
  this.controller = chatRoomController.create(req, res);
  this.jsonParse = JSON.parse;
}

function controllerTearDown() {
  JSON.parse = this.jsonParse;
}

/* ... */
```

```
testCase(exports, "chatRoomController.create", {
  setUp: controllerSetUp,
  /* ... */
});

testCase(exports, "chatRoomController.post", {
  setUp: controllerSetUp,
  tearDown: controllerTearDown,
  /* ... */
});
```

この変更を加えたあとは、テストは controller、req、res を this のプロパティとして参照しなければならない。

メッセージを抜き出す

要求本体を JSON としてパースできるようになったら、得られたオブジェクトからメッセージを抽出して、安全に管理できる場所に渡さなければならない。この課題はトップダウンで作っているので、まだデータモデルを考えていない。そこで、どのような感じになるのかを大ざっぱに決めておいて、post メソッド処理を完成させるまでスタブを使う必要がある。

メッセージはチャットルームに属する。チャットルームは要求をまたがって残っていなければならないので、コントローラは、サーバーに chatRoom オブジェクトを割り当ててもらわなければならない。chatRoom オブジェクトからは、addMessage(user, message) を呼び出せる。

リスト 14-16 のテストは、post がこのインターフェイスによって addMessage にデータを渡していることを確かめる。

リスト 14-16 post がメッセージを追加していることを確かめる

```
"should add message from request body": function (test) {
  var data = { data: { user: "cjno", message: "hi" } };

  this.controller.chatRoom = { addMessage: stub() };
  this.controller.post();
  this.req.emit("data", encodeURI(JSON.stringify(data)));
  this.req.emit("end");

  test.ok(this.controller.chatRoom.addMessage.called);
  var args = this.controller.chatRoom.addMessage.args;
  test.equals(args[0], data.data.user);
  test.equals(args[1], data.data.message);
  test.done();
}
```

先ほどと同じように、要求本体リスナーを追加させるために post メソッドを呼び出し、次にニセの要求データを生成する。最後に、コントローラが正しい引数を指定して chatRoom.addMessage を呼び出していることを

確かめる。

　このテストに合格するには、無名の"end"イベントハンドラのなかで chatRoom.addMessage にアクセスしなければならない。バインドを使えば、this へのローカル参照を手作業で管理せずにこれを実現できる。本稿執筆時点では、V8 はまだ Function.prototype.bind をサポートしていないが、第 6 章「関数とクロージャの応用」のリスト 6-7 で作ったカスタム実装を使える。この実装を deps/function-bind.js に保存すれば、**リスト 14-17** は動作するようになる。

リスト 14-17　POST 要求時にメッセージを追加する

```
require("function-bind");

var chatRoomController = {
  /* ... */

  post: function () {
    /* ... */

    this.request.addListener("end", function () {
      var data = JSON.parse(decodeURI(body)).data;
      this.chatRoom.addMessage(data.user, data.message);
    }.bind(this));
  }
};
```

　しかし、これではまだ完全に動作するとは言えない。同じく post を呼び出す前のテストが、chatRoom の addMessage を呼び出そうとするが、chatRoom はそのテストでは undefined である。この問題は、**リスト 14-18** のように chatRoom スタブを setUp に移動すれば解決できる。

リスト 14-18　chatRoom スタブを共有する

```
function controllerSetUp() {
  /* ... */
  this.controller.chatRoom = { addMessage: stub() };
}
```

　すべてのテストが緑になる。そこで、第 2 のテストで導入してしまったロジックの重複に注意を向けることができる。特に、両方のテストが本体つきの要求を送るところをシミュレートしている。このロジックをセットアップに抽出すれば、テストを大幅に簡略化できる。**リスト 14-19** は、更新後のテストを示したものである。

リスト 14-19　post テストをクリーンにする

```
function controllerSetUp() {
  /* ... */

  this.sendRequest = function (data) {
    var str = encodeURI(JSON.stringify(data));
```

```
      this.req.emit("data", str.substring(0, str.length / 2));
      this.req.emit("data", str.substring(str.length / 2));
      this.req.emit("end");
    };
  }

  testCase(exports, "chatRoomController.post", {
    /* ... */

    "should parse request body as JSON": function (test) {
      var data = { data: { user: "cjno", message: "hi" } };
      JSON.parse = stub(data);

      this.controller.post();
      this.sendRequest(data);

      test.equals(JSON.parse.args[0], JSON.stringify(data));
      test.done();
    },

    /* ... */
  });
```

クリーンアップ後のテストは、今までよりもずっと読みやすくなっている。また、sendRequest ヘルパーメソッドにより、要求を発行する新しいテストも簡単に書けるようになった。すべてのテストが合格するので、先に進むことができる。

悪意のあるデータ

今のコードは、まったくフィルタリングされていないメッセージを受け付けていることに注意しよう。これではあらゆるタイプの恐ろしい状況を引き起こしかねない。たとえば、**リスト 14-20** の要求がどのような効果を及ぼすかを考えてみよう。

リスト 14-20　悪意のある要求

```
{ "topic": "message",
  "data": {
    "user": "cjno",
    "message":
      "<script>window.location = 'http://hacked';</script>"
  }
}
```

私たちが今作っているようなアプリケーションをデプロイするときには、エンドユーザーのデータをフィルタリングせずに受け入れるようなことをしないように注意しなければならない。

14.2.5 要求に応答する

コントローラは、メッセージを追加したら、応答を返して接続を閉じなければならない。ほとんどのWebフレームワークでは、出力のバッファリングと接続のクローズは、水面下で自動的に行われる。しかし、NodeのHTTPサーバーサポートは、データストリーミングとロングポーリングを意識して設計されている。そのため、そのように指示しなければ、データはバッファリングされず、接続はクローズされない。

`http.ServerResponse`は、応答を出力するために役に立つメソッドを提供している。`writeHead`は、ステータスコードと応答ヘッダーを出力する。`write`は応答本体のチャンクを出力する。そして、`end`がある。

ステータスコード

メッセージが追加されたときにユーザーに与えられるフィードバックはあまりないので、リスト14-21は、`post`が単純に空の「201 Created」を応答することを確かめるテストである。

リスト14-21　ステータスコード201が返されることを確かめる

```javascript
function controllerSetUp() {
  /* ... */
  var res = this.res = { writeHead: stub() };
  /* ... */
}

testCase(exports, "chatRoomController.post", {
  /* ... */
  "should write status header": function (test) {
    var data = { data: { user: "cjno", message: "hi" } };
    this.controller.post();
    this.sendRequest(data);

    test.ok(this.res.writeHead.called);
    test.equals(this.res.writeHead.args[0], 201);
    test.done();
  }
});
```

リスト14-22は、実際に`writeHead`を呼び出す。

リスト14-22　応答コードを設定する

```javascript
post: function () {
  /* ... */
  this.request.addListener("end", function () {
    var data = JSON.parse(decodeURI(body)).data;
    this.chatRoom.addMessage(data.user, data.message);
    this.response.writeHead(201);
```

```
    }.bind(this));
}
```

接続をクローズする

ヘッダーを書き込んだら、接続をクローズしなければならない。**リスト 14-23** は、それを確かめるテストである。

リスト 14-23　応答がクローズされることを確かめる

```
function controllerSetUp() {
  /* ... */
  var res = this.res = {
    writeHead: stub(),
    end: stub()
  };

  /* ... */
};

testCase(exports, "chatRoomController.post", {
  /* ... */
  "should close connection": function (test) {
    var data = { data: { user: "cjno", message: "hi" } };

    this.controller.post();
    this.sendRequest(data);

    test.ok(this.res.end.called);
    test.done();
  }
});
```

このテストは不合格になるので、**リスト 14-24** のように、post メソッドを書き換えると、すべてテストに合格するようになる。

リスト 14-24　応答をクローズする

```
post: function () {
  /* ... */

  this.request.addListener("end", function () {
    /* ... */
    this.response.end();
  }.bind(this));
}
```

post メソッドの処理は以上である。適切な形式の要求を正しく処理できる程度には使える状態になっている。しかし、現実に使うシステムの場合は、入力のチェックとエラー処理をもっと厳格に行うことをお勧めする。メソッドをもっと弾力的なものにすることは、練習問題としておく。

14.2.6 アプリケーションを動かしてみる

サーバーに若干の調整を加えると、アプリケーションを動かすことができる。もとのリストでは、サーバーはコントローラのために chatRoom をセットアップしていなかった。アプリケーションをうまく実行するには、サーバーを**リスト 14-25** のように書き換えなければならない。

リスト 14-25　サーバーの最終的な形

```
var http = require("http");
var url = require("url");
var crController = require("chapp/chat_room_controller");
var chatRoom = require("chapp/chat_room");
var room = Object.create(chatRoom);

module.exports = http.createServer(function (req, res) {
  if (url.parse(req.url).pathname == "/comet") {
    var controller = crController.create(req, res);
    controller.chatRoom = room;
    controller[req.method.toLowerCase()]();
  }
});
```

このコードを動作させるためには、フェイクの chatRoom モジュールを追加する必要がある。**リスト 14-26** の内容を lib/chapp/chat_room.js に保存しよう。

リスト 14-26　フェイクのチャットルーム

```
var sys = require("sys");

var chatRoom = {
  addMessage: function (user, message) {
    sys.puts(user + ": " + message);
  }
};

module.exports = chatRoom;
```

リスト 14-27 は、対話的 Node シェルの node-repl を使って、POST データをエンコードし、コマンドラインの HTTP クライアントの curl を使ってアプリケーションにポストする方法を示したものである。この部分を別のシェルで実行し、アプリケーションを実行しているシェルの出力を見てみよう。

リスト14-27　コマンドラインから手作業でアプリケーションをテストする

```
$ node-repl
node> var msg = { user:"cjno", message:"Enjoying Node.js" };
node> var data = { topic: "message", data: msg };
node> var encoded = encodeURI(JSON.stringify(data));
node> require("fs").writeFileSync("chapp.txt", encoded);
node> Ctrl-d
$ curl -d `cat chapp.txt` http://localhost:8000/comet
```

最後のコマンドを入力すると、すぐに応答が返ってくる（つまり、すぐにプロンプトが表示される）。そして、サーバーを実行しているシェルには、「cjno: Enjoying Node.js」と表示される。第15章「TDDとDOM操作：チャットクライアント」では、このアプリケーションのために適切なフロントエンドを作る。

14.3 ドメインモデルとストレージ

チャットアプリケーションのドメインモデルは、ここで開発している限りにおいては、1個のchatRoomオブジェクトから構成される。chatRoomは、単純にメモリ内にメッセージを格納するが、次のようなNodeのI/Oのやり方に従った形でchatRoomを設計していく。

14.3.1 チャットルームを作る

コントローラのときと同じように、chatRoomを継承する新しいオブジェクトは、Object.createで作る。しかし、さしあたりchatRoomは初期化ルーチンを必要としないため、オブジェクトはObject.createで直接作る。あとで初期化ルーチンを追加するときには、テスト内のチャットルームオブジェクトを作っている部分を更新しなければならない。これは、呼び出しの重複を避けようと思うよいきっかけになるだろう。

14.3.2 NodeのI/O

chatRoomインターフェイスはストレージバックエンドの役割を果たすので、I/Oインターフェイスとして分類することにする。そのため、今のところはインメモリストアに過ぎないものの、Nodeの慎重に考えて作られた非同期I/Oのやり方を踏襲しなければならない。そのようにすれば、あとでデータベースやWebサービスなどの永続記憶のメカニズムを使えるようにリファクタリングするのがとても楽になる。

Nodeの非同期インターフェイスは、最後の引数としてオプションのコールバックを受け付ける。コールバックに渡される第1引数は、いつもnullかエラーオブジェクトである。そのため、専用の「エラーバック」関数は不要だ。リスト14-28は、ファイルシステムモジュールを使った例を示している。

リスト14-28　Nodeでのコールバックとエラーバックの区別の方法

```
var fs = require("fs");

fs.rename("./tetx.txt", "./text.txt", function (err) {
```

```
    if (err) {
      throw err;
    }

    // 名称変更に成功したので、処理を続行する
  });
```

この方法は、すべての低水準システムインターフェイスで使われており、私たちの出発点でもある。

14.3.3 メッセージを追加する

チャットルームを使うコントローラが指示していることだが、chatRoom オブジェクトは、ユーザー名とメッセージを受け付ける addMessage メソッドを持たなければならない。

問題のあるデータの処理

データの基本的な一貫性を保つために、addMessage メソッドは、ユーザー名かメッセージのどちらかが無い場合には、エラーを起こさなければならない。しかし、非同期 I/O インターフェイスなので、単純に例外を投げるわけにはいかない。Node の方法に従い、addMessage に登録されたコールバックの第 1 引数としてエラーを渡す必要がある。**リスト 14-29** は、ユーザー名が指定されていないときのためのテストである。このコードは、test/chapp/chat_room_test.js に保存する

リスト 14-29　addMessage がユーザー名を必要とすることを確かめる

```
var testCase = require("nodeunit").testCase;
var chatRoom = require("chapp/chat_room");

testCase(exports, "chatRoom.addMessage", {
  "should require username": function (test) {
    var room = Object.create(chatRoom);

    room.addMessage(null, "a message", function (err) {
      test.isNotNull(err);
      test.inherits(err, TypeError);
      test.done();
    });
  }
});
```

テストは予想通りに不合格になるので、**リスト 14-30** のように、user 引数のチェックを追加する。

リスト 14-30　ユーザー名があることをチェックする

```
var chatRoom = {
  addMessage: function (user, message, callback) {
    if (!user) {
```

```
      callback(new TypeError("user is null"));
    }
  }
};
```

これでテストは合格するので、次はメッセージをチェックする。**リスト14-31**のテストは、addMessageがメッセージを必要とすることを確かめる。

リスト14-31　addMessageがメッセージを必要とすることを確かめる

```
"should require message": function (test) {
  var room = Object.create(chatRoom);

  room.addMessage("cjno", null, function (err) {
    test.isNotNull(err);
    test.inherits(err, TypeError);
    test.done();
  });
}
```

このテストは、コードの重複を引き起こすが、それについてはすぐあとで対処する。まず、**リスト14-32**のようにチェックを行って、テストに合格させる。

リスト14-32　メッセージをチェックする

```
addMessage: function (user, message, callback) {
  /* ... */

  if (!message) {
    callback(new TypeError("message is null"));
  }
}
```

これですべてのテストに合格する。**リスト14-33**は、chatRoomオブジェクト作成コードの重複を取り除くために、setUpメソッドを追加する。

リスト14-33　setUpメソッドを追加する

```
testCase(exports, "chatRoom.addMessage", {
  setUp: function () {
    this.room = Object.create(chatRoom);
  },

  /* ... */
});
```

先ほど決めたように、コールバックはオプションでなければならないので、**リスト14-34**は、コールバックが指定されていなくてもメソッドが失敗しないことを確かめる。

リスト 14-34　addMessage がコールバックを必要としないことを確かめる

```javascript
/* ... */
require("function-bind");

/* ... */

testCase(exports, "chatRoom.addMessage", {
  /* ... */

  "should not require a callback": function (test) {
    test.noException(function () {
      this.room.addMessage();
      test.done();
    }.bind(this));
  }
}
```

ここでも、無名コールバックを test.noException にバインドするために、カスタム bind をロードしている。このテストに合格するには、**リスト 14-35** のように、コールバックを呼び出す前にコールバックが呼び出せることをチェックする必要がある。

リスト 14-35　コールバックを呼び出す前にコールバックが呼び出せることをチェックする

```javascript
addMessage: function (user, message, callback) {
  var err = null;

  if (!user) { err = new TypeError("user is null"); }
  if (!message) { err = new TypeError("message is null"); }

  if (typeof callback == "function") {
    callback(err);
  }
}
```

メッセージの追加に成功する

メッセージを取得するための方法を作るまでは、メッセージが実際に格納されたことを確かめることはできないが、メッセージの追加が成功したかどうかを示す何らかの手がかりは得られるはずだ。そこで、addMessage メソッドがメッセージオブジェクトを引数としてコールバックを呼び出していることを確かめる。オブジェクトは ID とともに渡したデータを格納しているはずだ。このテストは、**リスト 14-36** に示す通りである。

リスト 14-36　addMessage が作成されたメッセージを渡すことを確かめる

```javascript
"should call callback with new object": function (test) {
  var txt = "Some message";
```

```
      this.room.addMessage("cjno", txt, function (err, msg) {
        test.isObject(msg);
        test.isNumber(msg.id);
        test.equals(msg.message, txt);
        test.equals(msg.user, "cjno");
        test.done();
      });
    }
```

リスト14-37は、テストに合格するためのコードで、オブジェクトを引数としてコールバックを呼び出すが、IDは1とハードコードしてごまかしている。

リスト14-37　コールバックにオブジェクトを渡す

```
addMessage: function (user, message, callback) {
  /* ... */
  var data;

  if (!err) {
    data = { id: 1, user: user, message: message };
  }

  if (typeof callback == "function") {
    callback(err, data);
  }
}
```

このコードを追加すると、テストは緑に戻る。次に、IDはすべてのメッセージを通じて一意でなければならない。リスト14-38は、それを確かめるテストである。

リスト14-38　メッセージIDが一意になっていることを確かめる

```
"should assign unique ids to messages": function (test) {
  var user = "cjno";

  this.room.addMessage(user, "a", function (err, msg1) {
    this.room.addMessage(user, "b", function (err, msg2) {
      test.notEquals(msg1.id, msg2.id);
      test.done();
    });
  }.bind(this));
}
```

このテストを実行すると、さきほどのずるがばれてしまうので、IDを生成するもっとよい方法を見つけなければならない。リスト14-39は、メッセージが追加されるたびにインクリメントされる単純な変数を使っている。

リスト14-39　一意な整数IDを割り当てる

```javascript
var id = 0;

var chatRoom = {
  addMessage: function (user, message, callback) {
    /* ... */

    if (!err) {
      data = { id: id++, user: user, message: message };
    }

    /* ... */
  }
};
```

これでテストは再び合格するようになる。実際にはメッセージをどこにも格納していないことが気になるかもしれない。これは問題だが、今のところはテストケースでこの問題を暴いていない。このテストをするには、メッセージ取得のテストを始めなければならない。

14.3.4 メッセージをフェッチする

次章では、第13章「AjaxとCometによるデータのストリーミング」で作ったcometClientを使ってチャットバックエンドとやり取りする。そのため、chatRoomは、何らかのトークンよりもあとのすべてのメッセージを取り出すための方法を必要とする。そこで、引数としてIDを受け付け、コールバックにメッセージの配列を渡すgetMessagesSinceメソッドを追加する。

getMessagesSince メソッド

このメソッドの最初のテストであるリスト14-40は、2つのメッセージを追加してから、第1のメッセージのID以降に追加されたすべてのメッセージを取得しようとする。こうすれば、IDがどのようにして生成されているかについての想定を一切テストに持ち込まなくて済む。

リスト14-40　メッセージが取得されていることを確かめる

```javascript
testCase(exports, "chatRoom.getMessagesSince", {
  "should get messages since given id": function (test) {
    var room = Object.create(chatRoom);
    var user = "cjno";
    room.addMessage(user, "msg", function (e, first) {
      room.addMessage(user, "msg2", function (e, second) {
        room.getMessagesSince(first.id, function (e, msgs) {
          test.isArray(msgs);
          test.same(msgs, [second]);
          test.done();
        });
```

      });
    });
  }
});
```

getMessagesSinceがないので、このテストは不合格になる。**リスト14-41**は、引数なしで単純にコールバックを呼び出す空メソッドを追加している。

リスト14-41　getMessagesSinceを追加する

```
var chatRoom = {
  addMessage: function (user, message, callback) { /* ... */ },

  getMessagesSince: function (id, callback) {
    callback();
  }
};
```

addMessageは実際にメッセージをどこかに格納しているわけではないので、getMessagesSinceにはメッセージの取得のしようがない。つまり、このテストに合格するには、**リスト14-42**に示すように、addMessageを修正しなければならない。

リスト14-42　本当にメッセージを追加する

```
addMessage: function (user, message, callback) {
  /* ... */

  if (!err) {
    if (!this.messages) {
      this.messages = [];
    }

    var id = this.messages.length + 1;
    data = { id: id, user: user, message: message };
    this.messages.push(data);
  }

  /* ... */
}
```

メッセージを格納するための配列を作ったので、専用のカウンタを管理しなくても、配列の添字からIDを取得できる。添字に1を加えた値をIDにすれば、0ではなく1が先頭になる。なぜそのような操作をするのかというと、getMessagesSinceは、何らかのIDよりもあとに追加されたすべてのメッセージを取り出してくることになっているからである。0が先頭のIDを使うと、すべてのメッセージを取得するときに、-1を指定しなければならない。それよりは0を使ったほうが少しでも自然な感じになるだろう。これは好みの問題であり、読者は私とは違う考えを持つかもしれない。
```

14.3 ドメインモデルとストレージ

テストを実行すると、今までのテストはすべて合格することが確かめられる。IDは、messages配列の添字に直接関係のあるものになったので、データの取得は**リスト14-43**が示すように、ごく簡単である。

リスト14-43 メッセージをフェッチする

```
getMessagesSince: function (id, callback) {
  callback(null, this.messages.slice(id));
}
```

これで、getMessagesSinceのテストを含むすべてのテストに合格する。getMessagesSinceは、addMessageの正しい実装を助けてくれた。そして、最良の条件に対応できるようになった。しかし、getMessagesSinceが確実に動作するようにするには、まだ次のような点を修正しなければならない。

- messages配列が存在しないときには空配列を生成しなければならない。
- 指定に合致するメッセージがないときには空配列を生成しなければならない。
- コールバックが与えられていないときでも、例外を投げてはならない。
- addMessageとgetMessagesSinceのテストケースをは、セットアップメソッドを共有するようにリファクタリングしなければならない。

これらの条件をテスト、実装する作業は、練習問題としておく。

addMessageを非同期にする

addMessageメソッドは、コールバックベースだが、まだ同期インターフェイスになっている。これはかならずしも問題だとは言えないが、このインターフェイスを使っている誰かがコールバックで非常に重たい仕事をして、知らぬうちにaddMessageをブロックしてしまう恐れがある。Nodeの`process.nextTick(callback)`メソッドを活用すれば、この問題を緩和することができる。このメソッドは、イベントループの次のパスでコールバックを呼び出すのである。まず、**リスト14-44**は、望ましい動作をテストしている。

リスト14-44 addMessageが非同期になっていることを確かめる

```
"should be asynchronous": function (test) {
  var id;

  this.room.addMessage("cjno", "Hey", function (err, msg) {
    id = msg.id;
  });

  this.room.getMessagesSince(id - 1, function (err, msgs) {
    test.equals(msgs.length, 0);
    test.done();
  });
}
```

addMessageはこの時点では同期的なので、このテストは不合格になる。**リスト14-45**は、nextTickメソッ

ドを使うように addMessage を書き換えたものである。

リスト 14-45　addMessage を非同期にする

```
require("function-bind");
var id = 0;

var chatRoom = {
  addMessage: function (user, message, callback) {
    process.nextTick(function () {
      /* ... */
    }.bind(this));
  },

  /* ... */
}
```

これでテストには合格する。しかし、合格するのは、getMessagesSince がまだ同期的だからにすぎない。このメソッドも非同期的にすると（そうしなければいけないのだが）、テストには合格しなくなる。すると、messages 配列を直接チェックしなければならなくなるが、実装の詳細をテストすると、テストと実装が密結合になってしまうため、通常は問題がある。非同期的なふるまいのテストというのも、実装と密結合している。そこで、私なら、実装を掘り下げるテストを追加するのではなく、不合格になるテストを取り除くだろう。

14.4 プロミス

　非同期インターフェイスだけを相手にしなければならないとき、もっとも難しいことの1つが、深くネストされたコールバックである。非同期呼び出しの結果を順番に処理しなければならないときには、正しい実行順序を保つためにコールバックをネストしていかなければならない。しかし、深くネストされたコードは、醜く扱いにくいだけでなく、もっと深刻な問題を引き起こす。並列実行できる環境でも並列実行できなくなってしまうのである。これは、正しい順序での処理を実現するためのトレードオフだ。

　プロミスを使えば、ネストされたコールバックのもつれをほどくことができる。プロミスは、最終結果値の表現で、非同期コードをエレガントに操作するための方法を提供する。プロミスを使う非同期メソッドは、コールバックを受け付けず、プロミス、すなわち呼び出しの最終的な結果を表現するオブジェクトを返す。返されるオブジェクトは観察対象オブジェクトなので、呼び出し元は成功、失敗のイベントを登録できる。

　プロミスを作った最初の呼び出しは、処理を終了するときに、プロミスの resolve メソッドを呼び出す。すると、成功コールバックが実行される。同様に、呼び出しが失敗したときには、プロミスの reject メソッドが呼び出される。このメソッドには例外を渡すことができる。

　プロミスを使えば、本当に呼び出しがシリアルに、直列的に行われなければならない場合を除き、コールバックをネストさせる必要がなくなり、その分柔軟性が高くなる。たとえば、非同期呼び出しを次々に発行してそれを並列実行しつつ、呼び出しの処理結果を1つにまとめたり、希望する順序で処理結果を処理していくことができる。

　Node はまだプロミス API を付属させていないが、Kris Zyp が自分で提案している CommonJS Promise 仕

様[4]の実装を提供している。本書で使っているバージョンは、本書のWebサイト[5]から入手できる。それをダウンロードして、deps/node-promiseに保存していただきたい。

14.4.1 プロミスを使うようにaddMessageをリファクタリングする

それでは、プロミスを使うようにaddMessageをリファクタリングしよう。リファクタリングの過程では、1つひとつのステップの間にかならずテストを実行し、合格し続けるようにして、ほかの部分を壊さないようにすることが大切である。動作の仕組みの変更は、新しいふるまいが使える状態になり、すべてのテストが更新されるまで、古いふるまいを残しておくという方法で行っていくものだ。

アプリケーションを壊してしまうという心配をせずに根本的なふるまいを変えていくこのようなリファクタリングが可能なのも、優れたテストスイートが持つ長所の1つである。

プロミスを返す

リスト14-46のようにaddMessageがプロミスオブジェクトを返すことを確かめる新しいテストを追加するところから、リファクタリングを始めよう。

リスト14-46　addMessageがプロミスを返すことを確かめる

```
testCase(exports, "chatRoom.addMessage", {
  /* ... */

  "should return a promise": function (test) {
    var result = this.room.addMessage("cjno", "message");

    test.isObject(result);
    test.isFunction(result.then);
    test.done();
  }
});
```

読者が以前の練習問題をすでに解決していることが前提になっていることに注意していただきたい。テストケースは、this.roomにあるセットアップメソッドを使ってchatRoomオブジェクトを作っているはずである。

しかし、今のaddMessageはオブジェクトを返していないので、テストは不合格になる。そこで、**リスト14-47**のように空のプロミスオブジェクトを返して、この問題を解決する。

リスト14-47　空のプロミスオブジェクトを返す

```
require("function-bind");
var Promise = require("node-promise/promise").Promise;
var id = 0;

var chatRoom = {
```

4　http://github.com/kriszyp/node-promise
5　http://tddjs.com

```
  addMessage: function (user, message, callback) {
    process.nextTick(function () {
      /* ... */
    }.bind(this));

    return new Promise();
  },

  /* ... */
};
```

プロミスを拒否する

　次からは、プロミスを使えるようにもとのテストを書き換えていく。最初のテストは、ユーザー名が`addMessage`に渡されなかったときに、`addMessage`がエラーを引数としてコールバックを呼び出すことを確かめる。更新後のテストは、**リスト14-48**のようになる。

リスト14-48　返されたプロミスを使う

```
"should require username": function (test) {
  var promise = this.room.addMessage(null, "message");

  promise.then(function () {}, function (err) {
    test.isNotNull(err);
    test.inherits(err, TypeError);
    test.done();
  });
}
```

　プロミスは`then`メソッドを持っており、呼び出しの処理が終わったときに呼び出されるコールバックを追加できる。コールバックは1つまたは2つの関数を受け付ける。第1の関数は成功コールバック、第2の関数はエラーコールバックである。`addCallback`、`addErrback`メソッドでも同じことができるが`then`なら、`addMessage(user, msg).then(callback)`ように読めるところがよい。
　このテストに合格するには、`addMessage`に少し重複するコードを組み込まなければならないが、それはまだ古い実装を取り除く段階には入っていないからだ。**リスト14-49**は、更新後のメソッドを示している。

リスト14-49　`addMessage`を更新する

```
addMessage: function (user, message, callback) {
  var promise = new Promise();

  process.nextTick(function () {
    /* ... */

    if (err) {
```

```
            promise.reject(err, true);
        }
    }.bind(this));

    return promise;
}
```

ここでは、エラーを引数としてプロミスの reject メソッドを呼び出している。通常、reject が呼び出され、エラーハンドラが登録されていなければ、プロミスは例外を投げる。しかし、その他のテストはまだプロミスを使うように更新しておらず、エラーを処理しなくてもよいということに決めていたので、例外を投げないように第 2 引数として true を渡す。これでテストに合格するようになる。

次のテストは今修正したのとよく似ているが、メッセージを省略するとエラーが起きるようにする。プロミスを使ってこのテストに合格するようにするために addMessage に加えなければならない変更はないので、テストの更新は練習問題としておく。

プロミスを解決する

次に書き換える重要なテストは、新しく追加されたメッセージオブジェクトがコールバックに渡されるのを確かめるものである。このテストに加える変更は、わずかで済む。プロミスは、成功ハンドラと失敗ハンドラを別々に持っているため、コールバックのエラー引数を取り除ける。テストは、**リスト 14-50** のようになる。

リスト 14-50　プロミスが成功の処理をすることを確かめる

```
"should call callback with new object": function (test) {
    var txt = "Some message";

    this.room.addMessage("cjno", txt).then(function (msg) {
        test.isObject(msg);
        test.isNumber(msg.id);
        test.equals(msg.message, txt);
        test.equals(msg.user, "cjno");
        test.done();
    });
}
```

実装のほうは、**リスト 14-51** のようにプロミスの resolve メソッドを呼び出すコードを追加するだけでよい。

リスト 14-51　プロミスを解決する

```
addMessage: function (user, message, callback) {
    var promise = new Promise()

    process.nextTick(function () {
        /* ... */

        if (!err) {
```

```
    /* ... */
    this.messages.push(data);
    promise.resolve(data);
  }
  /* ... */
}.bind(this));

return promise;
```

これでまた1つ書き換えたテストに合格する。残りのテストのコンバートはごく簡単なはずなので、練習問題としておきたい。すべてのテストを更新したら、コールバックを取り除くべきかどうかを決める必要がある。残しておけば、どちらのパターンを使いたいかをユーザーが決められるが、開発側からすると、メンテナンスしなければならないコードが増えるということでもある。プロミスがすべてのコールバックの仕事を処理してくれるので、手作業のコールバックのほうを取り除いてしまえば、それがテストに合格したかどうかを気にする必要がなくなる。プロミス版だけを使うことをお勧めする。

14.4.2 プロミスを消費する

addMessageメソッドがプロミスを使うようになったので、複数のメッセージを追加しなければならないコードを単純化できる。たとえば、個々のメッセージにそれぞれ一意なIDが与えられることを確かめるテストは、もともとネストされたコールバックを使って2つのメッセージを追加してからそれを比較していた。しかし、Node-promiseは、任意の個数のプロミスを受け付け、新しいプロミスを返すall関数を持っている。この新しいプロミスは、すべてのプロミスが完了したときに成功となる。これを利用すれば、一意なIDテストは、リスト14-52のような書き方をすることもできる。

リスト14-52　allでプロミスを1つにまとめる

```
/* ... */
var all = require("node-promise/promise").all;

/* ... */

testCase(exports, "chatRoom.addMessage", {
  /* ... */

  "should assign unique ids to messages": function (test) {
    var room = this.room;
    var messages = [];
    var collect = function (msg) { messages.push(msg); };

    var add = all(room.addMessage("u", "a").then(collect),
                  room.addMessage("u", "b").then(collect));
    add.then(function () {
      test.notEquals(messages[0].id, messages[1].id);
```

```
      test.done();
    });
  },

  /* ... */
});
```

一貫性を保つために、`getMessagesSince` メソッドもプロミスを使うように書き換えなければならない。それはまた別の練習問題としておく。リファクタリング中は、同時に複数のテストに不合格になることがないように注意しなければならない。作業が終わったら、**リスト 14-53** のようになっているはずである。

リスト 14-53　プロミスを使ってリファクタリングした getMessagesSince

```
getMessagesSince: function (id) {
  var promise = new Promise();

  process.nextTick(function () {
    promise.resolve((this.messages || []).slice(id));
  }.bind(this));

  return promise;
}
```

14.5 イベントエミッタ

クライアントが新しいメッセージを求めてサーバーをポーリングするときには、2つのうちのどちらかが起きる。新しいメッセージがあって要求に応答が返り、ただちに終了するか、メッセージが手に入るまでサーバーが要求を保留にしなければならないかである。今までは第1の条件を対象としてきたが、ロングポーリングを可能にする第2の条件についてはまだ触れていない。

`chatRoom` は、`waitForMessagesSince` メソッドを提供するようになるが、このメソッドは、メッセージがなければ、メッセージが現れるまでただ待つということを除けば、`getMessagesSince` メソッドと同じように動作する。このメソッドを実装するには、新しいメッセージが追加されたときに `chatRoom` がイベントを生成できるようにする必要がある。

14.5.1 chatRoomをイベントエミッタにする

`chatRoom` がイベントエミッタであることを確かめる最初のテストは、**リスト 14-54** のように、`chatRoom` が `addListener`、`emit` メソッドを持っていることを確かめるものである。

第14章 Node.jsによるサーバーサイドJavaScript

リスト14-54　chatRoomがイベントエミッタになっていることを確かめる

```
testCase(exports, "chatRoom", {
  "should be event emitter": function (test) {
    test.isFunction(chatRoom.addListener);
    test.isFunction(chatRoom.emit);
    test.done();
  }
});
```

このテストには、**リスト14-55**のようにchatRoomのプロトタイプとしてEventEmitter.prototypeを指定すれば合格する。

リスト14-55　chatRoomにEventEmitter.prototypeを継承させる

```
/* ... */
var EventEmitter = require("events").EventEmitter;
/* ... */

var chatRoom = Object.create(EventEmitter.prototype);

chatRoom.addMessage = function (user, message) {/* ... */};
chatRoom.getMessagesSince = function (id) {/* ... */};
```

V8はECMAScript 5のObject.createを完全にサポートするので、**リスト14-56**のように、プロパティ記述子を使ってメソッドを追加することもできたところである。

リスト14-56　プロパティ記述子で定義したchatRoom

```
var chatRoom = Object.create(EventEmitter.prototype, {
  addMessage: {
    value: function (user, message) {
      /* ... */
    }
  },

  getMessagesSince: {
    value: function (id) {
      /* ... */
    }
  }
});
```

この時点では、私たちのドキュメントされたニーズのためにプロパティ記述子が提供してくれるものはないので（プロパティ記述子は、デフォルトプロパティ属性値をオーバーライドできる）、ここではインデントが増えるコードを避け、リスト14-55の単純な代入を使うことにする。

次に、addMessageがイベントを生成することを確認する。**リスト14-57**が、それを確かめるテストである。

リスト 14-57　addMessage が"message"イベントを生成することを確かめる

```
testCase(exports, "chatRoom.addMessage", {
  /* ... */

  "should emit 'message' event": function (test) {
    var message;

    this.room.addListener("message", function (m) {
      message = m;
    });

    this.room.addMessage("cjno", "msg").then(function (m) {
      test.same(m, message);
      test.done();
    });
  }
});
```

このテストに合格するためには、**リスト 14-58** のように、プロミスを解決する直前に emit 呼び出しを追加しなければならない。

リスト 14-58　メッセージイベントを生成する

```
chatRoom.addMessage= function (user, message, callback) {
  var promise = new Promise()
    process.nextTick(function () {
    /* ... */

    if (!err) {
      /* ... */
      this.emit("message", data);
      promise.resolve(data);
    } else {
      promise.reject(err, true);
    }
  }.bind(this));

  return promise;
};
```

イベントを生成できるようになったら、waitForMessagesSince メソッドを作れるようになる。

14.5.2 メッセージを待つ

　waitForMessagesSince は、2つのうちのどちらかを行う。指定された ID 以降のメッセージがある場合には、返されたプロミスをただちに解決する。メッセージがなければ、メソッドは"message"イベントのためにリスナーを追加し、新しいメッセージが追加されたら、戻り値のプロミスを解決する。

　リスト 14-59 のテストは、メッセージがあるときには、ただちにプロミスが解決されることを確かめる。

リスト 14-59　メッセージがあればすぐに解決されることを確かめる

```
/* ... */
var Promise = require("node-promise/promise").Promise;
var stub = require("stub");
/* ... */

testCase(exports, "chatRoom.waitForMessagesSince", {
  setUp: chatRoomSetup,

  "should yield existing messages": function (test) {
    var promise = new Promise();
    promise.resolve([{ id: 43 }]);
    this.room.getMessagesSince = stub(promise);

    this.room.waitForMessagesSince(42).then(function (m) {
      test.same([{ id: 43 }], m);
      test.done();
    });
  }
});
```

　このテストは、getMessagesSince の結果があればそれを使うことを確かめるために、getMessagesSince メソッドをスタブ化している。このテストに合格するには、**リスト 14-60** のように、getMessagesSince から返されたプロミスを単純に返せばよい。

リスト 14-60　getMessagesSince をプロキシにする

```
chatRoom.waitForMessagesSince = function (id) {
  return this.getMessagesSince(id);
};
```

　ここからがおもしろい部分である。既存のメッセージをフェッチしようとしてうまくいかなければ、メソッドは"message"イベントのためにリスナーを追加して、スリープに入る。**リスト 14-61** は、addListener をスタブ化してこのことを確かめようとしている。

リスト 14-61　ウェイトメソッドがリスナーを追加することを確かめる

```
"should add listener when no messages": function (test) {
```

14.5 イベントエミッタ

```
    this.room.addListener = stub();
    var promise = new Promise();
    promise.resolve([]);
    this.room.getMessagesSince = stub(promise);

    this.room.waitForMessagesSince(0);

    process.nextTick(function () {
      test.equals(this.room.addListener.args[0], "message");
      test.isFunction(this.room.addListener.args[1]);
      test.done();
    }.bind(this));
  }
```

ここでも、出力をコントロールするためにgetMessagesSinceメソッドをスタブ化している。次に、空配列を引数としてプロミス（制御を返すだけのスタブにしてある）を解決する。こうすると、waitForMessagesSinceメソッドは"message"イベントのためにリスナーを登録する。しかし、waitForMessagesSinceがリスナーを追加しないのを見て、このテストは不合格になる。テストに合格するには、実装を**リスト14-62**のように書き換えなければならない。

リスト14-62 メッセージがなければリスナーを追加する

```
  chatRoom.waitForMessagesSince = function (id) {
    var promise = new Promise();

    this.getMessagesSince(id).then(function (messages) {
      if (messages.length > 0) {
        promise.resolve(messages);
      } else {
        this.addListener("message", function () {});
      }
    }.bind(this));

    return promise;
  };
```

今追加したリスナーは空っぽだが、それは何をしなければならないのかを指示するテストがまだないからである。というわけで、次のテストでは、これに対処しよう。メッセージを追加すると、waitForMessagesSinceが新メッセージを引数としてプロミスを解決することを確かめる。getMessagesSinceに合わせて、1つのメッセージが配列の形で届くものとする。**リスト14-63**は、そのテストである。

リスト14-63 メッセージが追加されると待ち要求が解決する

```
  "new message should resolve waiting": function (test) {
    var user = "cjno";
    var msg = "Are you waiting for this?";
```

```
    this.room.waitForMessagesSince(0).then(function (msgs) {
      test.isArray(msgs);
      test.equals(msgs.length, 1);
      test.equals(msgs[0].user, user);
      test.equals(msgs[0].message, msg);
      test.done();
    });

    process.nextTick(function () {
      this.room.addMessage(user, msg);
    }.bind(this));
  }
```

テストはもちろん合格せず、追加したばかりの"message"リスナーの中身を作れと要求してくる。**リスト 14-64** は、動作するリスナーのコードである。

リスト 14-64　メッセージリスナーを実装する

```
  /* ... */

  this.addListener("message", function (message) {
    promise.resolve([message]);
  });

  /* ... */
```

必要なのはこれだけである。これですべてのテストに合格する。非常に原始的なデータレイヤーだが、アプリケーションのなかでその目的を達することができる程度には完成した。それでも、まだ1つ非常に重要な仕事が残っており、もう1つ練習問題として読者に解決していただきたい仕事もある。`waitForMessagesSince` から返されたプロミスが解決されたら、"message"イベントに追加されたリスナーはクリアする必要がある。そうでなければ、現在の要求が終わったあとも、最初の `waitForMessagesSince` 呼び出しは、メッセージが追加されるたびにリスナーのコールバックを呼び出し続けてしまう。

リスナーをクリアするには、ハンドラとして追加した関数の参照を管理して、`this.removeListener` を呼び出さなければならない。クリアのテストには、`room.listeners()` がリスナーの配列を返すことを知っていると役に立つだろう。

14.6 再びコントローラの開発へ

動作するデータレイヤーが準備できたので、コントローラの仕上げに戻ることができる。post の仕上げに取りかかるとともに、get の実装もする。

14.6.1 postメソッドを仕上げる

現在のpostメソッドは、メッセージが追加されたかどうかにかかわらず、ステータスコード201に応答しているが、これは201への応答のセマンティクスに違反している。HTTP仕様は、「オリジンサーバーは、ステータスコード201を返す前にリソースを作らなければならない」と規定している。しかし、私たちはaddMessageメソッドを実装して、私たちの現在の実装ではかならずしもそうなっていないことを知っている。これを修正して正しいものにしよう。

postがwriteHeadを呼び出すことを確かめているテストは更新が必要だ。今度は、addMessageメソッドが解決したらヘッダーが書き込まれることを確かめる。**リスト14-65**は、更新後のテストである。

リスト14-65 addMessageが解決した直後にpostが応答することを確かめる

```
/* ... */
var Promise = require("node-promise/promise").Promise;
/* ... */

function controllerSetUp() {
  /* ... */
  var promise = this.addMessagePromise = new Promise();
  this.controller.chatRoom = { addMessage: stub(promise) };
  /* ... */
}

/* ... */

testCase(exports, "chatRoomController.post", {
  /* ... */

  "should write status header when addMessage resolves":
  function (test) {
    var data = { data: { user: "cjno", message: "hi" } };

    this.controller.post();
    this.sendRequest(data);
    this.addMessagePromise.resolve({});

    process.nextTick(function () {
      test.ok(this.res.writeHead.called);
      test.equals(this.res.writeHead.args[0], 201);
      test.done();
    }.bind(this));
  },

  /* ... */
});
```

チェックを遅らせてもテストにあまり影響を及ぼさないので、テストにまだ合格するなら、新しいセットアップコードは一切壊れていないと考えられる。接続がクローズされることを確かめる次のテストも、同じように更新できる。**リスト 14-66** は、更新後のテストである。

リスト 14-66　addMessage が解決した直後に接続がクローズされることを確かめる

```
"should close connection when addMessage resolves":
function (test) {
  var data = { data: { user: "cjno", message: "hi" } };
  this.controller.post();
  this.sendRequest(data);
  this.addMessagePromise.resolve({});

  process.nextTick(function () {
    test.ok(this.res.end.called);
    test.done();
  }.bind(this));
}
```

リスト 14-67 は、今までの 2 つのテストと書き方が異なる新しいテストである。このテストは、addMessage が解決されるまで post が応答しないことを確かめている。

リスト 14-67　post がただちには応答しないことを確かめる

```
"should not respond immediately": function (test) {
  this.controller.post();
  this.sendRequest({ data: {} });

  test.ok(!this.res.end.called);
  test.done();
}
```

このテストは、今までの 2 つほどスムースには動作しない。合格するためには、addMessage が返したプロミスが解決されるまで、クローズ呼び出しを遅らせればよい。**リスト 14-68** は、そのようにしている。

リスト 14-68　post は addMessage が解決したときに応答する

```
post: function () {
  /* ... */

  this.request.addListener("end", function () {
    var data = JSON.parse(decodeURI(body)).data;

    this.chatRoom.addMessage(
      data.user, data.message
    ).then(function () {
      this.response.writeHead(201);
```

```
        this.response.end();
    }.bind(this));
  }.bind(this));
}
```

post メソッドについては以上である。このメソッドがどのような形でもエラーを処理していないことに注意しよう。実際、メッセージの追加に成功しなかったときでも、201 ステータスを返すのである。この問題の解決は、練習問題としておく。

14.6.2 GETによるメッセージのストリーミング

GET 要求の処理は、すぐにメッセージを返してくるか、メッセージが返せる状態になるまで接続をオープンにしておくかである。幸い、`chatRoom.waitForMessagesSince` を実装する過程で大変な仕事の大半は片付けてしまったので、コントローラの get メソッドは、単純に要求とデータを結び付けるだけである。

アクセストークンによるメッセージのフィルタリング

第 13 章「Ajax と Comet によるデータのストリーミング」の `cometClient` が取得したいデータは何かをどのようにしてサーバに知らせていたかを思い出そう。私たちは、任意の値を格納でき、サーバがコントロールできる `X-Access-Token` ヘッダーを使うようにしていた。`waitForMessagesSince` は ID を使うように作ったので、進行状況の監視にも当然 ID を使うことになる。

クライアントは、初めて接続したときに空の `X-Access-Token` を送ることになるので、その条件を処理するところから始めるとよさそうだ。**リスト 14-69** は、最初の GET 要求をテストする。空のアクセストークンを送ったときには 0 以降のすべてのメッセージを待つという意味になるはずなので、最初の GET 要求には返せるすべてのメッセージが返されることを確かめよう。

リスト 14-69　クライアントがすべてのメッセージを取りだしてくることを確かめる

```
testCase(exports, "chatRoomController.get", {
  setUp: controllerSetUp,
  tearDown: controllerTearDown,

  "should wait for any message": function (test) {
    this.req.headers = { "x-access-token": "" };
    var chatRoom = this.controller.chatRoom;
    chatRoom.waitForMessagesSince = stub();

    this.controller.get();

    test.ok(chatRoom.waitForMessagesSince.called);
    test.equals(chatRoom.waitForMessagesSince.args[0], 0);
    test.done();
  }
});
```

Nodeがヘッダーを小文字にして使っていることに注意しよう。これに気付かないと、貴重な時間がムダになる。このテストに合格するには、**リスト 14-70** のように、メソッドに直接期待される ID を渡してずるをすればよい。

リスト 14-70　ずるをしてテストに合格する

```
var chatRoomController = {
  /* ... */

  get: function () {
    this.chatRoom.waitForMessagesSince(0);
  }
};
```

これでテストには合格する。では、アクセストークンが設定されているはずの二度目以降の要求に進もう。**リスト 14-71** は、実際の値でアクセストークンをスタブ化し、それが `waitForMessagesSince` に渡されることを確かめようとしている。

リスト 14-71　get がアクセストークンを渡すことを確かめる

```
"should wait for messages since X-Access-Token":
function (test) {
  this.req.headers = { "x-access-token": "2" };
  var chatRoom = this.controller.chatRoom;
  chatRoom.waitForMessagesSince = stub();

  this.controller.get();

  test.ok(chatRoom.waitForMessagesSince.called);
  test.equals(chatRoom.waitForMessagesSince.args[0], 2);
  test.done();
}
```

このテストは、前のものと非常によく似ている。ただ、渡された ID が X-Access-Token ヘッダーで与えられたものと同じだということを確かめているだけである。2つのテストはクリーンアップが必要だろうし、読者にはぜひその作業をしてみていただきたい。テストに合格するための仕事は、**リスト 14-72** のように簡単である。

リスト 14-72　アクセストークンヘッダーを渡す

```
get: function () {
  var id = this.request.headers["x-access-token"] || 0;
  this.chatRoom.waitForMessagesSince(id);
}
```

respond メソッド

get メソッドは、応答本体（何らかの形の JSON 応答でなければならない）とともに、ステータスコード、おそらくは何らかの応答ヘッダーを送り、最後に接続をクローズする。これは post が現在行っていることと非常によく似ている。そこで、応答部分を新しいメソッドに分割して、get と post で共有できるようにしよう。**リスト 14-73** は、post のテストケースからコピーした 2 つのテストケースを示している。

リスト 14-73　respond のための最初のテスト

```
testCase(exports, "chatRoomController.respond", {
  setUp: controllerSetUp,
  "should write status code": function (test) {
    this.controller.respond(201);
    test.ok(this.res.writeHead.called);
    test.equals(this.res.writeHead.args[0], 201);
    test.done();
  },

  "should close connection": function (test) {
    this.controller.respond(201);

    test.ok(this.res.end.called);
    test.done();
  }
});
```

これらのテストには、**リスト 14-74** のように、post に追加した 2 行を新しい respond メソッドにコピーすれば合格する。

リスト 14-74　専用 respond メソッド

```
var chatRoomController = {
  /* ... */

  respond: function (status) {
    this.response.writeHead(status);
    this.response.end();
  }
};
```

post メソッドは、このメソッドを呼び出すことにより単純化できる。また、これにより、ステータスコードと接続クローズの 2 つのテストを 1 つにまとめることができる。respond をスタブ化して、respond が呼び出されたことを確かめればよい。

メッセージを整形する

`get` メソッドの次の仕事は、メッセージの整形である。ここでも、データフォーマットを定義している `cometClient` に頼らなければならない。このメソッドは、名前がトピック、値がオブジェクト配列というプロパティを表す JSON オブジェクトを応答してくる。また、この JSON オブジェクトには、`token` プロパティが含まれている。応答本体には JSON 文字列を書き込まなければならない。

先ほどと同じように `respond` をスタブ化すれば、これをテストにすることができる。今度は、オブジェクトが第 2 引数として渡されていることを確かめるのである。そのため、あとで `respond` に手を入れ、第 2 引数に JSON 文字列の応答本体を書き込ませなければならない。**リスト 14-75** は、テストである。

リスト 14-75　respond にオブジェクトが渡されることを確かめる

```
function controllerSetUp() {
  var req = this.req = new EventEmitter();
  req.headers = { "x-access-token": "" };

  /* ... */

  var add = this.addMessagePromise = new Promise();
  var wait = this.waitForMessagesPromise = new Promise();

  this.controller.chatRoom = {
    addMessage: stub(add),
    waitForMessagesSince: stub(wait)
  };

  /* ... */
}

/* ... */

testCase(exports, "chatRoomController.respond", {
  /* ... */

  "should respond with formatted data": function (test) {
    this.controller.respond = stub();
    var messages = [{ user: "cjno", message: "hi" }];
    this.waitForMessagesPromise.resolve(messages);

    this.controller.get();

    process.nextTick(function () {
      test.ok(this.controller.respond.called);
      var args = this.controller.respond.args;
      test.same(args[0], 201);
      test.same(args[1].message, messages);
```

このテストは少し大きい。少し消化しやすくするために、setUp メソッドを補った。今までのテストはすべて waitForMessagesSince をスタブ化し、ヘッダーを設定しておく必要があった。これらを抽出すれば、問題のテストが何を実現しようとしているのかがわかりやすくなる。

このテストは、waitForMessagesSince が返してきたプロミスを解決し、そのデータが cometClient フレンドリなオブジェクトにラップされ、ステータスコード 200 とともに resolve メソッドに渡されていることを確かめる。**リスト 14-76** は、このテストに合格するために必要なコードである。

リスト 14-76　get から応答する

```
get: function () {
  var id = this.request.headers["x-access-token"] || 0;
  var wait = this.chatRoom.waitForMessagesSince(id);

  wait.then(function (msgs) {
    this.respond(200, { message: msgs });
  }.bind(this));
}
```

トークンを更新する

get メソッドは、応答のなかにメッセージとともにトークンを埋め込まなければならない。トークンは cometClient によって自動的に選ばれ、その後の要求の X-Access-Token ヘッダーで送られる。**リスト 14-77** は、メッセージとともにトークンが渡されていることを確かめる。

リスト 14-77　応答にトークンが埋め込まれていることを確かめる

```
"should include token in response": function (test) {
  this.controller.respond = stub();
  this.waitForMessagesPromise.resolve([{id:24}, {id:25}]);

  this.controller.get();

  process.nextTick(function () {
    test.same(this.controller.respond.args[1].token, 25);
    test.done();
  }.bind(this));
}
```

テストに合格するには、**リスト 14-78** のように、最後のメッセージ ID をトークンとして渡す。

リスト 14-78　トークンを埋め込む

```
get: function () {
  /* ... */

  wait.then(function (messages) {
    this.respond(200, {
      message: messages,
      token: messages[messages.length - 1].id
    });
  }.bind(this));
}
```

14.6.3 応答ヘッダーと本体

最後まで残ったのは、応答データを JSON にエンコードし、応答本体を書くことである。TDD でこの機能を respond メソッドに組み込む仕事は、この章の最後の練習問題としておく。**リスト 14-79** は、respond メソッドのコード例である。

リスト 14-79　respond メソッド

```
respond: function (status, data) {
  var strData = JSON.stringify(data) || "{}";

  this.response.writeHead(status, {
    "Content-Type": "application/json",
    "Content-Length": strData.length
  });

  this.response.write(strData);
  this.response.end();
}
```

これで完成だ。アプリケーションを動かしてみるには、**リスト 14-80** のような新しいコマンドラインセッションを開始する。

リスト 14-80　完成したアプリケーションをコマンドラインから手作業でテストする

```
$ node-repl
node> var msg = { user:"cjno", message:"Enjoying Node.js" };
node> var data = { topic: "message", data: msg };
node> var encoded = encodeURI(JSON.stringify(data));
node> require("fs").writeFileSync("chapp.txt", encoded);
node> Ctrl-d
$ curl -d `cat chapp.txt` http://localhost:8000/comet
```

```
$ curl http://localhost:8000/comet
{"message":[{"id":1,"user":"cjno",\
"message":"Enjoying Node.js"}],"token":1}
```

14.7 まとめ

　この章では、V8 JavaScript用の非同期I/O、Node.jsランタイムを知るとともに、ブラウザの外でJavaScript TDDを実践して、今までの課題で積んできた経験が、見慣れた世界とはまったく異なる環境でどのくらい使えるのかも知った。チャットアプリケーションを動かす小さなWebサーバーを作って、NodeのHTTP、アサート、イベントAPIを学んだほか、サードパーティのプロミスライブラリの使い方も覚えた。

　アプリケーションにデータを提供するために、I/Oインターフェイスも作った。最初はNodeによる旧来のコールバックの使い方をまねたものだったが、あとで細かいリファクタリングを通じてプロミスを使ったものにコンバートした。プロミスは、非同期インターフェイスをエレガントに操作でき、結果を決められた順序で処理しなければならない場合でも並列実行に対応しやすい。プロミスはJavaScriptのあらゆる環境で使え、Ajaxツールはこのスタイルのインターフェイスとは特に相性がよいようだ。

　次章では、第12章「ブラウザ間の違いの吸収：Ajax」と第13章「AjaxとCometによるデータのストリーミング」で作ったツールを使って、Nodeバックエンドのクライアントを作り、ブラウザ内で完全に使えるインスタントチャットアプリケーションを完成させる。

第15章
TDDとDOM操作：チャットクライアント

クライアントサイド JavaScript 開発には、かなりの割合で DOM 操作が含まれている。この章では、テスト駆動開発を使って、第 14 章「Node.js によるサーバーサイド JavaScript」で開発したチャットバックエンドのためのクライアントを実装する。この作業を通じて、今までに学んだテクニックを DOM 操作やイベント処理にどのように応用すればよいかを学ぶ。

DOM は API であり、ほかの API と違いはない。そのため、単一責任の原則に従い、コンポーネントの疎結合を維持する限り、DOM のテストはそれほど難しくならないはずだ。ただし、DOM はホストオブジェクトから構成されており、その分テストが難しくなる可能性はある。それでも、これから見ていくように、問題になりそうな部分は避けて通ることができる。

15.1 クライアントのプラン

手元にある課題は、単純なチャット GUI を作ることだ。完成したアプリケーションは、2 つのビューを持つ。アプリケーション起動時には、希望のユーザー名を入力するためのフォームが表示される。フォームをサブミットすると、その表示は消え、メッセージのリストと新しいメッセージを入力するためのフォームが表示される。いつもと同様に、最小限の仕事を重ねて課題を最後までやり通すため、たとえばユーザーを覚えておくためのクッキー管理などは取り上げない。章全体を通じて、クライアントに追加するとよい機能についてのアイデアは、練習問題として提案することにする。

15.1.1 ディレクトリ構造

この章では再び JsTestDriver を使ってテストを実行する。クライアントは、最終的には第 3 部「JavaScriptテスト駆動開発の実際」を通じて開発したすべてのコードを利用するが、最初は最小限のコードからスタートして、必要になったところで依存ファイルを追加していく。TDD セッションでは、依存ファイルの一部はかならずスタブ化される。そうすれば、クライアントはそのファイルを使わずに開発できる。**リスト 15-1** は、最初のディレクトリ構造を示したものである。

リスト 15-1　最初のディレクトリ構造

```
chris@laptop:~/projects/chat_client$ tree
.
|-- jsTestDriver.conf
|-- lib
|   |-- stub.js
|   '-- tdd.js
|-- src
'-- test
```

stub.js には、第 13 章「Ajax と Comet によるデータのストリーミング」で開発した stubFn 関数が含まれている。tdd.js には、tddjs オブジェクトと第 2 部「プログラマのための JavaScript」で作ったさまざまなツールが含まれている。**リスト 15-2** は、設定ファイルの jsTestDriver.conf の内容を示したものである。いつもと同じように、プロジェクトの初期状態は、本書の Web サイト[1]からダウンロードできる。

リスト 15-2　JsTestDriver の初期設定

```
server: http://localhost:4224

load:
  - lib/*.js
  - src/*.js
  - test/*.js
```

15.1.2 アプローチを選ぶ

TDD セッションを起ち上げる前に、クライアントをどのようにして構築していくかについての全般的な考え方を決めておかなければならない。もっとも優先したいことは、DOM とデータを明確に分離すること（第 13 章「Ajax と Comet によるデータのストリーミング」）と、すべての依存ファイルを外から、つまり依存ファイル注入を使ってコントロールすることだ。これを実現するために、私たちは MVC（モデル-ビュー-コントローラ）デザインパターンの変種を使うことにする。このパターンは、MVP（モデル-ビュー-プレゼンタ）とも呼ばれるが、単体テストがしやすく、テスト駆動開発に非常に向いている。

パッシブビュー

MVP はさまざまなやり方で実践されているが、この本では、著名なプログラマ、作者、思想家である Martin Fowler が Passive View と呼んでいるものに近い形で使っていく。このモデルでは、ビューがプレゼンタ（パッシブビューではコントローラ）にユーザー入力のことを通知し、コントローラがビューの状態を完全に管理する。コントローラは、ビューのイベントに応答し、その下のモデルを操作する。

ブラウザ環境では、DOM がビューである。チャットアプリケーションでは、モデルは cometClient オブジェクトから提供されるので、メインの仕事はコントローラの開発になる。ここで、コントローラは複数形なので

---

[1] http://tddjs.com

注意していただきたい。コントローラは多数ある。個々のウィジェット、さらにはウィジェットのコンポーネントさえ、独立したビューとコントローラによって表現できる。これは MVP アクシスと呼ばれることもある。このような形で、個々のオブジェクトが1つの明確な仕事を持つため、単一責任の原則には従いやすい。この章を通じて、コントローラ/ビューの組合せを**コンポーネント**と呼ぶことにする。

私たちはチャットクライアントをユーザーフォーム、メッセージリスト、メッセージフォームの3つのコンポーネントに分割する。メッセージリストとメッセージフォームは、ユーザーフォームの処理が成功するまで表示されない。しかし、コントローラからはほかのコントローラのことがわからないので、このフローは外部から制御される。コントローラを完全に切り離すということは、コンポーネントを追加、削除することによってクライアントを簡単に操作できるということであり、その分クライアントのテストもしやすくなる。

クライアントの表示

コンポーネントを表示するためには DOM 要素が必要である。1つの章という制約のなかで内容を絞らなければならないので、ここでは必要なマークアップを手作業でアプリケーション用の HTML ファイルに書く。

クライアントは、JavaScript がなければ、というよりも十分に能力のある JavaScript エンジンがなければ、ユーザーにとって無意味なものになってしまう。まともな用途のないコントロールをユーザーに見せないようにするために、最初はチャット関連のすべてのマークアップを隠し、クライアントが使うさまざまな要素には、個別のコントローラに"js-chat"というクラス名を追加させる。こうすれば、JavaScript が要素を増やすのと同時に、CSS を使って要素を表示できるようになる。

15.2 ユーザーフォーム

ユーザーフォームは、ユーザーが希望するチャット名を取り込む仕事をする。現在のサーバーは接続されたユーザーという概念を持っていないため、どのような形でもユーザー名をチェックする必要がない。つまり、同じ名前を使う2人のユーザーが同時にオンラインになっている可能性がある。コントローラはビューとして DOM フォーム要素を必要とし、フォーム要素には少なくとも1つのテキスト入力が含まれていなければならない。コントローラは、フォームがサブミットされたときに、このテキストフィールドからユーザー名を読み出す。

フォームがサブミットされると、コントローラはモデルオブジェクトのプロパティにユーザーを代入し、アプリケーションのその他の部分から参照できるようにする。次に、アプリケーションのほかの部分が、新しいユーザーの参加に反応して何らかの処理を実行できるようにするために、イベントを生成する。

15.2.1 ビューを設定する

最初の仕事はビューを設定すること、つまりコンポーネントの視覚的表現である DOM 要素を割り当てることである。

テストケースのセットアップ

まず、テストケースをセットアップして、userFormController がオブジェクトであることを確かめるという最初

のテストを追加する。**リスト15-3**は、初期状態のテストケースである。これをtest/user_form_controller_test.jsに保存する。

リスト15-3　オブジェクトが存在することを確かめる

```
(function () {
  var userController = tddjs.chat.userFormController;

  TestCase("UserFormControllerTest", {
    "test should be object": function () {
      assertObject(userController);
    }
  });
}());
```

リスト15-4は、テストに合格するために、userFormControllerオブジェクトをセットアップする実装である。このコードはsrc/user_form_controller.jsに保存する。

リスト15-4　コントローラを定義する

```
tddjs.namespace("chat").userFormController = {};
```

次のテストは、**リスト15-5**のように、setViewが関数だということを確かめる。

リスト15-5　setViewが関数だということを確かめる

```
"test should have setView method": function () {
  assertFunction(userController.setView);
}
```

リスト15-6は、テストに合格するために、空メソッドを追加する。

リスト15-6　空のsetViewメソッドを追加する

```
(function () {
  function setView(element) {}

  tddjs.namespace("chat").userFormController = {
    setView: setView
  };
}());
```

クラスを追加する

実際のふるまいについての最初のテストでは、**リスト15-7**のように、"js-chat"というクラス名がDOM要素に追加されることを確かめる。クロスブラウザでこのテストを同じように合格させるためには、第7章「オブジェクトとプロトタイプの継承」で作ったObject.create実装をlib/object.jsに保存しておく必要がある。

15.2 ユーザーフォーム

リスト15-7　ビューのクラス名が設定されていることを確かめる

```
TestCase("UserFormControllerSetViewTest", {
  "test should add js-chat class": function () {
    var controller = Object.create(userController);
    var element = {};

    controller.setView(element);

    assertClassName("js-chat", element);
  }
});
```

このテストで何よりも目立つことは、DOM 要素が含まれていないということだ。しかし、テストは、要素が指定されたクラス名を持つかどうかをチェックする assertClassName アサーションを使っている。このアサーションは汎用的にできており、オブジェクトが className という文字列プロパティを定義していて、スペースで区切られた値のなかに引数の文字列が含まれているかどうかだけをチェックする。

element オブジェクトは、単純なスタブオブジェクトである。ここでチェックしたいのは、何らかのプロパティが代入されていることであり、本物の DOM 要素は不要だ。

テストは不合格になるので、**リスト 15-8** のように、クラス名を代入するコードを追加する。

リスト15-8　クラス名を追加する

```
function setView(element) {
  element.className = "js-chat";
}
```

この時点で、読者はいくつかのことが気になっているだろう。このような形でクラス名をオーバーライドしてもよいのだろうか。クラス名は設定可能にすべきではないのか。しかし、そんなことをする必要はないのだ。この時点では、すでにクラス名を持っている要素を使わなければならないことや"js-chat"以外のクラス名を使わなければならないことを示すユースケースはない。そのようなことが必要になれば、要件をドキュメントするテストを書いてから、それを実装すればよい。今の時点では、そういったものは不要であり、不要なものを追加しようとしても作業が遅れるだけである。

イベントリスナーを追加する

次は、フォームのサブミットイベントにイベントリスナーを追加する。イベントリスナーの追加には、第10章「機能検出」で書いた tddjs.dom.addEventHandler インターフェイスを使う。イベントハンドラのテストは、一般に難しい仕事と考えられている。クロスブラウザで動作する形でスクリプトからユーザーイベントを生成することがそれほど簡単ではなく、この種のテストには十分なセットアップが必要なので、あっという間に複雑なものになってしまうのである。

しかし、正しい方法を使えば、アプリケーションコードでイベントハンドラの単体テストを行うのは簡単である。tddjs.dom.addEventHandler のような抽象を通じてイベントハンドラを追加するなら、確かめなければならないことは、このメソッドが正しく呼び出されることにすぎない。tddjs.dom.addEventHandler をスタブ

に置き換えれば、tddjs.dom.addEventHandler に渡される引数を操作できる。そのため、イベントハンドラのふるまいをテストするために、ハンドラを手作業で呼び出せるのである（別の専用テストケースで）。マウス座標、隣の要素などのイベントデータに強く依存するテストは、複雑なセットアップを必要とするかもしれないが、そういったセットアップは、テスト専用のフェイクのイベント実装などで隠すことができる。

　だからといって、イベントハンドラの直接的なテストを避けよと言っているわけではない。アプリケーションの単体テストスイートは、そのようなテストを実施する場として適していないと言いたいだけだ。まず、イベントリスナーを追加するために使っているライブラリが何であれ、そのライブラリは包括的なテストスイートを持っているだろうとほかのデベロッパは考えるだろう。そのため、テストのなかでライブラリを信頼できなければならない。第2に、あなたのアプリケーションが承認テストかブラウザ内で動作する統合テストを持っている場合、DOM イベントハンドラなどの本物を使った機能テストはそこですべきである。この問題については、第17章「優れた単体テストを書く」で再び簡単に取り上げる。

　テスト中は実際の DOM イベントリスナーを追加する必要はないので、単純に addEventHandler をスタブに置き換える。**リスト 15-9** は、最初のテストである。

リスト 15-9　要素のサブミットイベントが処理されることを確かめる

```
"test should handle submit event": function () {
  var controller = Object.create(userController);
  var element = {};
  var dom = tddjs.namespace("dom");
  dom.addEventHandler = stubFn();

  controller.setView(element);

  assert(dom.addEventHandler.called);
  assertSame(element, dom.addEventHandler.args[0]);
  assertEquals("submit", dom.addEventHandler.args[1]);
  assertFunction(dom.addEventHandler.args[2]);
}
```

　依存コードにまだ addEventHandler を含めていないので、addEventHandler をスタブに置き換える前に、namespace メソッドを使って dom 名前空間を取り込み、定義している。テストは不合格になるので、**リスト 15-10** のようにメソッド呼び出しを追加する。

リスト 15-10　サブミットイベントハンドラを追加する

```
var dom = tddjs.namespace("dom");

function setView(element) {
  element.className = "js-chat";
  dom.addEventHandler(element, "submit", function () {});
}
```

　ここでもトラブルを避けるために namespace メソッドを使っている。入力を削減し、識別子の解決をスピードアップするためにローカルエリアスを使うのは効果的だが、そうすると使う前にオブジェクトがキャッシュ

されてしまう。ソースファイルが先にロードされるので、`tddjs.dom` オブジェクトは、ローカル変数の `dom` に代入するときには手が届かない。しかし、テストが `dom.addEventHandler` を呼び出すまでに、テストは空白を埋めている。`namespace` メソッドを使えば、どちらが先にロードされるかを気にせずに両方のファイルで同じオブジェクトを参照できるのである。

テストを実行すると、残念な結果になる。このテストは合格するが、前のテストを実行する時点では、`addEventHandler` メソッドが存在しないため、前のテストがエラーを起こすようになるのである。この問題は、**リスト15-11** のように、共通するコードを `setUp` メソッドにまとめれば解決できるし、テストコードの重複も取り除ける。

リスト15-11　重複するコードを setUp にまとめる

```
/* ... */
var dom = tddjs.namespace("dom");
/* ... */

TestCase("UserFormControllerSetViewTest", {
  setUp: function () {
    this.controller = Object.create(userController);
    this.element = {};
    dom.addEventHandler = stubFn();
  },

  "test should add js-chat class": function () {
    this.controller.setView(this.element);

    assertClassName("js-chat", this.element);
  },

  "test should handle submit event": function () {
    this.controller.setView(this.element);

    assert(dom.addEventHandler.called);
    assertSame(this.element, dom.addEventHandler.args[0]);
    assertEquals("submit", dom.addEventHandler.args[1]);
    assertFunction(dom.addEventHandler.args[2]);
  }
});
```

2つのテストは `setView` を同じように使っているが、`setView` 呼び出しはセットアップ処理の一部ではなく、テスト自体の一部なので、`setUp` には含めていない。このリファクタリングによって、両方のテストが合格するようになる。

次のテストでは、イベントハンドラがコントローラオブジェクトにバインドされていることを確かめる必要がある。そのためには、`stubFn` に呼び出し時の `this` の値を記録させなければならない。**リスト15-12** は、更新後の `stubFn` 関数である。

リスト 15-12　stubFn のなかで this を記録する

```
function stubFn(returnValue) {
  var fn = function () {
    fn.called = true;
    fn.args = arguments;
    fn.thisValue = this;
    return returnValue;
  };

  fn.called = false;

  return fn;
}
```

リスト 15-13 の次のテストでは、改良した stubFn を使って、イベントハンドラがコントローラの handleSubmit メソッドであり、コントローラオブジェクトにバインドされていることを確かめる。

リスト 15-13　イベントハンドラはコントローラにバインドされた handleSubmit だということを確かめる

```
"test should handle event with bound handleSubmit":
function () {
  var stub = this.controller.handleSubmit = stubFn();

  this.controller.setView(this.element);
  dom.addEventHandler.args[2]();

  assert(stub.called);
  assertSame(this.controller, stub.thisValue);
}
```

このテストは、setView 呼び出しを setUp メソッドに入れないもう 1 つの理由を示している。このテストでは、setView を呼び出す前に、追加のセットアップ処理として、handleSubmit メソッドをスタブ化しなければならないのである。本来の handleSubmit を使うと、テストが不合格になったりならなかったりするようになってしまう。リスト 15-14 は、テストに合格するように setView を書き換えたものである。この実装を動かすためには、第 6 章「関数とクロージャの応用」で作った bind の実装を lib/function.js に保存しておかなければならないので注意が必要だ。

リスト 15-14　イベントハンドラとして handleSubmit をバインドする

```
function setView(element) {
  element.className = "js-chat";
  var handler = this.handleSubmit.bind(this);
  dom.addEventHandler(element, "submit", handler);
}
```

これで今のテストは合格するようになったが、また前のテストが不合格になってしまう。その理由は、コン

トローラが実際には`handleSubmit`メソッドを定義していないからである。そこで、`handleSubmit`をスタブに置き換えていないテストは不合格になってしまうのである。この問題の解決方法は簡単で、コントローラのメソッドとして`handleSubmit`を定義するのである。**リスト15-15**のようにすればよい。

リスト15-15　空のhandleSubmitメソッドを追加する

```
/* ... */

function handleSubmit(event) {
}

tddjs.namespace("chat").userFormController = {
  setView: setView,
  handleSubmit: handleSubmit
};
```

これがうまくいったときに`setView`が通る道である。`setView`は基本的なエラーチェックもしなければならない。少なくとも引数を受け取っていることを確かめる必要がある。これは練習問題としておく。

15.2.2 サブミットイベントの処理

ユーザーがフォームをサブミットすると、イベントハンドラはフォームの最初のテキスト入力要素から値を取り出し、モデルの`currentUser`プロパティに代入し、`"js-chat"`というクラス名を取り除き、ユーザーコンポーネントの終了を知らせなければならない。そして、最後になったが重要な処理として、ブラウザが実際にフォームをポストしないように、イベントのデフォルトアクションを中止する必要がある。

デフォルトアクションを中止する

最後に挙げた要件から始めることにしよう。イベントのデフォルトアクションは実行されないようにしなければならない。標準に準拠したブラウザでは、**リスト15-16**に示すように、イベントオブジェクトの`preventDefault`メソッドを呼び出せばよい。ただし、Internet Explorerはこのメソッドをサポートしておらず、イベントハンドラから`false`を返さなければならない。しかし、第10章「機能検出」で作った`addEventHandler`なら、基本的なイベントの正規化をしてくれる。

リスト15-16　イベントのpreventDefaultメソッドが呼び出されることを確かめる

```
TestCase("UserFormControllerHandleSubmitTest", {
  "test should prevent event default action": function () {
    var controller = Object.create(userController);
    var event = { preventDefault: stubFn() };

    controller.handleSubmit(event);

    assert(event.preventDefault.called);
  }
```

ここでも、使っているのはスタブである。このテストに合格するには、**リスト 15-17** のように 1 行追加すればよい。

リスト 15-17　デフォルトアクションを中止する

```
function handleSubmit(event) {
  event.preventDefault();
}
```

これでテストには合格するので、2 つのテストケースでセットアップが重複していることに対処しよう。いつもと同じように、セットアップコードを抽出して両方のテストケースで共有できるようなローカル関数を作ると、**リスト 15-18** のようになる。

リスト 15-18　セットアップを共有する

```
function userFormControllerSetUp() {
  this.controller = Object.create(userController);
  this.element = {};
  dom.addEventHandler = stubFn();
}

TestCase("UserFormControllerSetViewTest", {
  setUp: userFormControllerSetUp,

  /* ... */
});

TestCase("UserFormControllerHandleSubmitTest", {
  setUp: userFormControllerSetUp,

  "test should prevent event default action": function () {
    var event = { preventDefault: stubFn() };
    this.controller.handleSubmit(event);

    assert(event.preventDefault.called);
  }
});
```

テストに HTML を埋め込む

次に確かめるのは、モデルが入力要素に書き込まれた通りのユーザー名に更新されていることだ。テストに入力要素を提供するにはどうすればよいだろうか。基本的には 2 つの選択肢がある。1 つは、スタブを使い続けることで、たとえばスタブの `getElementsByTagName` メソッドにスタブ要素を与えると、スタブ入力要素が返されるようにする。もう 1 つは、テストに何らかのマークアップを埋め込むことである。

スタブによる方法は機能するし、テスト対象のメソッドに対する直接入力と間接入力の両方を完全にコントロールできるが、スタブと現実にずれが起きる危険が高い。そして、ごく単純な場合でない限り、スタブを使おうとすると大量のスタブを書かなければならなくなる。それに対し、テストにマークアップを埋め込めば、テストは本番環境に近くなり、スタブ作成の手作業の量も減る。また、テストケースのなかにユーザーフォームを追加すれば、テストケースはコントローラの使い方をよりよくドキュメントできる。

JsTestDriver は、テストに HTML をインクルードする方法として、インメモリ要素と文書に追加される要素の 2 種類を提供している。**リスト 15-19** は、文書に追加されない HTML を作るテストである。

リスト 15-19　JsTestDriver テストに HTML を埋め込む

```
"test should embed HTML": function () {
  /*:DOC element = <div></div> */

  assertEquals("div", this.element.tagName.toLowerCase());
}
```

ここで、等号の前の名前は、JsTestDriver が作った DOM 要素を代入するプロパティを指定している。等号の右には、1 個のルート要素のなかに要素をネストする必要があることに注意しなければならない。ここには複雑な構造を指定することができるが、ルートノードは 1 つしか存在することができない。**リスト 15-20** のようにすれば、文書に追加する形でテストに HTML を組み込むことができる。

リスト 15-20　文書に要素を追加する

```
"test should append HTML to document": function () {
  /*:DOC += <div id="myDiv"></div> */
  var div = document.getElementById("myDiv");

  assertEquals("div", div.tagName.toLowerCase());
}
```

ほとんどの場合、文書に追加しないほうが少し高速で、便利である。そうすれば、JsTestDriver が自動的にテストケースのプロパティに HTML を代入してくれるのである。要素をグローバルに選択しなければならない（たとえば、文書から選択することによって）とか、要素を表示しなければならないというのでもない限り、文書に要素を追加しても得られるものはない。

ユーザー名を手に入れる

コントローラに戻ると、さしあたりの問題は、ユーザーが最初のテキストフィールドに入力した内容を `handleSubmit` が取り出してきて、それをユーザー名として使うことを確かめることだ。そのためには、まず、今まで使ってきた要素スタブを削除し、実際のフォームを使わなければならない。**リスト 15-21** は、更新後の `setUp` を示したものである。

リスト 15-21　setUp にユーザーフォームを埋め込む

```
function userFormControllerSetUp() {
  /*:DOC element = <form>
```

```
      <fieldset>
        <label for="username">Username</label>
        <input type="text" name="username" id="username">
        <input type="submit" value="Enter">
      </fieldset>
    </form> */

    this.controller = Object.create(userController);
    dom.addEventHandler = stubFn();
  }
```

テストを実行すると、まだ緑だということがわかる。実際のフォームを用意したので、**リスト 15-22** のように、handleSubmit がテキストフィールドを読み出していることを確かめるテストが追加できるようになった。

リスト 15-22　handleSubmit がフィールドからユーザー名を読み出していることを確かめる

```
"test should set model.currentUser": function () {
  var model = {};
  var event = { preventDefault: stubFn() };
  var input = this.element.getElementsByTagName("input")[0];
  input.value = "cjno";
  this.controller.setModel(model);
  this.controller.setView(this.element);

  this.controller.handleSubmit(event);

  assertEquals("cjno", model.currentUser);
}
```

このテストは、まだ作っていない setModel メソッドを使って、スタブのモデルオブジェクトを追加する。しかし、setModel メソッドがないのでテストは不合格になる。そこで、**リスト 15-23** のようなメソッドを追加する。

リスト 15-23　setModel を追加する

```
/* ... */

function setModel(model) {
  this.model = model;
}

tddjs.namespace("chat").userFormController = {
  setView: setView,
  setModel: setModel,
  handleSubmit: handleSubmit
};
```

このような単純なセッターは無駄だという考え方もあるかもしれないが、`setView`、`setModel` メソッドには、インターフェイスが一貫していて予測可能なものになるという意味がある。ECMAScript 5 が広くサポートされるようになれば、もう1つよいことがある。ネイティブセッターを使えるようになり、明示的なメソッド呼び出しが不要になるのだ。

次に、`handleSubmit` メソッドが本当にテキストフィールドの現在の値を取り出すようにしなければならない。**リスト 15-24** は、それを行うコードである。

リスト 15-24　ユーザー名を取り出す

```
function handleSubmit(event) {
  event.preventDefault();

  var input = this.view.getElementsByTagName("input")[0];
  this.model.currentUser = input.value;
}
```

しかし、まだ合格しない。さらに悪いことに、この行を追加したおかげで前のテストも不合格になってしまった。それはビューを設定していなかったからである。この問題は、**リスト 15-25** のように、要素を要求する前にビューが設定されているかどうかをチェックすれば解決される。

リスト 15-25　`this.veiw` にアクセスできるかどうかをチェックする

```
function handleSubmit(event) {
  event.preventDefault();

  if (this.view) {
    var input = this.view.getElementsByTagName("input")[0];
    this.model.currentUser = input.value;
  }
}
```

これで前のテストは緑に戻るが、現在のテストはまだ不合格になり続けている。なぜかと言えば、`setView` が実際にはビューをセットしていないからだ。**リスト 15-26** は、修正した `setView` である。

リスト 15-26　ビューの参照を格納する

```
function setView(element) {
  /* ... */
  this.view = element;
}
```

そしてこの変更によってすべてのテストが合格する。そこで、重複が見つかるテストケースに再び注意を向けよう。両方のテストがスタブのイベントオブジェクトを作っているが、このコードは `setUp` に吸い上げられるし、吸い上げるべきだ。**リスト 15-27** は、更新後の `setUp` を示したものである。

第 15 章　TDD と DOM 操作：チャットクライアント

リスト 15-27　setUp のなかでイベントをスタブにする

```
function userFormControllerSetUp() {
  /* ... */

  this.event = { preventDefault: stubFn() };
}
```

観察者にユーザーについての情報を通知する

ユーザーが設定されたら、コントローラはすべての観察者にそれを通知しなければならない。**リスト 15-28** は、イベントを処理し、観察者が呼び出されたことを確かめる。

リスト 15-28　handleSubmit が観察者に通知を送ることを確かめる

```
"test should notify observers of username": function () {
  var input = this.element.getElementsByTagName("input")[0];
  input.value = "Bullrog";
  this.controller.setModel({});
  this.controller.setView(this.element);
  var observer = stubFn();

  this.controller.observe("user", observer);
  this.controller.handleSubmit(this.event);

  assert(observer.called);
  assertEquals("Bullrog", observer.args[0]);
}
```

このテストを見ると、ありとあらゆる種類の重複があると思うかもしれないが、心配することはない。すぐあとで重複は取り除く。コントローラに observe メソッドがないので、テストは予想通りに不合格になる。この問題は、コントローラに tddjs.util.observable を継承させれば解決できる。そのためには、第 11 章「Observer パターン」で作った observable の実装を lib/observable.js に保存しなければならない。さらに、lib/tdd.js は、かならずほかのモジュールの前にロードしなければならないので、**リスト 15-29** のように jsTestDriver.conf も更新しなければならない。

リスト 15-29　更新後の jsTestDriver.conf

```
server: http://localhost:4224

load:
  - lib/tdd.js
  - lib/*.js
  - src/*.js
  - test/*.js
```

これで**リスト 15-30** のようにコントローラの実装を更新できるようになる。

リスト 15-30　userFormController を観察対象にする

```
(function () {
  var dom = tddjs.namespace("dom");
  var util = tddjs.util;
  var chat = tddjs.namespace("chat");

  /* ... */
  chat.userFormController = tddjs.extend({}, util.observable);
  chat.userFormController.setView = setView;
  chat.userFormController.setModel = setModel;
  chat.userFormController.handleSubmit = handleSubmit;
}());
```

コントローラが観察対象になったので、**リスト 15-31** のように、観察者に"user"イベントを通知させられるようになった。

リスト 15-31　"user"の観察者に通知を送る

```
function handleSubmit(event) {
  event.preventDefault();

  if (this.view) {
    var input = this.view.getElementsByTagName("input")[0];
    this.model.currentUser = input.value;
    this.notify("user", input.value);
  }
}
```

これでテストに合格するが、その前に作った 2 つのテストと共通するコードがあまりにもたくさんあるので、共通セットアップコードを外に出すことにしよう。

リスト 15-32　共通のセットアップコードをまとめる

```
TestCase("UserFormControllerHandleSubmitTest", {
  setUp: function () {
    userFormControllerSetUp.call(this);
    this.input =
      this.element.getElementsByTagName("input")[0];
    this.model = {};
    this.controller.setModel(this.model);
    this.controller.setView(this.element);
  },

  /* ... */
});
```

前のテストケースは、実際には新しいセットアップを必要とせず、一部はテストの邪魔になる。それでも共通セットアップを使えるようにするために、このテストに固有のセットアップとして、テストケースを this として共通セットアップを呼び出すコードを追加し、さらにセットアップコードを追加するようにしてある。

追加したクラスを取り除く

ユーザーフォームコントローラが最後にしなければならないことは、ユーザーの設定に成功したら、"js-chat" クラス名を取り除くことである。**リスト 15-33** は、クラス名が取り除かれていることを確かめるテストである。

リスト 15-33　処理が終わったらクラス名が取り除かれていることを確かめる

```
"test should remove class when successful": function () {
  this.input.value = "Sharuhachi";

  this.controller.handleSubmit(this.event);

  assertEquals("", this.element.className);
}
```

テストに合格するには、ユーザー名が見つかったらクラス名をリセットするコードを書けばよい。**リスト 15-34** は、そのように更新した handleSubmit である。

リスト 15-34　ビューのクラス名をリセットする

```
function handleSubmit(event) {
  event.preventDefault();

  if (this.view) {
    var input = this.view.getElementsByTagName("input")[0];
    var userName = input.value;
    this.view.className = "";
    this.model.currentUser = userName;
    this.notify("user", userName);
  }
}
```

空のユーザー名を拒否する

ユーザーがユーザー名を入力せずにフォームをサブミットしたら、サーバーは空のユーザー名を認めないので、チャットクライアントはメッセージをポストしようとしたときにエラーを起こす。言い換えれば、ユーザーフォームコントローラで空のユーザー名を認めてしまうと、まったく無関係な部分のコードでエラーが起きてしまう。そうなると、デバッグは非常に難しい。**リスト 15-35** は、コントローラが空のユーザー名をセットしていないことを確かめるテストである。

リスト 15-35　handleSubmit が空のユーザー名を使って通知を送らないことを確かめる

```
"test should not notify observers of empty username":
function () {
  var observer = stubFn();
  this.controller.observe("user", observer);

  this.controller.handleSubmit(this.event);

  assertFalse(observer.called);
}
```

このテストに合格するには、**リスト 15-36** のように、テキストフィールドの値をチェックする必要がある。

リスト 15-36　空のユーザー名を禁止する

```
function handleSubmit(event) {
  event.preventDefault();

  if (this.view) {
    var input = this.view.getElementsByTagName("input")[0];
    var userName = input.value;

    if (!userName) {
      return;
    }

    /* ... */
  }
}
```

handleSubmit は、ユーザー名が空なら"js-chat"というクラス名を取り除くこともできない。handleSubmit は、ユーザーにもエラーを通知できるとよいだろう。練習問題として、この条件のテストを追加し、テストに合格する実装を書いてみていただきたい。

15.2.3 機能テスト

　以上で、ユーザーフォームコントローラは、うまくいったときに通る道を十分整備できている。しかし、もっと柔軟なエラー処理をともなう形で実装することは可能なはずであり、練習問題としてそれを実現することを強くお勧めする。先に進む前に私たちの手でコントローラに追加しておきたいのは、コントローラをサポートできるかどうかを判定するための機能テストである。

　適切な機能テストを追加するためには、依存コードとして本物のイベント実装がなければならない。コントローラが、定義時にイベント実装を必要とするのである。第 10 章「機能検出」の addEventHandler の実装を lib/event.js に保存しよう。**リスト 15-37** は、機能テストを含むコントローラを示している。

リスト 15-37　userFormController の機能テスト

```
(function () {
  if (typeof tddjs == "undefined" ||
      typeof document == "undefined") {
    return;
  }

  var dom = tddjs.dom;
  var util = tddjs.util;
  var chat = tddjs.namespace("chat");

  if (!dom || !dom.addEventHandler || !util ||
      !util.observable || !Object.create ||
      !document.getElementsByTagName ||
      !Function.prototype.bind) {
    return;
  }

  /* ... */
}());
```

　以前のように、addEventHandler の参照を保存してからスタブに置き換え、tearDown でもとのハンドラを復元するわけではないので、テストスイート全体を上書きしていることになる。しかし、どのテストも実際のDOM イベントハンドラを登録するわけではないので、この場合はそれが問題になることはない。

　上の機能テストを追加したら、第 10 章「機能検出」で作ったイベントユーティリティを tdd.js に保存しなければ、テストに合格しない。コントローラは、依存コードにアクセスできなければ定義されないのである。

15.3 Node.jsバックグラウンドとともにクライアントを使う

　3 つのクライアントコンポーネントのなかの 1 つが完成したので、第 14 章「Node.js によるサーバーサイド JavaScript」で作った Node アプリケーションの chapp に配管的なコードを追加して、クライアントにサービスを提供させてみよう。Node は低水準のランタイムなので、HTTP サーバーモジュールを通じて静的ファイルを提供するという概念を持っていない。静的ファイルを提供するには、要求の URL とディスク上のファイルを突き合わせ、ファイルをクライアントにストリーミングしなければならない。これを実装するのはこの章の守備範囲を大きく越えるので、Felix Geisendörfer の node-paperboy[2]というモジュールを使うことにする。本書のコードと併用できることが保証できるバージョンは、本書の Web サイト[3]からダウンロードできる。このモジュールを chapp の deps ディレクトリに追加していただきたい。

　リスト 15-38 は、chapp の lib/server.js に格納されたモジュールをロードする。サーバーは、public ディレクトリのファイルを提供するようにセットアップされている。たとえば、http://localhost:8000/index.html

---

[2] http://github.com/felixge/node-paperboy
[3] http://tddjs.com

は、public/index.html を返そうとする。

リスト 15-38　chapp のサーバーに静的ファイルサービス機能を追加する

```
/* ... */
var paperboy = require("node-paperboy");

module.exports = http.createServer(function (req, res) {
  if (url.parse(req.url).pathname == "/comet") {
    /* ... */
  } else {
    var delivery = paperboy.deliver("public", req, res);

    delivery.otherwise(function () {
      res.writeHead(404, { "Content-Type": "text/html" });
      res.write("<h1>Nothing to see here, move along</h1>");
      res.close();
    });
  }
});
```

public ディレクトリに要求された URL に対応するファイルが見つからない場合には、otherwise コールバックが呼び出される。その場合は、簡単な 404 ページを返す。チャットクライアントにサービスを提供するには、public/js ディレクトリを作り、そこに次のファイルをコピーする。

- tdd.js
- observable.js
- function.js
- object.js
- user_form_controller.js

そして、リスト 15-39 を public/index.html に保存する。

リスト 15-39　クライアントの HTML

```
<!DOCTYPE html PUBLIC "-//W3C//DTD HTML 4.01//EN"
        "http://www.w3.org/TR/html4/strict.dtd">
<html lang="en">
  <head>
    <meta http-equiv="content-type"
          content="text/html; charset=utf-8">
    <title>Chapp JavaScript Chat</title>
    <link type="text/css" rel="stylesheet"
          media="screen, projection" href="css/chapp.css">
  </head>
  <body>
```

第15章 TDDとDOM操作：チャットクライアント

```html
    <h1>Chapp JavaScript Chat</h1>
    <form id="userForm">
      <fieldset>
        <label for="name">Name:</label>
        <input type="text" name="name" id="name"
               autocomplete="off">
        <input type="submit" value="Join">
      </fieldset>
    </form>
    <script type="text/javascript"
            src="js/function.js"></script>
    <script type="text/javascript"
            src="js/object.js"></script>
    <script type="text/javascript" src="js/tdd.js"></script>
    <script type="text/javascript"
            src="js/observable.js"></script>
    <script type="text/javascript"
            src="js/user_form_controller.js"></script>
    <script type="text/javascript"
            src="js/chat_client.js"></script>
  </body>
</html>
```

また、リスト15-40のごく単純なスタイルシートを public/css/chapp.css に保存する。

リスト15-40　最初のCSSファイル

```
form { display: none; }
.js-chat { display: block; }
```

最後に、リスト15-41のブートストラップスクリプトを public/js/chat_client.js に保存する。

リスト15-41　最初のブートストラップスクリプト

```javascript
(function () {
  if (typeof tddjs == "undefined" ||
      typeof document == "undefined" ||
      !document.getElementById || !Object.create ||
      !tddjs.namespace("chat").userFormController) {
    alert("Browser is not supported");
    return;
  }

  var chat = tddjs.chat;
  var model = {};
  var userForm = document.getElementById("userForm");
  var userController =
```

```
      Object.create(chat.userFormController);
    userController.setModel(model);
    userController.setView(userForm);

    userController.observe("user", function (user) {
      alert("Welcome, " + user);
    });
  }());
```

ここでサーバーを起動して、好みのブラウザで http://localhost:8000/ にアクセスしてみよう。素っ気ない
フォームが表示されるはずだ。サブミットすると、ブラウザはあいさつを表示して、フォームを隠してしまう。
大したものではないが、これは動作しているコードである。そして、クライアントとともに動作するテストベッ
ドがこのようにあるということは、新しいコンポーネントが完成したらいつでも簡単に試してみることができ
るということである。

15.4 メッセージリスト

メッセージリストは、定義リストとして表示される。1つひとつのメッセージは、ユーザーを表す dt 要素
とメッセージを示す dd 要素として表現される。コントローラは、モデルの"message"チャネルを観察してメッ
セージを受け取り、DOM 要素を作ってそれをビューに注入する。ユーザーフォームコントローラと同様に、
ビューの設定時に"js-chat"というクラス名を追加する。

15.4.1 モデルの設定

このコントローラの開発は、モデルオブジェクトの追加から始めることにしよう。ユーザーフォームコント
ローラとは異なり、メッセージリストはモデルへの代入以上のことをしなければならない。

コントローラとメソッドを定義する

リスト 15-42 は、コントローラが存在することを確かめる最初のテストケースである。このコードは、
test/message_list_controller_test.js に保存する。

リスト 15-42　messageListController がオブジェクトであることを確かめる

```
(function () {
  var listController = tddjs.chat.messageListController;

  TestCase("MessageListControllerTest", {
    "test should be object": function () {
      assertObject(listController);
    }
  });
}());
```

このテストに合格するには、**リスト15-43**の内容を lib/message_list_controller.js に保存しなければならない。

リスト15-43　messageListController を定義する

```
(function () {
  var chat = tddjs.namespace("chat");
  chat.messageListController = {};
}());
```

次に、**リスト15-44**のように、コントローラが setModel メソッドを持つことを確かめる。

リスト15-44　setModel が関数だということを確かめる

```
"test should have setModel method": function () {
  assertFunction(listController.setModel);
}
```

リスト15-45は、空メソッドを追加する。

リスト15-45　空の setModel を追加する

```
function setModel(model) {}

chat.messageListController = {
  setModel: setModel
};
```

メッセージの購読

setModel は、モデルの"message"チャネルを観察しなければならない。本番コードでは、モデルオブジェクトはサーバーからメッセージをストリーム転送する cometClient だということを忘れてはならない。**リスト15-46**は、observe が呼び出されていることを確かめる。

リスト15-46　setModel が"message"チャネルを観察していることを確かめる

```
TestCase("MessageListControllerSetModelTest", {
  "test should observe model's message channel":
  function () {
    var controller = Object.create(listController);
    var model = { observe: stubFn() };

    controller.setModel(model);

    assert(model.observe.called);
    assertEquals("message", model.observe.args[0]);
    assertFunction(model.observe.args[1]);
```

          }
        });

このテストは不合格になるので、**リスト 15-47** は observe 呼び出しをして、テストを合格させる。

リスト 15-47　observe を呼び出す

```
function setModel(model) {
  model.observe("message", function () {});
}
```

次は、ハンドラがバインドされた addMessage メソッドだということを確かめる。ユーザーフォームコントローラで DOM イベントハンドラに対してしたのと同じようなテストである。**リスト 15-48** がテストコードである。

リスト 15-48　バインドされた addMessage が"message"ハンドラだということを確かめる

```
TestCase("MessageListControllerSetModelTest", {
  setUp: function () {
    this.controller = Object.create(listController);
    this.model = { observe: stubFn() };
  },

  /* ... */

  "test should observe with bound addMessage": function () {
    var stub = this.controller.addMessage = stubFn();

    this.controller.setModel(this.model);
    this.model.observe.args[1]();

    assert(stub.called);
    assertSame(this.controller, stub.thisValue);
  }
});
```

テストのセットアップコードの重複を避けるためにすぐに setUp が必要になることがわかっていたので、このテストはちょっとフライング気味になっている。このテストは、何やら奇妙に見覚えのある感じになっているだろう。それは、userFormController がバインドされた handleSubmit メソッドでサブミットイベントを観察しているのを確かめるために書いたテストを真似て書いてあるからだ。

リスト 15-49 は、model.observe に正しいハンドラを追加する。テストの実行結果がどうなるか、予想してみよう。

リスト 15-49　バインドされたメソッドで"message"チャネルを観察する

```
function setModel(model) {
  model.observe("message", this.addMessage.bind(this));
}
```

このテストは合格するが、前のテストは不合格になるという予想なら満点だ。前と同じように、addMessage をスタブに置き換えていないテストが不合格にならないようにするには、コントローラにバインドしている addMessage を追加しなければならない。

リスト 15-50　空の addMessage を追加する

```
/* ... */
function addMessage(message) {}

chat.messageListController = {
  setModel: setModel,
  addMessage: addMessage
};
```

addMessage メソッドのテストに移る前に、ビューを追加しなければならない。というのも、addMessage のメインの仕事は、ビューに注入する DOM 要素を作ることだからだ。今までと同じように、ここではうまくいくときの通り道しか見ていない。オブジェクトを渡さずに setModel を呼び出したらどうなるだろうか。あるいは、observe をサポートしないオブジェクトを引数としたらどうなるだろうか。テストを書き、必要に応じて実装も更新しておこう。

15.4.2 ビューを設定する

ユーザーフォームコントローラの開発で得られた経験があるので、リストコントローラの setView の開発では、最初からフェイクオブジェクトではなく、DOM 要素を使うことにしよう。**リスト 15-51** は、setView がビュー要素に"js-chat"クラスを設定していることを確かめている。

リスト 15-51　setView が要素のクラス名を設定していることを確かめる

```
function messageListControllerSetUp() {
  /*:DOC element = <dl></dl> */

  this.controller = Object.create(listController);
  this.model = { observe: stubFn() };
}

TestCase("MessageListControllerSetModelTest", {
  setUp: messageListControllerSetUp,
  /* ... */
});

TestCase("MessageListControllerSetViewTest", {
  setUp: messageListControllerSetUp,

  "test should set class to js-chat": function () {
    this.controller.setView(this.element);
```

```
      assertClassName("js-chat", this.element);
    }
  });
```

セットアップコードを別メソッドに抽出することは何度もくり返してきていることなので、上のリストを見てもぞっとすることはないだろう。TDD プロセスの一部はしばらくすると予測可能になってくるが、それでもリズムを守ることが大切だ。ある機能がいかに自明に見えたとしても、それが本当に必要なことを証明できるまで、それを追加してしまわないように特に注意を払う必要がある。YAGNI を忘れてはならない。TDD のリズムを守っていれば、本番コードもテストも必要以上に複雑になったりはしない。

このテストは、setView メソッドが存在しないので不合格になる。リスト 15-52 は、setView メソッドを追加しており、これでテストは合格するようになる。

リスト 15-52　setView メソッドを追加する

```
  function setView(element) {
    element.className = "js-chat";
  }

  chat.messageListController = {
    setModel: setModel,
    setView: setView,
    addMessage: addMessage
  };
```

今の段階ではこれでよい。実際にビューを格納するメソッドもあとで必要になるが、できればその実装をつつき回したくない。それに、少なくとも別の文脈でビューが必要になるまでは、ビューを格納する必要はさしあたりない。

15.4.3 メッセージを追加する

それでは、コントローラの核心に入っていこう。メッセージを受信し、メッセージのための DOM 要素を作り、それをビューに注入する作業だ。まず最初にテストするのは、リスト 15-53 のように、定義リストに「@」を前に付けたユーザー名を含む dt 要素が追加されていることだ。

リスト 15-53　ユーザー名が dt 要素として DOM に注入されていることを確かめる

```
  TestCase("MessageListControllerAddMessageTest", {
    setUp: messageListControllerSetUp,

    "test should add dt element with @user": function () {
      this.controller.setModel(this.model);
      this.controller.setView(this.element);

      this.controller.addMessage({
        user: "Eric",
```

```
      message: "We are trapper keeper"
    });

    var dts = this.element.getElementsByTagName("dt");
    assertEquals(1, dts.length);
    assertEquals("@Eric", dts[0].innerHTML);
  }
});
```

このテストは、メッセージを追加してから、定義リストに dt 要素が追加されていることを確かめる。テストを合格させるには、**リスト 15-54** のように、要素を作ってビューに追加しなければならない。

リスト 15-54　リストにユーザーを追加する

```
function addMessage(message) {
  var user = document.createElement("dt");
  user.innerHTML = "@" + message.user;
  this.view.appendChild(user);
}
```

残念ながら、テストは不合格になる。this.view が undefined なのだ。ビューはプロパティでなければならないというドキュメントされた要件を守らなければならない。**リスト 15-55** は、要素の参照を格納するように setView を修正している。

リスト 15-55　ビュー要素に参照を格納する

```
function setView(element) {
  element.className = "js-chat";
  this.view = element;
}
```

ビューが参照を格納するようになると、すべてのテストが合格する。しかし、まだメッセージをテストしていない。これも DOM に追加されなければならないはずだ。**リスト 15-56** は、メッセージが DOM に追加されていることを確かめる。

リスト 15-56　メッセージが DOM に追加されていることを確かめる

```
TestCase("MessageListControllerAddMessageTest", {
  setUp: function () {
    messageListControllerSetUp.call(this);
    this.controller.setModel(this.model);
    this.controller.setView(this.element);
  },

  /* ... */

  "test should add dd element with message": function () {
```

15.4 メッセージリスト

```
      this.controller.addMessage({
        user: "Theodore",
        message: "We are one"
      });

      var dds = this.element.getElementsByTagName("dd");
      assertEquals(1, dds.length);
      assertEquals("We are one", dds[0].innerHTML);
    }
  });
```

ここでも、セットアップコードの一部はすぐに setUp メソッドに追加して、テストの目的が明らかになるようにしている。このテストに合格するには、テキストの内容とタグ名を変えて、先ほどと同じ 3 行を繰り返す必要がある。**リスト 15-57** がその内容だ。

リスト 15-57　メッセージを dd 要素として追加する

```
function addMessage(message) {
  /* ... */
  var msg = document.createElement("dd");
  msg.innerHTML = message.message;
  this.view.appendChild(msg);
}
```

現在のサーバーは、メッセージをどのような形でもフィルタリングしていない。ユーザーがたやすくチャットクライアントをハイジャックしてしまうのを避けるために、**リスト 15-58** のように HTML を含むメッセージがエスケープされることを確かめるテストを追加する。

リスト 15-58　基本的な XSS 防御が備わっていることを確かめる

```
"test should escape HTML in messages": function () {
  this.controller.addMessage({
    user: "Dr. Evil",
    message: "<script>window.alert('p4wned!');</script>"
  });

  var expected = "&lt;script>window.alert('p4wned!');" +
                 "&lt;/script>";
  var dd = this.element.getElementsByTagName("dd")[1];
  assertEquals(expected, dd.innerHTML);
}
```

テストは不合格になる。悪い人がチャットクライアントを乗っ取るのを防ぐものはない。**リスト 15-59** は、スクリプト注入に対する基本的な防御コードを追加している。

リスト 15-59　基本的な XSS 保護を追加する

```
function addMessage(message) {
  /* ... */
  msg.innerHTML = message.message.replace(/</g, "&lt;");
  this.view.appendChild(msg);
}
```

15.4.4 同じユーザーからの反復メッセージを抑える

メッセージフォームコントローラに進む前に、もう 1 つテストを追加しよう。同じユーザーから複数の連続したメッセージを受け取ったら、コントローラがそのユーザーのメッセージを繰り返さないようにしたい。つまり、2 つの連続したメッセージが同じユーザーから送られてきたら、第 2 の dt 要素を追加しないのである。**リスト 15-60** は、この機能をテストするために、2 つのメッセージを追加し、1 個の dt 要素しかないことを確かめている。

リスト 15-60　コントローラが dt 要素を繰り返さないことを確かめる

```
"test should not repeat same user dt's": function () {
  this.controller.addMessage({
    user: "Kyle",
    message: "One-two-three not it!"
  });
  this.controller.addMessage({ user:"Kyle", message:":)" });

  var dts = this.element.getElementsByTagName("dt");
  var dds = this.element.getElementsByTagName("dd");
  assertEquals(1, dts.length);
  assertEquals(2, dds.length);
}
```

当然ながら、テストは不合格になる。テストに合格するためには、コントローラに前のユーザーを管理させなければならない。単純に、最後に発言したユーザーを格納するプロパティを管理すればよい。**リスト 15-61** は、更新後の addMessage メソッドである。

リスト 15-61　最後に発言したユーザーを管理する

```
function addMessage(message) {
  if (this.prevUser != message.user) {
    var user = document.createElement("dt");
    user.innerHTML = "@" + message.user;
    this.view.appendChild(user);
    this.prevUser = message.user;
  }
```

15.4 メッセージリスト

```
    /* ... */
}
```

存在しないプロパティは undefined となり、現在のユーザーとは決して等しくならない。そのため、このプロパティは初期化する必要がない。最初のメッセージを受け取ったとき、prevUser プロパティはユーザーと一致しないため、dt が追加される。その後は、新しいユーザーからのメッセージが届いたときに限り、新しい dt 要素が作られ、追加される。

もう 1 つ注意しなければならないのは、getElementsByTagName などが返すノードリストが生きたオブジェクトだということだ。つまり、DOM の現在の状態をいつも反映している。私たちは、両方のテストから dt、dd 要素のコレクションにアクセスしているので、重複を避けるために setUp でリストを取り出すこともできる。そのためのテストの更新は練習問題とする。

練習問題をもう 1 つ。カレントユーザー宛のメッセージは、クラス名を dd 要素でマーキングして強調表示したい。カレントユーザーは getElementsByTagName から得られ、「宛の」とは「@usr:から始まるメッセージ」ということである。

15.4.5 機能テスト

メッセージリストコントローラは、基本 DOM サポートのある環境でなければ正しく動作しない。**リスト 15-62** は、機能テストを追加したコントローラを示している。

リスト 15-62　messageListController のための機能テスト

```
(function () {
  if (typeof tddjs == "undefined" ||
      typeof document == "undefined" ||
      !document.createElement) {
    return;
  }

  var element = document.createElement("dl");

  if (!element.appendChild ||
      typeof element.innerHTML != "string") {
    return;
  }

  element = null;
  /* ... */
}());
```

15.4.6 動かしてみよう

コントローラが動くようになったので、ユーザーが名前を入力したあとで、メッセージリストコントローラを初期化するように chapp を書き換えよう。まず、新しい依存コードが必要である。第 13 章「Ajax と Comet によるデータのストリーミング」で作った次のファイルを public/js にコピーしよう。

- json2.js
- url_params.js
- ajax.js
- request.js
- poller.js

また、message_list_controller.js ファイルをコピーし、最後に index.html に script 要素を追加していく。以前の script 要素の後ろに、上に書かれている順序で取り込む。ただし、js/chat_client.js ファイルがインクルードリストの最後になるようにしなければならない。

index.html に、空の dl 要素を 1 つ追加し、id="messages" を指定する。そして、chat_client.js ファイルをリスト 15-63 のように更新する。

リスト 15-63　更新後のブートストラップスクリプト

```
(function () {
  if (typeof tddjs == "undefined" ||
      typeof document == "undefined") {
    return;
  }

  var c = tddjs.namespace("chat");

  if (!document.getElementById || !tddjs ||
      !c.userFormController || !c.messageListController) {
    alert("Browser is not supported");
    return;
  }

  var model = Object.create(tddjs.ajax.cometClient);
  model.url = "/comet";

  /* ... */

  userController.observe("user", function (user) {
    var messages = document.getElementById("messages");
    var messagesController =
        Object.create(c.messageListController);
    messagesController.setModel(model);
```

```
      messagesController.setView(messages);

      model.connect();
   });
}());
```

再びサーバーを起動し、第14章「Node.jsによるサーバーサイドJavaScript」のリスト14-27の練習問題を繰り返してみよう。curlを使ってメッセージをポストすると、それがすぐにブラウザに表示されるはずだ。十分な数のメッセージをポストしたら、文書にスクロールバーがつき、メッセージが囲みの下に表示されることに気付くだろう。これは明らかにあまり役に立たないので、章末近くで仕上げのコードを追加するときに、説明を加えて正しいコードに書き換える。

15.5 メッセージフォーム

メッセージフォームは、ユーザーがメッセージをポストするために使うフォームだ。このフォームをテスト、実装するために必要なステップは、最初に作ったユーザーフォームコントローラのものと非常によく似たものになる。ビューとしてフォーム要素を必要とし、handleSubmitメソッドを通じてフォームのサブミットイベントを処理する。そして、最後にモデルオブジェクトのイベントとしてメッセージを発行し、それをサーバーに渡す。

15.5.1 テストをセットアップする

まず最初にしなければならないことは、テストケースをセットアップして、コントローラオブジェクトがあることを確かめることである。**リスト15-64**は、最初のテストケースを示したものである。

リスト15-64　messageFormController テストケースをセットアップする

```
(function () {
  var messageController = tddjs.chat.messageFormController;

  TestCase("FormControllerTestCase", {
    "test should be object": function () {
      assertObject(messageController);
    }
  });
}());
```

テストを実行すると、大きくて太い赤の「F」でオブジェクトを定義するよう求めてくる。**リスト15-65**は、その仕事をする。

リスト15-65　メッセージフォームコントローラを定義する

```
(function () {
  var chat = tddjs.namespace("chat");
```

```
    chat.messageFormController = {};
}());
```

15.5.2 ビューを設定する

ユーザーフォームコントローラと同じように、このコントローラはビューに"js-chat"というクラス名を追加し、コントローラにバインドされたhandleSubmitメソッドで"submit"イベントを観察する。実際、メッセージフォームコントローラのビューの設定は、以前書いたのとまったく同じように動作する。そこで、プロセス全体を単純にくり返すのではなく、少し賢いことをしよう。2つのフォームコントローラの実装は、一部が間違いなく同じものになる。

リファクタリング：共通部分を抽出する

少し遠回りになるが、まずユーザーフォームコントローラをリファクタリングしよう。2つのコントローラが継承できるformControllerオブジェクトを抽出するのである。ステップ1では、**リスト 15-66** が示すように、新しいオブジェクトを追加する。それをsrc/form_controller.jsに保存する。

リスト15-66　フォームコントローラを抽出する

```
(function () {
  if (typeof tddjs == "undefined") {
    return;
  }

  var dom = tddjs.dom;
  var chat = tddjs.namespace("chat");

  if (!dom || !dom.addEventHandler ||
      !Function.prototype.bind) {
    return;
  }

  function setView(element) {
    element.className = "js-chat";
    var handler = this.handleSubmit.bind(this);
    dom.addEventHandler(element, "submit", handler);
    this.view = element;
  }

  chat.formController = {
    setView: setView
  };
}());
```

15.5 メッセージフォーム

このファイルを作るために、私は単純にユーザーフォームコントローラ全体のコピーを作り、ビューの設定とは無関係な部分を取り除いていった。そろそろ、読者は「テストはどこだ？」と思っているかもしれない。それは、真っ当な疑問だ。しかし、ここではふるまいを追加したり削除したりしているわけではない。単に実装の一部を移そうとしているだけだ。リファクタリングが成功しているかどうかは、既存のテストだけで十分にわかる。少なくとも、ドキュメントされ、テストされたふるまいについてはそうだ。そして、この時点で気にしなければならないふるまいはそれだけである。

ステップ 2 は、ユーザーフォームコントローラに新しいジェネリックなコントローラを使わせることである。リスト 15-67 に示すように、ユーザーフォームコントローラのプロトタイプオブジェクトとして新しいコントローラを埋め込めばよい。

リスト 15-67　userFormController の親を変更する

```
chat.userFormController = tddjs.extend(
  Object.create(chat.formController),
  util.observable
);
```

テストを実行すると、このように変更しても、ユーザーフォームコントローラのそれまでのふるまいと矛盾することはないことが確かめられる。次に、`userFormController` 自身の `setView` 実装を取り除く。`userFormController` は、`formController` からメソッドを継承し、テストは依然として合格になるはずだ。テストを実行すると、その通りだということが確かめられる。

リファクタリングは、テストも書き換えるまでは完了とは言えない。もともとユーザーフォームコントローラの `setView` のために書いたテストは、`formController` を直接テストするように更新する必要がある。もとのテストの代わりに、ユーザーフォームコントローラが `setView` メソッドを継承していることを確かめるテストを用意すれば、ユーザーフォームコントローラがまだ動作することは確かめられる。もとのテストを残しておいたほうが `userFormController` のよいドキュメントが残るが、そうするとメンテナンスのコストがかかる。テストケースの修正は、練習問題としておく。

messageFormController のビューを設定する

`formController` を抽出したので、リスト 15-68 のように、`messageFormController` が `setView` メソッドを継承していることを確かめるテストを追加できるようになった。

リスト 15-68　messageFormController が setView を継承していることを確かめる

```
(function () {
  var messageController = tddjs.chat.messageFormController;
  var formController = tddjs.chat.formController;

  TestCase("FormControllerTestCase", {
    /* ... */
    "test should inherit setView from formController":
    function () {
      assertSame(messageController.setView,
```

```
                formController.setView);
    }
  });
}());
```

テストに合格するには、**リスト 15-69** のように messageFormController の定義を書き換える。

リスト 15-69　formController を継承する

```
chat.messageFormController =
  Object.create(chat.formController);
```

15.5.3 メッセージを発行する

　ユーザーがフォームをサブミットしたら、コントローラはモデルオブジェクトにメッセージを発行しなければならない。モデルの notify メソッドをスタブにして handleSubmit を呼び出し、スタブが呼び出されていることを確かめれば、メッセージが発行されていることをテストできる。残念ながら、コントローラはまだ setModel メソッドを持っていない。そこで、userFormController の setModel メソッドを formController に移してこの問題を解決する。

　リスト 15-70 は、更新後のフォームコントローラを示したものである。

リスト 15-70　setModel を移す

```
/* ... */

function setModel(model) {
  this.model = model;
}

chat.formController = {
  setView: setView,
  setModel: setModel
};
```

　setModel はフォームコントローラに移したので、userFormController のものは削除できる。壊した部分がないことを確かめるためには、単純にテストを実行すればよい。テストはすべて緑になるはずだ。
　messageFormController を対象とする setModel 関連のテストで、不合格になることが予想されるものはないので、このようなテストはしない。私たちは TDD をしており、進歩を求めているが、進歩は不合格から生まれる。
　私たちを前進させるようなテストとは、**リスト 15-71** のように、コントローラが handleSubmit メソッドを持つことを試すものである。

15.5 メッセージフォーム

リスト 15-71 コントローラが handleSubmit メソッドを持つことを確かめる

```
"test should have handleSubmit method": function () {
  assertFunction(messageController.handleSubmit);
}
```

リスト 15-72 は、空関数を追加して、テストを合格させる。

リスト 15-72 空関数を追加する

```
function handleSubmit(event) {}

chat.messageFormController =
  Object.create(chat.formController);
chat.messageFormController.handleSubmit = handleSubmit;
```

メソッドが追加されたので、そのふるまいをテストできる。リスト 15-73 は、handleSubmit がモデルにメッセージイベントを発行することを確かめるテストである。

リスト 15-73 コントローラがメッセージイベントを発行することを確かめる

```
TestCase("FormControllerHandleSubmitTest", {
  "test should publish message": function () {
    var controller = Object.create(messageController);
    var model = { notify: stubFn() };

    controller.setModel(model);
    controller.handleSubmit();

    assert(model.notify.called);
    assertEquals("message", model.notify.args[0]);
    assertObject(model.notify.args[1]);
  }
});
```

リスト 15-74 は、テストに合格するためのメソッド呼び出しを追加している。

リスト 15-74 モデルの notify を呼び出す

```
function handleSubmit(event) {
  this.model.notify("message", {});
}
```

これですべてのテストに合格する。次に、リスト 15-75 は、発行されたメッセージが user プロパティとして currentUser を含んでいることを確かめる。

リスト 15-75　user プロパティが currentUser になっていることを確かめる

```
TestCase("FormControllerHandleSubmitTest", {
  setUp: function () {
    this.controller = Object.create(messageController);
    this.model = { notify: stubFn() };
    this.controller.setModel(this.model);
  },
  /* ... */

  "test should publish message from current user":
  function () {
    this.model.currentUser = "cjno";

    this.controller.handleSubmit();

    assertEquals("cjno", this.model.notify.args[1].user);
  }
});
```

ここでも、テストを追加しつつ、共通セットアップコードを setUp メソッドに抽出している。**リスト 15-76** のようにすれば、テストに合格する。

リスト 15-76　発行されるメッセージにカレントユーザーを組み込む

```
function handleSubmit(event) {
  this.model.notify("message", {
    user: this.model.currentUser
  });
}
```

最後に残ったのは、メッセージの取り込みである。メッセージはメッセージフォームから取り出されるので、このテストにはマークアップを埋め込む必要がある。**リスト 15-77** は、テストを示している。

リスト 15-77　発行されたメッセージがフォームから送られてくることを確かめる

```
TestCase("FormControllerHandleSubmitTest", {
  setUp: function () {
    /*:DOC element = <form>
      <fieldset>
        <input type="text" name="message" id="message">
        <input type="submit" value="Send">
      </fieldset>
    </form> */

    /* ... */
    this.controller.setView(this.element);
  },
```

```
      /* ... */
    "test should publish message from form": function () {
      var el = this.element.getElementsByTagName("input")[0];
      el.value = "What are you doing?";

      this.controller.handleSubmit();

      var actual = this.model.notify.args[1].message;
      assertEquals("What are you doing?", actual);
    }
  });
```

このテストに合格するには、最初の入力要素を取り出し、その現在の値をメッセージとして渡さなければならない。handleSubmit は、**リスト15-78** のように更新しなければならない。

リスト15-78　メッセージを取り出す

```
function handleSubmit(event) {
  var input = this.view.getElementsByTagName("input")[0];

  this.model.notify("message", {
    user: this.model.currentUser,
    message: input.value
  });
}
```

これでテストは合格するようになる。つまり、チャットクライアントは、本番の設定でも動作するはずだということである。以前と同じように、フォームのエラー処理はあまり実装していないので、そこは練習問題とする。実際のところ、TDD を実践してこの練習問題を解くためには、しなければならない仕事がいくつもある。

- フォームは、サーバーへのサブミットというデフォルトアクションを禁止しなければならない。
- フォームは空メッセージを送ってはならない。
- すべてのメソッドにエラー処理を追加する。
- フォームがポストされたら、メッセージからイベントを生成する（たとえば observable を使って）。このイベントを観察し、ローダー GIF を表示する。ローディングインジケータを取り除くために同じメッセージが表示されたときには、メッセージリストコントローラから対応するイベントを生成する。

おそらく、読者はこれ以外にも考慮しなければならないことを見つけることだろう。

15.5.4 機能テスト

ほとんどの機能は、汎用フォームコントローラが提供してくれるので、機能テストしなければならないところはあまりない。直接の依存コードは、tddjs、formController、getElementsByTagName だけである。必要

な機能テストは、**リスト15-79**に示す通りである。

リスト15-79　messageFormController の機能テスト

```
if (typeof tddjs == "undefined" ||
    typeof document == "undefined") {
  return;
}

var chat = tddjs.namespace("chat");

if (!chat.formController ||
    !document.getElementsByTagName) {
  return;
}

/* ... */
```

15.6 最終的なチャットクライアント

すべてのコントローラが完成したので、チャットクライアントを組み立てて本当に動かしてみることができる。**リスト15-80**は、HTML文書にメッセージフォームを追加する。

リスト15-80　index.html にメッセージフォームを追加する

```
<!-- ... -->
<dl id="messages"></dl>
<form id="messageForm">
  <fieldset>
    <input type="text" name="message" id="message"
           autocomplete="off">
  </fieldset>
</form>
<!-- ... -->
```

form_controller.js、更新した user_form_controller.js とともに message_form_controller.js をコピーし、index.html にこれらを取り込むための script 要素を追加しよう。次に、**リスト15-81**のようにブートストラップスクリプトを更新する。

リスト15-81　最終的なブートストラップスクリプト

```
/* ... */

userController.observe("user", function (user) {
  /* ... */
```

```
    var mForm = document.getElementById("messageForm");
    var messageFormController =
        Object.create(c.messageFormController);
    messageFormController.setModel(model);
    messageFormController.setView(mForm);

    model.connect();
});
</script>
```

ブラウザにクライアントをロードすると、特に機能が豊富なわけではないが完全に動作し、サーバー、クライアントともJavaScriptを使ってTDDで開発したチャットシステムのクライアントが表示される。メッセージのポストがうまくいかないようなら、`messageFormController`の`handleSubmit`メソッドでデフォルトイベントアクションを停止して、`messageFormController`を完成させよう。

15.6.1 最後の仕上げ

チャットアプリケーションのふるまいを確かめるために、友人にLANからチャットシステムに参加してもらおう。1人でテストしなければならない場合には、ブラウザをもう1つ起動したり、タブを増やしたりすればよい。現在はクッキーを使っていないので、同じブラウザの異なるタブから2つのセッションを実行することは文句なしに可能である。

アプリケーションのスタイル

チャットアプリケーションなのに、スタイルにお構いなしでは寒々とした感じがする。ほんの少しだが目を楽しませるために、CSSを追加しよう。私はデザイナではないので期待しないでいただきたいが、css/chapp.cssをリスト15-82に示すものに取り換えれば、少なくとも角の丸めとか、ボックスの影とか、ライトグレーの背景といったものがクライアントに加わる。

リスト15-82　チャットクライアントのための「デザイン」

```
html { background: #f0f0f0; }
form, dl { display: none; }
.js-chat { display: block; }
body {
    background: #fff;
    border: 1px solid #333;
    border-radius: 12px;
    -moz-border-radius: 12px;
    -webkit-border-radius: 12px;
    box-shadow: 2px 2px 30px #666;
    -moz-box-shadow: 2px 2px 30px #666;
    -webkit-box-shadow: 2px 2px 30px #666;
    height: 450px;
    margin: 20px auto;
```

```
        padding: 0 20px;
        width: 600px;
    }

    form, fieldset {
        border: none;
        margin: 0;
        padding: 0;
    }

    #messageForm input {
        padding: 3px;
        width: 592px;
    }

    #messages {
        height: 300px;
        overflow: auto;
    }
```

スクロールの修正

以前も述べたように、クライアントはいずれスクロールするようになり、メッセージは枠の外に追加されていく。更新後のスタイルシートでは、スクロールはメッセージを表示する定義リストに移る。メッセージフォームの表示が消えないようにするために、高さに制限を設けたのである。しかし、ユーザーは新しく入ってきたメッセージにより興味を感じるものなので、メッセージリストコントローラにちょっとした改良を加えて、定義リストがいつも一番下までスクロールするようにしたい。

scrollTop プロパティにリストの最大値を設定すれば、リストを一番下までスクロールすることはできるが、この値を正確に調べる必要はない。最大値以上の値を設定しておけば、ブラウザが可能な限りまで要素をスクロールしてくれる。だとすると、要素の scrollHeight を使うとちょうどよさそうだ。scrollHeight の値は、要素の内容の高さ全体であり、明らかに scrollTop の最大値よりもいつも大きい。**リスト 15-83** は、テストである。

リスト 15-83 メッセージリストコントローラがビューをスクロールダウンすることを確かめる

```
TestCase("MessageListControllerAddMessageTest", {
    /* ... */

    "test should scroll element down": function () {
        var element = {
            appendChild: stubFn(),
            scrollHeight: 1900
        };
```

```
      this.controller.setView(element);
      this.controller.addMessage({ user:"me",message:"Hey" });

      assertEquals(1900, element.scrollTop);
    }
  });
```

　このテストは、実際の要素ではなく、スタブの要素を使っている。このようなテストでは、正しい動作を確かめるために、入力と出力を完全にコントロールできなければならない。要素の `scrollTop` プロパティセッターをスタブにすることはできないし、`scrollTop` の値が正しく設定されていることを簡単に調べることもできない。`scrollTop` の値は表示された高さによって左右され、オーバーフロー時に要素をスクロールさせるためには最初からスタイルを追加しなければならない。テストに合格するためには、リスト 15-84 のように `scrollTop` に `scrollHeight` の値を代入すればよい。

リスト 15-84　新しいメッセージが追加されるたびに、メッセージリストをスクロールダウンする

```
function addMessage(message) {
  /* ... */

  this.view.scrollTop = this.view.scrollHeight;
}
```

テキストフィールドのクリア

　ユーザーがメッセージをポストしたあと、前のメッセージの文章を利用して次のメッセージを書くことはまず考えられない。そこで、メッセージフォームコントローラは、メッセージがポストされたときにテキストフィールドをクリアしたほうがよい。リスト 15-85 は、それを確かめるテストである。

リスト 15-85　メッセージフォームがメッセージをクリアしていることを確かめる

```
  "test should clear form after publish": function () {
    var el = this.element.getElementsByTagName("input")[0];
    el.value = "NP: A vision of misery";

    this.controller.handleSubmit(this.event);

    assertEquals("", el.value);
  }
```

　理想を言えば、メッセージが送られたことが確かめられてからフォームをクリアしたい。残念ながら、`cometClient` は、このタイミングで成功コールバックを追加できるようにはなっていないので、メッセージを送った直後にフォームをクリアし、メッセージが届くことを祈るしかない。本当に正しい修正方法は、`cometClient` に第 3 オプション引数を追加して、送信成功を待てるようにすることだろう。リスト 15-86 は、メッセージフォームコントローラの新しい `handleSubmit` を示したものである。

リスト 15-86　発行したあとでメッセージをクリアする

```
function handleSubmit(event) {
  /* ... */

  input.value = "";
}
```

メッセージフォームが、テキストフィールドを初期化したあと、フォーカスも移っているとなおよいだろう。それは練習問題としておく。

15.6.2 デプロイについての注意

メッセージフォームとメッセージリストコントローラを chapp の public ディレクトリにコピーし、ブラウザをリロードしてみよう。アプリケーションは、以前よりも少し使いやすくなっているはずだ。

単純にファイルをコピーしてデプロイするのでは、煩雑でエラーを起こしやすい。また、15 個の別個のスクリプトファイルを使ってアプリケーションを構成するのでは、パフォーマンス的に問題がある。第 3 章「現役で使われているツール」で jstestdriver と jsautotest を使うために Ruby と RubyGems をインストールした読者は、JavaScript と CSS を結合、ミニファイするツールが使える。Juicer は、スクリプトをデプロイ用にパッケージングしてくれるツールだ。**リスト 15-87** は、この Juicer をインストールするために必要なコマンドを示している。

リスト 15-87　Juicer と YUI コンプレッサをインストールする

```
$ gem install juicer
$ juicer install yui_compressor
```

リスト 15-88 のコマンドを Node.js アプリケーションのルートで実行すると、クライアントサイドアプリケーション全体を格納する chat.min.js という 1 個のファイルが作られる。

リスト 15-88　Juicer を使ってファイルを圧縮する

```
juicer merge -s -f -o public/js/chat.min.js \
  public/js/function.js \
  public/js/object.js \
  public/js/tdd.js \
  public/js/observable.js \
  public/js/form_controller.js \
  public/js/user_form_controller.js \
  public/js/json2.js \
  public/js/url_params.js \
  public/js/ajax.js \
  public/js/request.js \
  public/js/poller.js \
  public/js/comet_client.js \
  public/js/message_list_controller.js \
```

```
public/js/message_form_controller.js \
public/js/chat_client.js
```

こうすると、最終的に、完全に機能するチャットルームを格納する14KBのJavaScriptファイルが作られる。gzip圧縮で提供すれば、ダウンロードサイズは約5KBに抑えられる。

Juicerは、スクリプトファイル内で宣言された依存ファイルも見つけることができる。個々のファイルに依存ファイルのコメントを残しておけば、単純に`juicer merge chat.js`コマンドを実行するだけで依存ファイルを含んだ完全名ファイルを作ることができる。Juicerの詳細については、本書のWebサイト[4]で説明している。

15.7 まとめ

この章では、この本全体で開発してきたさまざまなコードをつなぎ合わせて、完全に機能するブラウザベースのチャットアプリケーションをJavaScriptだけで作り上げた。そして、コードはすべて最初からテスト駆動開発で作り上げたのである。

この章の重要ポイントは、DOM操作の単体テストと、もっとも外側のアプリケーションレイヤの適切な構成である。すでに何度もくり返し言ってきたことだが、うまく分割されたソフトウェアは、単体テストが簡単にできる。GUI（DOM）もその例外ではない。

MVP/パッシブビューパターンを採用したので、ビューでは再利用できるコンポーネントを明らかにすることができ、モジュール化された形でチャットクライアントを実装することができた。そのため、モジュール間の結合は非常に疎になり、切り離してテストしやすくなった。個々の単位が明確に定義された役割を持っているので、これらのコンポーネントをTDDで開発するのはやさしいことだ。難しい問題は、全部をひとまとめに解決しようとするよりも、複数の小さな問題に分割して解決したほうがずっと扱いやすい。

おもしろいことに、MVPのようなパターンは、クライアントサイドJavaScriptの問題領域にさまざまな形で応用できる。たとえば、JavaScriptウィジェットはページ上にすでにあるデータを操作することがよくあるので、DOMの一部がモデルを表現することも多い。

この章で作ったチャットクライアントは、テスト駆動開発の最後のサンプルプログラムであり、私たちは第3部「JavaScriptテスト駆動開発の実際」の最後までたどり着いた。最後の第4部では、ここまでの5章から教訓を引き出して、スタブとモックについて深く考察するとともに、優れた単体テストを書くためのガイドラインを示したい。

---

4 http://tddjs.com

第4部
テストのパターン

第16章
モックとスタブ

　テスト駆動開発を使って5つのサンプルプロジェクトを開発しているうちに、stubFn 関数にはずいぶん慣れてきた。私たちは、オブジェクト間のやり取りを覗くために、またテスト中のインターフェイスを切り離すために、stubFn を使ってきた。しかし、スタブとは正確に何なのだろうか。**テストダブル**の使い方というテーマをあと少し深く掘り下げていけばわかるはずだ。テストダブルとは、まるで本物のように見えるが、実際には、テストを単純化するために使われる中身の薄いニセモノのことである。

　この章では、テストダブル利用の一般理論を学んでから、テストダブルのなかでもよく使われるタイプのものを少し詳しく学ぶ。私たちはすでに第3部「JavaScript テスト駆動開発の実際」全体を通じてスタブを多用してきたので、以前のサンプルと関連付けるかたちで議論を進めていく。また、より能力の高いスタブ、モックライブラリも紹介し、stubFn や自家製ヘルパーの代わりにそのようなライブラリを使えば、今までに書いたテストの一部が簡単に書けることを示す。

16.1 テストダブルの概要

　テストダブルとは、API が本物とまったく同じか、少なくとも特定のテストに関連する部分だけは同じだが、かならずしも同じようにはふるまわないオブジェクトのことである。テストダブルは、インターフェイスを外部から分離するために、またテストをやりやすくするために、テストを高速で終わらせるために、使いにくいメソッドを呼び出さずに済ませるために、直接、間接の出力に対するアサーションの代わりにメソッド呼び出しのスパイをするために使われる。

　この章で使う用語は、基本的に Gerard Meszaros の著書「xUnit Test Patterns」[7] から取り入れたものだが、若干 JavaScript 用に調整してある。異なるタイプのテストダブルの名前や定義のほか、テスト中のコードのことを「テスト中のシステム」と呼ぶことにする。

16.1.1 スタントパーソン

　Gerard Meszaros は、テストダブルをハリウッドのスタントパーソン（英語では stunt double と呼ぶ）に喩えている。映画のなかには、一流の俳優がやりたがらない、あるいは演ずることができない危険な技や肉体的にハードな演技を必要とするものがある。そのような場合は、代役としてスタントパーソンが雇われる。スタントパーソンは優秀な俳優である必要はないが、火をつかんだり崖から落ちたりしても致命傷を負わない能力が必要とされる。また、少なくとも少し遠くから見ると、一流俳優に似て見える必要がある。

　テストダブルは、このようなスタントパーソンとよく似ている。テストダブルは、一流スター（本番システ

ム）を使いにくい仕事のために使われる。そして、観客（テスト中のシステム）が本物と区別できないものでなければならない。

16.1.2 フェイクオブジェクト

第3部「JavaScriptテスト駆動開発の実際」全体を通じて積極的に使ってきたスタブは、テストダブルの1つの形態である。スタブは本物のオブジェクトであるかのようにふるまうが、その動作は、テスト中のシステムに特定の実行経路を強制するようにあらかじめプログラミングされている。さらに、スタブはほかのオブジェクトとのやり取りについてのデータを記録し、それはテストの確認ステージで使える。

フェイクオブジェクトは、これとは別の種類のテストダブルである。フェイクオブジェクトは、置き換わるオブジェクトと同じ機能を提供し、代替実装と見ることさえできるが、その実装は相当単純化されている。たとえば、Node.jsを操作するとき、ファイルシステムはテストという観点からは不便な存在と考えられやすい。たえずファイルシステムにアクセスしていたのでは、テストが遅くなってしまう。それに、ディスク上に作られる大量のテストデータは、クリーンアップが必要になる。このような問題は、Nodeのファイルシステムモジュールと同じAPIをサポートするインメモリファイルシステムを実装して、テストではそちらを使うようにすれば緩和できる。

フェイクとスタブはどう違うのだろうか。スタブは、必要に応じて個々のテストで作成され、システムに投入されるのが普通である。フェイクはもっと包括的な代替オブジェクトで、通常はテストを実行する前にシステムに投入される。テストは通常フェイクをまったく意識しないが、それはフェイクがもとのオブジェクトと同じようにふるまい、ただかなり単純化されているだけだからである。Node.jsのファイルシステムの例では、インメモリファイルシステムとして実装されたfsモジュールの完全な実装を想像すればよい。ただ、テスト環境が、組み込みの実装よりも前にフェイク実装がロードされるようにしているのである。個々のテストも本番コードも、`require("fs")`というコードが実際には単純化されたインメモリファイルシステムをロードしていることには気付かない。

16.1.3 ダミーオブジェクト

ダミーオブジェクトは、名前が示す通りに、通常は空のオブジェクト、関数である。テスト関数が複数の引数を取るとき、一度に1つずつの引数に注目することが多い。テスト中の関数が引数がないとか型が間違っているといった理由でエラーを投げるときには、ダミーを渡せば、その引数とは無関係なふるまいに神経を集中させているときに、引数を「黙らせて」おける。

たとえば、第15章「TDDとDOM操作：チャットクライアント」で使った**リスト16-1**のテストについて考えてみよう。このテストは、メッセージリストコントローラが要素の`scrollTop`が`scrollHeight`と同じ値に設定されていることを確かめている。しかし、このメソッドは、ビュー要素に新しいDOM要素を追加してもいる。この要素が`appendChild`メソッドを持っていなければ、例外が投げられる。このテストでは、`appendChild`でエラーがでないようにダミーを使い、テストしたいと思っているふるまいだけに集中できるようにしている。

リスト16-1　ダミー関数の使い方

```
"test should scroll element down": function () {
    var element = {
```

```
        appendChild: stubFn(),
        scrollHeight: 1900
    };

    this.controller.setView(element);
    this.controller.addMessage({ user:"me",message:"Hey" });

    assertEquals(1900, element.scrollTop);
}
```

16.2 テストの確認

　単体テストには4つのステージがある。**セットアップ**ステージは、共通部分の`setUp`メソッドとテスト固有のオブジェクトの設定とに分かれることが多い。**実施**ステージでは、テストする関数を呼び出す。**確認**ステージでは、実施ステージの結果が予想と一致することをアサートする。最後に**ティアダウン**ステージは、テスト内では行われず、複数のテストに共有される専用の`tearDown`メソッドで後始末を行う。

　スタブ、モックとその違いについて細かく掘り下げていく前に、確認ステージでのオプションを見ておこう。すぐあとで説明するように、確認の戦略は、スタブとモックのどちらを選ぶかを決めるときの中心的なポイントである。

16.2.1 状態の確認

　第3部「JavaScriptテスト駆動開発の実際」の多くのテストは、何らかの関数が呼び出されたあと、オブジェクトが特定の状態になっているかどうかをアサートしている。たとえば、第15章「TDDとDOM操作：チャットクライアント」で使った**リスト16-2**のテストについて考えてみよう。このテストは、ユーザーフォームコントローラがモデルオブジェクトの`currentUser`プロパティを設定していることを確かめている。コントローラにはダミーのモデルオブジェクトを渡し、あとでこのモデルオブジェクトの`currentUser`の内容を調べて動作を確かめている。

リスト16-2　オブジェクトの状態を調べてテストする

```
"test should set model.currentUser": function () {
    var model = {};
    var event = { preventDefault: stubFn() };
    var input = this.element.getElementsByTagName("input")[0];
    input.value = "cjno";
    this.controller.setModel(model);
    this.controller.setView(this.element);

    this.controller.handleSubmit(event);

    assertEquals("cjno", model.currentUser);
```

最後の行が、テスト中のシステムに渡されたオブジェクトのプロパティを調べて合格していることを確認している。これを**状態の確認**と呼ぶ。状態の確認は、システムの一部を使った結果を明確に示す直観的なテストを作れる。たとえばこの場合は、テキストフィールドにユーザー名が入力されている場合、コントローラがサブミットイベントを処理したときに、このユーザー名がモデルオブジェクトの `currentUser` プロパティに転送されると考えてよい。また、このテストはどのようにしてその結果を実現すべきかについて何も言っていないので、`handleSubmit` の実装にはまったくノータッチである。

16.2.2 ふるまいの確認

テストの直接的な出力をテストすることは、リスト 16-2 のように簡単ではないことが多い。たとえば、引き続きチャットクライアントの例を使って言うと、メッセージフォームコントローラは、モデルオブジェクトを介してクライアントからサーバーへのメッセージの発行に関与している。しかし、テストにサーバーは含まれていないので、サーバーが受信しているはずのメッセージを持っているかどうかを単純に確かめることはできない。私たちは、このテストでは、**リスト 16-3** のようにスタブを使った。何らかのオブジェクトの状態を見て、結果を確かめるのではなく、モデルの `publish` メソッドをスタブにして、それが呼び出されたことをアサートしたのである。

リスト 16-3　関数のふるまいを調べてテストする

```
"test should publish message": function () {
    var controller = Object.create(messageController);
    var model = { notify: stubFn() };

    controller.setModel(model);
    controller.handleSubmit();

    assert(model.notify.called);
    assertEquals("message", model.notify.args[0]);
    assertObject(model.notify.args[1]);
}
```

このテストは、状態の確認を使った先ほどのテストとは対照的だ。メッセージがどこかに格納されたかどうかをチェックするのではなく、**ふるまいの確認**を使っているのである。具体的には、モデルの `publish` メソッドが適切な引数とともに呼び出されていることを確かめている。Comet クライアントを本番環境ですでにテストしているため、`publish` がその通りに呼び出されれば、メッセージが正しく処理されることがわかる。

16.2.3 確認戦略が持つ意味

どの確認戦略を選ぶかは、テストをどのように読むかに直接的に影響を与えるが、それは上の 2 つのテスト例を見れば明らかだろう。それと比べるとわかりにくいが、確認戦略の選択は、本番コードや本番コードとテストの関係にも影響を与える。

ふるまいの確認は、特定の関数の呼び出しが行われることを確かめており、システムの実装に1歩踏み込んでいる。それに対し、状態の確認は、（直接/間接の）入出力の関係を観察しているだけである。そのため、ふるまいの確認を多用すると、テストコードとシステムがそうでないときよりも密結合になる。その分、テストに変更を加えずに実装をリファクタリングできる場面が限られてくる危険性がある。

16.3 スタブ

スタブは、あらかじめプログラミングされたふるまいを持つテストダブルである。スタブは、引数が何であっても同じ値を返したり、例外を投げたりする。スタブは実際のオブジェクト、関数の代わりに使われるので、テストに不便なインターフェイスを使わずに済ませる方法としても使われる。

16.3.1 テストに不便なインターフェイスを避けるためのスタブ

リスト16-4は、最初に見たチャットクライアントのメッセージリストコントローラのテストを再掲したものである。このテストは、DOM要素の代わりにスタブを使って、DOM要素を追加したあと、メッセージリストコントローラが要素全体をスクロールダウンするのを確かめている。

リスト16-4　スタブを使ってDOMを避ける

```
"test should scroll element down": function () {
  var element = {
    appendChild: stubFn(),
    scrollHeight: 1900
  };

  this.controller.setView(element);
  this.controller.addMessage({ user:"me",message:"Hey" });

  assertEquals(1900, element.scrollTop);
}
```

先ほども触れたように、このテストはスタブの`appendChild`を使っている。さらに、`scrollHeight`として既知の値を指定し、`scrollTop`プロパティにこの値が代入されていることを確認できるようにしている。このように、スタブを使うと、要素をレンダリングしたり、実際の`scrollTop`の値を計算したりといった処理を省略できる。こうすると、テストは高速になり、要素のレンダリングに関連するクロスブラウザ問題も避けられる。

16.3.2 特定のコードパスを強制するためのスタブ

スタブは、特定の実行経路を進むようにテスト中のシステムを操作するためにもよく使われる。たとえば、第12章「ブラウザ間の違いの吸収：Ajax」では、HTTPステータスが0のローカル要求は成功と見なしていることを確かめるために、リスト16-5のテストを書いた。

リスト 16-5　ローカル要求が成功することを確かめる

```
"test should call success handler for local requests":
function () {
  this.xhr.readyState = 4;
  this.xhr.status = 0;
  var success = stubFn();
  tddjs.isLocal = stubFn(true);

  ajax.get("file.html", { success: success });

  this.xhr.onreadystatechange();

  assert(success.called);
}
```

tddjs.isLocal がかならず true を返すようにあらかじめプログラミングしてあったので、要求インターフェイスがかならずローカル要求処理の実行パスを通るようにすることができた。Gerard Meszaros は、この種のスタブを**レスポンダ**と呼んでいる。レスポンダは、一般にシステムの成功パスをテストするために使われる。

16.3.3 問題を引き起こすスタブ

サボターは、レスポンダとよく似ているが、予想外の値を返したり、例外を投げたりといった奇妙なふるまいをするスタブである。そのようなスタブをシステムに投入すれば、誤動作をするオブジェクトや予想外のふるまいをどの程度うまく処理できるかをテストできる。

リスト 16-6 は、第 11 章「Observer パターン」で使ったテストで、一部の観察者が例外を投げてもすべての観察者に通知が送られることを確かめている。

リスト 16-6　サボターを使ってすべての観察者に通知が送られることを確かめる

```
"test should notify all even when some fail": function () {
  var observable = new tddjs.util.Observable();
  var observer1 = function () { throw new Error("Oops"); };
  var observer2 = function () { observer2.called = true; };

  observable.addObserver(observer1);
  observable.addObserver(observer2);
  observable.notifyObservers();

  assertTrue(observer2.called);
}
```

サボターは、広範なユーザー層を対象として壊れにくいインターフェイスを作ろうとしているときに役に立つ。また、一部のブラウザが見せる奇妙なふるまいを模倣し、最悪なホストオブジェクトを相手にしても正しく動作するコードを書くためのツールとしても使える。

16.4 テストスパイ

　テストスパイは、テスト中のシステム全体を通じてどのように使われたかについての情報を記録するオブジェクトと関数である。戻り値を見たり、操作したオブジェクトの状態の変化をチェックしたりしただけでは関数が成功したかどうかを簡単に判別できないときに役に立つ。第3部「JavaScriptテスト駆動開発の実際」の多くのスタブが、このような形で使われていたことに気付かれたかもしれない。実際、テストスパイは、記録機能つきのスタブとして実装されるのが普通である。

16.4.1 間接的な入力のテスト

　第12章「ブラウザ間の違いの吸収：Ajax」で作った要求インターフェイスには、テストスパイを使ってテストを確認する例が多数含まれている。このインターフェイスは、XMLHttpRequestよりも高水準の抽象を提供するために作られており、インターフェイスが成功したかどうかは、主として呼び出しを低水準オブジェクトに正しくマッピングできているかどうかで決まる。リスト16-7は、URLの取得を要求すると、XMLHttpRequestオブジェクトのsendメソッドが呼び出されることを確かめている。

リスト16-7　テストスパイを使って間接的な入力が与えられたときにメソッドが呼び出されていることを確かめる

```
TestCase("GetRequestTest", {
  setUp: function () {
    this.ajaxCreate = ajax.create;
    this.xhr = Object.create(fakeXMLHttpRequest);
    ajax.create = stubFn(this.xhr);
  },

  /* ... */

  "test should call send": function () {
    ajax.get("/url");

    assert(this.xhr.send.called);
  }
});
```

　setUpにより、ajax.createはfakeXMLHttpRequestのインスタンスを返すようにプログラムされている。XMLHttpRequestは、ふるまいの確認のためにテストに代入されている。ajax.createから返されるオブジェクトは、ajax.requestメソッドへの間接入力である。テスト中のシステムに対する間接入力の効果は、一般にスタブかモックでなければテストできない。

16.4.2 呼び出しの詳細を調べる

テストスパイは、関数が呼び出されたかどうかの記録でしか使えないわけではない。自分が使われた状況についてのあらゆるデータを記録できる。第 3 部「JavaScript テスト駆動開発の実際」を通じて使われていた stubFn ヘルパーは、this と受け付けた引数の値の記録も行う。「16.5 スタブライブラリの使い方」でも見ていくように、スパイは個々の呼び出しの this と arguments を記録し、記録したデータにアクセスするためのインターフェイスも提供するより高度なものにすることができる。

リスト 16-8 は、第 15 章「TDD と DOM 操作：チャットクライアント」で使ったテストで、メッセージリストコントローラの addMessage メソッドがイベントハンドラとして登録されたときに、コントローラにバインドされていたことを確かめている。

リスト 16-8　テストスパイを使ってイベントハンドラの this がコントローラにバインドされていたことを確かめる

```
"test should observe with bound addMessage": function () {
    var stub = this.controller.addMessage = stubFn();

    this.controller.setModel(this.model);
    this.model.observe.args[1]();

    assert(stub.called);
    assertSame(this.controller, stub.thisValue);
}
```

16.5 スタブライブラリの使い方

第 11 章「Observer パターン」では、called フラグとインライン関数を使って、observable インターフェイスの notify メソッドが呼び出されたときに、observable が観察者に通知を送っていることを確かめた。第 11 章では、このパターンを指すために特別な用語を使ったりはしなかったが、今はこれらがテストスパイだったことがわかる。

JavaScript の関数は強力なので、専用のスタブライブラリがなくてもかなりのことができる。しかし、第 12 章「ブラウザ間の違いの吸収：Ajax」でも明らかになったように、フラグと関数の宣言はあっという間にあちこちでくり返されるようになる。特に、スタブとスパイを多用する場合はひどいことになる。単純な stubFn を使うときでも、ajax.create メソッドのようなグローバルなインターフェイスをスタブに置き換えると、テスト終了時にもとのインターフェイスが復元されるように、setUp、tearDown メソッドを追加しなければならないという負担がかかる。

私たちはあらゆる形の重複を取り除くということを非常に重視している。そのような観点から、スタブライブラリを使えば手作業のスタブを使うときの苦痛がどれくらい解消されるかを見てみよう。ここで使うライブラリは Sinon[1] というもので、本書の Web サイト[2] からダウンロードできる。

1　ギリシャ神話で、シノンとは、トロイの市民たちにトロイの馬を受け入れさせた嘘つきのスパイである。
2　http://tddjs.com

16.5.1 スタブ関数を作る

Sinon を使ったスタブ関数の作成は、stubFn を使ったときと非常によく似ている。**リスト 16-9** は、sinon.stub を使うように書き換えた observable テストケースのあるテストを示したものである。

リスト 16-9　Sinon を使って簡単な関数スタブを作る

```
"test should call all observers": function () {
  var observable = Object.create(tddjs.util.observable);
  var observer1 = sinon.stub();
  var observer2 = sinon.stub();

  observable.addObserver(observer1);
  observable.addObserver(observer2);
  observable.notifyObservers();

  assertTrue(observer1.called);
  assertTrue(observer2.called);
}
```

このサンプルで気がつく違いは、スタブの作り方だけである。もとのコードでは、関数自体についてのプロパティを設定するインライン関数を使っていたが、ここでは sinon.stub 呼び出しを使っている。

16.5.2 メソッドのスタブ化

一度で捨ててしまうようなスタブなら、インラインで簡単に作れるので、かならずしも外部ライブラリを使ったほうがよいという理由にはならない。しかし、グローバルメソッドをスタブに置き換えるときには、テスト実行後にもとのメソッドを復元しなければならない分、仕事が増える。**リスト 16-10** は、ajax.poll を stubFn に置き換えて使うテストで Comet クライアントテストケースが使っていた setUp、tearDown メソッドを示したものである。

リスト 16-10　手作業によるスパイ

```
TestCase("CometClientConnectTest", {
  setUp: function () {
    this.client = Object.create(ajax.cometClient);
    this.ajaxPoll = ajax.poll;
  },

  tearDown: function () {
    ajax.poll = this.ajaxPoll;
  },

  "test connect should start polling": function () {
    this.client.url = "/my/url";
```

```
      ajax.poll = stubFn({});

      this.client.connect();

      assert(ajax.poll.called);
      assertEquals("/my/url", ajax.poll.args[0]);
    }
  });
```

リスト16-11 は、Sinon でスタブ関連の処理を行うように書き換えたリストである。teaDown メソッドはまだ必要だが、インターフェイスの手作業での操作は減っていることに注意しよう。

リスト 16-11　Sinon を使ってスタブを処理する

```
  TestCase("CometClientConnectTest", {
    setUp: function () {
      this.client = Object.create(ajax.cometClient);
    },

    tearDown: function () {
      ajax.poll.restore();
    },

    "test connect should start polling": function () {
      this.client.url = "/my/url";
      sinon.stub(ajax, "poll").returns({});

      this.client.connect();

      assert(ajax.poll.calledWith("/my/url"));
    }
  });
```

Sinon は、スタブ管理を単純化するだけでなく、粒度の細かい情報取得インターフェイスを提供しており、テストからより多くの情報が読み出せる。しかし、それだけではない。Sinon はスタブを自動的に管理して復元するサンドボックス機能を持っている。**リスト 16-12** は、サンドボックス機能を使った例である。

リスト 16-12　Sinon でスタブ管理を自動化する

```
  "test connect should start polling":
  sinon.test(function (stub) {
    this.client.url = "/my/url";

    stub(ajax, "poll").returns({});

    this.client.connect();
```

```
    assert(ajax.poll.calledWith("/my/url"));
  })
```

テスト関数を sinon.test 呼び出しでラップし、sinon.test に渡された stub メソッドを使うと、スタブは厳密にローカルになり、たとえテストが例外を投げても、テスト終了時には自動的に復元される。この機能を使えば、setUp、tearDown の両メソッドからスタブ管理ロジックを完全に取り除くことができる。

この種のクリーンアップ処理を必要とするテストが多数ある場合には、テストケースオブジェクト全体を sinon.testCase 呼び出しでラップすることもできる。こうすると、すべてのテスト関数を sinon.test 呼び出しでラップするのと同じ効果が得られる。**リスト 16-13** は、sinon.testCase を使った例である。

リスト 16-13　個々のテスト終了後に自動的にスタブを復元する

```
TestCase("CometClientConnectTest", sinon.testCase({
  setUp: function (stub) {
    /* ... */
    stub(ajax, "poll").returns({});
  },

  "test connect should start polling": function () {
    this.client.connect();

    assert(ajax.poll.calledWith(this.client.url));
  },

  "test should not connect if connected": function () {
    this.client.connect();
    this.client.connect();

    assert(ajax.poll.calledOnce);
  },

  /* ... */
}));
```

16.5.3 組み込みのふるまい確認

Sinon には、ふるまいの確認をより明確にするために使えるアサーションがいくつか含まれている。リスト 16-12 のアサートには、テストが失敗したときのエラーメッセージが「expected true but was false（true になるはずだったのに false になった）」というようなもので役に立たないという問題点があった。しかし、Sinon のアサーションを使うと、エラーメッセージは、「expected poll to be called once but was called 0 times（poll が一度呼び出されるはずだったが一度も呼び出されなかった）」というようなものになる。**リスト 16-14** は、assertCalledWith を使って書き換えたテストである。

リスト 16-14　ふるまい確認用に作られたアサーションの使い方

```
"test connect should start polling": function () {
  this.client.url = "/my/url";
  stub(ajax, "poll").returns({});

  this.client.connect();

  sinon.assert.calledWith(ajax.poll, "/my/url");
}
```

　Sinon はスタンドアロンのライブラリであり、JsTestDriver を必要としない。Sinon がそのままで JsTestDriver と併用できるのは、Sinon が `AssertError` を投げるという同じエラー定義を使っているからである。ほかのテストフレームワークのもとで使う場合には、`sinon.failException` 文字列をオーバーライドして、エラー時に投げる例外のタイプを設定すればよい。テストフレームワークが、失敗時に例外を投げるタイプのものではないときには、`sinon.fail` をオーバーライドして適切な処理を行うようにする。

　さらに、Sinon はほかのオブジェクトにアサーションを注入でき、テストフレームワークのアサーションと Sinon のアサーションを併用できる。JsTestDriver は、グローバルアサーションを使う。**リスト 16-15** は、完全にシームレスな統合を実現するために必要なコードである。

リスト 16-15　Sinon のアサーションとデフォルトの JsTestDriver のアサーションを併用する

```
// 普通はテストケース全体で共有できるようにグローバルヘルパーで実行する
sinon.assert.expose(this, true, false);

TestCase("CometClientConnectTest", {
  /* ... */

  "test connect should start polling": sinon.test(function (
  stub) {
    this.client.url = "/my/url";
    stub(ajax, "poll").returns({});

    this.client.connect();

    assertCalledWith(ajax.poll, "/my/url");
  })
});
```

　`sinon.assert.expose` は、3 つの引数を取る。すなわち、アサーションを注入するオブジェクト、プレフィックスを「assert」を付けるかどうか (つまり、`true` にすると「`target.assertCalled`」、`false` にすると「`target.called`」になる)、`fail` または `failException` も注入するかどうかの 3 つである。

16.5.4 スタブとNode.js

Sinon には CommonJS モジュールがある。つまり、Sinon は Node.js のような CommonJS 準拠のランタイムにも使えるのである。**リスト 16-16** は、第 14 章「Node.js によるサーバーサイド JavaScript」で使ったテストで、プロミスオブジェクトを返すために getMessagesSince をスタブにしている。

リスト 16-16　Node.js 内のスタブ化

```
var sinon = require("sinon");

/* ... */
testCase(exports, "chatRoom.waitForMessagesSince", {
  /* ... */

  "should yield existing messages":
  sinon.test(function (test, stub) {
    var promise = new Promise();
    promise.resolve([{ id: 43 }]);
    stub(this.room, "getMessagesSince").returns(promise);

    this.room.waitForMessagesSince(42).then(function (m) {
      test.same([{ id: 43 }], m);
      test.done();
    });
  },

  /* ... */
});
```

Sinon は、Nodeunit がテストに渡したテストオブジェクトをオーバーライドしないように注意している。stub 関数は、テストランナーが関数を呼び出すときに関数に渡されるすべての引数のあとに渡される。

16.6 モック

モックはこの本の全体を通じて話題になってきたが、まだきちんと説明していないし、使ったこともない。その理由は、手作業でモックを作るのは、手作業でスタブやスパイを作るようには簡単にいかないからだ。モックは、スタブと同様に、あらかじめプログラムされたふるまいを持つオブジェクトである。また、モックはあらかじめプログラムされた想定と組み込みのふるまい確認を持つ。モックを使うと、テストの上下が逆になる。まず、確認すべきことを述べてから、テストを実施するのである。**リスト 16-17** は、「ポーリング開始」テストをモックで書いた例である。

リスト16-17　ajax.poll のモック

```
"test connect should start polling": function () {
  this.client.url = "/my/url";
  var mock = sinon.mock(ajax);
  mock.expects("poll").withArgs("/my/url").returns({});

  this.client.connect();

  mock.verify();
}
```

このテストは、まず成功の基準を書いている。ajax オブジェクトのモックを作り、そのモックに確認すべき事項を追加するという形で基準を指定するのである。モックは、poll メソッドが URL を引数として一度だけ呼び出されることを確かめようとしている。私たちが今まで使ってきたスタブとは対照的に、モックは早い段階で失敗する。poll メソッドが二度目に呼び出されると、poll はただちに ExpectationError を投げてテストを失敗させる。

16.6.1 モックに置き換えられたメソッドを復元する

モックは、モックに置き換えられたメソッドの restore を呼び出すと、スタブと同じようにモックではないものに復元できる。また、verify を呼び出すと、モック化されたメソッドは暗黙のうちに復元される。しかし、verify 呼び出しの前にテストが例外を投げた場合には、ほかのテストにモックがリークし、おかしなことが起きる。

このようなモックの問題点は、スタブのときと同様に、Sinon のサンドボックス機能を使えば緩和される。sinon.test 呼び出しでテストメソッドをラップすると、sinon.test は、安全なモックに適した mock メソッドを第 2 引数として受け取る。テストが終了すると、Sinon はすべてのスタブ、モックを復元するだけでなく、すべてのモックを verify してくれる。そのため、上のテストは、**リスト 16-18** のように書き直せる。

リスト16-18　自動的にモックを verify する

```
"test connect should start polling":
sinon.test(function (stub, mock) {
  var url = this.client.url = "/my/url";
  mock(ajax).expects("poll").withArgs(url).returns({});

  this.client.connect();
})
```

モックは、それ以上でもそれ以下でもなくちょうど一度だけ呼び出されることを想定している。これら 3 行は、もとのコードの 4 行のテストと setUp、tearDown メソッドに置き換えられる。コードが少なければバグを入れる機会が減り、メンテナンスしなければならないコードが減り、読んで理解しなければならないコードが減る。しかし、ただそれだけのために、スタブではなくモックを使え、ましてフェイクなどまったく使うな、という結論になるわけではない。

16.6.2 無名モック

スタブと同様に、モックもシステムに渡される単純な無名関数という形を取ることができる。無名モックを含め、すべてのモックは、特定の値を返すか例外を投げるようにあらかじめプログラムするために、スタブと同じインターフェイスを持っている。また、Sinon のサンドボックスを使えば、自動的に verify されるようにすることができるので、本当に簡潔で短いテストを作れる。

リスト 16-19 は、リスト 16-6 の observable のテストを再び取り上げたものだが、今回はモックを使って無名モック関数を作っており、そのうちの1つは例外を投げるようにセットアップされている。今までに説明してきたモックと同様に、無名モックも一度だけ呼び出される想定になっている。

リスト 16-19　モックを使って observable の notifyObservers が呼び出されているのを確かめる

```
"test observers should be notified even when some fail":
sinon.test(function(stub, mock) {
  var observable = Object.create(tddjs.util.observable);
  observable.addObserver(mock().throwsException());
  observable.addObserver(mock());

  observable.notifyObservers();
})
```

sinon.test は、すべてのスタブとモックの記録とモックの自動 verify を管理しているので、このテストは2つのモック関数に対するローカル参照を必要としない。

16.6.3 複数の呼び出しを確認する

モックを使うと、複数の呼び出しを確かめる複雑なテストを作ることができる。呼び出しの引数や this の値は、一部、または全部で異なっていてよい。expects が返すモック呼び出しは、すでに示した withArgs のほか、余分な引数を認めない withExactArgs、モック呼び出しの回数を指定する never、once、twice やそれよりもジェネリックな atLeast、atMost、さらには exactly などのメソッドでチューニングできる。

リスト 16-20 は、オリジナルの Comet クライアントテストの1つを示したもので、クライアントが接続されたら、connect メソッドが呼び出されないことを確かめる。

リスト 16-20　connect の二度目の呼び出しがないことを確かめる

```
"test should not connect if connected": function () {
  this.client.url = "/my/url";
  ajax.poll = stubFn({});
  this.client.connect();
  ajax.poll = stubFn({});

  this.client.connect();

  assertFalse(ajax.poll.called);
}
```

Sinonモックを使えば、このテストを2通りに書き返られる。モック呼び出しは、デフォルトでは一度だけ呼び出されるという想定になっている。一度も呼び出さなかったり、二度以上呼び出したりすると、ExpectationErrorが起きて、テストは失敗する。**リスト16-21**のようにすれば、デフォルトの動作のままではあるが、一度しか呼び出さないということを明示的に書くことができる。

リスト 16-21　明示的に呼び出しは一度だけだということを確かめる

```
"test should not connect if connected":
sinon.test(function (stub, mock) {
  this.client.url = "/my/url";
  mock(ajax).expects("poll").once().returns({});
  this.client.connect();
  this.client.connect();
})
```

sinon.testへのコールバックであっても、thisがテストケースに暗黙のバインドをしていることに注意しよう。モックを使ったこのテストの第2の書き方は、**リスト16-22**に示すように、オリジナルのテストにより近いものである。

リスト 16-22　neverメソッドの使い方

```
"test should not connect if connected":
sinon.test(function (stub, mock) {
  this.client.url = "/my/url";
  stub(ajax, "poll").returns({});
  this.client.connect();
  mock(ajax).expects("poll").never();
  this.client.connect();
})
```

テストはまったく異なるモノのように見えるが、前のテストとまったく同じふるまいをする。pollメソッドは、二度目に呼び出されると、ただちに例外を投げ、それによりテストは失敗する。2つのテストの動作の違いは、失敗したときの例外メッセージだけである。onceを使って一度だけの呼び出しを指定した場合のほうが、まずメソッドをスタブ化して、次にnever修飾子を使ってモック化したときよりも、意図した結果に近いエラーメッセージが生成される。

16.6.4　thisの値を確かめる

モックは、テストスパイでできるすべての調査をすることができる。実際、モックは、内部でスパイを使ってモック呼び出しについての情報を記録している。**リスト16-23**は、チャットクライアントのユーザーフォームコントローラに対するテストの1つである。このテストは、コントローラのhandleSubmitメソッドが、サブミットイベントハンドラとしてコントローラにバインドされていることを確かめている。

リスト 16-23　イベントハンドラがコントローラにバインドされていることを確かめる

```
"test should handle event with bound handleSubmit":
```

```
sinon.test(function (stub, mock) {
  var controller = this.controller;
  stub(dom, "addEventHandler");
  mock(controller).expects("handleSubmit").on(controller);
  controller.setView(this.element);

  dom.addEventHandler.getCall(0).args[2]();
})
```

このテストは、テストスパイの情報取得インターフェイスを使って、`dom.addEventHandler` メソッドに対する最初の呼び出しを取り出し、受け取った引数を格納する `args` 配列にアクセスする方法を示している。

16.7 モックかスパイか

スタブとモックを比較すると、スタブにすべきかモックにすべきかという疑問がわいてくる。しかし、「場合によりけり」という以外に答はない。スタブのほうが柔軟性がある。依存ファイルを黙らせる、まだ実装されていないインターフェイスを埋めておく、システムが通る経路を強制するといった目的のために単純に使える。スタブは、状態の確認とふるまいの確認の両方をサポートする。モックもほとんどのシナリオで使えるが、ふるまいの確認しかサポートしない。

モックも依存ファイルを黙らせることはできるが、そのためにはたとえば `expectation.atLeast(0)` を使ってモックを呼び出せる回数の下限を設定しなければならないので、あまり実用的ではない。

テストを `sinon.test` でラップし、モックを使えば、間違いなくテストコードの行数は最少になる。スタブを使うときにはアサーションが必要になるが、モックで暗黙の `verify` を使えばその部分が不要になる。しかし、アサーションがなくなってしまうと、テストはわかりにくくなる。

モックは最初に想定を宣言するが、それにより確認ステージがいつも最後に実行されるという習慣は破られてしまう。モックが使われていると、プログラマは確認コードを探してテスト全体を見なければならない。モックの想定をかならずテストの先頭に配置するようにすればこの問題は緩和されるが、テストの最後のアサーションでさらに確認が行われる可能性が残る。

スタブにするかモックにするかは、主として個人的な好みやプロジェクトのルールによって決まるが、モックを使うべきではないケースは確実にある。モックは暗黙のうちにふるまいの確認を行うが、そのためにテストが壊れる場合があるので（テスト中またはテスト後）、モックはテストの中心的な課題となっていないインターフェイスのフェイクのために気安く使うべきではない。

モックの不適切な使い方の例として、**リスト 16-24** について考えてみよう。このコードは、チャットクライアントのフォームコントローラの `handleSubmit` テストケースの一部である。

リスト 16-24　モックに変換すべきではないスタブ

```
setUp: function () {
  /* ... */
  this.controller = Object.create(messageController);
  this.model = { publish: stubFn() };
  this.controller.setModel(this.model);
```

```
    /* ... */
},

"test should prevent event default action": function () {
    this.controller.handleSubmit(this.event);

    assert(this.event.preventDefault.called);
}
```

　モックが大好きになってしまって、モデルオブジェクトをスタブではなくモックにしたとする。すると、モデルオブジェクトとの予想外のやり取りのために、イベントオブジェクトの preventDefault メソッドが呼び出されていることの確認のようなまったく違うことをテストしている場合を含め、あらゆるテストが失敗する恐れがある。モックは、アサーションと同じくらい注意して扱うべきである。すでにわかっていることをテストするモックや、テストの目的と関係のないモックは追加してはならない。

　たとえば、モデルオブジェクトのような依存コードよりも先にユーザーインターフェイスを実装するトップダウンのアプローチを使っている場合には、モックもスタブも適している。この場合、テストはもっぱらふるまいの確認になり、実装の影響を受けない状態の確認をサポートするというスタブの利点は失われる。しかし、一般的には、モックはいつもふるまいの確認となってしまうため、本質的に実装に縛られてしまう。

16.8 まとめ

　この章では、テストダブルの概念を深く掘り下げ、そのなかでもスタブ、スパイ、モックにスポットライトを当てた。スタブとスパイは第 3 部「JavaScript テスト駆動開発の実際」を通じてひんぱんに使ってきたが、広い角度からこれらを見ることによって、共通の使用パターンが明らかになり、確立された用語法を使ってそれらを記述することができた。

　1 つを除き、5 つのサンプルプロジェクトをすべて取り上げて、テストでスタブ、モックライブラリを使ったときの効果も調べた。JavaScript では、手作業による方法でも簡単に使え、かなりのことができる。しかし、専用ライブラリを使えば、スタブやモックに関連したオーバーヘッドを削減できるので、テストが短くなり、くり返しが減る。手作業のスタブロジックを取り除き、十分にテストされたライブラリを使えば、テストでバグを出す確率も下がる。

　スタブ、モックライブラリの Sinon の視点から、最後にモックを取り上げた。モックは、ふるまいの確認に翻訳されるような期待をあらかじめプログラミングしたスタブである。モックは、想定外の呼び出しを受けるとただちに例外を投げて失敗する。

　章の締めくくりとして、私たちはモックとスタブを比較した。結論を言えば、スタブは一般にモックよりも柔軟であり、テストの目標と直接関係のない部分の分離を目的とするときにはスタブを使ったほうがよい。それ以外の場合、ふるまいの確認でスタブとモックのどちらを使うかは、主として個人的な好みの問題である。

　次の最終章である第 17 章「優れた単体テストを書く」では、今までのサンプルプロジェクトからテストのパターンとベストプラクティスをいくつか抽出して評価していく。

第17章
優れた単体テストを書く

　単体テストはすばらしい資産になる。テスト駆動開発サイクルの一部としてテストを書くときには、テストのおかげで本番コードが設計しやすくなり、作業の進捗状況を測る尺度が得られ、作業範囲を狭めて本当に必要なコードだけを実装する理想の形に近づく。現実に基づいてテストを書いていけば、退行テストスイートが作りやすくなり、安心してコードをリファクタリングできるセキュリティネットを張ることができる。しかし、プロジェクトにただ単体テストを追加しただけで、プロジェクトが魔法のように改善されるわけではない。まずいテストは、大した価値を提供できないだけではなく、生産性を引き下げ、コードベースの発展性の芽を摘んでしまう恐れがある。

　優れたテストを書くのは、一種の職人芸である。すでに技術のあるプログラマになっていても、テストをうまく書けるようになるためには時間と経験が必要だろう。第3部「JavaScriptテスト駆動開発の実際」のサンプルプロジェクトを通じて、私たちはたくさんのテストを書き、かなりの量のリファクタリングを行い、テスト駆動開発に違和感を感じなくなってきた。この最後の章では、品質の高いテストを書くためのガイドラインを明らかにしていく。テストを実践し、改良していくうちに、読者はこのリストに自分自身のアイデアを加えた形のリストを作れるようになっているだろう。

　この章の終わりまでに、読者は第3部「JavaScriptテスト駆動開発の実際」で私たちが取った選択の理由をよく理解し、もっとよい方法で解決できたはずの問題を見つけられるようになるはずだ。

17.1 読みやすくする

　信頼でき、メンテナンスしやすく、意図を明確に伝えてくるテストを書くためには練習が必要である。第3部「JavaScriptテスト駆動開発の実際」のサンプルを見ながらコーディングしていれば、すでにそのための基本訓練は行っているということになる。優れたテストを見分ける能力もすでに育ち始めていることだろう。

　優れた単体テストの重要な特徴の1つは、コードが読みやすいということである。テストが読みにくければ、誤解される恐れがある。誤解に基づいてテストや本番コードが書き換えられていくと、時間とともにコードの品質が両方とも下がっていってしまう。優れたテストスイートは、テスト中のコードのドキュメントになり、コードが何をすると考えてよいのか、どのように使ったらよいのかについての簡単な概要説明になるものだ。

17.1.1 テストには意図がはっきりとわかる名前をつける

　テストの名前は、あいまいさが入らず、明確にテストの意図を表現するものでなければならない。テストの名前がよければ、テストが実現しようとしていることが理解しやすくなり、単体レベルのドキュメントとして

の価値が上がり、テストが何を確かめようとしているのかを正しく理解せずに誰かがテストを書き換えてしまう危険性が下がる。テスト名は、テストが失敗したときにテストランナーのレポートに表示されるため、名前のつけ方がよければ、エラーの源がはっきりとわかる。

　TDDの原則に従ってコードを書くとき、コードに初めて書き込むものもテスト名である。要件を言葉で書き出せば、追加しようとしている機能のために気持ちの準備をしやすくなる。テストの意図を明確に書くのが難しいときには、まだテストの目的が正しく理解できていない可能性が高く、すぐにテストを書こうとしても、品質の高い単体テスト、さらには本番コードを書ける可能性は低い。

斜め読みしやすい名前

　テスト名がよければ、テストケースをさっと斜め読みすることができる。テスト名のつけ方のよいテストケースを斜め読みすると、テスト中のモジュールが何をするのか、特定の入力に対してどのようにふるまうはずなのかという高い水準での理解が得やすくなる。また、どのような種類の条件が考慮されていないかも理解しやすくなるが、この知識はライブラリを一定の形で使っていて障害にぶつかったときに役に立つ。

　命名は、何が「明確」かについて個人的な好みが大きな役割を果たすものの1つだが、私の考えでは、次の経験則が役に立つはずだ。

- JavaScriptでは、プロパティ識別子は任意の文字列にすることができる。この強力な機能を活用し、アンダースコアをはさんだり、キャメルケース（2つめ以降の単語の先頭を大文字にして単語間にスペースを入れない書き方）を使ったりするのではなく、スペースを使った単文をテスト名にするとよい。
- 「should」という単語を使うと、テストのふるまいの仕様としての機能が強化される。
- 明確さを犠牲にしない範囲で名前はできる限り短くするとよい。
- 関連するテストを別々のテストケースに分類し、テストケース名でその関連性を示すとよい。
- コードがするはずのことを説明するときに「and」という単語を使わない。説明に「and」が必要なら、そのテストは対象を絞り込めていない。つまり、ターゲットメソッドの複数の側面をテストしようとしている。
- 「いかに」ではなく、「何を」と「なぜ」を中心にする。

技術的な制約を乗り越える

　第3部「JavaScriptテスト駆動開発の実際」のすべてのテストは、名前の先頭が「test」になっているメソッドは何でもテストだと見なすライブラリを使って書かれている。このライブラリでは、テストケースにテストとして実行されないプロパティを追加してしまう危険が残る。ライブラリを変更せずに使うために、私たちは名前の先頭が「test should」になっているテストをいくつも作ることになったが、このやり方には少し臭うところがある。

　テストケースを囲むクロージャのなかにヘルパー関数を追加するのは簡単なので、実際にはテストケースにヘルパーメソッド（義務とされている「test」が名前の先頭につかない関数プロパティ）のためのスペースを予約しておく必要はない。値が関数のプロパティはテストだと見なすようにすれば、テストにもう少し柔軟に名前をつけられるようになる。幸い、そのような動作をするように、たとえばJsTestDriverの`TestCase`関数にラップをかけるのは簡単なことである。リスト17-1は、拡張テストケース関数を示したものである。この関数はオリジナルとまったく同じように動作するが、`setUp`と`tearDown`以外の関数は、すべてテストと見なされ

るところだけが異なる。

リスト 17-1　JsTestDriver のテストケース関数を拡張する

```
function testCaseEnhanced(name, tests) {
  var testMethods = {};
  var property;

  for (var testName in tests) {
    property = tests[testName];

    if (typeof property == "function" &&
      !/^(setUp|tearDown)$/.test(testName)) {
      testName = "test " + testName;
    }

    testMethods[testName] = property;
  }

  return TestCase(name, testMethods);
}
```

　この関数は、単純にテストオブジェクトのすべてのプロパティをループで処理し、関数プロパティ識別子には「test」というプレフィックスをつけて、もとの TestCase に処理を委譲する。**リスト 17-2** は、第 12 章「ブラウザ間の違いの吸収：Ajax」にもともと含まれていたテストを書き換え、拡張テストケースを使うようにしたものである。

リスト 17-2　拡張テストケースを使ってテスト名をわかりやすくする

```
testCaseEnhanced("RequestTest", {
  /* ... */

  "should obtain an XMLHttpRequest object": function () {
    ajax.get("/url");

    assert(ajax.create.called);
  }

  /* ... */
});
```

17.1.2　テストをセットアップ、実施、確認のブロックにまとめる

　空白文字を使えば、テストのセットアップ/実施/確認という構造をはっきりわかるようにすることができる。**リスト 17-3** は、もともと第 15 章「TDD と DOM 操作：チャットクライアント」に含まれていたテストで、

ユーザーフォームコントローラの handleSubmit メソッドがサブミットされたユーザー名を観察者に通知していることを確かめている。空行を使ってセットアップ/実施/確認の各ステージにテストを分割していることに注意していただきたい。

リスト 17-3　空行を使ってテストを読みやすくする

```
"test should notify observers of username": function () {
  var input = this.element.getElementsByTagName("input")[0];
  input.value = "Bullrog";
  this.controller.setModel({});
  this.controller.setView(this.element);
  var observer = stubFn();

  this.controller.observe("user", observer);
  this.controller.handleSubmit(this.event);

  assert(observer.called);
  assertEquals("Bullrog", observer.args[0]);
}
```

このようにセットアップ、実施、確認ステージが一目でわかるように分割すれば、どのようなセットアップが必要なのか、どのようにすれば与えられたふるまいを引き出せるのか、成功の基準は何なのかがすぐにわかる。

17.1.3 高水準の抽象を使ってテストを単純に保つ

単体テストは、1つのふるまいだけをターゲットとすべきで、複数のふるまいを追いかけてはならない。通常、これと関連して、テストあたり1アサーションとされているが、ふるまいのなかには確認が複雑なものがあるので、そのような場合には複数のアサーションが使われることがある。しかし、同じ2、3個のアサーションをくり返していることに気付いたら、高水準の抽象を導入してテストを短く明確なものに保つことを考えるべきだ。

カスタムアサーション：ふるまいの確認

複合的な確認を抽象化するための方法の1つは、カスタムアサーションである。第3部「JavaScript テスト駆動開発の実際」でもっとも顕著な例を1つ挙げれば、スタブのふるまいの確認である。**リスト 17-4** は、dispatch メソッドが呼び出されたときにクライアントの観察者に通知が送られてくるのを確かめる Comet クライアントテストに少し変更を加えたものだ。

リスト 17-4　観察者に通知が送られるのを確かめる

```
"test dispatch should notify observers": function () {
  var client = Object.create(ajax.cometClient);
  client.observers = { notify: stubFn() };

  client.dispatch({ someEvent: [{ id: 1234 }] });
```

```
      var args = client.observers.notify.args;
      assert(client.observers.notify.called);
      assertEquals("someEvent", args[0]);
      assertEquals({ id: 1234 }, args[1]);
  }
```

第16章「モックとスタブ」で紹介したSinonスタブライブラリを使うと、Sinonの高水準メソッド`assertCalledWith`でテストを確かめることができ、**リスト17-5**のようにテストの意図が明確になる。

リスト17-5　観察者に通知が送られるのを確かめる

```
  "test dispatch should notify observers":
  sinon.test(function (stub) {
    var client = Object.create(ajax.cometClient);
    var observers = client.observers;
    stub(observers, "notify");

    client.dispatch({ custom: [{ id:1234 }] });

    assertCalledWith(observers.notify, "custom", { id:1234 });
  })
```

ドメイン固有のテストヘルパー

第3部「JavaScriptテスト駆動開発の実際」でくり返し使われていたパターンで、高水準の抽象によって単純化できるもう1つの例は、イベントハンドラのテストである。チャットクライアントが、カスタムメソッドの`dom.addEventHandler`とイベントハンドラをバインドするための`Function.prototype.bind`を使っているとき、イベントハンドラテストのために必要なオーバーヘッドは、**リスト17-6**のようなコードである。

リスト17-6　高水準抽象を使ったイベントハンドラテスト

```
  "test should handle submit event with bound handleSubmit":
  function () {
    expectMethodBoundAsEventHandler(
      this.controller, "handleSubmit", "submit", function () {
        this.controller.setView(this.element);
      }.bind(this)
    );
  }
```

この単純なテストが、ユーザーフォームコントローラのテストケースに含まれる2つのテストの代わりに使える。この架空のヘルパーメソッドは、コントローラを`this`としてハンドラが呼び出されるのを確かめるためにコントローラに渡されるハンドラ関数の参照を取得するコードと、ハンドラメソッドと`addEventHandler`をスタブ化するコードを抽象化する。

これのようなドメイン/プロジェクトに固有なテストヘルパーを導入するときには、まずテストヘルパー自体

が想定通りに動作することを確かめるテストを行ってから、プロジェクト全体を通じてそれを使う。こうすると、テストコードに含まれるオーバーヘッドの量をかなり減らせる。

17.1.4 重複箇所を取り除き明確さを失わない

　本番コードと同様に、テストコードからも積極的に重複を取り除いて、テストを書き換えやすくすることが大切だ。与えられたタイプのオブジェクトの作成方法を変更することにしたとき、30個のテストに含まれるオブジェクト作成コードを変更しなくても済むならそれに越したことはない（ただし、それらのテストがオブジェクトの作成をターゲットとしていなければの話だが）。

　しかし、テストから重複を取り除くときには、ちょうどよい線というものがある。やり過ぎると、テストとの重要なコミュニケーションも失われてしまうことがある。テストをスリムダウンさせすぎたかどうかのチェックには、テストケースからテストを独立のメソッドとして取り出してみるとよい。テストケース名もわからなくなったとき、そのテストがどんなふるまいを記述しているかが明確にわかるだろうか。プロパティが見たらすぐわかるようなコードになっていないとか、システムの状態が明確ではないといった理由で、答がノーであれば、抽象化をやりすぎていると考えてよい。

　リスト 17-7 は、チャットクライアントのメッセージリストコントローラから取ってきたテストである。このテストは、コントローラインスタンスを作成するコードをインクルードしていないが、`setView` でビューを設定すると、ビューとして設定された要素のクラス名は「js-chat」に設定されるということがよくわかる。

リスト 17-7　切り離してテストを読む

```
TestCase("MessageListControllerSetViewTest", {
  /* ... */

  "test should set class to js-chat": function () {
    this.controller.setView(this.element);

    assertClassName("js-chat", this.element);
  }
});
```

　このテストが、高水準アサーションと考えられる `assertClassName` も使っていることに注意しよう。

　私は、第3部「JavaScript テスト駆動開発の実際」でコードのくり返しが増えすぎないようにするために、たびたびこのガイドラインに違反した。**リスト 17-8** は、同じテストケースに含まれているテストで、`addMessage` が新しい DOM 要素を作り、それをビューに追加することを確かめている。

リスト 17-8　おそらく積極的に DRY しすぎたテスト

```
"test should add dd element with message": function () {
  this.controller.addMessage({
    user: "Theodore",
    message: "We are one"
  });
  var dds = this.element.getElementsByTagName("dd");
```

```
      assertEquals(1, dds.length);
      assertEquals("We are one", dds[0].innerHTML);
    }
```

　このテストは、addMessage メソッドが呼び出されたときに何が起きるかを明確に語っているが、setView による設定でコントローラに this.element がバインドされていることはすぐにはわからない。さらに悪いことに、最初に DOM 要素を引数として setView を呼び出さなければ、addMessage メソッドは何も役に立つことができないこと（このこともこのテストからはすぐにはわからない）を記述するテストが書かれていない。

　このテストは、要素を this.controller.view として参照しつつ、テスト内で setView 呼び出しをするようにすれば、おそらくもっとも読みやすくなる。スタンドアロンモードでこのテストを読みやすくするために提案したい変更はほかにあるだろうか。

17.2 ふるまいの仕様としてのテスト

　テスト駆動開発の一部として単体テストを書いているとき、私たちは自動的にテストを仕様書記述メカニズムとして扱っている。個々のテストは、別々の要件を定義し、到達すべき次の目標を示している。私たちは、「テストを失敗させるために必要な最小量のテスト」以上のコードを書いて作業をスピードアップしたくなることがあるが、同じテストのなかでそんなことをしてよいことはまずない。

17.2.1 一度に1つのふるまいをテストする

　あらゆる単体テストは、システム内のある1つのふるまいだけを明確にターゲットにしなければならない。ほとんどの場合、これはアサートの数に直接関係している（モックを使っている場合は、想定の数）。1つのテストが複数のアサートを持っていることはかまわないが、それはそれらのアサートが論理的に同じふるまいをテストしているときに限られる。リスト17-9 は、3つのアサーションで1個のふるまいをテストする例を再び示したものである。1つのふるまいとは、Comet クライアントが dispatch を呼び出すと、観察者に正しいイベントと正しいデータによって通知が送られることである。

リスト17-9　3つのアサーションで1つのふるまいをテストする

```
"test dispatch should notify observers": function () {
    var client = Object.create(ajax.cometClient);
    client.observers = { notify: stubFn() };
    client.dispatch({ someEvent: [{ id: 1234 }] });

    var args = client.observers.notify.args;
    assert(client.observers.notify.called);
    assertEquals("someEvent", args[0]);
    assertEquals({ id: 1234 }, args[1]);
}
```

　1つのテストで1つのふるまいだけをテストすれば、テストが失敗したときに、失敗の原因がすぐにわかる。

このガイドラインに従えば、デバッガでメソッドの内部をテストする必要は完全になくなるのだから、利益は非常に大きい。この1つのふるまい原則は、テストをわかりやすくすることを重視したものである。

17.2.2　1つのふるまいを一度限りテストする

すでに別のテストの対象となっているふるまいをテストし直しても、システムの仕様を磨くこともできないし、バグの発見にも役立たない。しかし、メンテナンスの負担は増える。複数のテストで同じふるまいをテストすると、ふるまいに変更を加えたいときに更新しなければならないテストが増えてしまうのである。また、まったく同じ理由で失敗するテストが増えてしまうということでもある。おかしなふるまいをピンポイントで示すテストケースの能力も弱くなってしまう。

テストが重複する原因としてもっとも大きいのは、不注意である。メソッドの1つひとつの側面を専用テストでテストしていると、細心の注意を払っていない限り、簡単にテストの間に意図せぬ重なり合いが生まれてしまう。同じふるまいを再びテストしてしまう理由としては、信頼の欠如も挙げられる。テストを信頼していれば、アサーションを重ねて前のテストの有効性に疑問をはさむ必要はない。

リスト 17-10 は、第 13 章「Ajax と Comet によるデータのストリーミング」のテストで、connect がすでに一度呼び出されていれば、cometClient がポーリング開始をくり返して開始しないことを確かめている。このテストでは、一度目の呼び出しが想定通りに動作していることを当たり前のように前提としている。最初の呼び出しのふるまいについては、ほかのテストが用意されているので、ajax.poll が一度目に呼び出されていることをアサートする必要はないのである。

リスト 17-10　connect が一度目の呼び出しでは正しく動作していることを前提としている

```
"test should not connect if connected": function () {
    this.client.url = "/my/url";
    ajax.poll = stubFn({});
    this.client.connect();
    ajax.poll = stubFn({});
    this.client.connect();

    assertFalse(ajax.poll.called);
}
```

同じふるまいをテストし直してしまう理由として見落としがちなのが、見当違いな場所でブラウザの不一致に対処しようとしているときである。特定のブラウザの癖に対処することが目的となっていないメソッドのなかで DOM 関連の癖をテストしているようなら、そのコードを専用関数に移す必要がある。すると、performBuggyDOMRoutine がすべてのブラウザに対応できるように DOM の癖を正しく処理していることを確かめられる。あとは依存インターフェイスがこのメソッドを使っていることを単純に確かめればよいだけだ。

17.2.3　ふるまいをテスト内に封じ込める

一度に1つのふるまいをテストすれば、テストが失敗したときにエラーの原因をピンポイントで指摘するのは簡単なことだ。しかし、間接入力がばらばらで結果が歪むと、ターゲットとなっているロジックが間違ってい

るからではなく、依存コードが想定外のふるまいをしているためにテストが失敗することがある。第1部「テスト駆動開発」では、こういうものを「そのつもりでない統合テスト」と呼んでいた。これは確かにひどいことだと感じるが、これから見ていくように、避けることは十分にできる。

モックとスタブによる分離

すべての依存コードをスタブまたはモックにすれば、テスト対象の単位を完全に外部から切り離すことができる。実際、周囲の影響からふるまいを適切に分離する唯一の方法がこれだと言う人々もいる。第3部「JavaScriptテスト駆動開発の実際」を通じて、スタブによってふるまいを周囲の影響から穏便に切り離している例は無数にある。**リスト17-11** は、もともと第15章「TDDとDOM操作：チャットクライアント」で使ったチャットクライアントのメッセージフォームコントローラのテストで、モデルオブジェクトを介してメッセージが発行されていることを確かめるために、handleSubmit がやり取りするすべてのオブジェクトをスタブにしている。

リスト17-11　すべての依存コードをスタブにする

```
TestCase("FormControllerHandleSubmitTest", {
  "test should publish message": function () {
    var controller = Object.create(messageController);
    var model = { notify: stubFn() };

    controller.setModel(model);
    controller.handleSubmit();
    assert(model.notify.called);
    assertEquals("message", model.notify.args[0]);
    assertObject(model.notify.args[1]);
  }
});
```

ここでは、モデルオブジェクトの状態の確認を行ってモデルオブジェクトがメッセージを受け取ったことを確かめるのではなく、notify メソッドをスタブにして、ふるまいの確認を使って notify が正しく呼び出されたことを確かめている。notify メソッドを呼び出したらメッセージが正しくサーバーに送られることは、cometClient のテストで確かめる。

モックとスタブを使うことによるリスク

JavaScript のような動的言語でテストダブルを使うと、それにともなうリスクもかならず生じる。たとえば、**リスト17-12** のテストについて考えてみよう。このテストは、ユーザーがチャットサービスにメッセージをサブミットしたときに、フォームが実際にはサブミットされていないことを確かめている。

リスト17-12　フォームのサブミットアクションが中止されていることを確かめる

```
"test should prevent event default action": function () {
  this.controller.handleSubmit(this.event);

  assert(this.event.prevenDefault.called);
}
```

このテストを書いたことにより、私たちはテスト中のシステムに新しい要件を1つ導入した。テストが不合格になることを確かめてから、合格するコードを書く。テストが合格したら、次のふるまいに移る。そして、書いたコードをブラウザでテストしてみると、メッセージをポストしたときにコードが例外を投げるのでびっくりするだろう。

注意深い読者は、すでに問題に気づいているだろう。私たちは `preventDefault` の綴りを誤り、最初の「t」を抜かしてしまったのである。このスタブは、フェイクしようとしている本物のオブジェクトとの間になんのつながりもないため、この種の誤りをキャッチするセーフティネットはないのだ。Javaのような言語は、インターフェイスを通じてこの種の問題を解決している。イベントスタブはイベントインターフェイスを実装すると宣言できれば、スタブが `preventDefault` を実装していなかったからという理由でテストがエラーを起こしたら、私たちはすぐに誤りに気づくことができる。スタブがたとえば継承などを通じて `preventDefault` を実装していたとしても、本番コードから `prevenDefault` を呼び出せば、このメソッドは間違ってもイベントインターフェイスの一部ではないので、エラーを起こすだろう。

メソッドの誤入力は馬鹿げた例に見えるかもしれないが、これはもっとわかりにくい形を取る問題を単純に表現しているにすぎない。メソッド名のスペルミスの場合、最初にテストに書いてテストを実行したときか、本番コードでもう一度同じメソッド名を書いたときにおそらく誤りに気づくだろう。しかし、テストダブルと本物のオブジェクトの違いが引数の順序や個数の誤りなら、それほど自明ではなくなる。

第14章「Node.js によるサーバーサイド JavaScript」で取り上げたチャットサーバーのコードを書いていたとき、私は本当にその類の誤りを犯した。コントローラの `get` メソッドを初めて書いたときに、想定される出力の構成でミスしたのである。サーバーは、`cometClient` に合わせて JSON 応答を生成することになっていた。しかし、私が最初に書いた想定は、クライアントオブジェクトが使っていた実際のフォーマットとは違っていたので、すべてのテストに合格したものの、チャットサーバーは想定通りには動かなかった。動くようにするための変更は単純なものだったが、できればそのようなミスを避けるようにしたい。

だからといって、テストのなかでスタブやモックを使うなと言うつもりはない。スタブやモックは効果的なツールだが、注意して使わなければならないということだ。テストダブルが本物のオブジェクトを正確に移しているかどうかはならずダブルチェックする必要がある。スタブやモックの出発点として本物のオブジェクトを使うのも1つの方法である。たとえば、ターゲットオブジェクトのすべてのメソッドに対応するスタブ関数プロパティを持ったスタブオブジェクトを作れる `sinon.stubEverything(target)` のようなメソッドについて想像してみよう。そうすれば、本番コードに存在しないフェイクメソッドを使ってしまう危険性はなくなる。

信頼による分離

単体テストのターゲットを周囲の影響から切り離すためのもう1つの方法は、そのユニットがやり取りするオブジェクトを信頼できるものにすることだ。当然ながら、モックやスタブは、模倣対象のオブジェクトを忠実に写している限り、信頼できる。

すでにテストされているオブジェクトも信頼できる。同じことが、使っているサードパーティライブラリコードについても言える。依存コードがテスト済みで想定通りに動作することがわかっているなら、相性の悪い依存コードのためにテストが不合格になる確率は十分低く、その依存コードの影響からは切り離されていると考えてよいだろう。

このようなテストは、「そのつもりでない統合テスト」と考えられるが、統合されているのはごく少数のオブジェクトであり、統合は掌握できている。本物のオブジェクトを使う利点は、状態の確認を使えるため、テス

トコードと本番コードの結合を疎にすることができることだ。その分、テストに変更を加えずに実装をリファクタリングする自由度が増し、全体としてのアプリケーションのメンテナンスにかかる負担が軽減できる。

17.3 テスト内のバグとの戦い

　単体テストをよく知らないデベロッパは、「テストはどのようにしてテストするのか」とたずねてくることがよくある。答はもちろん、テストなどしないだ。だからといって、テスト内の欠陥を削減するための手段を使わないわけではない。テスト内にバグが入る危険性を下げるためのもっとも重要な方法は、テスト内でロジックを実装しないことだ。単体テストは、単純な代入文の連続と関数呼び出しの後ろに1つまたは少数のアサーションが続く形にすべきである。

　テストを賢くないものにしておくことを別とすると、怪しいテストを捕捉するためのもっとも重要なツールは、合格するコードを書く前にテストを書き、実行することである。

17.3.1 合格させる前にテストを実行する

　必要な本番コードを書く前にテストを書いたら、合格させるコードを書く前にテストを実行すべきだ。そうすると、想定された理由のもとでテストが失敗することを確かめられ、テスト自体に含まれている誤りを見つけるチャンスが得られる。

　テストがなぜどのように失敗するかについて明確に想定した上でテストを失敗させることは、バグのあるテストと闘うためのもっとも効果的な手段である。私たちはとかくこの作業を省略してすぐにテストに合格するコードを書こうとする。しかし、本番コードを書き始めるとすぐに、テストに含まれるおかしなロジックを見つけないままテストに合格する可能性が高くなってしまう。すると、本番コードにあやまったふるまいを紛れ込ませ、しかもそれを教えてくれるテストを持たない状態になってしまう。

17.3.2 まずテストを書く

　テストに合格する前にテストを実行できるようにするには、当然テストを先に書かなければならない。この本は、テスト駆動開発サイクルがどのようなものか、それをJavaScriptに応用するにはどうすればよいかを説明してきたので、まずテストを書いたほうがよいと言っても読者は驚かないだろう。

　先にテストを書くことには、問題のあるテストを見つけやすくするという以外の利点がある。先にテストを書くと、コードがテストできるものになるのだ。テストできるかどうかを考えずに書かれたコードのためにあとから単体テストを作ろうとしたことがあるプログラマなら、テストできるコードの重要性はわかるだろう。

　テストできるコードを書いて役に立つのはテストだけではない。単体テストは、本番コードの単独の使用例であり、ある特定のふるまいのためのテストが書きにくいようなら、その特定の機能は使いにくいということだ。コードベースのごく一部を使うために、アプリケーションの半分ほどもセットアップコードを書かなければならないのだとすれば、その設計はあまりよくないのだろう。たとえば、赤から緑に色を変えるために、DOM要素とCSS APIを必要とするコードは、テストしにくいのと同じ理由で使いにくいコードの好例である。

　テストできるようなコードを保証するということは、疎結合と十分な分割を保証することであり、そのため全体としても部品としても柔軟で使いやすいコードを保証するということである。テスト駆動開発で行ってい

るように、先にテストを書くと、コードにテストのしやすさを織り込むことができる。

17.3.3 だめなコード、壊れたコード

　テストスイートはすべて緑になるものの、本番コードに明らかに欠陥が含まれていることがわかる場合がある。この種の問題は、アプリケーションの動く部分がうまく統合できるようになっているために起きることが多い。しかし、テストで考慮していなかった境界条件やテスト自体のバグが原因になっていることもある。

　テストに紛れ込んでいる誤りをあぶり出し、テストスイートの品質を一般的に評価するためには、本番コードにわざとエラーを入れてテストが適切な理由で失敗するのを確かめるのもよい方法だ。テストの欠陥を見つけるためには、次の「攻撃」が役に立つ。

- 論理式の値を反転する。
- 戻り値を取り除く。
- 変数、引数として綴りミス、`null`値を使う。
- ループに off-by-one エラーを入れる。
- 内部変数の値を変える。

　意図的なエラーを入れるたびに、テストを実行する。テストがすべて合格するようなら、テストできていないコードがあるか、何もしていないコードがあるということである。新しい単体テストでバグを捕捉するか、問題のあるコードを取り除いて、作業を続けることだ。

17.3.4 JsLintを使う

　JsLint[*1]は、「JavaScript コードの品質をチェックするツール（JavaScript Code Quality Tool）」である。Cのlintから着想して作られたもので、構文エラーやバッドプラクティスを検出し、その他今日のほとんどのJavaScript ランタイムよりも多くの警告を出力する。構文エラーは、テストケースのなかで面倒な問題を引き起こすことがある。セミコロンやカンマがおかしな位置にあると、テストの一部だけしか実行されない。しかも、テストランナーは、一部のテストが実行されていないという警告を出せないことがある。本番コードとテストコードの両方にJsLintを実行すると、スペルミスやその他の構文エラーを取り除き、テストを想定通りに実行させるために役立つ。

17.4 まとめ

　この最後の章では、単体テストの品質を上げるために役立つ単純なガイドラインをいくつか挙げてみた。適切に行われたテストはすばらしい財産になる。しかし、テストの品質が低いと、メンテナンスのオーバーヘッドが高くなり、コードの操作が複雑になってしまうので、テストがない場合よりもかえって状況を悪くしてしまう。

　この章全体を通じて示してきたガイドラインは、読みやすさ（これは優れた単体テストの重要な特徴である）

---

1 http://www.jslint.com/

を上げるためのテクニック、単体レベルに留まる本物の単体テストを作るためのテクニック、テストのバグを防ぐためのテクニックの3つに分類できる。

　第3部「JavaScriptテスト駆動開発の実際」のサンプルプロジェクトを最後まで作り上げ、この章と前章でそれらを広い視野から見直してきて、読者は単体テストとテスト駆動開発とは何なのか、何ではないのかについて理解を深めたことだろう。ここからは、あなたの力だ。上達するための道は、できる限り多くの経験を積むことであり、読者には今すぐ実践を始めることをお勧めしたい。独自の学習テストを作ったり、本書のサンプルプロジェクトに機能を追加したり、TDDを使って新しい独自プロジェクトを起ち上げたりするのである。テスト駆動開発のプロセスのなかで居心地よく感じられるところまで成長したら、もう後戻りはできないだろう。あなたは今までよりも能力の高い幸せなデベロッパになれる。幸運を祈る。

参考文献

[1] Martin Fowler. *Refactoring: Improving the Design of Existing Code.* Addison-Wesley, 1999.
『リファクタリング——プログラムの体質改善テクニック』ピアソンエデュケーション

[2] Hamlet D'Arcy. Forgotten refactorings. http://hamletdarcy.blogspot.com/2009/06/forgotten-refactorings.html, June 2009.

[3] Kent Beck. *Test-Driven Development By Example.* Addison-Wesley, 2002.
『テスト駆動開発入門』ピアソンエデュケーション

[4] Wikipedia. You ain't gonna need it. http://en.wikipedia.org/wiki/You_ain't_gonna_need_it.

[5] Douglas Crockford. *JavaScript: The Good Parts.* O'Reilly Media, 2008.
『JavaScript: The Good Parts ——「良いパーツ」によるベストプラクティス』オライリージャパン

[6] Douglas Crockford. Durable objects. http://yuiblog.com/blog/2008/05/24/durableobjects/, May 2008.

[7] Gerard Meszaros. *xUnit Test Patterns: Refactoring Test Code.* Addison-Wesley, 2007.

索引

Symbols

[[Prototype]]・・・・・・・・・・・・・・・・・・・・・・・142
　アクセス・・・・・・・・・・・・・・・・・・・・・・・・149
__proto__プロパティ・・・・・・・・・・・・・・・・173
_super メソッド・・・・・・・・・・・・・・・・・・・・151
　パフォーマンス・・・・・・・・・・・・・・・・・・・154
　ヘルパー関数・・・・・・・・・・・・・・・・・・・・154
1 行コード・・・・・・・・・・・・・・・・・・・・・・・305
8 進数リテラル・・・・・・・・・・・・・・・・・・・・183

A

Acceptance Test-Driven Development ・・・・・・・57
Accept ヘッダー・・・・・・・・・・・・・・・・・・・325
activateTab メソッド・・・・・・・・・・・・・・・・196
ActiveX ProgId・・・・・・・・・・・・・・・・・・・・251
addCallback メソッド・・・・・・・・・・・・・・・・356
addErrback メソッド・・・・・・・・・・・・・・・・356
addEventHandler・・・・・・・・・・・・・・・214, 380
addEventListener メソッド・・・・・・・・・・・・204
addListener メソッド・・・・・・・・・・・・・・・・359
addMessage メソッド・・・・・・・・・・・・・347, 353
addObserver メソッド・・・・・・・・・・・・・・・・223
Ajax・・・・・・・・・・・・・・・・・・・・・・・・247, 289
Ajax API・・・・・・・・・・・・・・・・・・・・・・・・266
Ajax Push・・・・・・・・・・・・・・・・・・・・・・・289
ajax.cometClient・・・・・・・・・・・・・・・・・・・315
ajax.cometClient.dispatch・・・・・・・・・・・・・316
ajax.create メソッド・・・・・・・・・・・・・・・・・261
ajax.get・・・・・・・・・・・・・・・・・・・・・261, 276
ajax.poll・・・・・・・・・・・・・・・・・・・・・・・・307
ajax.post・・・・・・・・・・・・・・・・・・・・・・・・277
ajax.request・・・・・・・・・・・・・・・・・・・274, 279

all 関数・・・・・・・・・・・・・・・・・・・・・・・・・358
anchorLightbox 関数・・・・・・・・・・・・・・・・・109
Andrea Giammarchi・・・・・・・・・・・・・・・・・213
appendChild メソッド・・・・・・・・・・・・・・・・422
apply メソッド・・・・・・・・・・・・・・・・・・・・106
Aptana・・・・・・・・・・・・・・・・・・・・・・・・・・71
arguments オブジェクト・・・・・・・・・・・・・・・94
arity・・・・・・・・・・・・・・・・・・・・・・・・・・・93
Array.isArray・・・・・・・・・・・・・・・・・・・・・183
Array.prototype.splice メソッド・・・・・・・・・・75
assertCalledWith・・・・・・・・・・・・・・・・・・・431
assertClassName・・・・・・・・・・・・・・・・・・・379
assertNoException・・・・・・・・・・・・・・・・・・265
assert 関数・・・・・・・・・・・・・・・・・・・・・・・36
asynchronous JavaScript and XML・・・・・・・247
ATDD・・・・・・・・・・・・・・・・・・・・・・・・・・57
attachEvent メソッド・・・・・・・・・・・・・・・・204

B

BDD・・・・・・・・・・・・・・・・・・・・・・・・・・・57
Behavior-driven development・・・・・・・・・・・・57
benchmark 関数・・・・・・・・・・・・・・・・・・・・83
box-shadow プロパティ・・・・・・・・・・・・・・・213

C

chatRoom・・・・・・・・・・・・・・・・・・・・345, 346
Chris Heilmann・・・・・・・・・・・・・・・・・・・・186
className・・・・・・・・・・・・・・・・・・・・・・・379
Comet・・・・・・・・・・・・・・・・・・・・・・289, 307
　クライアント・・・・・・・・・・・・・・・・・・・・313
CommonJS・・・・・・・・・・・・・・・・・64, 331, 334
CommonJS Promise 仕様・・・・・・・・・・・・・・354

complete コールバック	295
configurable	170
connect メソッド	325
constructor プロパティ	144
createServer メソッド	333
Crosscheck	64
CSS プロパティ	213
機能テスト	213
Cucumber	58
curl	345
currentUser プロパティ	383
Curry 化	114

D

Date.formats オブジェクト	34
Date.prototype.strftime	34
Date.prototype.toISOString	183
Date.prototype.toJSON	183
Date コンストラクタ	309
dispatch	316
document.write	190
DOM イベント	211
機能テスト	211
DOM 操作	375
Don't Repeat Yourself	43
DONE	263
DontDelete	139
DontEnum	139
Douglas Crockford	159, 183
DRY	43

E

Eclipse	71
JsTestDriver	71
ECMAScript 5	96, 169
厳密モード	96
element オブジェクト	379
emit メソッド	359
encodeURI	278

encodeURIComponent	278
end	343
enumerable	170
env.js	64
ES5	169
EventListener インターフェイス	204
events.EventEmitter インターフェイス	337
eventsource	308

F

fakeXMLHttpRequest オブジェクト	260
Felix Geisendorfer	392
Firebug	35
for-in	136
Forever Frames	308
formController オブジェクト	406
Function.prototype	93
Function.prototype.bind	111, 183
Function.prototype.call メソッド	105
Function.prototype.curry	114
function キーワード	91
Function コンストラクタ	93

G

Gerard Meszaros	421
get	170, 254
getComputedStyle	214
getElementsByTagName	384, 403
getMessagesSince メソッド	351
getPanel 関数	199
GET 要求	281

H

handleSubmit メソッド	382
handleTabClick メソッド	196
Harmony	97
hasObserver メソッド	227
hasOwnProperty	137

HEADERS RECEIVED ··················· 263
HTML5 ································· 308
HTML テストページ ····················· 35
HTML フィクスチャ ····················· 59
http.ServerResponse ···················· 343

I

if-else 式 ······························· 101
iframe ································· 308
inc メソッド ···························· 100
instanceof 演算子 ················· 147, 174
IntelliJ IDEA ···························· 71
isEventSupported メソッド ············· 213
isEventSupported ユーティリティ ······ 211
isHostMethod メソッド ················ 208
isStyleSupported メソッド ············· 214

J

JavaScript Code Quality Tool ··········· 450
JQuery ································ 201
js-chat ·························· 377, 390, 395
jsautotest ······························ 72
JsLint ································· 450
JSON ·························· 179, 183, 336
　ネイティブサポート ··················· 183
JSON with padding ··················· 308
JSON.parse ···························· 183
JSON.stringify ························· 183
JSON-P ································ 308
json2.js ································ 183
Jstdutil ································· 72
JsTestDriver ···························· 65
　Eclipse ······························· 71
　IDE ································· 71
　TDD ································· 70
　アサーション ························· 72
　欠点 ································· 66
　セットアップ ························· 66
　動作する仕組み ······················· 65

jsTestDriver.conf ························ 68
JsUnit ································· 60
jsUnitMockTimeout ···················· 298
JsUnitTest ······························ 60
Juicer ································· 416
JUnit ································· 32
Juriy Zaytsev ····················· 211, 213

K

Kent Beck ························· 32, 47
Kris Zyp ······························ 354

L

length プロパティ ······················· 93
let 文 ································· 97
lint ··································· 450
LOADING ····························· 263

M

Martin Fowler ···················· 44, 376
messageFormController ················ 407
Microsoft.XMLHTTP ··················· 251
mock メソッド ·························· 434
mouseenter イベント ··················· 215
MVC ································· 376
MVP ································· 376
MVP アクシス ·························· 377

N

namespace ······················· 119, 380
navigator.userAgent ···················· 203
new 演算子 ···························· 143
new 式 ································ 114
nextTick メソッド ······················ 353
Node.js ·························· 331, 392, 433
　起動スクリプト ······················· 333
　セットアップ ························· 332
node-paperboy ························· 392

| Node-promise ···································· 358
| node-repl ·· 345
| Nodeunit ··· 332
| notify ·· 242, 329
| nUnit ··· 61

O

| Object.create メソッド ····················· 161, 173
| Object.defineProperty ····················· 171, 172
| Object.freeze 関数 ································ 172
| Object.getOwnPropertyDescriptor ············· 172
| Object.getOwnPropertyNames ················· 172
| Object.isPrototypeOf ··························· 175
| Object.isSealed ·································· 172
| Object.keys ······································ 172
| Object.prototype ··························· 93, 133
| Object.prototype.hasOwnProperty ············ 137
| Object.prototype.propertyIsEnumerable メソッド
| ··· 138
| Object.prototype.toString ······················ 184
| Object.seal メソッド ···························· 172
| Observable ライブラリ ·························· 222
| Observer パターン ······························ 221
| observe メソッド ··························· 241, 320
| onreadystatechange ハンドラ ············ 249, 262
| OPENED ··· 263
| open メソッド ··································· 294
| otherwise コールバック ························ 393

P

| Passive View ···································· 376
| perfectionkills.com ······························ 211
| performBuggyDOMRoutine ····················· 446
| Peter Michaux ·································· 208
| post メソッド ······························ 278, 365
| POST 要求 ······································· 274
| メッセージの処理 ···························· 336
| preventDefault メソッド ······················· 383
| prevUser プロパティ ···························· 403

| prototype ·· 142
| Prototype.js ······································· 60
| prototype プロパティ ······················· 93, 133
| publish メソッド ································· 424

Q

| QUnit ··· 63

R

| ReadOnly ······································· 138
| readyState プロパティ ··························· 250
| ReferenceError ······························ 97, 180
| reject メソッド ·································· 354
| replace 関数 ······································ 34
| Request API ····································· 283
| requestWithReadyStateAndStatus ············· 295
| Request インターフェイス ····················· 247
| 実装 ·· 248
| resolve メソッド ································· 354
| respond メソッド ································ 369
| restore メソッド ································· 434
| Reverse Ajax ····································· 289
| Rhino ··· 64
| runtimeStyle ····································· 214
| Ryan Dahl ······································· 331
| Ryan Morr ······································· 214

S

| scrollHeight ···································· 414
| scrollTop プロパティ ··························· 414
| set ··· 170
| setModel メソッド ························ 386, 396
| setRequestHeader メソッド ···················· 250
| setTimeout ··························· 82, 112, 297
| setUp メソッド ··································· 40
| setView ··· 378
| Sinon ·· 428
| sinon.assert.expose ····························· 432

457

| sinon.fail · 432
| sinon.failException · 432
| sinon.stub · 429
| sinon.testCase · 431
| srcElement · 196
| start メソッド · 292
| strftime · 33
| String.prototype.replace · · · · · · · · · · · · · 34, 114
| String.prototype.trim · · · · · · · · · · · · · · · · 49, 114
| stubFn 関数 · 259, 421
| stubXMLHttpRequest · · · · · · · · · · · · · · · · · · · 263
| SUnit · 32
| super · 150

T

| tabController オブジェクト · · · · · · · · · · · · · · · · 194
| tabTagName プロパティ · · · · · · · · · · · · · · · · · · · 196
| target プロパティ · 196
| TDD · 47, 375
| 段階的な拡張 · 190
| tddjs.ajax.create
| 実装 · 252
| tddjs.ajax.poller · 291
| tddjs.extend メソッド · · · · · · · · · · · · · · · · · · · 162
| tddjs.isLocal メソッド · · · · · · · · · · · · · · · · · · 271
| tearDown メソッド · 40
| testCase 関数 · 38
| then メソッド · 356
| this · 99, 103, 436
| 暗黙の設定 · 104
| 消失 · 109
| プリミティブ · 105
| 明示的な設定 · 105
| this.removeListener · 364
| token プロパティ · 370
| toString メソッド · 132
| TypeError · 97
| typeof · 207

U

| URL · 254
| urlParams · 280
| userFormController · 377

V

| V8 エンジン · 331
| valueOf メソッド · 132
| verify · 434

W

| waitForMessagesSince メソッド · · · · · · · · · · 359, 362
| WCAG · 191
| WebSocket API · 309
| Web コンテンツアクセシビリティガイドライン
| · 191
| window.onload · 190
| window プロパティ · 99
| with 文 · 97, 183
| writable · 170
| write · 343
| writeHead · 343

X

| X-Access-Token · 326, 367
| XMLHttpRequest オブジェクト · · · · · · · · · · · · · · · 247
| 基礎知識 · 251
| スタブ · 255
| ストリーミング · 308
| 作る · 250
| ロングポーリング · 309
| xUnit · 32, 57

Y

| YAGNI · 51
| you ain't gonna need it · · · · · · · · · · · · · · · · · · 51
| YUI Test · 61

ア

- アクセシビリティ ………………………… 185
- アクティベーションオブジェクト ………… 99
- アサーション …………………………… 36, 59
- 暗黙のグローバル ………………………… 180

イ

- 依存ファイル ……………………………… 60
- イテレータ ……………………………… 123
- イベント ………………………………… 211
  - 観察 ………………………………… 241
- イベントエミッタ ……………………… 359
- イベントデリゲーション ………………… 186
- イベントリスナー ……………………… 379
  - 追加する ……………………………… 379

ウ

- 受け入れテスト駆動開発 ………………… 57

エ

- エクストリームプログラミング …………… 32
- エラーコールバック …………………… 356
- エラー処理 ……………………………… 232
  - 改善 ………………………………… 317
- エラーバック …………………………… 346

オ

- 応答ヘッダー …………………………… 372
- オブジェクト …………………………… 131, 182
  - 拡張 ………………………………… 134, 160
  - 検出 ………………………………… 204, 206
  - 合成 ………………………………… 160
  - 作成 ………………………………… 142
  - シーリング ………………………… 172
  - 耐久的 ……………………………… 159
- オブジェクトモデル …………………… 170
  - アップデート ……………………… 170
- オブジェクトリテラル ………………… 131

カ

- 角かっこ記法 …………………………… 132
- 拡張性 …………………………………… 186
- 確認ステージ …………………………… 423
- 確認戦略 ………………………………… 423
  - 意味 ………………………………… 424
- カスタムアサーション ………………… 442
- 型チェック ……………………………… 206
- カバレッジレポート ……………………… 59
- カプセル化 ……………………………… 155
- 仮引数 …………………………………… 96
- 観察者 …………………………………… 221
  - クラッシュ ………………………… 233
  - チェック …………………………… 227
  - 追加 ………………………………… 223, 320
  - 通知する …………………………… 230
- 観察対象 ………………………………… 221
- 関数 ……………………………… 91, 109, 181
  - arity ………………………………… 93
  - 継承 ………………………………… 148
  - ステートフル ……………………… 121
  - 定義 ………………………………… 91
  - バインド …………………………… 109
- 関数型継承 ……………………………… 159
- 関数式 …………………………………… 92, 101
- 関数スコープ ……………………………… 97
- 関数宣言 ………………………………… 91
- 関数呼び出し …………………………… 94

キ

- 機能検出 ………………………………… 203
  - 階層的 ……………………………… 217
  - 使い方 ……………………………… 217
- 機能テスト ………… 211, 213, 313, 329, 391, 403, 411
- キャッシュ ……………………………… 312
- キャッシュバスター …………………… 312

459

ク

- クロージャ 100, 109, 112
  - ステートフル 121
- グローバルオブジェクト 99
- グローバルスコープ 97
  - 避ける 116
- クロスブラウザイベントハンドラ 214
- クロスブラウザテスト 44

ケ

- 継続的統合 58
- ゲッター 175
- 厳密モード 96, 169, 179
  - 違い 180
  - 有効にする 179
- 堅牢性 185

コ

- 公開関数 156
- コードパス 425
- コールバック 346
- コンストラクタ 142
  - オブジェクトの作成 142
  - 取り除く 236
  - 問題 146
- コンストラクタプロトタイプ 144
- コントローラ 334
  - 作る 335
- コンポーネント 377

サ

- サブミットイベント 383
- サボター 426
- サンドボックス機能 430

シ

- シーリング（封印） 172

ス

- ジェネリックオブジェクト 132
- 実行コンテキスト 97, 98
- 実行時テスト 211
- 実施ステージ 423
- 実装定義 207
- 失敗コールバック 295
- 実引数 96
- 自動テスト 31
- シャドウイング 133
- 柔軟性 185
- 自由変数 100
- 状態の確認 423
- 情報の隠蔽 155

ス

- スコープ 97
  - アドホック 116
  - 関数〜 97
  - グローバル〜 97
  - ブロック〜 97
- スコープチェーン 100
- スタブ 255, 421, 425
  - サボター 426
  - 戦略 293
  - レスポンダ 426
- スタブライブラリ 428
  - Sinon 428
- スタントパーソン 421
- ステータスコード 271, 343
  - テスト 273
- ステートフル関数 121
- ステートフルクロージャ 121
- ストリーミング 289
- ストレージ 346

セ

- 成功コールバック 295, 356
- セッター 175
- セットアップ 40

セットアップステージ 423
セマンティック HTML 185
セマンティックマークアップ 185

タ

耐久的 159
退行テスト 43
タイマー 297
　テスト 297
タイムスタンプ 312
ダックタイピング 175
タブコントローラ 194
　使い方 199
ダブル D 57
ダミーオブジェクト 422
単体テスト 32, 75, 439
　得られるもの 43
　落とし穴 44
　フレームワーク 32

チ

チャットクライアント 375

テ

ティアダウン 40
ティアダウンステージ 423
ディスパッチ 316
デコレータパターン 160
デザインパターン 221, 376
テスト関数 38
テスト駆動開発 29, 47
　設計 48
　目的，目標 47
テストケース 38
テストスイート 38
テストスパイ 427
テストダブル 256
　概要 421

テストフィクスチャ 40
テストランナー 59
デフォルトアクション 383
デプロイ 416

ト

統合テスト 41, 266
トークン 326, 371
　更新する 371
特権メソッド 158
ドット記法 132
ドメインモデル 346

ナ

名前空間 118, 120
　インポート 120
　実装 118
名前つき関数式 102

ネ

ネイティブオブジェクト 207
ネイティブセッター 387

ハ

ハードコード 52
配列 183
パッシブビュー 376
パフォーマンス 186
パフォーマンスツール 79

ヒ

控えめな JavaScript 185
　目標 185
　ルール 186
非公開関数 156
非公開メソッド 156
非公開メンバー 158

非同期テスト · 58

フ

ブートストラップスクリプト · · · · · · · · · · · · · · · · · 394
フェイクオブジェクト · 422
フォールバックソリューション ·,· · · · · · · · · · · · · · · 190
プライベートメソッド · 156
ブラウザ推測 · 203
　現状 · 205
ブラウザ内テストフレームワーク · · · · · · · · · · · · · · 60
プリミティブ · 131
ふるまい駆動開発 · 57
ふるまいの確認 · · · · · · · · · · · · · · · · · 424, 431, 442
ブレス · 164, 166
プレフィル · 112
プロセス · 48
ブロックスコープ · 97
　シミュレーション · 116
プロトタイプ · 131, 142
　プロパティの追加 · 144
プロトタイプ継承 · 173
プロトタイプチェーン · · · · · · · · · · · · · · · · · · 93, 133
　オブジェクトの拡張 · 134
プロパティ · 131, 182
　アクセス · 132
　角かっこ記法 · 132
　属性 · 138
　ドット記法 · 132
プロパティ記述子 · 360
プロパティ識別子 · 179
プロパティ属性 · 170
　configurable · 170
　enumerable · 170
　get · 170
　set · 170
　writable · 170
　使い方 · 176
プロパティデスクリプタ · · · · · · · · · · · · · · · · · · · 170
プロファイリング · 87

プロミス · 354
　解決する · 357
　返す · 355
　拒否する · 356
　消費する · 358

ヘ

ヘッドレステストフレームワーク · · · · · · · · · · · · · · 64
ヘルパー関数 · 154
変数 · 182
変数オブジェクト · 98
ベンチマーク · 79

ホ

ホイスト · 98
ポーラー · 291
ポーリング · 289
ホストオブジェクト · · · · · · · · · · · · · · · · · · 132, 207
ボトルネック · 87

ミ

ミックスイン · 160, 166
ミニファイ · 58

ム

無名関数 · 92, 110, 115
無名クロージャ · 123
無名コールバック · 349
無名モック · 435

メ

メッセージ形式 · 314
メッセージフォーム · · · · · · · · · · · · · · · · · · 377, 405
メッセージリスト · · · · · · · · · · · · · · · · · · · 377, 395
メモ化 · 126

モ

モッキスト 293
モック 421, 433
モック主義者 293
モデル-ビュー-コントローラ 376
モデル-ビュー-プレゼンタ 376

ユ

ユーザーエージェント 203
ユーザーストーリー 58
ユーザーフォーム 377

ヨ

要求ヘッダー 283
要求リスナー 333
呼び出し順 234

ヨ (予)

予約済みキーワード 179

ラ

ライトボックス 109

リ

リファクタリング 43, 52, 226, 230, 406

レ

レスポンダ 426
列挙可能プロパティ 135

ロ

ローカル要求 270
ロングポーリング 309
　実装 309

テスト駆動JavaScript(ジャバスクリプト)

2011年11月28日　初版発行
2012年6月12日　第1版第2刷発行

著　者　　Christian Johansen(クリスチャン ヨハンセン)

翻　訳　　長尾 高弘(ながお たかひろ)

発行者　　髙野 潔

発行所　　株式会社アスキー・メディアワークス
　　　　　〒102-8584　東京都千代田区富士見1-8-19
　　　　　電話 0570-003030（編集）

発売元　　株式会社角川グループパブリッシング
　　　　　〒102-8177　東京都千代田区富士見2-13-3
　　　　　電話 03-3238-8605（営業）

印刷・製本　株式会社リーブルテック

本書(ソフトウェア／プログラム含む)は、法令に定めのある場合を除き、複製・複写することはできません。
また、本書のスキャン、電子データ化等の無断複製は、著作権法上での例外を除き、禁じられています。
代行業者等の第三者に依頼して本書のスキャン、電子データ化等をおこなうことは、私的使用の目的であっても認められておらず、著作権法に違反します。
落丁・乱丁本はお取り替えいたします。
購入された書店名を明記して、株式会社アスキー・メディアワークス生産管理部あてにお送りください。
送料小社負担にてお取り替えいたします。
但し、古書店で本書を購入されている場合はお取り替えできません。
定価はカバーに表示してあります。
なお、本書および付属物に関して、記述・収録内容を超えるご質問にはお答えできませんので、ご了承ください。

ISBN978-4-04-870786-2　C3004
©2011 ASCII MEDIA WORKS　　　Printed in Japan

小社ホームページ　　http://asciimw.jp/

アスキーハイエンド書籍編集部
編　集　　鈴木嘉平